L. BOUTAN

LA
PERLE

Chez GASTON DOIN
Editeur à PARIS

LA PERLE

ÉTUDE GÉNÉRALE DE LA PERLE

HISTOIRE DE LA MÉLÉAGRINE ET DES MOLLUSQUES

PRODUCTEURS DE PERLES

DU MÊME AUTEUR

A LA MÊME LIBRAIRIE

Cours de zoologie. Un volume in-18 jésus de 500 pages, avec 173 figures dans le texte.. 5 fr. 50

Dissections et manipulations de zoologie. Deuxième édition, très augmentée. Un volume in-18 jésus de 520 pages, avec 236 figures en noir et en couleurs.. 8 fr.

Zoologie descriptive. — *Anatomie. Histologie et dissection des formes typiques d'Invertébrés*, par N.-C. APOSTOLIDÈS, L. BOUTAN, E. BRUMPT, L. CUÉNOT, YVES DELAGE, FABRE-DOMERGUE, L. FAUROT, GOURRET, GUIART, P. HALLEZ, L.-F. HENNEGUY, Ch. JANET, L. JOUBIN J. JOYEUX-LAFFUIE, E.-A. MINCHIN, J. POIRIER, G. PRUVOT, A. ROBERT, E. TOPSENT, E.-F. WEBER. — *Secrétaire de la rédaction :* L. BOUTAN. Deux volumes in-18 colombier, cartonnés toile, tranches ébarbées, tête dorée, formant 1 250 pages, avec 608 figures, dont 148 tirées en couleurs........ 28 fr.

Louis BOUTAN

PROFESSEUR DE ZOOLOGIE A LA FACULTÉ DES SCIENCES D'ALGER
DIRECTEUR DU LABORATOIRE DE BIOLOGIE ET D'AQUICULTURE DU GOUVERNEMENT GÉNÉRAL
INSPECTEUR TECHNIQUE DES PÊCHES EN ALGÉRIE

LA PERLE

ÉTUDE GÉNÉRALE DE LA PERLE
HISTOIRE DE LA MÉLÉAGRINE ET DES MOLLUSQUES PRODUCTEURS DE PERLES

Figure 1. — FILLE DE LA MER (PLONGEUSE JAPONAISE).

PARIS

LIBRAIRIE OCTAVE DOIN

GASTON DOIN, ÉDITEUR

8, PLACE DE L'ODÉON, 8

1925

INTRODUCTION

Un lecteur qui s'intéresse aux perles fines peut-il, en parcourant les quelques ouvrages généraux publiés sur ce sujet, arriver à se documenter d'une façon exacte?

Sans recourir aux sources, sans lire les longs travaux, souvent contradictoires, disséminés un peu partout et difficiles à se procurer, peut-il parvenir à se faire une opinion sur l'origine du mode de formation des diverses perles fines ?

Peut-il, sans avoir recours à un marchand ou à un spécialiste intéressé pécuniairement dans la question, juger lui-même, à l'aide de caractères précis et typiques, si le bijou qu'il possède ou qu'il désire acquérir est constitué à l'aide de productions ressemblant à des perles ou à l'aide de véritables perles fines?

Je ne le crois pas, et cet ouvrage est destiné à combler cette lacune.

Il y a à peine vingt-cinq ans, même dans les milieux scientifiques les mieux éclairés, une extrême confusion régnait dans les idées relatives aux perles fines et, pour s'en convaincre, il suffit de s'en référer à ces quelques lignes que publiait, en février 1899, le savant physiologiste, le professeur DASTRE (1), à propos d'une communication que j'avais faite à l'Académie des sciences, sur des expériences effectuées au laboratoire de ROSCOFF et portant sur des perles d'Haliotis (2) :

« Il faut bien avouer, dit DASTRE, que l'histoire des perles est mal connue. Si l'on doutait de notre ignorance scientifique à cet égard, il suffirait de se reporter à cette séance de l'Académie du 21 novembre dernier, dans laquelle H. DE LACAZE-DUTHIERS a communiqué à ses collègues le résultat des recherches de M. BOU-

(1) DASTRE, *les Perles fines* (Revue des Deux Mondes, 1er février 1899, Paris).

(2) L. BOUTAN, *Production artificielle des perles chez les Haliotis* (C. R. Acad. des Sciences, t. CXXXVII, Paris).

TAN, et surtout à la discussion qui a suivi cette présentation. Des naturalistes, des chimistes, des navigateurs y ont pris part et ont dit chacun leur mot. Et, après tout cela, nous ne savons pas encore de façon certaine quel est l'organe de l'Huître perlière qui produit la perle.

« Les uns ont supposé implicitement que c'était une production du manteau, d'autres que c'était une concrétion du rein, et l'opposition ou la coexistence de ces deux origines diverses attribuées aux perles n'a même pas été mise en évidence. On a parlé de glandes et de sécrétion glandulaire d'une part, de production ou végétation épithéliale d'autre part, sans choisir entre ces deux mécanismes. On n'a pas décidé davantage si ces productions tendaient à être englobées dans la coquille ou à s'en séparer. Il ne semble pas, d'après cela, que l'on soit bien instruit du mécanisme intime de la formation de la perle et que l'on puisse se proposer d'imiter la nature dans cette opération autrement que d'une manière tout à fait empirique et, par conséquent, incertaine. »

Depuis ce quart de siècle, des données nouvelles ont été acquises, bien des faits nouveaux ont été mis en lumière et, actuellement, si de nouvelles discussions se produisaient à l'Académie, elles offriraient certainement toute la précision et toute la clarté désirables.

Cela ne veut pas dire que ces nouvelles notions sont connues du public et sont devenues des notions courantes.

Il m'a donc paru utile de publier, dans un ouvrage illustré de nombreuses figures pour rendre le texte plus clair, un exposé impartial de la question, précisant les points controversés.

Ce livre comprend six parties principales :

1º Une étude générale de la perle ;

2º Une étude spéciale de l'Huître perlière ou des Méléagrines ;

3º Un résumé des principaux ennemis des Huîtres perlières ;

4º Un résumé des principaux Mollusques producteurs de perles, en dehors des Méléagrines ;

5º Une étude sur le mode de formation des perles ;

6º Un exposé des tentatives de multiplication et de culture de la perle fine.

Dans la première partie, après avoir esquissé l'histoire de la perle fine, dans l'antiquité et les temps modernes, je montre les idées saugrenues et fantaisistes auxquelles elle a donné naissance. Puis, entrant dans le vif du sujet, j'indique les caractéristiques de la perle fine, les particularités qu'elle présente et sa composition chimique. Quelques notions précises, sur la valeur vénale des perles et sur la façon dont on la calcule, donneront au lecteur des renseignements utiles que l'on ne trouve guère dans les ouvrages similaires portant sur les perles.

Cette première partie est complétée par des notions sur le travail de la perle fine, les moyens pratiques pour reconnaître que l'on a réellement affaire à une perle fine, la durée des perles et les plus beaux spécimens que nous connaissons.

Elle se termine par un essai de classification des perles, d'après les données les plus récentes.

L'étude spéciale de l'Huître perlière permettra au lecteur de faire connaissance avec l'organisation des Méléagrines, leur développement, les principales espèces de Méléagrines et leur distribution géographique.

Les détails fournis sur la pêche et les ennemis des Huîtres perlières donneront, je crois, beaucoup d'intérêt à la lecture de la troisième partie.

L'Huître perlière n'étant pas seule à produire des perles fines, il était nécessaire de faire connaître les principales espèces de Mollusques, producteurs de perles, ce qui fera l'objet de la quatrième partie.

Une étude spéciale du mode de formation des perles mettra le lecteur au courant des découvertes modernes et lui permettra de se faire une opinion raisonnée sur les nouvelles perles de culture, qui viennent concurrencer sur le marché mondial les perles dites naturelles, *qu'il vaudrait mieux appeler les perles accidentelles, par opposition aux perles de culture.*

Comme l'a dit très justement le regretté H. LYSTER JAMESON (1), dont l'autorité scientifique en pareille matière était des plus considérables, dans un passage traduit à la suite d'un article de M. Gustave HIRSCHFELD (2) :

« C'est un fait significatif que les marchands de perles et les joailliers d'ANGLETERRE n'ont visiblement fait aucune tentative pour obtenir et publier des opinions scientifiques sur le problème soulevé par l'arrivée de la perle dite de culture. A la longue, on reconnaîtra que c'est une politique à courte vue. Il est très probable que la valeur des stocks de perles naturelles, entre les mains

(1) LYSTER JAMESON, *Cultured Pearls* (Nature, London, déc. 1921).
(2) Gustave HIRSCHFELD, *les Perles japonaises de culture* (Bull. Soc. océan. de France, n° 6, 1922).

des marchands et des autres propriétaires, souffrira bien davantage de l'incertitude et de la confusion créées par des affirmations comme celles mentionnées ci-dessus qu'elle n'aurait souffert d'une explication en public, franche et complète, de la nature exacte et de l'avenir probable du développement de la découverte japonaise. Cette découverte, quelle qu'en soit l'importance, en tant que réussite scientifique, ne devait pas nécessairement engendrer la panique, qui, à en juger par leur conduite, règne actuellement dans certains milieux des négociants en pierres précieuses. Si, dès le début, les marchands et bijoutiers avaient agi en réalistes, au lieu de se conduire (pensant qu'ils pourraient amener le public à se conduire de même) de la façon si souvent et si faussement attribuée à l'Autruche, il est infiniment probable que le marché des perles se serait à l'heure actuelle adapté au changement. »

Cette attitude des marchands de perles et des joailliers d'ANGLETERRE a été identiquement la même en FRANCE, et l'un d'eux (1) écrivait récemment en rapportant une conversation qu'il avait eue dans un cercle mondain :

« Me rappelant alors la partie de la conférence de M. Lucien FALIZE, que j'ai citée plus haut, je dis à mon interlocutrice que, selon l'opinion de ce grand joaillier, la science réussirait sans doute un jour à fabriquer des diamants et des pierres de couleur, *mais qu'elle ne ferait jamais de perles*, et j'ajoutai : Cette conférence a été faite il y a vingt-cinq ans. Malgré le développement prodigieux des progrès scientifiques, les craintes de M. Lucien FALIZE ne sont pas encore réalisées, et l'imitation du diamant et des pierres de couleur est restée lettre morte. Les essais d'imitation du saphir et de l'émeraude ont été absolument nuls, et la comparaison que vous venez de faire entre un rubis véritable et un rubis scientifique nous dispense de raisonner plus longtemps sur ce sujet. *Vous me questionnez maintenant au sujet de la perle. Retenez bien que la parole de* FALIZE : « *On ne fera jamais de perles* » *est toujours vraie.* En effet, à l'époque de cette conférence et même bien avant, *les Japonais et les Chinois faisaient déjà la culture des perles dites* « *japonaises* ».

« — Ah ! nous ne savions pas cela, interrompit une Américaine.

« — Rien de surprenant, car ce sont des choses de métier que le grand public ne connaît guère. »

(1) Léonard ROSENTHAL, *Au Jardin des gemmes*, Payot, Paris, 1922.

L'auteur dont je cite ce passage, qui me paraît typique, est un expert trop compétent et trop averti pour ne pas savoir, ainsi du reste que le prouve la suite de son texte

1° Qu'il existe actuellement des perles complètes de culture ;

2° Que les Japonais et les Chinois ne produisaient pas, au temps où M. FALIZE faisait sa conférence, des perles complètes de culture, mais seulement des demi-perles, dites « japonaises », qui ont un tout autre mode de formation que les perles complètes et ne peuvent se confondre avec elles.

Si c'est ainsi que les grands joailliers documentent leurs auditeurs ou leurs lecteurs, l'ouvrage que je présente aujourd'hui ne sera pas tout à fait inutile. J'espère renseigner le lecteur, peut-être avec moins de compétence que ne l'aurait fait un grand joaillier, mais assurément avec une complète impartialité.

PREMIÈRE PARTIE

ÉTUDE GÉNÉRALE DE LA PERLE

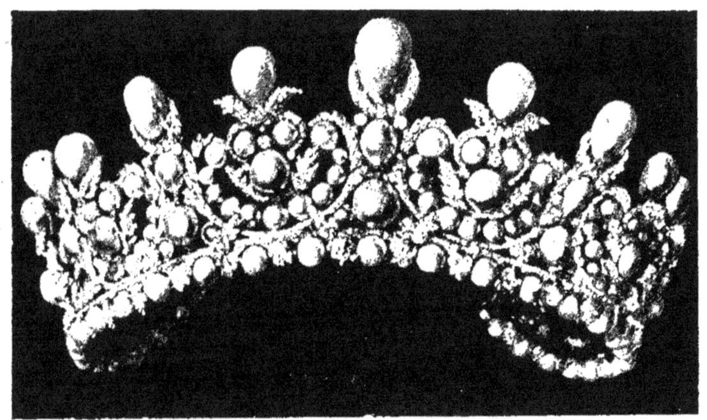

Figure 2. — Un diadème orné de perles en poires et de perles rondes
provenant des joyaux de la Couronne de France.

LA PERLE

CHAPITRE PREMIER

LA PERLE DANS L'ANTIQUITÉ ET DE NOS JOURS. LA PERLE DANS LES ÉCRITS LITTÉRAIRES. SON PRIX ACTUEL.

L'histoire des perles fines, comme celle de presque toutes les connaissances humaines, comporte deux phases principales :

1º La phase légendaire et poétique, pendant laquelle on attribuait aux perles fines une origine mystérieuse. Elle s'est transmise à travers les âges et a duré plus longtemps que les premières perles qui ont servi de parures aux belles filles des temps passés. La légende représentait, alors, la perle fine comme une goutte de rosée, tombée entre les valves de la coquille d'un Mollusque. Cette goutte se solidifiait sous l'ardeur des rayons du soleil.

2º La phase d'observation, que l'on peut appeler *la phase scientifique de l'histoire des perles fines*. Cette dernière est venue, heureusement, nous apporter des connaissances plus précises. Elle s'est, peu à peu, substituée ou juxtaposée à la phase légendaire.

D'après Mlle Yvonne LEMAIRE (1), la première mention des perles employées comme ornement au JAPON paraît avoir été faite dans le *Kojiki* (livre des traditions), le plus ancien document historique du JAPON (VIIe siècle après J.-C.), où il est question de bijoux blancs, originaires de la mer. Elle cite encore le *Nippon-Shoki* (720 après J.-C.), qui raconte plusieurs événements mythologiques et historiques, dans lesquels la perle joue un rôle et est mentionnée avec précision comme bijou.

(1) LEMAIRE (Y.), *la Production industrielle des perles fines au Japon* (Bull. de la Société franco-japonaise de Paris, nº XLVIII, 1921, Paris).

Elle ajoute : « La perle semble avoir été utilisée de tout temps au JAPON beaucoup plus pour l'ornementation des objets d'art que pour la parure de l'homme. On les trouve incrustées dans des vieux laques, des cloisonnés, des inro, des netsuké, des poignées de sabre. Une perle est sertie dans la statue de la déesse KWANNON, à NARA. »

Bien antérieurement, les perles de l'INDE paraissent avoir été recherchées par l'homme et les perles provenant des pêcheries de CEYLAN, d'après HERDMAN (1), sont connues depuis une bien plus haute antiquité.

Ce sont, d'après lui, très vraisemblablement, les plus anciennes pêcheries dont on ait signalé l'existence, et elles fonctionneraient de la même façon, depuis deux mille et peut-être trois mille ans.

Il en donne la preuve en citant le *Mahawansa*, dans lequel les perles figurent, déjà, dans la liste des produits indigènes envoyés comme présents par le roi VIJAYA, de CEYLAN, à son beau-frère indien (540 à 550 avant J.-C.)

De même, dans l'énumération des présents adressés par le roi DEVANAMPIYATISSA dans une ambassade envoyée dans l'INDE (306 avant J.-C.), on relève huit lots de perles de CEYLAN.

On constate aussi que la salle du trône du palais d'ANURADHAPURA était décorée (161 avant J.-C.) avec des perles du pays et que le mortier des ruines de POLONARUWA montre les restes de coquilles d'Huîtres perlières qui entraient dans sa fabrication et qui provenaient probablement des déchets d'une pêcherie.

Les perles fines ont donc été recherchées, depuis la plus haute antiquité, comme une précieuse parure.

A l'aurore des temps historiques, les Grecs connaissaient les perles du GOLFE PERSIQUE et de la COTE D'ARABIE, qui leur arrivaient par l'intermédiaire des PHÉNICIENS. Les jeunes filles riches d'ATHÈNES en portaient aux deux oreilles, comme le font les dames de l'époque actuelle, et les jeunes gens n'en ornaient que leur oreille droite, selon une coutume qu'ils avaient, vraisemblablement, empruntée aux PERSES.

« En PERSE, dit M. Léonard ROSENTHAL (2), dans un petit livre que nous aurons à citer à plusieurs reprises, le goût de la perle existe dans les temps les plus reculés. Les monnaies, les médailles anciennes, représentant les reines de PERSE, nous les montrent les oreilles ornées de perles et, tout récemment, la

(1) HERDMAN (W. A.), *Report to the Government of Ceylon* (p. 1, t. I).
(2) Léonard ROSENTHAL, *Au Royaume de la perle*, Payot, Paris, 1919.

mission de MORGAN nous apporta les restes d'un fort beau collier de perles trouvé à SUSE, dans le sarcophage d'une princesse achéménide. Il date, sans doute, du IVe siècle avant J.-C. et se trouve actuellement conservé au Musée du LOUVRE. »

Le même auteur ajoute, un peu plus loin : « Dans l'*Ancien Testament*, il est fréquemment question de perles. Le *Livre* de JOB, les *Proverbes* de SALOMON prouvent en quelle estime on les tenait. SAINT MATHIEU, dans son sermon sur la Montagne, dit : *Le royaume des cieux est semblable à un marchand qui cherche de belles perles et qui, en ayant trouvé une de grand prix, s'en va, vend tout ce qu'il possède et l'achète* (chap. XIII). Le CHRIST compare tout ce qu'il y a de plus précieux à la perle. Les HÉBREUX dans le TALMUD, les ARABES dans le KORAN, en font le symbole de la beauté idéale et pure. »

Les ROMAINS ont été, aussi, des amateurs de belles perles fines, surtout après leurs conquêtes en ORIENT.

PLINE raconte que LOLLIA PAULINA, dont l'aïeul LOLLIUS avait scandaleusement pressuré les provinces orientales, *se fit voir aux flambeaux avec une parure de quarante millions de sesterces, composée de superbes perles fines.*

Il s'agit, évidemment, dans cette citation, de perles fines d'origine marine. Les ROMAINS ont connu, cependant, les perles fines d'eau douce, et SUÉTONE prétend, dans la vie de Jules César, que l'un des buts que se proposait le conquérant, en essayant d'établir sa domination sur la GRANDE-BRETAGNE, était de se procurer des perles d'eau douce, dont il fit orner la cuirasse de la VÉNUS GENITRIX, lors de son retour triomphal à Rome.

« Les perles, en GRÈCE comme à ROME, étaient en effet consacrées à VÉNUS, dit DASTRE, dans un article déjà ancien, mais bien documenté, que j'ai cité dans la préface, nées, comme elle, de l'écume des ondes. C'est à la VÉNUS du PANTHÉON que l'empereur SEPTIME-SÉVÈRE dédia la perle, jumelle de celle que CLÉOPATRE, dans le célèbre festin qu'elle offrit à ANTOINE, avait avalée dans une coupe de vin. »

Le goût des perles, pendant la période du moyen âge, ne pénétra qu'assez tard en FRANCE. La première mention en est faite dans les édits somptuaires de PHILIPPE LE BEL.

Cependant, MARCO POLO, vers 1291, signale que les perles faisaient la richesse de CEYLAN, et un récit publié, d'après HER MAN, par FRIARD JORDANUS, en 1330, indique que 8 000 bateaux étaient engagés pour la pêche des perles dans le golfe de MANAAR. En 1563, un marchand vénitien, Cœsar FREDERICK, voyageait de l'INDE à CHILAW, situé à peu près au milieu de la côte ouest de CEYLAN, pour assister à une campagne de pêche.

Les perles fines ne commencèrent à se répandre en FRANCE que trois siècles plus tard, sous le règne de HENRI II. Les relations avec l'ORIENT étaient rares, et il semble qu'on utilisait alors, beaucoup plus qu'on ne le fait de nos jours, les perles d'eau douce.

Cependant les croisades avaient favorisé l'importation des perles d'ORIENT, et la découverte de l'AMÉRIQUE devait faire de l'ESPAGNE un riche entrepôt de perles magnifiques provenant des pillages systématiques opérés par les conquérants.

C'est l'époque où les ducs de LORRAINE faisaient garder jalousement la pêche dans la VOLOGNE, cette petite rivière des VOSGES, où vivait en abondance la *Margaritana margaritifera*, la fameuse Mulette perlière. Un pêcheur en titre, placé sous la surveillance des officiers du duc, était chargé de la récolte, qui s'effectuait seulement en juin, juillet et août.

On sait que la femme du duc LÉOPOLD Ier possédait un collier et des pendants d'oreille en perles de la Vologne qui étaient cités comme des merveilles.

Ces perles d'eau douce, que l'ÉCOSSE fournissait en abondance, ont conservé longtemps leur vogue. Lorsque l'impératrice JOSÉPHINE vint à PLOMBIÈRES, on lui offrit des perles vosgiennes, et elle fut si charmée de leur éclat qu'elle fit faire un essai d'acclimatation à la MALMAISON, où les Mulettes, à son grand étonnement, ne purent se multiplier.

On comprend facilement cet échec, maintenant que l'on connaît mieux le mode de reproduction des *Unio* et la présence dans leur cycle évolutif de la larve *Glochidium*, parasite des Poissons.

Le centre de production actuel des perles d'eau douce paraît maintenant s'être transporté dans l'Amérique du Nord, dont certaines rivières fournissent, parfois, des perles de grande valeur.

De nos jours, le luxe des perles fines d'ORIENT s'est beaucoup répandu et s'est démocratisé. Les perles d'eau douce sont reléguées au second plan, et l'exploitation des gisements marins s'est étendue sur toutes les parties du monde. Aux antiques gisements du GOLFE PERSIQUE, de la MER ROUGE et de CEYLAN, se sont ajoutés ceux du Nouveau Monde ; dans la Mer des Antilles, où l'une des Iles sous le Vent s'appelle Margarita, sur le littoral du Pacifique, au Pérou, en Colombie, à Panama, au Mexique le long du Golfe de Californie.

D'autre part, les pêcheries océaniennes deviennent prospères : Pêcheries australiennes de l'Est, Iles Sandwich, Nouvelle-Guinée, etc. La France possède, aux Iles Gambier et surtout à Tahiti et aux Iles Tuamotu, d'immenses pêcheries, mal organisées, qui ne produisent plus qu'exceptionnellement de grosses perles. Le temps n'est plus où, dit-on, la reine Pomaré se servait de grosses perles comme de billes pour se distraire avec ses compagnes.

Tous ces gisements sont, plus ou moins, dans le voisinage de l'équateur, dans les régions chaudes de la mer.

Cependant, il existe d'importantes pêcheries au Japon, sur lesquelles nous aurons plusieurs fois l'occasion de revenir, et le professeur Gruvel signalait, récemment, des lieux de pêches intéressants dans le voisinage immédiat de Madagascar.

Pendant de longues années, on ne s'était guère préoccupé de l'origine réelle des perles fines, dont on expliquait l'existence par des fables plus ou moins poétiques; cependant, peu à peu, les recherches réellement scientifiques s'ébauchaient, et, dès le commencement du xixe siècle, Réaumur écrivait avec le grand bon sens qui réglait toutes ses observations :

« Il n'est pas étonnant qu'un animal qui a des vaisseaux où il circule assez de suc pierreux pour fournir à bâtir, à épaissir et à étendre une coquille, en ait assez pour former des pierres, si le suc destiné à l'accroissement de la coquille s'épanche dans quelque cavité de son corps ou entre ses membranes (1). »

La perle était restée, jusqu'à ces dernières années, un produit sauvage, un produit accidentel de Mollusques marins ou d'eau douce.

On avait réussi, il est vrai, à fabriquer industriellement des imitations plus ou moins grossières ; mais il était toujours facile pour un expert de les reconnaître pour des perles artificielles. On avait également tenté, par un artifice, de provoquer la formation de perles, soit sur des Mollusques marins, soit sur des Mollusques d'eau douce; mais ces tentatives, quoiqu'elles remon-

_____

(1) Réaumur, *Observations sur le coquillage appelé Pierre marine ou Nacre de Perle* (Hist. Acad. Roy. Sc. Paris, 1817).

tent très loin, n'avaient donné que des résultats fragmentaires.

On n'avait pu obtenir, jusqu'ici, que des perles incomplètes, des demi-perles adhérentes à la coquille, *faciles à distinguer des perles naturelles complètes.* Il semblait que la culture de la perle se heurtait à des difficultés infranchissables et que le seul espoir, pour augmenter la quantité de ce produit précieux, reposait seulement sur un meilleur aménagement des bancs d'Huîtres perlières et sur la multiplication des sujets producteurs.

L'état de la question a changé brusquement.

Un patient Japonais, un grand cultivateur, M. MIKIMOTO, qui possède dans la baie d'Ago une exploitation de la Méléagrine du JAPON, s'est, pendant vingt-cinq ans, consacré à la question de la culture de la perle fine et a finalement réussi à provoquer la formation des perles complètes de culture dans le corps d'un Mollusque perlier, et ces perles, ainsi que nous le verrons plus loin, présentent toutes les qualités superficielles de la perle fine (fig. 3).

Figure 3. — UN LOT DE PERLES DE CULTURE, remarquable par la beauté des perles blanc rosé.

(Cliché de l'auteur.)

Nous assistons ainsi de nos jours à une phase nouvelle de l'histoire des perles, que l'on peut appeler la phase de l'ostréiculture perlière (Voir chap. XXXII).

LA PERLE DANS LES ÉCRITS LITTÉRAIRES. — Dans un livre déjà ancien, mais des plus intéressants, M. Lucien FALIZE (1) a étudié avec une grande compétence, sous la forme d'une conférence, les bijoux de jadis et ceux d'aujourd'hui.

Avant de passer en revue, d'après leurs portraits, faits le plus souvent par des maîtres illustres, les bijoux et les perles des belles dames du temps passé, il écrivait, avec la haute autorité que lui conférait sa grande habileté d'artiste, les lignes suivantes :

(1) Lucien FALIZE, *les Bijoux de jadis et ceux d'aujourd'hui*, Paris, Chamerot et Renouard, 1898.

Pourquoi faut-il que nos illustres savants d'aujourd'hui s'acharnent à en pénétrer le secret ? Quelle est la loi de curiosité qui veut que, perpétuellement, l'homme s'attaque à ces mystères de la nature, qu'il use sa vie à chercher la solution du grand problème, quand aucune utilité évidente n'en doit résulter ? Plus loin, l'auteur ajoute : « Nos chimistes ne poursuivent plus l'ancienne chimère ; ils ne rêvent plus de faire de l'or. Ils voudraient faire du diamant, des rubis, des saphirs, des émeraudes. A quoi bon ? quel inutile problème ! Et quand, au fond d'un creuset, FERL et FREMY nous montraient en 1878 des rubis véritables, quand tout récemment M. MOISSAN cristallisait le carbone et créait des diamants, méritaient-ils d'être loués ?

« A quoi servirait à l'homme de créer ces pierres brillantes, que Dieu a faites si rares et qu'il a disséminées au plus profond de la terre, qu'il a jetées comme des jouets, pour l'humanité, ces pierres que nous aimons pour leur beauté, leur lumière, pour leurs vertus et que nous cesserions d'aimer si demain l'industrie les produisait artificielles? Quel résultat suivrait une telle découverte? L'effondrement de la fortune de beaucoup de gens, la disparition d'un capital public, de bien des milliards répandus dans toutes les mains, du plus riche au plus pauvre, la perte d'un jouet charmant dont s'amusent les hommes, et les femmes surtout, depuis les temps les plus reculés.

« Car tout s'évanouirait, le savant ne tirerait aucun parti de sa découverte ; trop honnête pour la tenir secrète et en obtenir un profit que la loi jugerait illicite, il aurait fait perdre aux diverses pierres leur vertu, et cela sans raison. Heureusement, les recherches si curieuses de quelques-uns sont plus du domaine de la pure science que de la pratique, et jusqu'ici on n'a pas eu à souffrir de cette menace. Elle aura son effet cependant, et *l'on peut prévoir que, dans un avenir plus ou moins éloigné, on fera des diamants, des rubis, des saphirs, des émeraudes, et ce sera une grande catastrophe.*

« *Mais on ne fera jamais de perles.*

« La perle a gardé son prestigieux empire, et, depuis VÉNUS sortant de l'onde, la chevelure ruisselante des perles de la mer, depuis CLÉOPATRE détachant de son oreille la perle qui valait une province d'ASIE pour la dissoudre dans sa coupe, jusqu'au don récent que fit au LOUVRE la veuve d'un Président de la République, la perle est restée, pour toutes les femmes, la parure idéale, celle qui convient le mieux à sa beauté.

« Nous en parlerons plusieurs fois au cours de cet entretien. Mais, si la valeur de la perle va toujours croissant, si elle suit une progression continue, c'est que rien ne la pourrait remplacer, et que l'*Huître a seule le secret du chef-d'œuvre*. On a essayé d'alimenter cette ouvrière, *elle ne travaille pas sur commande et résiste même à la patiente direction des Chinois.* »

Évidemment, Lucien FALIZE était un grand, un très grand artiste qui a créé des chefs-d'œuvre d'orfèvrerie, mais ses préjugés artistiques l'entraînaient un peu loin !

J'ai entendu parfois des artistes et des littérateurs regretter le temps des diligences et vitupérer contre les chemins de fer qui profanent les sites et gâtent les paysages. C'est un point de vue de poète.

En dehors des vieilles légendes qui faisaient naître, faussement d'ailleurs, les perles fines, d'une goutte de rosée tombée entre les valves du Mollusque ou de l'écume de la mer, la réalité a, cependant, beaucoup de poésie et de grandeur. Quel contraste frappant existe entre la naissance d'une perle et son aboutissement, entre ce petit sarcophage d'un Ver parasite et ce joyau qui constitue la somptueuse parure, regardée comme le plus bel ornement des femmes !

Il y a là une antithèse d'une grandeur incontestable, et la connaissance précise de la véritable origine des perles, loin d'en diminuer la poésie, lui donne une beauté tragique insoupçonnée. C'est le *To be or not to be* de SHAKESPEARE, augmenté de tout l'éclat et de toute la richesse de la perle fine !

N'est-il pas curieux de relire la citation de ce grand artiste que fut Lucien FALIZE, maintenant qu'un peu de temps est passé, depuis qu'il écrivait ces lignes ?...

Ses prévisions ne sont guère réalisées. Si la fabrication des diamants synthétiques n'a pas fait de progrès, il n'en est pas de même pour les rubis, qu'on a pu reconstituer par plusieurs procédés. Ces rubis reconstitués, qui permettent à beaucoup de gens d'acheter cette gemme recherchée, ont-ils fait baisser le prix des rubis naturels ? Je ne le crois pas.

Maintenant qu'il existe des perles fines de culture, que nous étudierons spécialement dans un autre chapitre, et que les joailliers les plus avertis ne peuvent distinguer des perles accidentelles ordinaires, le problème se pose d'une façon différente et la phrase

de Lucien FALIZE : *Mais on ne fera jamais de perles,* peut prêter
à une interprétation assez curieuse.

Si, cet *On,* dans l'esprit de FALIZE, signifiait que l'homme ne
peut pas industriellement fabriquer de vraies perles fines, nous
serions d'accord avec lui.

Il paraît, en effet, certain que : *L'homme ne fera jamais de
perles.* Les perles de culture sont *faites* par l'Huître. L'homme
n'a pas *fait* industriellement de vraies perles, mais il amène les
Huîtres perlières à en produire sous sa direction.

Il y a là un mode d'interprétation qui montre que toutes les
bonnes prophéties ont un double sens.

En dehors du livre de FALIZE et des travaux scientifiques ou
professionnels publiés sur les perles, il est curieux de parcourir
les innombrables écrits purement imaginatifs ou littéraires sus-
cités actuellement par ce sujet. C'est, d'ailleurs, un travail assez
ingrat.

Tous ces écrits sont loin d'avoir la même valeur, et la plupart
ne sont que de plates redites, démarquées sur d'autres auteurs,
ou des interprétations fantaisistes.

Je m'attendais, en feuilletant les ouvrages littéraires, à trouver
soit chez les poètes, soit chez les littérateurs de grand style, quelques descriptions imagées de la perle fine. Il n'en a rien été. Les
perles sont souvent citées, mais il semble que ce nom prestigieux
se suffit à lui-même et évoque une série d'images brillantes, quoiqu'un peu vagues, qu'une épithète, plus ou moins pompeuse, carac-
térise, sans qu'il paraisse nécessaire de préciser pour le vulgaire.

Une autre raison intervient peut-être. Les littérateurs et les
poètes, aussi bien dans les siècles passés que dans le temps présent,
ne sont pas, en général, des gens riches, et ceux qui précisément
seraient les plus aptes à décrire avec éclat les perles fines et les
gemmes, ne les connaissent guère que de loin et par ouï-dire et
n'ont pas, comme les joailliers, l'occasion de les toucher fréquemment
et de les comparer entre elles.

Ils sont dans la situation du citadin qui, en voyant un troupeau
de Moutons, ne discerne que l'ensemble et ne discrimine pas entre
les individus, alors que le berger est capable de reconnaître, un
par un et individuellement, tous les membres de son troupeau.

Il y a lieu de le regretter, car l'absence de connaissances précises et une documentation insuffisante peuvent conduire les
gens d'imagination à des conceptions saugrenues.

C'est ainsi que j'ai lu récemment un article où l'on soutenait la thèse suivante :

La perle serait un être vivant qui continue à vivre de sa vie propre, même en dehors du corps du Mollusque, même lorsqu'elle est montée dans une parure. La preuve, dit l'auteur, — preuve qui lui paraît incontestable et péremptoire, — c'est que, tôt ou tard, la perle arrive à mourir. Or, si elle n'était pas vivante, comment pourrait-elle mourir?

C'est l'évidence même et c'est puissamment raisonné ! Cela me rappelle le fameux syllogisme des vieux cours de philosophie : *Tout ce qui est rare est cher. Or un cheval bon marché est rare, donc un cheval bon marché est cher.*

De même qu'il faut s'entendre sur ce qui est rare et ce qui est cher, de même il faudrait que l'auteur nous dise, exactement, ce qu'il entend par vivre et par mourir !

Je préfère à ces élucubrations la légende gracieuse racontée il y a déjà longtemps par Henri BERTHOUD :

Un matin, le Saint-Père, fatigué d'une nuit passée à prier pour les pêcheurs de la Chrétienté, s'étendit mollement sur l'herbe fine du Vatican, et sa tiare, que surmontait une perle superbe, s'enfonça parmi les folles avoines qui poussaient là en liberté. Au bout d'une tige que le soleil de la veille avait séchée, se balançait une goutte de rosée qui interpella gaiement la perle en l'appelant du doux nom de sœur. Là-dessus, l'orgueilleuse, qui valait quelques milliers d'écus, de se récrier en disant à la gouttelette qu'elle était folle.

— A quoi es-tu bonne? demanda alors cette dernière.

— A émerveiller le genre humain !

— Et moi à mourir pour faire la charité, répliqua la goutte d'eau, en se laissant glisser le long du brin d'herbe, auquel elle rendit ainsi la vie.

LE PRIX ACTUEL DES PERLES FINES. — L'engoûment pour les perles n'est pas seulement l'apanage des Occidentaux :

« Depuis une vingtaine d'années, dit Mlle LEMAIRE (1), le goût de la parure s'étant beaucoup développé au JAPON, l'emploi des perles n'est plus limité à l'ornementation de quelques objets comme autrefois ; elles figurent sur des peignes, l'obidomé (qui sert à fixer l'obi, le grand nœud des ceintures que portent les Japonaises), etc... »

(1) *Loc. cit.; Production industrielle de perles fines au Japon.*

Il en a été de même dans les autres nations civilisées, si bien que la valeur des perles a augmenté sensiblement.

Cette hausse dans le prix d'une marchandise rare est incontestable. On est tenté, cependant, de la croire plus considérable qu'elle ne l'est réellement, d'autant plus qu'on ne tient pas suffisamment compte de la valeur du change.

C'est ainsi que M. Rosenthal (1) me paraît exagérer légèrement dans son livre, pourtant bien documenté au point de vue commercial, mais publié avant cette hausse du change, lorsqu'il écrit que *les perles, estimées il y a vingt ans cinq fois le poids, montent parfois maintenant jusqu'à 300 fois le poids* (Voir l'explication de ces termes dans le chapitre VI sur la valeur vénale). Il me paraît comparer deux valeurs qui peuvent ne pas se trouver dans des conditions comparables.

Il faut remarquer que celui qui, à cette époque, estimait les perles en question à cinq fois le poids ne voulait peut-être pas les acheter et n'en avait sans doute pas le placement immédiat ; tandis que le négociant qui, actuellement, offre de ces mêmes perles trois cents fois le poids, ne se trouve certainement pas dans les mêmes conditions que l'ancien acquéreur et a, probablement, en vue leur utilisation immédiate.

Il faut, dans ce cas, tenir compte non seulement de la différence de la dévalorisation de notre franc, mais aussi du coefficient individuel, très important dans l'espèce.

Deux anecdotes feront comprendre plus clairement ma pensée :

Une perle ronde crème de 30 grains avait été payée par un négociant cent fois le poids, c'est-à-dire 90 000 francs à un Indien qui l'avait retirée d'une masse de perles de Bombay. Est-ce parce que la couleur de cette perle ne pouvait se marier avec aucune autre, ou est-ce parce que le négociant était particulièrement malchanceux dans la circonstance (il avait cependant la réputation d'être très adroit), il ne pouvait arriver à la placer. Il avait beau offrir cette perle en se contentant d'un bénéfice réduit, il ne parvenait pas à obtenir d'offre ; tous ses amis lui conseillaient de s'en défaire à 50 p. 100 de perte en lui faisant valoir qu'il avait mal vu la couleur au moment de l'achat et qu'il ne retrouverait jamais son prix coûtant.

Le négociant s'obstina et ne voulut vendre qu'avec une perte

____

(1) Léonard Rosenthal, *Au Royaume de la perle*, Paris.

de 10 à 15 p. 100. Il garda donc la perle *plus de dix ans*, et il était tout disposé à la céder en perdant 10 000 francs, quand il rencontra, un beau jour, dans la rue, l'importateur qui la lui avait vendue. Ils vinrent à parler de cette perle, et l'Hindou ne manifesta aucune surprise de cette mévente : il lui offrit simplement, après l'avoir revue, de la lui racheter à son prix coûtant. Le négociant, trop heureux de ne perdre que les intérêts du capital engagé, s'empressa d'accepter. Il apprit, quelques jours après, que cette perle avait été revendue, immédiatement, par l'Indien à deux cents fois le poids, c'est-à-dire 180 000 francs, pour constituer le centre d'un collier dont il connaissait l'existence.

La deuxième anecdote achèvera de faire comprendre combien peut varier le prix de la perle selon les circonstances :

Un négociant avait réussi à vendre un petit lot de perles blanches d'environ 3 000 francs ; dans ce lot, se trouvait une perle fantaisie, d'une couleur rare et difficile à placer, que son client avait refusé d'acheter et qui lui restait comme bénéfice. Il la montre à divers joailliers et en demande 300 francs, et aucun ne veut s'en rendre acquéreur. Découragé, il l'enferme dans son coffre et n'y pense plus.

Quelques semaines plus tard, un bijoutier bien connu lui montre un bijou, pour lequel il cherchait une perle fantaisie exactement de la couleur de la perle en question et lui demande s'il ne possédcrait pas par hasard l'objet de ses recherches.

Le négociant, rentré chez lui, vérifie la grosseur de sa perle et constate qu'elle correspond exactement à ce que recherchait son confrère. Il en demande 3 000 francs, prix qui lui est payé, instantanément et sans marchandage, par le joaillier, lui-même très heureux de pouvoir terminer sans de plus longues recherches le bijou commandé par son client.

Ces deux anecdotes, que je choisis, entre bien d'autres du même genre, prouvent que le prix des perles est chose variable et dépend de facteurs souvent imprévus.

Pour essayer d'arriver à une estimation moyenne plus correcte de l'augmentation de valeur des perles, depuis ces dernières années, j'ai relevé sur un catalogue le prix demandé pour des colliers (fig. 4) en 1913, et j'ai prié un expert de m'indiquer la valeur actuelle de colliers semblables de belle qualité moyenne.

Voici les chiffres qu'il m'a fournis, en insistant sur ce fait que son estimation correspondait seulement à une moyenne très approximative

		Ancien prix.	Nouveau prix.
Le collier de 101 perles à 1 fois le poids env. 273		2 900 fr.	13 650 fr.
— 93 — — 630		5 500 —	25 200 —
— 89 — — 830		9 500 —	33 200 —
— 65 — — 3 000		25 500 —	110 000 —
		43 400 fr.	182 050 fr.

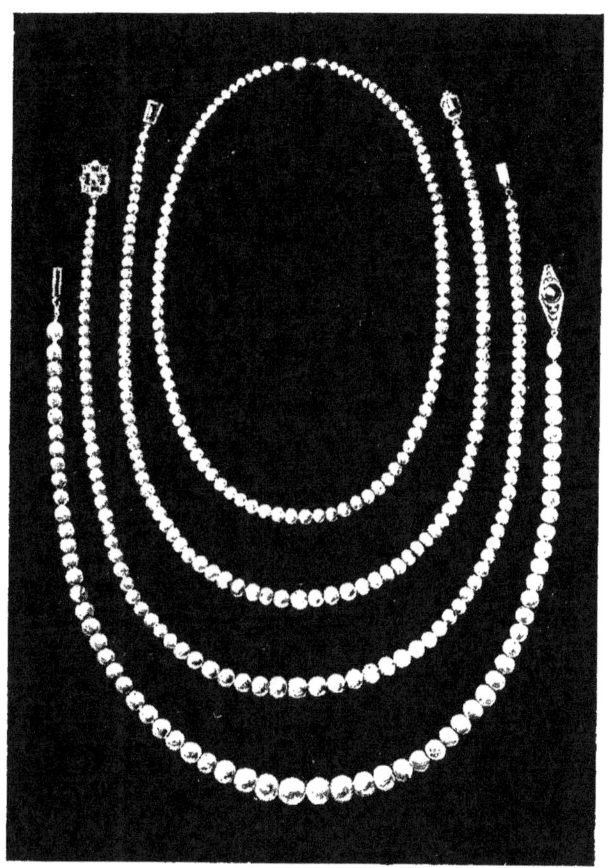

Figure 4. — QUATRE COLLIERS OFFERTS EN VENTE EN 1913.

Collier du centre, 101 perles, 152 grains : 2 900 fr. — Le suivant, 93 perles, 217 grains : 5 500 fr. — Le troisième, 89 perles, 237 grains : 9 500 fr. — Le dernier, 65 perles, 407 grains : 25 500 fr. (*La grosseur des colliers est réduite de moitié.*) !
(*D'après la « Petite Illustration » du 5 octobre 1913.*)

Cette estimation indique seulement une plus-value en francs variant de trois fois et demie à quatre fois de la valeur primitive ; mais il faut remarquer que le franc, depuis la guerre, a un change défavorable qui représente la plus grosse part de cette plus-value apparente.

Un autre expert opérant sur les mêmes colliers arriverait peut-être à doubler, dans son calcul, le prix actuel des quatre colliers ; mais nous serions encore bien loin des chiffres indiqués par l'auteur que j'ai cité plus haut. Pour être dans la note juste, je crois qu'on peut affirmer que le prix des perles a sensiblement augmenté depuis la guerre, sans cependant que cette augmentation se chiffre par des prix aussi élevés que le prétendent quelques spécialistes.

Nota. — Ce chapitre a été écrit en septembre 1923, et les indications précises de prix ne valent que pour le moment où il a été rédigé. La hausse ou la baisse des devises françaises et étrangères peut faire varier les prix dans des proportions considérables.

CHAPITRE II

CARACTÉRISTIQUES DE LA PERLE FINE.
CARACTÈRES EXTÉRIEURS DE LA PERLE.

Une expérience très simple nous permet d'indiquer quels sont les caractères qui peuvent pratiquement servir à définir une perle fine.

Prenons une petite cuvette à bords opaques et à fond transparent et remplissons-la avec de la gélatine colorée dissoute dans l'eau en proportions convenables.

En immergeant une perle fine dans l'intérieur de la gélatine,

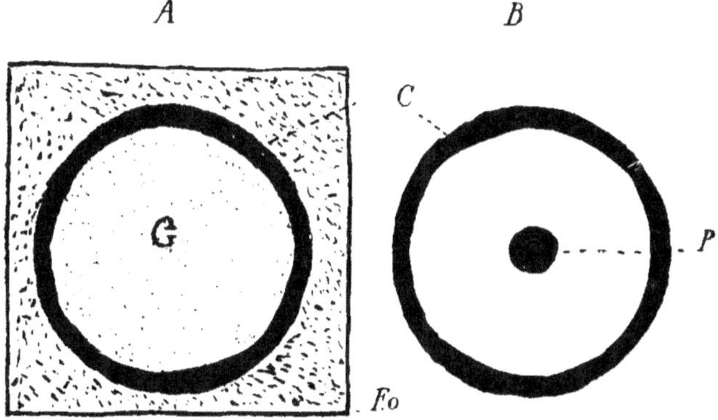

Figure 5. — LA PERLE FINE, DANS SON ENSEMBLE, N'EST PAS TRANSLUCIDE.
A, cuve de gélatine posée sur fond noir. — B, la même cuve fortement éclairée par transparence. — C, parois de la cuve. — G, gélatine. — P, perle. — F.o, fond opaque.

qui forme une sorte de gelée, nous pouvons constater successivement deux faits :

1° Si nous plaçons la cuvette sur un fond noir, nous ne distinguons pas la perle, qui se confond avec le milieu ambiant ;

2° Si nous éclairons fortement le fond de la cuvette, la perle apparaît en noir sur un fond clair.

A quoi tient cette différence dans le résultat de ces deux observations?

Elle tient à ce que la gélatine, fortement éclairée, laisse passer es rayons lumineux, tandis que la perle les arrête et forme écran.

Cela prouve que *la gélatine est translucide, tandis que la perle, dans son ensemble, ne l'est pas.*

Voilà un premier renseignement très important, car il nous indique que, si nous examinons une perle, ce que nous apercevons : *c'est l'extérieur et non l'intérieur, vu par transparence* ; ce sont donc des caractères de surface qui vont seuls indiquer si nous avons réellement affaire à une perle fine.

Car, en réalité, dans l'état actuel de nos connaissances, on ne peut pas savoir ce qu'il y a dans l'intérieur d'une perle, sans la couper, ce qui est vraiment un moyen un peu brutal et inusité (1).

La section d'une belle perle fine peut d'ailleurs ménager des surprises. La petite fille qui s'amuse à ouvrir le ventre de sa poupée constate qu'elle ne contient que du son ou de l'étoupe ; le coupeur de perle est exposé à des surprises du même ordre (fig. 6).

Dans certains cas, comme nous le verrons dans le chapitre VII, consacré au travail de la perle, les joailliers sont amenés, cependant, à enlever sur des perles abîmées quelques couches concentriques, pour les rajeunir. Ils ne procèdent à cette opération qu'avec une extrême prudence, car ils ignorent, malgré toute leur compétence, ce qu'ils trouveront exactement en profondeur.

Une très belle perle, d'une très haute valeur, peut présenter, dans son intérieur, des couches en plus ou moins bel état. Nul ne pourra le deviner, nul ne s'en apercevra tant qu'elle restera à l'état de belle perle complète, et elle continuera à être appréciée de tous ceux qui pourront l'admirer ; car, plus secrètement encore qu'une belle princesse qui aurait une tare cachée, elle dissimule ses imperfections pendant toute la durée de son existence et ne les montre qu'à la suite d'un mortel accident.

Nous ne pouvons donc juger de la beauté et de la valeur d'une perle qu'en l'examinant extérieurement, et c'est à l'extérieur, seulement, que nous trouverons des renseignements précis et indiscutables.

Certaines indications, que nous examinerons dans le chapitre suivant, comme la provenance probable, l'élasticité, la densité

(1) Louis BOUTAN, *Étude sur les perles fines* (Bull. Soc. scient. d'Arcachon, 1921).

peuvent donner des renseignements, mais ce seront toujours des indications secondaires, et elles ne prendront de valeur que comme complément des caractères que nous allons étudier maintenant. Ce sont, en effet, des caractères exclusifs, pour la plupart, mais non positifs.

Les vraies caractéristiques, les seules dominantes, parmi les

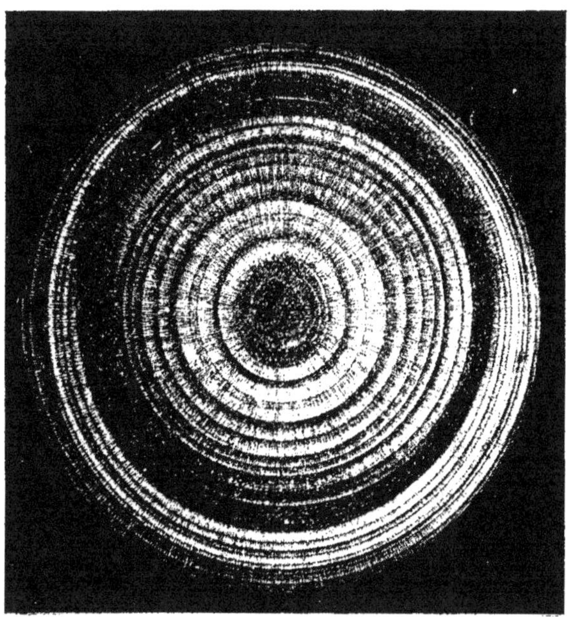

Figure 6. — COUPE D'UNE PERLE D'APRÈS MAC INTOSH.

L'aspect de cette coupe montre que l'on a affaire à une perle opaque et ayant perdu ses qualités de perle fine.

qualités de surface, sont l'*éclat*, le *lustre* et l'*orient*, le lustre et l'orient constituant l'eau de la perle.

Qu'est-ce que l'on entend au juste par ces termes ?

Si nous feuilletons le dictionnaire de LITTRÉ, nous trouvons :

« L'éclat : l'intensité avec laquelle une vive lumière et par suite une surface polie, une couleur animée frappe l'œil. Aspect brillant ; l'éclat des fleurs, des couleurs.

« Le lustre : le brillant et le poli qu'on donne à un objet ou qu'un objet a naturellement. Exemple : *Une perle d'assez de lustre pour être la marque d'un si beau jour* (MALHERBE).

« L'orient des perles : le brillant produit par leurs reflets.

Exemple : *Les perles ont à peu près le même orient que la nacre intérieure et polie des coquilles à laquelle elles adhèrent souvent* (BUFFON).

« L'eau : lustre, brillant des diamants. Dans le commerce, on entend par eau la transparence des diamants (*Dictionnaire des arts et métiers*). Exemple

« *Les perles que* CLÉOPATRE *avait en pendants étaient d'un prix inestimable, soit par l'eau, soit par la grosseur.* »

Ces définitions sont assurément un peu vagues, et les joailliers ne me semblent pas donner plus de précision à ces termes :

L'éclat est, selon moi, une qualité commune avec la nacre et, quoiqu'on le fasse entrer avec raison dans les caractéristiques d'une perle fine (une perle fine sans éclat perd une qualité essentielle), ce n'est cependant pas, à mes yeux, *un caractère spécifique et différentiel.* L'éclat est dû, je crois, à la réflexion *presque totale* de la lumière sur *la couche la plus superficielle* de la perle.

Le lustre et l'orient tiennent à l'état physique particulier des couches superficielles de la perle fine, disposées en un grand nombre de couches concentriques et offrant : *d'une part, des inégalités variées et, d'autre part, des lignes ondulées* qu'on ne voit qu'à un assez fort grossissement (fig. 9).

Dès 1853, David BREWSTER avait découvert, ainsi que le note Raphaël DUBOIS, les accidents de surface et avait fait une expérience capitale pour élucider leur rôle. En imprimant la surface des perles fines sur un mélange de cire et de résine, il arrivait ainsi, sur le moule en creux, à reproduire les phénomènes optiques de la surface de la perle fine et en particulier les irisations qui augmentent la beauté de certaines perles fines.

Cette constatation si importante faite par David BREWSTER n'a guère besoin de commentaires pour nous faire comprendre que les qualités de surface de la perle fine doivent dépendre de la disposition des couches superficielles, beaucoup plus que de leur composition chimique.

Il importe donc d'étudier avec tout le soin désirable la disposition physique de ces couches de la perle fine.

Supposons que nous ayons en main une perle. S'il s'agit d'une perle fine, en l'examinant à l'œil nu ou à la loupe, avec un grossissement de 2 diamètres au maximum, nous ne distinguons qu'une surface d'apparence polie et lisse ; mais cette surface nous donne plusieurs sensations, que nous distinguons dans une belle perle de la façon suivante :

1º Par l'éclat qui se traduit par un point lumineux, si la perle est placée isolément sur une surface horizontale (fig. 7); par deux points lumineux si deux perles sont disposées tout près l'une de l'autre et même par trois points lumineux lorsque l'on place les perles en triangle ;

2º Par le lustre, qui résulte d'une sensation de velouté et peut-être d'irisation ;

3º Par l'orient, qui nous est révélé par une impression de profondeur dans un milieu de tonalité chaude.

L'ensemble des deux derniers constitue ce que les joailliers appellent l'eau de la perle.

Un habile joaillier ne s'y trompera pas. Il se trouvera immédia-

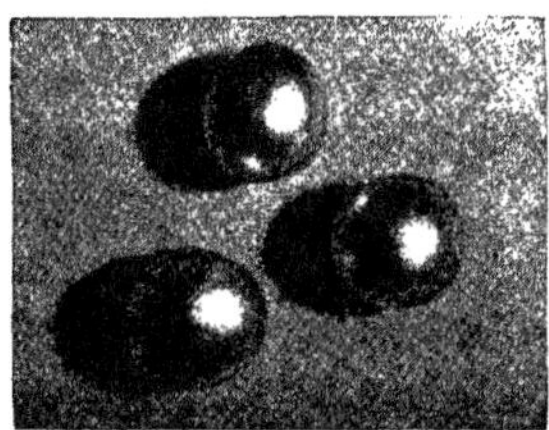

Figure 7. — TROIS PERLES DE CULTURE JAPONAISE COMPLÈTES, présentant toutes les caracéristiques des perles fines. (*Grossies 2 fois.*)

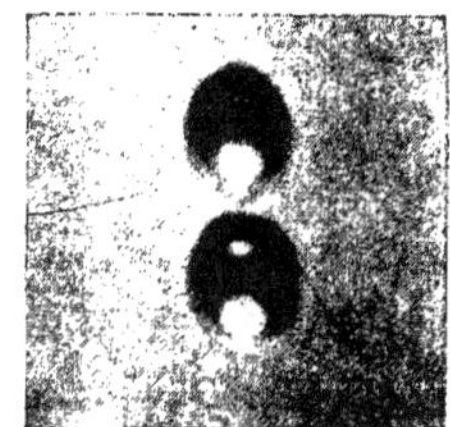

Figure 8. — PERLES DE CULTURE SCIÉES ET POSÉES A PLAT.

tement en pays de connaissance, et ce simple examen suffira pour lui apprendre qu'il se trouve en présence d'une perle fine et non d'une perle fausse.

Il n'en sera peut-être pas de même pour un négociant peu instruit ou pour un amateur n'ayant eu, jusque-là, à manipuler que peu de ces matériaux coûteux.

Il compensera cependant, en partie, son infériorité en employant un grossissement plus fort que celui donné par la loupe : en faisant l'examen au microscope avec un agrandissement de 6 à 20 diamètres, par exemple, l'aspect se trouve fortement modifié, comme le montre la figure 9.

L'éclat subsiste tout entier, mais la surface n'est plus lisse et, dans beaucoup de cas, dès ce grossissement, elle paraît au contraire mouvementée par une série de bosses et de sillons la délimitant. Le lustre est très atténué mais les irisations subsistent, ainsi que l'orient, tel que nous l'avons défini plus haut.

S'il avait affaire à une perle fausse l'aspect serait tout autre, ainsi que nous le verrons dans le chapitre IX, consacré aux perles d'imitation ou fausses perles, produites par l'industrie humaine.

Ses derniers doutes seront détruits en augmentant les proportions de l'image (fig. 10).

A un grossissement plus fort que précédemment, en employant, par exemple, un grossissement de 50 à 100 diamètres, nous n'apercevons plus qu'une faible surface de la perle ; mais, en choisissant un point bien éclairé, nous distinguons nettement une disposition que nous n'avions pas pu voir précédemment. Il est facile de constater maintenant que la surface de la perle n'est pas mouvementée seulement par ces élévations et ces sillons si visibles à un faible grossissement, mais dont l'existence n'est pas constante. Il existe, en outre, un réseau remarquable de lignes ondulées que je ne

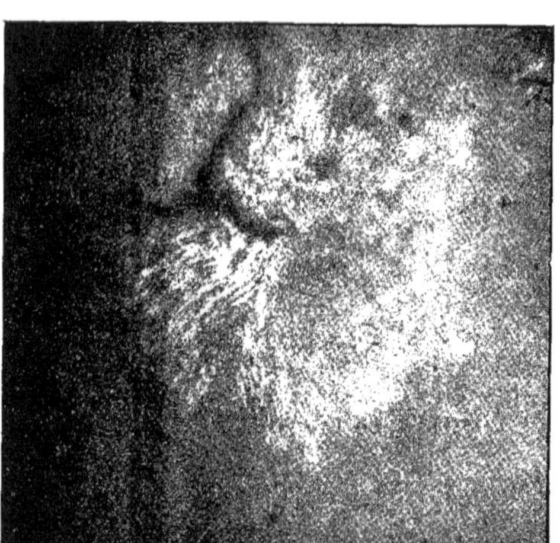

Figure 9.— Photographie de la surface d'une perle fine à un fort grossissement. *On distingue, au milieu de la figure, les courbes et les accidents caractéristiques de la surface.*

puis mieux comparer qu'aux courbes de niveau d'une carte d'état-major (fig. 9).

Ces lignes ondulées se traduisent malaisément par la photographie ; cependant, avec un peu de persévérance, on arrive à les mettre en évidence avec la plus grande netteté.

La disposition de ces lignes est si caractéristique que leur mise en évidence suffit à donner une réelle supériorité à l'observateur, qui sait employer le microscope, sur l'expert le plus averti, qui se borne à utiliser seulement la loupe.

Tels sont les caractères physiques de la surface que peut présenter à des grossissements variés une *perle fine*. Cependant, la perle fine n'est pas une *entité*, comme on l'a prétendu, et son origine commune avec la nacre aux dépens de l'épithélium externe du manteau fait que certaines modifications légères, peu visibles ou

invisibles à l'œil nu, peuvent se produire sur ces couches superficielles de la perle, sans que cette dernière soit disqualifiée comme
perle fine.

Je me suis appliqué à étudier les modifications que présente
la surface dans des perles fines de provenances aussi variées que
possible, et j'ai pu démêler ainsi un certain nombre de types avec
de nombreux intermédiaires. Je les réunis sous quatre chefs principaux.

Ces quatre types principaux de surface dans les perles fines,

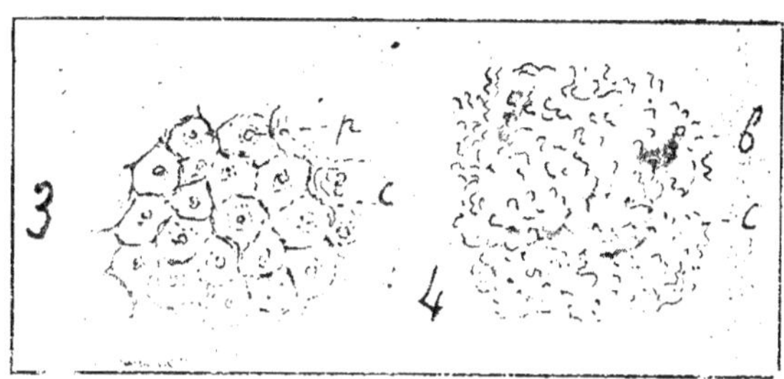

Figure 10. — SURFACES DES PERLES FINES.

En 3, on voit l'impression de l'épithélium du sac perlier. — 4, bosselures peu accusées et courbes de niveau en vermicelle ; *b*, bosselures ; *c*, courbes de niveau
[*Cliché extrait de l'* « *Étude sur les perles fines* » (*Bull. Soc. scient. d'Arcachon, 1921*).]

résultats de mes observations, et que j'ai représentés schémati-
quement dans la figure 10-3, pourront être augmentés ou modifiés
par des observations plus complètes que les miennes et portant
sur un matériel plus étendu.

Ils nous montrent, cependant, que, malgré la diversité des dispositions accusées par la figure 10-4 qui prouve que la perle fine peut
varier dans certaines limites, *ces variations se ramènent à des
irrégularités de surface.*

On voit, en conséquence, que les caractères réellement spécifiques de la perle fine résident en un très petit nombre de caractères généraux qui correspondent à *certaines* qualités de surface
et non à *toutes*, car il est plusieurs d'entre elles, la forme, la grosseur et la couleur, par exemple, qui, tout en étant importantes,
ne constituent pas des qualités fondamentales.

Une belle perle fine est ordinairement sphérique, mais une perle
de grande valeur pourra avoir une forme plus ou moins allongée,
la forme en poire, par exemple, sans cesser d'être une perle fine.
Cependant sa valeur tient plus à sa grosseur qu'à sa forme ; une

petite perle parfaite, comme forme, ne sera jamais classée parmi les Parangons. Une perle de couleur blanche est fort estimée des joailliers, mais telle perle d'Orient tirant sur le jaune n'en a pas moins une grande valeur en rapport avec son volume, et telle perle grise ou telle perle noire seront particulièrement recherchées pour leur rareté.

L'influence de la grosseur sur la valeur de la perle ne s'exerce que dans certaines limites; si la perle dépasse la grosseur normale qui permet de la porter dans un collier, par exemple, elle peut diminuer de valeur et se vendre moins cher qu'une perle sensiblement plus petite, mais parfaite comme forme.

A côté de ces caractères extérieurs, existent encore tout un ensemble d'autres indications qui peuvent aider à se faire une idée exacte de la perle et, dans l'examen méthodique d'une perle fine, il serait loin de ma pensée de prétendre que l'on ne doit pas en tenir compte.

Nous allons les étudier dans le chapitre suivant

CHAPITRE III

CARACTERISTIQUES DE LA PERLE FINE *(Suite)*

Espèce du Mollusque producteur. — Densité. Dureté
et élasticité de la Perle. — Composition chimique.

Dans ce chapitre, je me propose d'étudier, tout d'abord, l'importance du caractère fourni par l'espèce de l'animal producteur et d'apprécier sa valeur.

Les perles fines ne peuvent être fabriquées que par les Mollusques. Ces derniers ont un petit laboratoire si simple, à la fois, et si perfectionné que l'homme ne peut guère imiter ses produits, par les moyens que lui donne l'industrie, que de loin et très grossièrement.

Le Mollusque étant le seul animal qui possède ce laboratoire. toute perle fabriquée en dehors de lui, soit par l'homme, soit par un autre animal, forcément sera une imitation, une contrefaçon, une fausse perle.

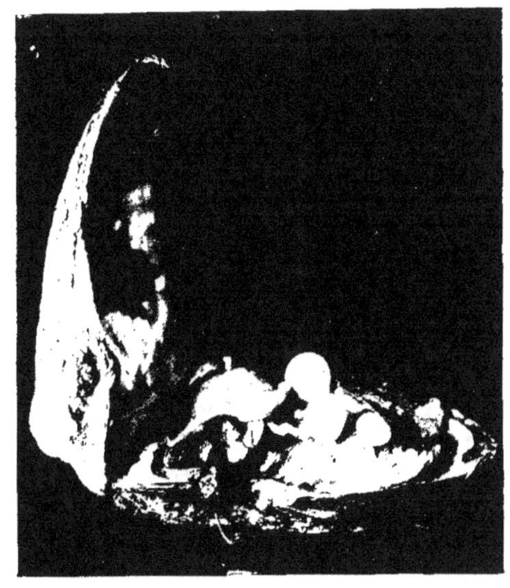

Figure 11. — Huître perlière ouverte, avec trois perles accidentelles encore en place dans les tissus transparents.
(Photographie communiquée par M. Ikeda.)

L'espèce du Mollusque producteur de perle peut-elle nous renseigner exactement sur les qualités de la perle qui en provient, et peut-on tirer un caractère précis de l'espèce du Mollusque producteur?

S'il n'existait qu'un seul Mollusque produisant des perles fines, le caractère d'espèce constituerait un caractère primordial ; mais il n'en est pas ainsi.

On peut dire, seulement, que c'est dans le genre *Meleagrina* que l'on trouve, d'ordinaire, les plus belles perles (fig. 11).

Ce sont les représentants de ce genre *Meleagrina* que l'on désigne, vulgairement, sous le nom d'Huîtres perlières. Il en existe plusieurs espèces très différentes (Voir chap. XI).

Le genre *Meleagrina* n'est pas le seul à produire des perles. Parmi les Bivalves, les jambonneaux *Pinna nobilis* LINN. sont connus pour leurs perles transparentes, depuis la plus haute antiquité.

Les Bivalves d'eau douce, les *Unio* et, en particulier, la *Margaritana margaritifera*, fournissent des perles. Les perles de la *Vologne* ont fait la parure des reines de FRANCE, et les ducs de LORRAINE se réservaient la pêche des Mulettes, ainsi que nous l'avons noté dans le premier chapitre.

Parmi les Mollusques, les Gastéropodes peuvent également produire des perles aussi bien que les Bivalves. Les perles roses, recherchées pour leur rareté, proviennent d'un gros Gastéropode. Il suffit qu'un Mollusque ait une belle nacre et la sécrète en abondance pour qu'il soit *en puissance* de produire de belles perles.

Dans de telles conditions, étant donné le nombre considérable de Mollusques qui sécrètent une belle nacre, le caractère d'espèce ne peut avoir qu'un intérêt scientifique et nullement pratique pour la détermination.

D'ailleurs, comment pourrait-on connaître avec certitude l'espèce qui a produit une perle donnée, puisque la perle est présentée indépendamment de la coquille et que la liaison entre les deux est toujours hypothétique?

Dans quel cas exceptionnel pouvons-nous espérer identifier la perle, grâce à sa position dans le corps du Mollusque, puisque ce dernier est absent, lorsque la perle arrive sous nos yeux et est soumise à notre examen ?

Aussi les joailliers consciencieux n'ont que faire de ce caractère impossible à vérifier et, lorsqu'ils présentent une perle, en utilisant le caractère de provenance, ils ont toujours soin de la désigner comme de *provenance probable* de tel ou tel centre géographique.

Le premier caractère que nous venons d'examiner *n'a donc qu'une valeur très relative et tout à fait incertaine.*

Pour reconnaître, pratiquement, si l'on a affaire à une perle fine, c'est l'examen des particularités de la surface de la perle et, en particulier, l'étude des courbes que j'ai signalées dans le chapitre précédent qui permet une détermination certaine.

En résumé, le caractère d'espèce est très important, puisque, pour avoir affaire à une perle fine, il faut que l'objet examiné provienne d'un Mollusque; mais il est pratiquement très difficile à vérifier directement.

Un peu plus utilisable est, peut-être, la vérification de la densité. La recherche de la densité, en effet, ne se heurte pas à la même impossibilité, mais elle ne peut avoir qu'un intérêt scientifique.

C'est, pratiquement, un moyen des plus précaires. La densité des perles fines oscille, il est vrai, dans de faibles limites. HARLEY donne comme chiffres 2 650 à 2 686 ; mais la densité des perles industrielles n'est pas invariable et peut être modifiée au gré des fabricants, et, d'autre part, la densité de la nacre est très voisine de celle de la perle fine.

L'examen de la densité, par exemple, dans le cas d'une perle que l'on soupçonne d'être creuse, pourrait servir à révéler ce grave défaut sans forcer, cependant, à conclure que la perle ne mérite plus d'être classée parmi les perles fines.

La dureté et la solidité de la perle ont souvent été invoquées comme un caractère spécifique; mais c'est en vain que j'ai recherché des expériences précises à ce sujet.

La perle, étant constituée en grande partie par du carbonate de chaux, n'a pas une résistance indéfinie. On peut dire seulement que la plupart des perles industrielles sont moins résistantes que la perle fine, sauf, cependant, celles dont le noyau est métallique (Voir chap. VIII).

Ne trouvant dans les auteurs aucun renseignement précis, j'ai voulu me rendre compte par moi-même. Je me suis contenté de faire marcher sur des perles fausses dispersées, sur un plancher de chêne, mon garçon de laboratoire, et j'ai reconnu qu'il pouvait marcher sur elles sans les écraser, contrairement à ce qu'on croit d'habitude ; ce n'est que lorsque je l'ai invité à insister, qu'en frappant à coups redoublés avec sa grosse semelle de cuir, il est arrivé à broyer les fausses perles.

J'aurais pu lui faire répéter l'expérience sur une belle perle fine qui, d'après les auteurs, résiste à ce traitement, j'avoue que je n'ai pas osé, étant armé par nature d'un certain scepticisme sur la résistance illimitée des perles fines.

Libre à ceux que cette question passionnerait de poursuivre l'étude de la dureté des perles fines. On pourrait facilement déterminer le point de rupture d'*une* perle fine et le préciser exactement pour une perle *donnée*, mais *ce point serait-il le même pour une autre perle?* Cela reste douteux, et ce n'est qu'en procédant à l'écrasement sur un grand nombre d'échantillons que l'on arriverait à un chiffre de moyenne.

Ce résultat vaudrait-il aussi cher que le coût de l'expérience ? Je ne le crois pas.

Quel est le joaillier qui consentirait à [soumettre une perle de grand prix à ce traitement?

Il ferait ce raisonnement bien simple : « Si ma perle contient une soufflure que je ne vois pas, d'autres ne peuvent pas la voir davantage. Elle conserve toute sa valeur marchande... Si je l'écrase ou si je la fends... où sera le bénéfice d'une telle opération? »

On parle souvent de l'élasticité des perles fines comme un de leurs caractères spécifiques. On a affirmé que l'élasticité des perles fines est très supérieure à celle de l'ivoire. J'ai vainement cherché dans les auteurs des renseignements plus précis, et je n'ai rien trouvé.

Personne, à ma connaissance, n'a publié des mesures, même approchées, donnant quelques renseignements scientifiques sur le sujet.

Il est cependant évident que, pour que l'élasticité puisse être utilisée sérieusement pour reconnaître une véritable perle fine, il faut, au moins, avoir quelques notions sur son élasticité par rapport aux productions qu'on pourrait confondre avec elle. J'ai donc entrepris quelques recherches à ce sujet.

N'étant pas outillé dans mon laboratoire pour prendre des mesures exactes d'élasticité, j'ai tourné la difficulté, grâce au dispositif très simple que je vais indiquer :

J'ai fait installer un tréteau en bois, comme ceux qui servent à supporter les tables volantes, en le munissant d'une gouttière longitudinale, en papier fort, servant de glissière. Cette glissière est *légèrement* oblique par rapport au plan horizontal (il suffit, pour obtenir ce résultat, de surélever par des calles les deux pieds arrière du tréteau), de manière à ce que toute perle placée dans la gouttière roule sans effort sur la pente.

Au-dessous de la gouttière, dont la distance au niveau du sol reste constante, on place tour à tour soit un carreau de verre, soit un carellement en ciment ou en marbre, soit même le simple plancher ou une plaque de tôle vernie.

Enfin, à une distance de 1^m,50 à 3 mètres tout autour du tréteau, on installe une muraille protectrice, représentée par une haute bande de papier dressée sur sa tranche et destinée à empêcher les perles de s'égarer.

L'appareil (fig. 12) est prêt à fonctionner. Toute perle placée dans la gouttière, à un point de repère déterminé à l'avance, va rouler le long de la glissière, *gl*, et tomber sur la plaque placée au-dessous, C, puis rebondir, aussitôt après, à une certaine hauteur.

Si elle est bien ronde, comme la

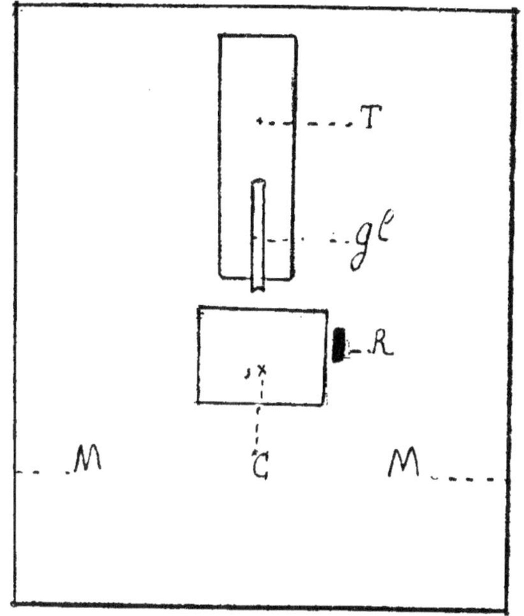

Figure 12. — Vue en plan du dispositif adopté par l'auteur pour mesurer le rebondissement des perles.

C, tablette de rebondissement. — Gl, glissière. — T, tréteau. — M, muraille protectrice. — R, règle.

« *Étude sur les perles fines* », (*Bull. Soc. scient. d'Arcachon, 1921*).

chute est presque verticale, la gouttière étant peu inclinée, la perle rebondira presque verticalement. Même si elle est un peu déformée, en répétant l'expérience plusieurs fois, on a toute chance d'obtenir le résultat cherché, lorsqu'au moment de sa chute la perle porte sur une de ses parties bien arrondies.

L'on peut mesurer, après quelques tâtonnements, la hauteur à laquelle rebondit la perle à l'aide d'un viseur et la marquer sur une règle verticale, *R*, avec une approximation suffisante.

J'ai expérimenté successivement, avec des perles fausses de différentes grosseurs (provenant d'un collier de belle apparence,) formées comme d'habitude d'une sphère de verre remplie de cire vierge (voir chap. IX : *Perles artificielles*), avec des perles fines de différentes grosseurs (perles de CEYLAN, d'AUSTRALIE, et du VENEZUELA), avec des perles d'eau douce et enfin avec des perles naturelles et de culture du JAPON.

D'après les souvenirs que m'avaient laissés mes lectures, je m'attendais à voir les perles fausses rebondir beaucoup moins haut que les perles fines, et j'augurais qu'il devait y avoir une sorte de hiérarchie dans la hauteur des sauts exécutés par les plus belles perles.

Cette impression tenait probablement à ce passage que j'avais lu dans le mémoire de Raphaël DUBOIS (1), où il raconte avec humour une de ses visites à la cour d'ITALIE :

« Je n'oublierai jamais, dit-il, le spectacle auquel j'assistai en septembre 1903, le soir de ma réception, à la cour du roi d'ITA-LIE, au château de RACCONIGI.

« J'étais avec le Roi et les personnages qui avaient assisté au dîner, quand le duc d'AOSTE me dit que la reine me demandait dans un salon voisin ; elle avait mis, me dit-elle, pour ce dîner et à mon intention, le magnifique collier de perles qu'elle portait et, pour me permettre d'admirer de plus près leurs merveilleuses qualités, elle voulut le détacher. A ce moment, le fil ui retenait les perles se rompit, et quarante-six grosses perles, représentant des centaines de mille francs, tombèrent sur le sol, où elles exécutèrent pendant un instant une danse folle : la danse des perles ! Elles bondissaient, retombaient avec un petit bruit joyeux pour ressauter encore ; d'autres se sauvaient de tous côtés, comme des enfants heureux de se sentir libres. »

Hé bien !... La danse des perles aurait été encore plus réussie si la reine avait porté un *collier de fausses perles*.

Après avoir fait danser les perles dans mon appareil, j'ai dû reconnaître, en effet, que, contrairement à ce qui se passe chez les danseuses, où les étoiles sautent plus haut et tourbillonnent avec plus de grâce que les rats du corps du ballet, ce sont les perles fausses qui sautent le mieux et le plus haut.

Les résultats comparatifs des quelques essais que j'ai faits ne laissent aucun doute à cet égard. Je ne citerai que la première expérience, renvoyant à mon mémoire pour les autres.

(1) P. 36.

Rebondissement des perles sur une plaque de verre. La hauteur de chute est de 70 centimètres dans cette expérience et les suivantes.

Les perles fausses rebondissent en moyenne. .   à 50 centimètres.
Une demi-perle japonaise . . . .   à 41   —
Trois perles de culture du JAPON. . . . .   à 40   —
Deux perles provenance probable AUSTRALIE et
   VENEZUELA . . . .   à 40   —
Une perle d'eau douce.   à 37   —
Une perle d'ORIENT (GOLFE PERSIQUE ou CEYLAN)   à 35   —

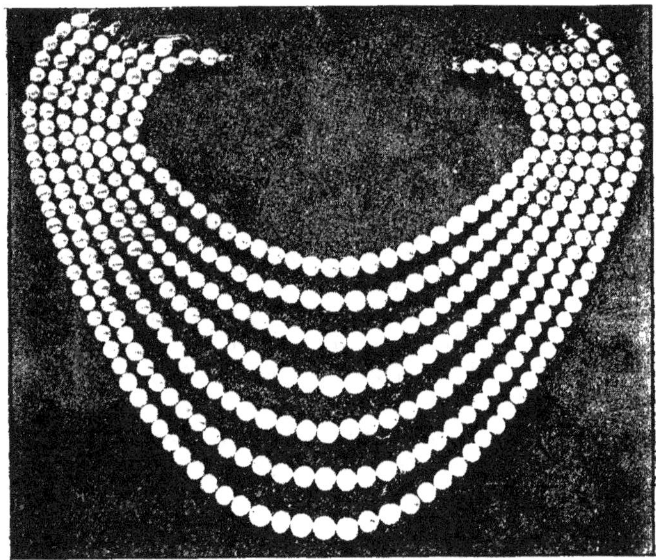

Figure 13. — BEAU COLLIER A SEPT RANGS figurant dans les bijoux de la vente de la princesse MATHILDE. (*Tiers environ de grandeur nature.*)

Ces expériences n'ont d'ailleurs qu'une précision tout à fait relative, et les chiffres donnés ne peuvent être considérés que comme constituant une moyenne très approximative.

Il ressort cependant très nettement de l'examen comparatif des résultats de ces diverses expériences que la perle ne jouit nullement d'une élasticité exceptionnelle, ce que je cherchais à vérifier.

La composition chimique de la perle fine offre une grande importance au point de vue scientifique et aurait pu faire l'objet d'un chapitre spécial, mais, au point de vue pratique, ce caractère n'est pas utilisable. Il est impossible de prélever un échantillon d'une perle sans la détériorer.

Par cela même, cette recherche n'offre pas de caractères utiles dans la pratique courante. Si elle fournit des renseignements précieux sur la composition générale des perles fines, elle ne peut s'appliquer dans un cas particulier, puisqu'elle détruit l'objet même de l'investigation.

Je ne m'étendrai donc pas beaucoup sur des détails qui fatigueraient le lecteur.

Il est à remarquer tout d'abord qu'il y a *des nacres et des perles fines et non une nacre et une perle fine.* J'entends indiquer par là que les nacres, de même que les perles fines, ne proviennent pas nécessairement des mêmes espèces de Mollusques. Cette remarque, qui mérite de fixer notre attention, permet de supposer, étant donné, par exemple, qu'il y a des Mollusques perliers, marins et d'eau douce, qu'on peut trouver des nacres d'origines différentes, qui présentent une composition chimique plus variable que des nacres et des perles provenant d'un même Mollusque.

Il serait intéressant de préciser les faits par des expériences réellement comparatives, et *une série d'analyses bien conduites, par un habile chimiste, éluciderait définitivement cette question peu étudiée.*

Nous devons à M. Essner une première indication sur la différence de composition chimique de la nacre dans une même valve de *Meleagrina margaritifera.* Pour comparer la nacre à la perle fine, il était mauvais d'analyser ensemble toutes les parties de la coquille, et il valait mieux s'adresser seulement à la *couche interne lamelleuse* de la valve, la nacre proprement dite, en laissant de côté la couche des prismes et les couches superficielles.

C'est ce qu'a fait le savant chimiste. Il a analysé, séparément, les couches superficielles de nacre, au centre, auprès de la charnière et au bord de la coquille et m'a fourni le tableau et les indications suivantes (1) :

(1) *Loc. cit.,* p. 27.

Tableau indiquant la composition de la nacre d'une valve de « Meleagrina margaritifera », par J.-Ch. Essner.

	1° Au centre. Nacre vraie.	2° Près de la charnière. Nacre vraie.	3° A 5 centimètres du bord. Nacre vraie.
	P. 100.	P. 100.	P. 100.
Humidité et eau combinée à 100/110.	2,97	3,15	3,33
Matière organique (nature azotée).	10,21	11,65	13,36
Carbonate de chaux (calculé par l'acide carbonique).	86,27	84,73	82,66
Acide carbonique dosé (en poids).........	37,96	37,28	36,37
Chaux totale :			
A l'état de carbonate.	48,31 ⎱ 48,39	47,45 ⎱ 47,51	46,29 ⎱ 46,38
— de sels autres.	0,08 ⎰	0,06 ⎰	0,09 ⎰
Pertes et non-dosés ...	0,47	0,41	0,56

Ces chiffres, au point de vue de la quantité relative des éléments constitutifs, sont bien différents de ceux indiqués généralement, puisque, dans le *Dictionary of Chemistry*, d'après Seurat (1), on relève les chiffres suivants pour la nacre :

Carbonate de chaux. .... 66,00 p. 100.

Matière organique................... 2,50   — —

Eau. 31,00   —

Perte 0,50   —

Les résultats de M. Essner ont un grand intérêt à deux points de vue :

1° Ils indiquent une teneur en matière organique et en carbonate de chaux très supérieure à celle que l'on connaissait ;

2° Ils montrent les variations de la composition quantitative des éléments de la nacre dans une même coquille.

Les résultats de cette analyse de M. Essner permettent une comparaison plus rationnelle de la nacre et de la perle fine.

La nacre et la perle fine sont, au point de vue des éléments qui les composent, qualitativement semblables. Elles renferment seulement du carbonate de chaux, de la matière organique de nature animale et de l'eau.

(1) *Loc. cit.*, p. 28.

Cela a été nettement établi par les analyses chimiques et, en particulier, par celles de Georges HARLEY et Herald HARLEY, dès 1887, dans leur travail intitulé : *On the chemical composition of pearls.* Ce résultat a été confirmé plus récemment en 1909, par Raphaël DUBOIS.

Le savant physiologiste de la Faculté des Sciences de Lyon ajoutait : « Il y a absence totale de magnésie et de tout autre sel qu'on trouve dans l'eau de mer, qui doit naturellement fournir la matière organique à leur composition. Il n'y a pas même de sulfate de chaux, bien que l'eau de mer en contienne dix fois et demie plus que de carbonate de chaux. On n'a pas rencontré de phosphate. »

Les chimistes anglais ont, par leur analyse, mis en évidence une différence quantitative assez importante entre la perle fine et la nacre, dans la proportion de leurs éléments constitutifs, puisqu'ils donnent les chiffres suivants pour la perle fine, aussi bien marine que d'eau douce :

Eau ...	2,23 p. 100.
Matière organique ...	5,94 —
Carbonate de chaux ...	91,72 —
Perte ...	0,11 —

Il suffit de jeter un coup d'œil comparatif sur les chiffres donnés pour les nacres pour comprendre le peu d'importance qu'ont ici les décimales et même les unités.

Il n'y a qu'un seul fait à retenir dans l'état actuel de nos connaissances sur la composition chimique des nacres et des perles. C'est du reste le fait capital :

Les perles fines sont composées des mêmes substances que les nacres, et l'on peut dire qu'au point de vue de ses qualités chimiques une perle fine est une nacre.

En résumé, tous les caractères que nous avons étudiés jusqu'ici, sauf *certains caractères de surface,* élasticité, dureté, composition chimique, densité, ne peuvent constituer des critères importants pour définir pratiquement les perles fines. *Ils ne fournissent pas de caractères que l'on puisse invoquer dans la pratique courante.*

Ce sont simplement des indications adjuvantes pour la détermination des perles.

J'entends par là que, si un objet provient d'un Mollusque et offre l'élasticité, la densité, la dureté, voire même la composition chimique de la perle fine, cet objet ne sera pas nécessairement une perle fine, tandis que l'absence présumée d'un de ces caractères tendra à prouver que l'on n'a pas affaire à une perle fine.

Ce qui prouve réellement que l'on a en main une perle fine, c'est l'examen des caractères superficiels, la détermination des divers accidents de surface visibles à la loupe et surtout au microscope.

CHAPITRE IV

LE NOYAU DES PERLES FINES

Dans ces dernières années, le noyau des perles fines a beaucoup fait parler de lui, et les auteurs n'étaient pas d'accord sur la présence, l'absence et la nature du noyau.

Maintenant, je crois, que tous les naturalistes s'entendent pour

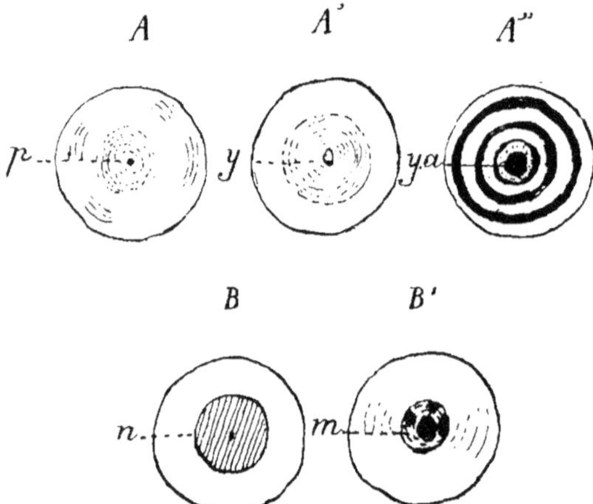

Figure 14. — DESSINS THÉORIQUES DES DIVERS NOYAUX QU'ON TROUVE DANS LES PERLES FINES.

A, perle accidentelle à noyau central très petit et fortement coloré en noir. — A', perle accidentelle à noyau constitué par une vacuole. — A", Blue perle, à gros noyau et à couches alternativement claires et foncées. — B, perle de culture à gros noyau de nacre. — B'; perle de culture à noyau organique.

reconnaître que, dans les cas ordinaires, les perles fines possèdent un noyau en leur centre, constitué soit par un parasite, soit par un grain de sable, soit par d'autres éléments, de même ordre. Quelquefois, à la place du noyau organique ou minéral, on trouve une simple vacuole (fig. 14 A').

Il y a lieu de se demander si l'on doit faire entrer le noyau en ligne de compte parmi les caractéristiques de la perle fine, et si les caractères de ce noyau sont suffisamment fixes pour fournir un critérium, important ou accessoire, à la définition de la perle fine.

Un examen rapide de la bibliographie du sujet nous montrerait que cette question n'a été envisagée que très superficiellement et qu'il régnait une incertitude presque complète à cet égard.

Elle a, cependant, une grande importance, comme il est facile de le voir, si l'on compare les *nouvelles perles de culture* aux *perles accidentelles*, qu'on désigne sous le nom de perles naturelles.

Figure 15. — PERLE ACCIDENTELLE SECTIONNÉE montrant : *en haut*, le noyau secondaire ; *en bas*, section d'une perle de culture avec son noyau de nacre.

Aussi en ai-je fait l'objet d'une étude spéciale (1).

La discussion sur la présence ou l'absence d'un noyau me paraît surtout une question de mots, car il suffit de considérer une coupe de perle dite « sans noyau » pour constater qu'il existe au centre de la perle toute une série de couches opaques, souvent fortement colorées ; ces couches constituent, tout au moins, un noyau secondaire, qui, au point de vue où nous nous plaçons, joue le même rôle que le corps étranger et les assises qui l'entourent.

Nous pouvons donc affirmer, en mettant ainsi tout le monde d'accord, que, même dans le cas où le centre de la perle ne contient qu'une simple vacuole, il existe, cependant, dans la partie centrale, autour de cette vacuole, une zone spéciale, d'ailleurs assez mal délimitée, que nous pouvons appeler le noyau secondaire pour le distinguer des autres formations.

Certaines perles auraient donc un noyau primaire et un noyau secondaire, et toutes un noyau secondaire.

(1) L. BOUTAN, *les Perles fines* (Bull. de la Soc. scient. d'Arcachon, 1921).

Il m'a semblé qu'il était nécessaire d'examiner scientifiquement le rôle de ce noyau secondaire ou primaire, qui n'avait guère été étudié sérieusement, jusqu'ici, pour baser mes conclusions sur des observations précises.

Le noyau, lorsqu'il existe (et il existe toujours, qu'il soit secon-

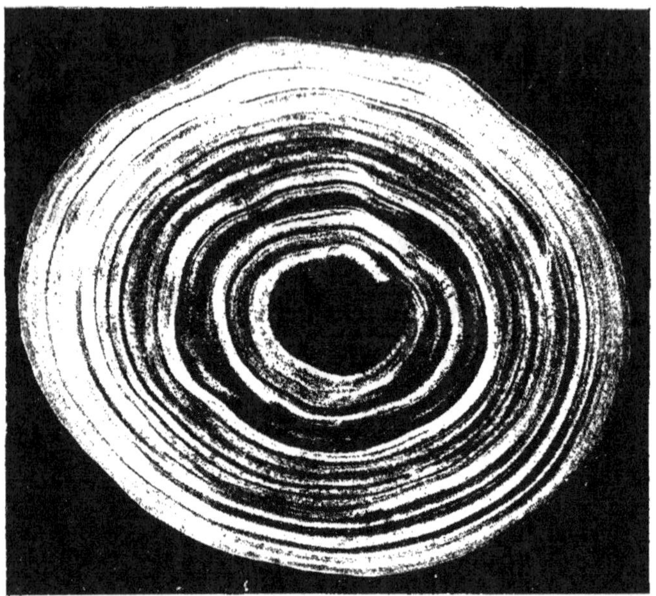

Figure 15 *bis*. — SECTION D'UNE PERLE montrant la disposition des couches circulaires.

daire ou primaire), a-t-il une influence sur les qualités de surface de la perle?

La question paraissait, au premier abord, assez difficile à étudier nettement. Comment, en effet, faire traverser la perle, ce petit corps sphérique, par un faisceau lumineux? Comment interpréter ensuite les modifications que l'on pourrait constater en faisant la part du rôle joué par les couches superficielles et par les couches profondes de la perle?

Grâce au matériel des perles de culture japonaise que j'avais à ma disposition, j'ai pu tourner la difficulté et faire une série d'expériences qui paraissent concluantes.

Une perle de culture, sciée en deux parties inégales, m'a été particulièrement utile.

La perle en question présentait un diamètre de 4 millimètres environ. C'était une perle ronde enveloppant complètement son noyau, comme dans les figures 14 et 15. On l'a traitée comme une pomme ou une orange dont on détache un seul quartier. L'on a obtenu ainsi, d'un côté, les trois quarts de la perle contenant les trois quarts du noyau ; de l'autre, un quartier (représentant environ un quart de la perle) contenant son fragment de noyau.

Grâce à la forme même de ce quartier, il a été facile de détacher la partie adhérente du noyau, de manière à obtenir une calotte, une fraction seulement de la paroi de la perle, ayant la forme d'une lentille convexe du côté de l'extérieur, d'une lentille concave du côté de l'intérieur (fig. 16). J'ai procédé alors aux observations suivantes :

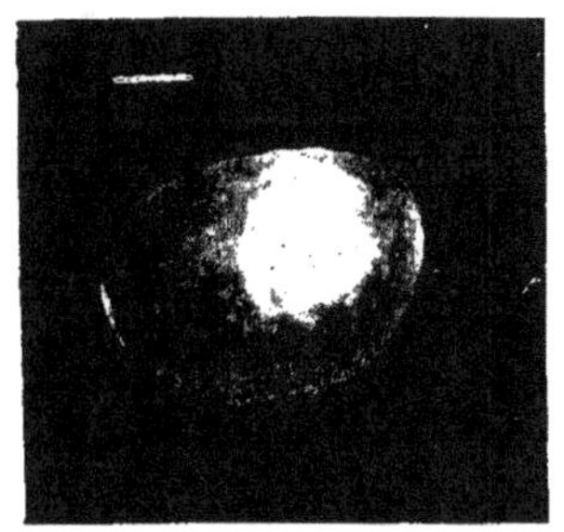

Figure 16. — Calotte de perle complète de culture japonaise, vue par la face convexe. (*Grossissement :* 7 *diamètres.*)

(*Vue par lumière directe.*)

Première observation. — La petite lentille, face convexe en haut, est placée sur la platine du microscope dans une chambre noire et fortement éclairée en dessous par une lampe électrique à l'aide de l'appareil condensateur de lumière (fig. 17). Elle s'illumine fortement, mais perd l'aspect habituel de la perle à ce grossissement.

On distingue seulement une surface lumineuse visiblement translucide, colorée en rose orangé.

Deuxième observation. — Sans rien changer au dispositif précédent et en continuant l'éclairage en dessous, on place une autre source lumineuse de manière à éclairer directement la calotte perlière par-dessus.

La surface de la perle change complètement d'aspect et montre, même à un faible grossissement (7 diamètres), les irrégularités caractéristiques de la surface de la perle fine.

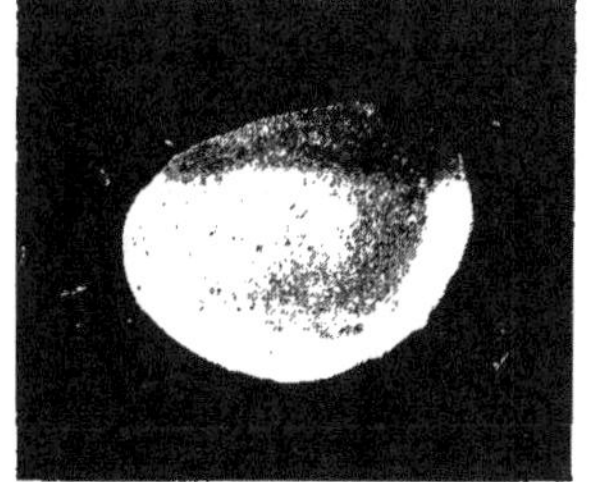

Figure 17. — La même calotte de perle que dans la figure 16 et au même grossissement.

(*Vue par lumière transmise.*)

Troisième observation. — On supprime la lumière en dessous, en maintenant le dispositif précédent.

L'aspect reste le même que dans la deuxième observation (fig. 16).

QUATRIÈME OBSERVATION. — On rétablit le dispositif de la première observation (avec seul l'éclairage par dessous), et l'on remet en place le fragment de noyau.

Le segment perlier reprend le même aspect que dans la première observation, mais on constate la présence d'une zone plus sombre à peu près au centre.

CINQUIÈME OBSERVATION. — Sans rien changer au dispositif précédent, on rétablit la source lumineuse qui éclaire la surface de l'objet.

Comme dans l'observation numéro 2, la surface perlière change complètement d'aspect et montre, comme précédemment, les irrégularités de la surface de la perle fine, sans que le noyau paraisse avoir la moindre influence sur l'aspect de la surface.

SIXIÈME OBSERVATION. — On supprime l'éclairage en dessous, comme dans la troisième observation ; *l'aspect reste le même.*

SEPTIÈME OBSERVATION ET SUIVANTES. — Cinq petits noyaux artificiels formés chacun d'une goutelette solidifiée de cire à cacheter, rouge, bleue, violette, jaune et orange, sont placés dans la portion concave du segment de perle, de manière à remplacer le noyau primitif, et l'on répète les observations ci-dessus.

La surface extérieure du fragment de perle, fortement éclairée, ne subit aucune modification perceptible dans son aspect extérieur.

On peut conclure de cette série d'observations que, dans le cas envisagé, si les couches superficielles de la perle sont translucides, elles ne sont pas transparentes sous une certaine épaisseur et que, quelle que soit la nature du noyau (même si le noyau est supprimé), les qualités de surface n'en sont nullement influencées. L'éclairage direct est d'ailleurs le seul possible dans les perles plus ou moins sphériques et non transparentes (1).

Or, c'est là le cas ordinaire dans les perles fines ; car, sauf dans des cas exceptionnels, comme la perle de l'IMAN DE MASCATE, citée par Raphaël DUBOIS (2), et comme dans les perles de Pinna,

____

(1) Si la couche superficielle était suffisamment mince et réduite, par exemple, à une ou deux couches circulaires, elle deviendrait transparente.
(2) *Loc. cit.*, p. 40.

l'observation courante montre que la généralité des perles ne sont pas transparentes.

Mes observations confirment d'une manière précise que les qualités de la surface de la perle sont dues aux couches superficielles de la perle et non au noyau. Une perle colorée en noir peut être blanche à l'intérieur, et l'inverse est possible, sinon fréquent.

On peut remarquer, en outre, que, dans les perles complètes de culture que nous avons prises comme sujet de ces observations (fig. 16 et 17), le noyau est particulièrement important et que, démontrer pour elles l'absence d'influence du noyau sur les qualités extérieures de la perle, c'est le démontrer à plus forte raison pour les autres perles fines, munies de noyaux primaires ou secondaires.

A la question que nous posions au commencement de ce chapitre, on peut donc répondre avec assurance que *les caractères du noyau, invisible extérieurement, ne peuvent fournir un critérium, ni important, ni accessoire, à la définition de la perle fine* et que le noyau de la perle n'a pas d'influence directe sur sa beauté.

CHAPITRE V

QUELQUES NOTIONS SUR LA VALEUR VÉNALE DES PERLES. DE QUOI DÉPEND CETTE VALEUR.

CE QU'ON ENTEND PAR LA VALEUR DE « UNE FOIS LE POIDS ». — LES COURTIERS. — LES FLUCTUATIONS MONDIALES.

La majorité du public, qui n'est pas initiée au commerce des perles, ne sait pas comment se calcule leur valeur vénale.

En réalité, il est presque impossible d'indiquer pour un ensemble de perles, ou pour une perle donnée, un prix précis et stable, car la valeur d'un même lot ou d'une perle varie selon la beauté, selon l'offre et la demande et selon que le marchand prévoit ou non le placement prochain de l'objet qu'il a l'occasion d'acheter.

Cependant, tandis que, pour un objet d'art, un tableau, par exemple, le prix ne dépend en rien ni de la grosseur de l'œuvre, ni de son poids, ni de la prédominance de certaines colorations, ni d'autres qualités mesurables à l'aide d'instruments précis, pouvant s'appliquer comme une commune mesure à d'autres tableaux, il n'en est pas de même pour la perle.

Je vais à l'hôtel Drouot, où l'on vend un lot de tableaux; je n'ai pour me guider dans mon achat que mon goût artistique plus ou moins affiné, l'opinion des artistes qui déclarent l'œuvre plus ou moins réussie et celle des marchands qui spéculent sur la signature et la réputation de l'auteur. Tout cela, qui constitue, cependant, des indications, reste quelque chose d'imprécis, de flou et de très incertain. *L'acheteur n'a à sa disposition aucune base précise pour asseoir son jugement et pour établir son prix.*

Je vais, au contraire, à une vente de perles, ou plus ordinairement, je reçois, si je suis négociant, la visite d'un courtier qui m'offre des lots de perles, ou des perles isolées. Avant d'acheter, je puis établir une base, un point de départ pour une estimation ultérieure.

Une première indication est en effet fournie par le *poids* des perles.

L'estimation du poids se fait en *carats*, en *grains*.

Une loi française, qui a été votée vers 1913, fixe le poids du carat à un cinquième de gramme, et le carat contient 4 grains.

Un grain représente donc un cinquième de gramme divisé par 4, soit exactement *un vingtième de gramme*.

Une perle de 4 grains pèsera donc un carat ou un cinquième de gramme, et une perle de 28 grains (qui représente déjà une perle d'une très belle grosseur) pèsera un gramme et deux carats.

En somme, *l'unité de poids usitée pour la perle est le grain, qui représente très exactement une proportion définie du gramme, qui, lui-même, fait partie du système métrique.*

Il est évidemment fâcheux que le grain ne représente pas une fraction plus simple du gramme et qu'on ne se serve pas, par exemple, du double grain, qui nous donnerait un rapport, plus élégant et plus régulier, avec le gramme ; mais c'est déjà très beau d'être arrivé à régulariser le grain.

Avant la dernière loi votée, le carat français représentait, en effet, $0^{gr},205$, ce qui donnait pour poids aux 5 carats $1^{gr},025$ et pour poids au grain, par rapport au gramme, $0^{gr},051205$.

Le carat français n'était, d'ailleurs, pas exactement comparable au carat anglais, un peu plus lourd que le nôtre, ni au carat américain, plus lourd encore.

M. Rosenthal (1), dans un livre fort bien documenté pour la partie commerciale, nous donne à ce sujet les renseignements suivants :

« A Bombay, on se sert du poids appelé *rati* ou *poonak*, qui est de 4 p. 100 plus petit que le poids français ; en Chine, du *condari* qui correspond à peu près au poids français. Au Golfe Persique, on emploie le *basri*, qui est de 15 p. 100 plus fort que le poonak. Les perles séparées sont généralement pesées avec des grains de blé, appelés *habba*, ou encore avec des grains de riz. Le habba correspond à un carat et le grain de riz à un grain.

« On exprime le poids de la perle en disant qu'elle pèse autant de grains de blé ou autant de grains de riz.

« Au Venezuela, tout récemment encore, on se servait des poids d'apothicaires : *once*, *drachme*, etc., et très souvent d'or. D'un côté de la balance on disposait l'or et de l'autre côté les perles. »

(1) Léonard Rosenthal, *Au Royaume de la perle*, Payot, Paris, 1919.

Quoi qu'il en soit des mesures étrangères, qu'à l'aide d'artifices plus ou moins compliqués on peut, d'ailleurs, ramener à l'unité française, il est d'usage courant parmi les joailliers de tenir compte du poids en grains et, lorsqu'on examine soit un lot de perles, soit une perle isolée, de tabler sur ce poids pour établir tout d'abord *la valeur à une fois son poids.*

Qu'est-ce qu'on entend au juste par ces mots : *la valeur de une fois le poids* ?

On entend par là : *le poids en grains multiplié par lui-même.*

Supposons que nous avons, d'une part, une perle de 15 grains, d'autre part une perle de 10 grains, d'autre part encore 2 perles de 5 grains chacune. Ce qui représente des grandeurs beaucoup plus courantes que les perles de la figure 21.

La valeur de *une fois le poids* sera, pour la première perle, de 15 × 15, c'est-à-dire égale à 225 ; pour la seconde, de 10 × 10, c'est-à-dire égale à 100 ; pour les troisièmes, ensemble, 5 × 10, c'est-à-dire égale à 50 (puisque chaque perle est de 5 grains et que le poids total des deux est de 10 grains).

Cela ne veut nullement dire que la perle de 15 grains vaut 225 francs, que celle de 10 grains vaut 100 francs, que celle de 5 grains vaut 25 francs. En réalité, ces perles valent beaucoup plus ou beaucoup moins cher, et ce n'est là qu'un point de départ, une base d'estimation précise, fournie ordinairement par le vendeur.

Cela signifie simplement que : *une fois le poids*, en FRANCE, veut dire : 1° *le carré du poids en grains*, pour chaque perle isolée ; 2° *la moyenne en grains*, multipliée par le poids total en grains, pour plusieurs perles réunies en un seul lot. Pour abréger, les négociants écrivent une fois le poids, à l'aide du signe conventionnel : 1 ×.

Le négociant acheteur, après que le vendeur aura demandé un prix, examinera soigneusement chaque perle, se rendra compte si elles sont bien rondes, si elles n'offrent aucun défaut de surface, si l'orient, le lustre et l'éclat sont satisfaisants.

S'il est très content de son examen, si la perle de 15 grains lui paraît représenter celle qu'il recherchait pour mettre au milieu d'un collier, ou pour appareiller avec une perle à peu près semblable qu'il possède déjà ; il en demandera le prix au vendeur et il dira, par exemple : « Je suis preneur à quatre-vingts fois le poids. »

Qu'est-ce que cela veut dire?

Cela voudra dire que l'acheteur est disposé à acheter la perle de 15 grains en payant quatre-vingts fois la valeur de une fois son poids, ce qui donne, en FRANCE, 225×80, c'est-à-dire 18 000 francs.

A quoi le vendeur répondra, peut-être, qu'il ne peut céder une perle de si belle qualité à moins de cent vingt fois son poids, ce qui voudra dire qu'il ne peut la céder qu'à 225×120, c'est-à-dire à 27 000 francs.

Si la même offre du marchand portait sur la perle de 10 grains à quatre-vingts fois son poids, cela donnerait 100×80, c'est-à-dire 8 000 francs ; et si le vendeur maintenait sa prétention de ne céder qu'à cent vingt fois le poids, on aurait pour total : 100×120, c'est-à-dire 12 000 francs.

Enfin, dans le troisième cas cité, où nous avons affaire à deux perles de 5 grains, on aurait, pour les deux ensemble, à quatre-vingts fois le poids, 4 000 francs, et pour cent vingt fois le poids, 6 000 francs.

La valeur à une fois le poids est donc *quelque chose de précis et de définitif*, basé sur des mesures intangibles et comparables. La valeur à une fois est invariable. Ce qui varie, d'après les qualités de surface des perles : forme, couleur, etc., et, d'après la mode, qui régit souvent l'offre et la demande, c'est le *coefficient* donné par le vendeur ou l'acheteur, à la valeur établie pour une fois le poids.

Bien entendu, les mêmes règles sont valables non seulement pour les perles isolées, mais aussi pour les lots de perles, comme, par exemple, le lot compliqué que représente un collier.

Un exemple fera comprendre aisément les choses.

Supposons qu'un collier soit composé de 85 perles bien assorties. Ces perles diffèrent naturellement entre elles et nous donneront les lots suivants :

1 grosse perle au milieu du collier de 8 grains ; total.	1
1 perle *de chaque côté* de la grosse de 7 grains ; —	2
2 perles *de chaque côté* à la suite de 6 grains ; —	4
4 — — — de 5 grains ; —	8
4 — — — de 4 grains ; —	8
5 — — — de 3 grains ; —	10
26 — — — de 2 grains ; —	52

Nous aurons donc dans ce collier, comme nombre total de perles, 85, réparties en sept lots.

La valeur à une fois le poids est facile à déduire de ce que nous avons dit précédemment. Il suffit de considérer isolément chaque

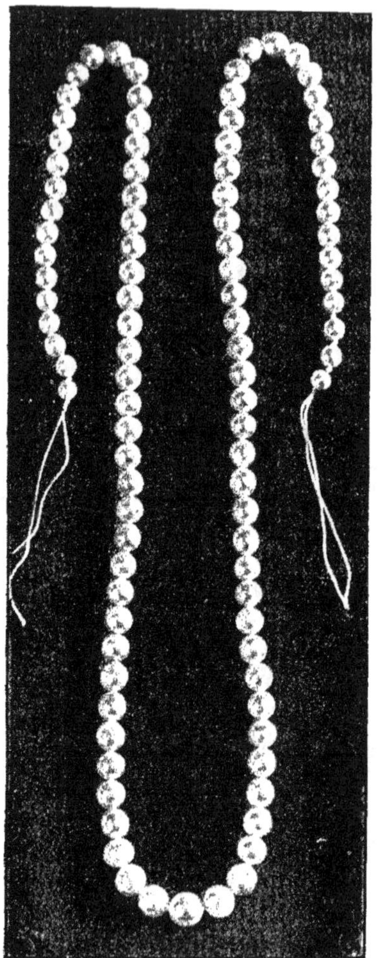

Figure 18. — COLLIER DE CHUTE MOYENNE.
Photographie d'un collier composé uniquement de perles présumées de culture.

lot et de faire ensuite la somme des produits, pour obtenir la valeur du collier à une fois le poids. L'opération se décomposera ainsi :

Figure 19. — COLLIER A FORTE CHUTE.

(Photographie d'après un collier dit de perles d'Orient présumées accidentelles.)

1 perle	6gr,52	(6,52)	1 × 42,51
2 perles	7gr,72	(3,86)	29,79
2 —	4gr,48	(2,24)	10,03
8 —	12gr,24	(1,53)	18,72
40 —	28gr,08	(0,70)	19,79
92 —	35gr,72	(0,38)	13,57
145 —	94gr,96		1 × 134,41

1er lot : 1 perle de 8 grains donne 8 × 8. . . . . 64 fr.
2e lot : 2 perles de 7 — donnent 7 × 14. . . . . 98 —
3e lot : 4 — de 6 —   —   6 × 24. . . . . 144 —
4e lot : 8 — de 5 —   —   5 × 40 . . . . 200 —
5e lot : 8 — de 4 —   —   4 × 32. . . . . 128 —
6e lot : 10 — de 3 —   —   3 × 30. . . . . 90 —
7e lot : 52 — de 2 —   —   2 × 104. . . . . 208 —

La valeur de l'ensemble du collier, à une fois le poids, est de 932 fr.

S'il trouve acheteur à 100 fois son poids, il sera payé, en FRANCE, 93 200 francs. Mais il est possible qu'un tel collier à perles bien choisies *ferait*, selon l'expression des courtiers, 150 fois son poids et atteindrait par conséquent 139 800 francs ou même davantage.

Ici le négociant a procédé par estimation globale ; mais beaucoup d'entre eux procèdent souvent d'abord à une estimation par lots séparés, auxquels ils attribuent un coefficient qui varie avec chaque lot. Le cas se présentera notamment pour les colliers anciens peu homogènes et les lots ou *masses* d'origine.

Le premier lot, par exemple, composé de la perle de 8 grains,
    sera compté à 200 fois son poids, 64 × 200 . . . . 12 800 fr.
Le 2e lot, composé de 2 perles de 7 grains, à 140 fois son poids. . 13 720 —
Le 3e lot, — de 4 perles de 6 grains, à 120   —   . . 17 280 —
Le 4e lot, — de 8 perles de 5 grains, à 110   —   . . 22 000 —
Le 5e lot, — de 8 perles de 4 grains, à 100   —   . . 12 800 —
Le 6e lot, — de 10 perles de 3 grains, à 80   —   . . 7 200 —
Le 7e lot, — de 52 perles de 2 grains, à 35   —   . . 7 280 —

Le prix total attribué à l'ensemble du lot sera très peu différent
    du précédent, soit. . . . . 93 080 fr.
Au lieu de 93 200 francs.

Une base précieuse d'estimation de la valeur d'un collier homogène, en tenant compte du calcul d'une fois le poids, est le *pourcentage de chute*.

Sauf les colliers dits de chien (fig. 20) et quelques anciens colliers, les colliers modernes présentent une chute plus ou moins accentuée.

On appelle *chute* d'un collier, la différence de grosseur pouvant exister entre les diverses perles qui composent ce collier. C'est un fait connu qu'en général les plus grosses perles sont rangées au centre et les plus petites dans les bouts des colliers. Étant donnée la difficulté de se procurer les perles de dimensions moyennes et surtout les grosses perles, on a pris l'habitude de placer de nombreuses petites perles aux extrémités, ce qui rend le prix des colliers plus abordable, tout en permettant de graduer les perles d'une façon agréable à l'œil.

Un collier dont toutes les perles sont d'une grosseur sensiblement égale est dit *sans chute* [exemple les anciens colliers de chien (fig. 20), dont la mode est passée], ou *à faible chute* (parfois les sautoirs ou longues chaînes de perles). Un collier dont les

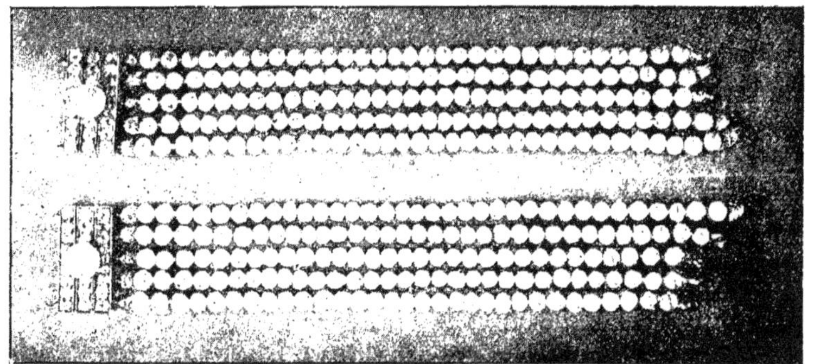

Figure 20. — Deux bracelets pouvant former un collier dit « de chien »

L'exemple choisi est emprunté à une figure publiée dans le catalogue des joyaux de la princesse Mathilde, vendus en mai 1904 par les soins de M. André Falize et de MM. Mannheim.

La description donnée était la suivante :

Très beau collier, dit « de chien », composé de 5 rangs de perles, comprenant 320 perles, pesant environ 1 520 grains et enrichi de deux fermoirs formés chacun de trois bandes en brillants, avec milieu perle blanche bouton.

Ce collier forme deux bracelets :

Premier bracelet : *5 rangs, 160 perles.*

Deuxième bracelet : *5 rangs, 160 perles.*

perles des extrémités sont beaucoup plus petites que les perles du centre a au contraire une *forte chute* (fig. 19).

Le collier qui, comme dans l'exemple (fig. 18), se compose d'un centre de 8 grains et d'extrémités de 2 grains, est un rang à faible chute. S'il avait un centre de **12** grains et des extrémités d'un demi-grain, ce qui est souvent le cas dans les compositions actuelles, il aurait une forte chute.

Le *pourcentage de chute* d'un collier se calcule aisément. Dans le cas du collier pris comme exemple, nous avons vu que « une fois le poids » en 7 grosseurs donne 932. Si nous faisons le calcul d'une fois le poids en une seule grosseur, nous trouvons que les 85 perles pesant ensemble **252** grains donnent une moyenne de $\dfrac{252}{85} =$ 2,96 grains par perle.

$$1 \times = 252 \times 2,96 = 745,92.$$

Une fois le poids en **7** grosseurs 932
Une fois le poids en 1 grosseur. 745,92

Différence 186,08

Une simple règle de trois nous donnera le pourcentage de chute :

$$\frac{186,08 \times 100}{745,92} = 24,94 \text{ p. 100.}$$

Une chute de 33 à 40 p. 100 est fréquente, et il n'est pas rare de voir des chutes de 50 à 60 p. 100 ou même davantage.

Ces remarques nous montrent la nécessité d'introduire de nouvelles données dans l'annonce d'« une fois le poids » en vue d'une estimation. Un collier pour lequel le vendeur énoncerait : « Il fait 932 francs à une fois le poids » donnerait à l'acheteur une indication exacte mais incomplète, sur laquelle l'acheteur ne pourrait baser une estimation en toute connaissance de cause. Cet acheteur, s'il est lui-même marchand de perles, répondra par les deux questions suivantes : « En combien de grosseurs, et quel est le pourcentage de chute? » Si le vendeur lui répond : « En **7** grosseurs, avec environ **25** p. 100 de chute », une base absolument certaine lui est enfin fournie pour un calcul d'estimation.

La valeur que peuvent atteindre certains colliers de perles est considérable, ainsi que le prouve la vente récente du collier de Mme THIERS (fig. 21). Cette vente, qui a eu lieu au Palais du Louvre sous la direction des Commissaires-priseurs LAIR-DUBREUIL, BAUDOIN et LAUNAY, a été acquis, en totalité, pour 11 280 000 francs plus 13 p. 100 de taxe, après que chaque rang eût été vendu séparément 5 030 000, 2 680 000 et 2 220 000, par lots séparés.

Pour illustrer d'une manière frappante l'utilité qu'il peut y avoir, même pour un particulier, à connaître les notions que nous avons données plus haut, je publie ci-contre une partie d'un avis donné dernièrement par l'Agence Azur au sujet de bijoux volés.

Il a été volé le 25 août 1923, à Houlgate,

Un COLLIER DE 105 PERLES FINES en chute, blanc rosé, fermoir formé d'un brillant ovale, avec chaînette.

La perle du centre.	$14^{gr},44$
4 perles	$35^{gr},48$
12 —	$58^{gr},48$
24 —	$59^{gr},80$
38 —	$57^{gr},60$
26 —	$27^{gr}.$
105 perles	$252^{gr},80$

MM. les Bijoutiers, Joailliers, Négociants en Diamants et Perles Fines, Directeurs de Crédit Municipal ou tous autres, à qui ces BIJOUX ou ces PERLES seraient ou auraient été présentés, sont priés de bien vouloir les retenir et en donner avis à M. le Directeur de l'AGENCE AZUR, 24, boulevard de Sébastopol, Paris (IVe).

Paris, le 25 août 1923.

N'y a-t-il pas là une preuve tangible de l'intérêt qu'il peut y avoir pour le propriétaire qui a perdu son collier à connaître les calculs sur les poids ? Il peut ainsi fournir des renseignements précieux pouvant aider à le retrouver et, s'il y a eu vol, gêner le voleur pour écouler le produit de son larcin.

Une anecdote fera bien comprendre l'importance des données ci-dessus et la nécessité de connaître les variations de valeur, en dépit de « une fois le poids » :

Un négociant achète un lot de 100 perles boutons, grosseurs et qualités mélangées, $1 \times 4,986$ à 20 fois le poids $= 99\ 720$ francs. Son fils n'est que depuis peu de temps dans les affaires ; plein d'ardeur autant que d'inexpérience, il part en voyage pour essayer de vendre ce lot, dont la composition était la suivante :

1 perle de 20 grains.	$1 \times$ 400
1 — de 18 —	324
4 perles de 15 — (en moyenne)	880
16 — de 10 — —	1 600
40 — de 6 — —	1 440
38 — de 3 — —	342
	$1 \times 4\ 986$

Le premier client, à qui il montre le lot, lui demande le prix d'un appairage de 30 grains (moyenne 15 grains) ; le jeune homme répond courageusement 50 fois le poids ; le client offre 40 fois, ce que le vendeur s'empresse d'accepter, étant donné le bénéfice élevé apparent. Il vend ainsi successivement :

La perle de 20 grains..   1 × 400 à 30 fois le poids. ..   12 000 fr.
Celle   de 18 grains..   1 × 324 à 50   —   . ..   16 200 —
2 perles de 15 grains..   1 × 450 à 40   —   . ..   18 000 —
4 perles de 10 grains..   1 × 400 à 30   —   . ..   12 000 —

Total .... 58 200 fr.

et il rapporte triomphalement à son père le restant du lot, c'est-à-dire :

2 perles de 15 grains		1 ×	450
12 — de 10 —	....		1 200
40 — de 6 —	....		1 440
38 — de 3 —	....		342
92			3 432

La restant du lot, ainsi *écrémé*, fut vendu péniblement 10 fois le poids, c'est-à-dire 34 230 francs, les 92 perles constituant la moins bonne partie du lot entier, dont les 8 perles les plus intéressantes avaient été choisies.

Résultat de l'opération : prix coûtant.......... 99 720 fr.
Ventes (58 200 / 34 320) .... 92 520 —
Perte .... 7 200 fr.

Le bénéfice escompté par le négociant était de 10 p. 100, c'est-à-dire de 10 000 francs ; malgré quatre ventes faites avec un profit apparent très élevé, surtout en ce qui concernait une des plus grosses perles, l'opération s'est traduite par une perte de 7 p. 100, sans compter en plus les frais de voyage !

De telles déceptions sont fréquentes dans ce commerce. Elles le sont encore davantage quand il s'agit de perles de collier.

En résumé, en dehors de son poids, qui, élevé au carré, établit une base fixe comparativement aux autres perles d'un poids différent, le prix d'une perle ou d'un lot de perles varie énormément d'après les facteurs suivants :

1º Qualités de surface (forme, couleur, lustre, éclat et orient) ;

2º Absence de défectuosités ;

3º Mode qui correspond à l'offre ou à la demande d'une catégorie donnée ;

4º Prospérité mondiale ou de certains groupements démocratiques.

Toutes les données précédentes ont été basées sur les transactions effectuées en francs français; mais, par suite du déséquilibre

Figure 2.. — LE CÉLÈBRE COLLIER A TROIS RANGS DE Mme THIERS qui figurait dans les collections du Louvre à Paris.

du change, elles se trouvent modifiées à l'étranger, ainsi qu'il est facile de le comprendre :

Le même négociant arrive en SUISSE et veut vendre une perle achetée 100 fois le poids en FRANCE ; il n'en demandera que 45 fois le poids en *francs suisses*.

« Une fois le poids » n'est donc qu'une *base* et non pas un nombre de francs. C'est le coefficient d'estimation (10 fois, 50 fois, 100 fois, etc.), qui varie ensuite, non seulement suivant les facteurs énoncés par nous, mais suivant la monnaie dans laquelle on compte conclure le marché.

Les Anglais s'expriment autrement. Pour dire qu'une perle vaut 100 fois le poids, ils disent qu'elle vaut « 25 shillings *basis* » ou « £ 1,5 *basis* » (le shilling valant actuellement environ 4 francs). En disant « 25 shillings *basis* », ils ne pensent pas que 25 shillings soient une base pour le calcul, car c'est seulement le carré du poids qui est cette base ; ils veulent, sans doute, dire que le prix de 25 shillings est à multiplier par la base habituelle que nous appelons « une fois le poids ».

La plupart des négociations pour la vente des perles s'effectuent par l'intermédiaire des courtiers, dont il nous reste à préciser le rôle.

Les *courtiers*, sauf de rares exceptions, ne sont pas des acheteurs. Ils se contentent de prendre les perles chez le vendeur, de les apporter à l'acheteur à qui ils les montrent, de dire les prix demandés, de transmettre les offres de l'acheteur au vendeur, d'apporter, enfin, la facture à l'acheteur, si le vendeur accepte le prix offert. Éventuellement, ils encaissent le montant pour le compte du vendeur.

Ce sont en somme des *intermédiaires*, qui ne font pas d'affaires pour leur compte et qui ne prennent pas de bénéfice, en dehors du *courtage* régulier qu'ils touchent au moment de la conclusion des affaires (à Paris le courtage normal est de 2 p. 100, dont 1 p. 100 dû par le vendeur et 1 p. 100 par l'acheteur).

Pour les négociants et parfois pour les bijoutiers, l'existence des courtiers offre plusieurs avantages :

1° Diminution du nombre d'employés à salaire fixe ;

2° Certitude que la marchandise est en bonnes mains, car les courtiers sont en général connus et honnêtes ;

3° Plus grande facilité pour discuter sur le prix, par suite de la présence d'un intermédiaire intéressé à concilier des estimations parfois très éloignées l'une de l'autre, etc., etc.

Le courtier vient offrir des perles à un négociant ou à un bijoutier. Il lui montre les lots qui lui ont été confiés et fait à l'acheteur *un prix de demande*, par exemple, 120 fois le poids pour une perle de 15 grains. L'acheteur examinera la perle, la comparera avec d'autres de son stock et offrira, par exemple, 80 fois le poids.

Dans ce cas, trois hypothèses :

1° Le courtier a reçu du vendeur *un prix d'abandon*, c'est-à-dire un prix auquel le vendeur peut livrer la perle. Si ce prix d'abandon est précisément 80 fois le poids, le courtier peut vendre et retournera chez le vendeur pour chercher la facture qu'il remettra à l'acheteur. Si le prix d'abandon est, par exemple, 100 fois le poids, le courtier refuse, au contraire, de livrer et même de transmettre l'offre.

2º Le courtier ne connaît pas le prix d'abandon. La marchandise appartient, par exemple, à une maison des Indes, et le consignataire de PARIS sait seulement à quel prix il peut prendre une offre. Si l'acheteur veut offrir 80 fois le poids sur une demande de 120 fois, le courtier répondra, par exemple, que le consignataire ne peut transmettre une offre de moins de 100 fois. Si l'acheteur estime pouvoir donner 100 fois le poids, *il cachette la marchandise* (1) à ce prix, le consignataire télégraphie l'offre aux Indes (en déduisant le bénéfice qu'il juge devoir recevoir ou la commission à laquelle il a droit), et attend la réponse. La maison des Indes accepte ou refuse l'offre ; dans le premier cas, le consignataire livre la marchandise par l'intermédiaire du courtier ; dans le deuxième cas, il répond que l'offre est refusée, et l'acheteur doit *décacheter la marchandise* ou augmenter son offre au-dessus de 100 fois le poids.

3º Le courtier ne sait ni le prix d'abandon, ni le prix auquel il peut prendre une offre. Dans ce cas, il présente les perles à plusieurs négociants et laisse cacheter la marchandise à n'importe quel prix par l'acheteur dont l'offre lui paraît avoir quelques chances d'être prise en considération. Si on lui offre, par exemple, 80 fois pour sa perle, il transmet l'offre et répond ensuite si elle est acceptée ou refusée, ou même, éventuellement, quel est le prix d'abandon, si le vendeur se décide à le lui faire connaître après une offre sérieuse. Il faut remarquer, en effet, que, dans certains cas un peu spéciaux, le vendeur, qui peut n'être ni un négociant, ni un importateur, ni un bijoutier, mais un simple particulier, ne sait parfois pas du tout ce que valent ses perles. Il veut les vendre, comme c'est le cas, par exemple, pour une dame qui les a reçues en cadeau sans qu'on lui en ai dit la valeur, et il cherche d'abord à savoir quel prix il peut en demander. Le rôle du courtier, dans ce cas, se réduit à provoquer une offre ou une estimation.

Il nous reste maintenant, pour compléter les notions sur le rôle des courtiers, à expliquer ce qu'on entend par le « cachet » dans les transactions des perles.

---

(1) On verra un peu plus loin ce qu'on entend par cacheter la marchandise.

Le *cachet* est un engagement de l'acheteur de prendre les perles à un certain prix et à certaines conditions.

Une ou plusieurs perles sont présentées à un négociant ou à un joaillier. Le prix demandé ne convient pas à l'acheteur, qui veut faire une offre. L'acheteur cachette la marchandise, ou, comme on dit vulgairement, *donne un cachet*. Il met la marchandise dans une enveloppe, ou, si elle est trop volumineuse, dans une boîte ou dans un paquet ; il y appose son cachet et écrit, à côté du cachet, le prix qu'il offre et les conditions de paiement. S'il n'indique pas de conditions de paiement, l'offre est réputée être faite au comptant contre livraison, sinon il indique les échéances qu'il désire.

Les avantages de cette façon de traiter sont les suivants :

1º Toute confusion de marchandises est impossible, car les perles sur lesquelles l'acheteur a offert un prix sont sous un pli cacheté que personne ne peut ouvrir sans lui en demander l'autorisation ;

2º Toute substitution est impossible pour la même raison ;

3º L'acheteur a ainsi la garantie que le vendeur ne pourra offrir les perles à d'autres négociants avant de lui avoir donné la réponse ;

4º Le vendeur, de son côté, a en mains une offre ferme et précise d'un acheteur ; il peut, ainsi, baser ses calculs sur quelque chose de certain, télégraphier éventuellement aux négociants qui lui ont consigné la marchandise, sans avoir à craindre que, si ces derniers acceptent l'offre, 'acheteur puisse ensuite rompre son engagement.

L'IMPORTANCE DE LA LUMIÈRE ET DE L'ÉCLAIRAGE DANS L'ESTIMATION DE LA VALEUR DES PERLES EST BEAUCOUP PLUS GRANDE QU'ON NE SERAIT PORTÉ A LE CROIRE. — L'éclairage joue un très grand rôle dans l'estimation des perles. Dans nos pays, les négociants choisissent, en général, des bureaux dont les fenêtres sont tournées *vers le Nord* et refusent presque toujours de regarder des perles quand les fenêtres sont tournées vers le Midi. D'autre part, les courtiers, et surtout les courtiers hindous, refusent souvent d'aller montrer les perles chez les négociants, quand le temps est mauvais, surtout quand le ciel est gris ou quand il bruine.

Il faut remarquer qu'il s'agit là des négociants en perles, supposés compétents, par conséquent offrant le moins de chances de se laisser tromper par des variations de lumière. Pour les bijoutiers, et *a fortiori* pour les particuliers, l'illusion suivant l'éclairage doit donc être encore beaucoup plus forte.

En Chine, et en général en Extrême-Orient, il paraît que les détenteurs de perles refusent catégoriquement de montrer les marchandises, quand la lumière ne leur paraît pas favorable : ils trouvent toujours une excuse, soit que les perles ont été vendues, soit qu'elles ont été confiées à un ami, soit qu'ils les ont oubliées chez eux, pour ne pas les sortir devant l'acheteur, quand l'éclairage risque de déprécier l'objet offert en vente.

Il n'est pas jusqu'à la couleur du fond sur lesquelles doivent être présentées les perles qui n'ait fait [l'objet] de préoccupations de la part des vendeurs. Les HINDOUS enveloppent généralement leurs « masses de perles » d'un tissu de soie bleu foncé, couleur qui avantage la marchandise. Pour la même raison, les négociants d'EUROPE et d'AMÉRIQUE mettent leurs perles dans des papiers doublés d'un papier de soie bleu clair ; quand il s'agit de perles noires, grises ou de couleur fantaisie (perles d'AMÉRIQUE, etc.), ils doublent le papier extérieur d'un mince papier blanc.

Dans le commerce de détail, les bijoutiers présentent leurs perles sur des étalages appropriés ou dans des écrins dont l'intérieur est blanc légèrement crème ou bleu plus ou moins accentué.

Quand on entend un courtier dire : « Aujourd'hui, je ne montre pas de marchandises aux négociants en perles parce que la lumière est trop mauvaise », ou un négociant dire à un autre : « Venez me montrer ces perles à mon bureau, *à ma lumière* », ou un bijoutier commander à son fabricant d'écrins un velours qui avantage les perles, cela ne prouve-t-il pas combien l'éclairage des perles, en combinaison avec le fond sur lequel elles sont placées, joue un rôle considérable ?

Il y a lieu de préciser que l'apparence plus ou moins belle et, par conséquent, la valeur plus ou moins grande des perles dépend en partie de la façon dont elles sont éclairées.

La perle fine est une marchandise et, comme toutes les marchandises, elle est sujette à des variations de prix. Ainsi que le dit très justement M. ROSENTHAL dans le livre que j'ai cité plus haut : *la perle étant avant tout un article d'illusion, il est difficile d'en estimer le prix d'une manière exacte.* C'est d'ailleurs ce que nous avons montré à la fin du premier chapitre.

Son prix dépend, en effet, de facteurs très variés et, en particulier, de circonstances extérieures tout à fait étrangères au commerce des perles. C'est ainsi qu'il a augmenté, dans des conditions inattendues, pendant et depuis la dernière guerre, dans les limites que nous avons indiquées à la fin du chapitre Ier.

« Actuellement, dit M. ROSENTHAL (1), une dame possédant un très beau collier et voulant l'agrandir en ajoutant une perle au centre est obligée de payer pour cette seule perle le prix que lui avait coûté, il y a dix ou douze ans, le collier entier. Une belle perle rosée de 30 grains, par exemple, se paie facilement de 200 à 250 000 francs. »

On le voit, dans beaucoup de cas, l'achat d'un collier qui souvent paraissait une folie coûteuse a représenté pour nos pères un achat des plus avantageux, et les 15 000 ou 20 000 francs ainsi immobilisés en apparence constituent pour les heureux détenteurs actuels un capital important.

La coquetterie féminine a été récompensée, et les femmes, déjà très fières de leurs perles, les considèrent maintenant comme des fétiches.

Le mouvement de hausse s'était déjà prononcé avant la guerre, mais après les événements de 1914 il n'a fait que s'amplifier.

Comment la grande guerre peut-elle avoir eu une influence aussi considérable sur la hausse des perles ?

Cela est facile à comprendre. La perle est une marchandise de luxe. Pendant la guerre, les perles sont devenues pour bien des gens non seulement un symbole de richesse, mais aussi un mode de placement avantageux. Tel gros collier ou telle perle exceptionnelle représentent une fortune qu'on peut loger et transporter avec le minimum d'encombrement. Ajoutons à cette considération l'enrichissement des peuples qui ne prenaient pas une part active à la guerre, les demandes, sans cesse accrues, à un prix avantageux augmenté encore par la différence des changes, et l'on comprendra facilement ce qui s'est passé.

Une autre influence, qui pour être indirecte ne s'en est pas moins fait sentir activement, c'est la constitution dans le monde de gouvernements démocratiques où l'aristocratie de l'argent devient prédominante et se multiplie de même que les fortunes. Comme l'indique M. ROSENTHAL (2), l'AMÉRIQUE nous en offre un bel exemple. Tant que cette puissante démocratie n'a pas pris part à la guerre, elle a constitué le gros acheteur des plus belles perles. Après son entrée en guerre, les achats ne portèrent plus que sur

(1) ROSENTHAL, *Loc. cit*, p. 61.
(2) ROSENTHAL, *loc. cit.*, p. 80.

les perles de grosseur ordinaire, et ce furent les neutres qui devinrent les gros acheteurs.

Il n'est pas jusqu'à la couleur de la peau qui n'intervienne dans le débat : si les colliers sont achetés par les femmes des pays du Nord qui ont en général la peau très blanche, la mode des perles blanches de l'Océan Indien, d'Australie et du Japon va s'imposer ; s'il s'agit d'acheteurs des pays méridionaux où les femmes ont le teint mat et où la peau a des tons chauds, la mode s'orientera vers les perles, plus ou moins teintées, du Golfe Persique et des pêcheries similaires.

Ici encore, l'influence des négociants acheteurs peut aussi devenir prédominante, ainsi que le prouve cet exemple typique.

L. Rosenthal écrivait, en 1919, dans : *Au Royaume de la perle* (p. 33) : « La perle de Ceylan, quoique n'étant ni très grande ni très ronde, est vive et d'un beau blanc. Très prisée en Europe centrale, elle y serait la bienvenue, en raison du manque total de ce genre de marchandises sur les marchés. »

Avant la guerre, en effet, les perles de Ceylan, parfois aussi appelées perles de Madras (ces dernières n'apparaissaient sur le marché qu'à des intervalles assez éloignés sur la côte, ainsi que je l'explique dans le chapitre XXII), étaient très recherchées, et on les payait un prix élevé, parfois même plus cher que les perles teintées du Golfe Persique. Mais, depuis l'apparition des perles de culture du Japon, on peut constater un changement de tableau *complet*. Les nouvelles perles ayant, *dans l'ensemble*, une teinte analogue à celle des perles dites de Madras, les commerçants ont tellement peur d'acheter sans le savoir des perles complètes de culture que les perles blanches sont momentanément en discrédit, et, si M. Rosenthal refaisait maintenant son livre, il serait probablement amené à écrire exactement le contraire de la phrase mentionnée plus haut. A peu d'années d'intervalle, en effet, les perles blanches, si réputées naguère, sont devenues suspectes, et l'on est arrivé à ce résultat paradoxal que le discrédit jeté par les marchands sur les perles blanches et vives atteint maintenant *toutes* les perles de *toutes* les provenances ressemblant à celles du Japon. Ce n'est là, du reste, qu'un petit côté de la question. Les perles blanches estimées hier, discréditées aujourd'hui, reviendront, sans doute, demain plus à la mode que jamais.

Bien plus importantes sont les fluctuations mondiales qui nous sont rendues tangibles par l'exemple récent de la Russie, qui

autrefois, très gros acheteur de belles perles, s'est en quelque sorte
vidée de ses trésors sur les marchés occidentaux et a jeté ainsi
sur la place, à des prix souvent très avantageux, des perles d'une
extrême rareté. Son apport n'a pas été suffisant pour faire fléchir,
d'une façon très sensible, le prix des perles sur le marché européen ;
il n'a guère influé sur les amateurs, mais il a contribué à donner
aux grands négociants en perles, contraints d'absorber cet apport
inattendu, une nervosité parfois regrettable.

CHAPITRE VI

LE TRAVAIL DE LA PERLE FINE.

Malgré sa solidité, la perle est beaucoup moins résistante que le diamant et les autres pierres précieuses. Elle semble s'altérer à la longue au contact de certains corps et en particulier des acides faibles, et les perles fossiles que l'on récolte au milieu des coquilles des Faluns de Touraine ont perdu toute beauté extérieure.

Je ne puis donc accepter, sans réserves, ce que nous disait, au sujet de la durée des perles, le grand expert que fut M. Lucien Falize (1), lorsqu'il écrivait :

« La perle non plus ne s'use pas ; elle peut, sous les heurts et des influences délétères, se fendiller, se ternir, s'altérer, mais elle traverse de longs âges. Et, quand pour satisfaire à la curieuse et savante recherche de M. Berthelot, j'ai fait, avec le regretté

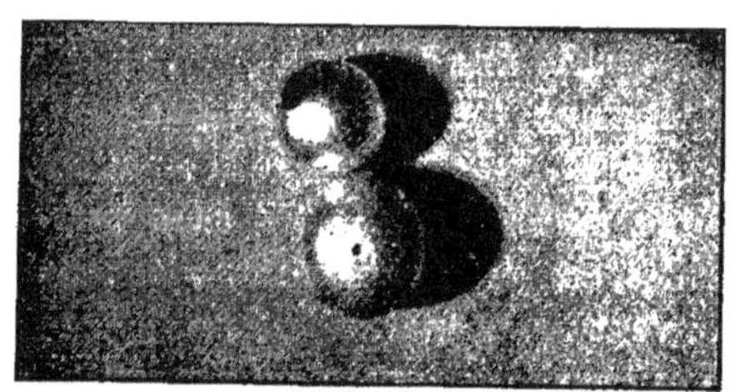

Figure 22. — Photographie de deux perles fines de collier montrant les dimensions du trou. *En haut*, très gros ; *en bas*, normal.

Alfred Darcel, au musée de Cluny, et avec Émile Molinier au Louvre, l'examen des perles qui garnissent les bijoux et les orfèvreries les plus anciennes, j'ai constaté que quelques-unes de ces perles avaient vécu bien des siècles, mais je n'ai pu connaître si leurs craquelures étaient anciennes ou récentes ; tandis que je sais, dans certains écrins, des colliers plus malades que les perles du trésor de Saint-Denis et du Cabinet des Antiques. »

La perle n'est pas pratiquement indestructible, comme le diamant et les autres pierres et, à mon sens, pour être dans la note juste, il faudrait la comparer à la turquoise, qui, on le sait, peut parfois s'altérer, sans qu'on en soupçonne nettement les raisons.

(1) Lucien Falize, *les Bijoux de jadis*, p. 10, Chamerot, Paris, 1898.

Elle est facilement rayée par les instruments d'acier, ce qui permet aux ouvriers, habitués à ce genre de travail, de la percer rapidement, de part en part, pour en faire une perle de collier (fig. 22), ou de la perforer, sous une faible épaisseur, pour y introduire un pivot, lorsque la perle est destinée à orner des boucles d'oreilles, une broche ou une bague.

Les perles *dites* chinoises, souvent d'une très grande valeur, qu'on désigne sous le nom de *boutons de Mandarin* (fig. 23), présentent même deux perforations o, o, très rapprochées, dirigées obliquement et communiquant ensemble par le canal, c, ce qui permettait d'introduire le fil destiné à les maintenir en place, et de les coudre sur les riches tuniques de soie, dont elles constituaient les boutons (Voir la coupe à la fin de la figure 23).

Telles quelles, ces dernières perles ne peuvent entrer dans la composition d'un collier, à moins d'en boucher les trous inutiles, mais peuvent être utilisées dans les autres bijoux, avec une monture spéciale et après un travail approprié.

La perle fine peut, en effet, se travailler.

Pendant longtemps, les perles ont été, cependant, montées brutes et sans préparation spéciale, soit sans perforation, soit après perforation. Celles sans perforation étaient montées sur griffes, comme les diamants ; les autres étaient enfilées en colliers, souvent assez mal assortis.

Aujourd'hui, on travaille soigneusement les perles, et ce travail a donné naissance à une véritable industrie qui emploie de nombreux ouvriers spécialistes.

« Il existe à PARIS, dit M. H. CITROËN (1), plusieurs lapidaires en perles. Ce sont de vrais artistes. Comme le sculpteur, avec leur grattoir, ils suppriment certains défauts, arrondissent les perles lorsque c'est possible en enlevant une ou deux peaux, la perle étant formée de couches concentriques. *Mais il y a toujours un très grand risque à faire ce travail, car on peut trouver sous la couche extérieure une couche défectueuse ou trop nacrée* (2). Le travail délicat du perçage se fait également ici dans quelques maisons. Il y a donc maintenant, en FRANCE, une industrie de la perle. »

(1) Hugues CITROËN, *Paris. marché mondial des perles fines et des pierres précieuses* (Exportateur français, 22 mai 1923, p. 554).

(2) Le passage ci-dessus souligné ne l'est pas dans le texte imprimé. Il a été souligné pour montrer que l'auteur reconnaît, dans cette phrase, que les perles fines n'ont de valeur que par leurs qualités extérieures et superficielles ; autrement il n'y aurait pas « grand risque » à enlever des peaux à une perle. En outre, il admet que les couches intérieures peuvent être nacrées », c'est-à-dire que le centre de la perle pourrait être de la nacre.

On peut distinguer, en dehors du forage signalé plus haut et expliqué dans la figure 23, deux catégories très distinctes dans le travail de la perle, qui exigent d'ailleurs des spécialistes différents :

1° Le travail courant : nettoyage, polissage, déshydratation et grattage ;

2° Le travail exceptionnel, tournage et pelage.

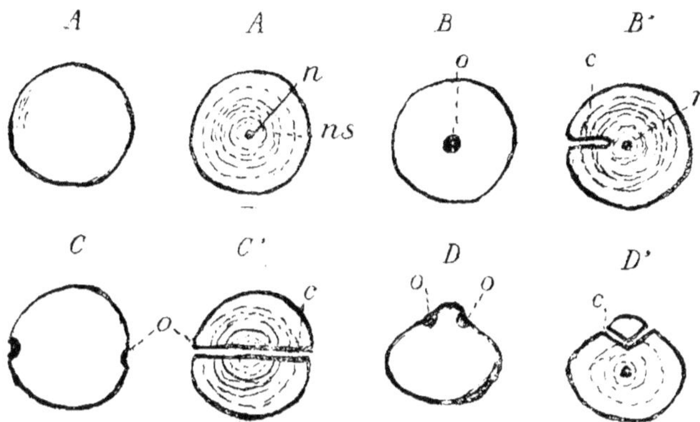

Figure 23. — Série de coupes montrant les divers modes de perforation des perles.

AA. perle ronde, entière et en coupe. — BB', la même perforée pour boucle d'oreille. — CC', la même perforée pour collier. — DD', perle dite « Bouton de Mandarin ». — *n*, noyau. — *ns*, noyau secondaire. — *o*, perforation. — *c*, canal.

Nettoyage, polissage, déshydratation et grattage. — Le nettoyage de la perle, qui est maintenant si répandu, a dû se pratiquer autrefois, mais dans le plus grand secret. C'était un art ignoré du profane et que l'on se transmettait de père en fils. La première recette indiquant la manière de procéder paraît avoir été publiée pour la première fois par un nécromancien, Anselme Boece, dont M. Rosenthal (1) donne la citation suivante :

« Les perles, dit-il, quand elles sont vieilles, jaunissent, mais leur couleur première leur est rendue en enlevant la première peau. Or, elle cède avec l'esprit de vitriol, mais il faut y porter garde de peur qu'elle n'en ressente quelque outrage. Par d'autres moyens, on leur rend leur première jeunesse avec la poudre d'albâtre, du corail blanc, du vitriol blanc et du tartre blanc.

« Le même fait arrive si on les fait dévorer aux Colombes, pour les tuer une heure après, ou si on les frotte avec du sel, ou bien si

(1) Rosenthal, *Au Royaume de la perle*, p. 51.

on les ensevelit dans du millet moulu grossièrement. Leurs taches s'effacent à la rosée de mai, qui repose sur les feuilles de laitues, si elles y demeurent un jour, ou bien qu'elles en soient mouillées. »

Le polissage de la perle qui se fait, selon les ateliers, avec des poudres et des engins plus ou moins perfectionnés, comprend : le polissage simple qui est destiné à donner à la perle son maximum d'éclat, et qui exige beaucoup de doigté.

Le grattage, qui consiste à faire disparaître les légers défauts superficiels, maculatures et accidents divers.

Enfin la déshydratation qui paraît utile pour faire disparaître la légère teinte verdâtre qu'on trouve fréquemment dans les perles récemment pêchées et déterminer leur blanchissement.

Cette dernière opération, qui demandait autrefois plusieurs années, s'effectue maintenant, paraît-il, très rapidement.

J'aurais voulu donner une description de cette industrie, telle qu'elle se pratique actuellement à PARIS, mais il m'a été impossible de recueillir des renseignements *de visu*, ce travail se faisant à l'abri des regards indiscrets.

Je n'ai pu savoir exactement comment se pratique l'opération de déshydratation, en vue du blanchissement des perles. On dit que l'on obtient, parfois, le résultat cherché, par pénétration d'un liquide à travers les trous des perles. Ce liquide, dit-on, contiendrait un agent chimique qui détruirait le pigment colorant la perle ; il aurait, à peu près, l'effet de l'eau oxygénée sur les cheveux. Il m'a été malheureusement impossible de vérifier cette hypothèse, qui a, cependant, une certaine vraisemblance, car, beaucoup plus qu'autrefois, on voit aujourd'hui des perles *percées de part en part* de couleur crème rosée. Beaucoup moins qu'autrefois, on voit chez les négociants des perles non percées et franchement teintées ou vertes. Si l'on rapproche ces constatations, on peut supposer que les perles très teintées ou vertes peuvent être blanchies habilement et peuvent devenir d'une belle couleur crème rosée.

Il y aurait grand intérêt à savoir exactement la teneur des agents employés et à *étudier si, au bout de quelques années, les perles, ainsi traitées, gardent les qualités acquises et ne sont pas altérées dans leur substance.*

On comprend toute l'importance de cette recherche.

Le travail exceptionnel de la perle : pelage et tournage. — On exploite dans beaucoup de fabriques, mais particulièrement à Méru-sur-Oise, la nacre des Méléagrines, pour
faire des boutons ou des objets de fantaisie. Les plus épaisses
coquilles, notamment celles de la grande Pintadine ou Huître
perlière de Taïti, sont divisées, à la scie tournante, en rectangles
réguliers pour la fabrication des manches de couteaux et des
coupe-papier de luxe.

En découpant ces nacres, il n'est pas extrêmement rare, ou
il n'était pas extrêmement rare, autrefois, de mettre en évidence
des perles enfouies au milieu des couches dé nacre proprement

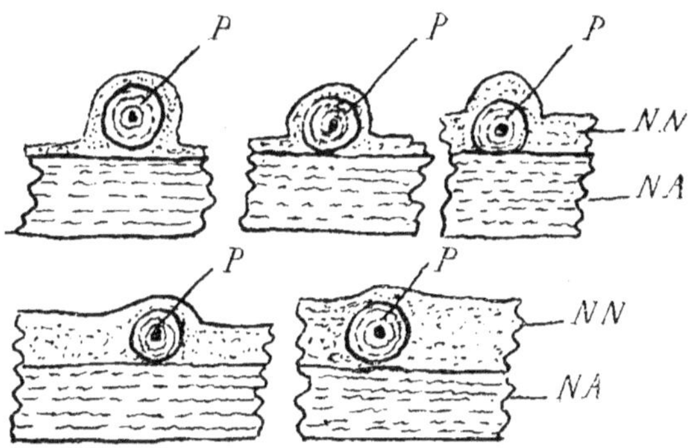

Figure 24. — Schéma de l'englobement des perles fines dans la nacre
de la coquille.

PPP, perles fines. — NA, nacre ancienne. — NN, nacre nouvelle sécrétée après
que la perle fine est venue en contact avec la coquille.

dites. Les perles en question se trouvaient ainsi englobées dans
les couches nacrées de l'intérieur de la coquille. Elles n'ont d'ailleurs rien de commun avec les *blisters* et les demi-perles et représentent des perles fines complètes.

Il est arrivé ainsi qu'on a mis en évidence, aussi bien dans les
couches profondes de nacre que dans les perles adhérentes à la
nacre, non pas de petites perles, ordinairement très rares dans ce
gîte, mais de beaux échantillons de grosseur notable et plusieurs
même de grande valeur et de premier choix. Cette recherche est
d'ailleurs très aléatoire, et, si elle procure parfois de gros bénéfices,
elle est parfois très coûteuse.

Tel lot de grosses perles adhérentes à la nacre, payées
1 000 francs pièce, en moyenne, ne donne absolument rien après

le travail et est complètement perdu. Tel autre contient, après le travail, une perle superbe, qui est revendue 100 000 francs, alors que le lot entier n'avait pas coûté le dixième de ce prix.

La présence de ces perles fines à couches parfaitement circulaires au milieu des assises horizontales de la nacre a paru d'abord difficilement explicable, parce que l'on ne connaissait pas le mode de formation des perles. L'explication de la présence de perles enfermées dans la nacre est, cependant, très simple. Maintenant que des observations précises (Voir chap. XXIV) ont établi que la sécrétion de la perle et de la nacre s'effectuait à l'aide des mêmes cellules épithéliales de la surface externe du manteau, mais dans des conditions différentes, elle se comprend aisément. Il faut savoir d'abord que la perle se forme dans l'intérieur d'un sac dérivé de cet épithélium, et placé au milieu même des tissus de l'animal ; et que la nacre se forme, au contraire, à la surface de l'épithélium étalé à plat sur tout le pourtour de l'animal.

Supposons une Huître perlière adulte, ayant déjà dans ses tissus une ou plusieurs perles formées.

Si cette Huître est recueillie par un pêcheur, c'est dans l'intérieur même des tissus que l'on récoltera les perles qu'elle contient.

Supposons au contraire que cette Huître perlière échappe aux investigations des pêcheurs.

Ses perles en formation ont toute chance de grossir notablement et de devenir de grosses perles.

Or les seuls ennemis de la Méléagrine ne sont pas seulement les pêcheurs ; bien d'autres carnassiers les menacent (Voir chap. XVIII). Contre ces adversaires redoutables, l'Huître perlière n'a à sa disposition qu'un moyen de défense : elle se contracte et ferme vivement les deux valves de sa coquille.

Dans ce mouvement brutal, si une grosse perle existe dans son intérieur, les parois du sac qui la contiennent peuvent se déchirer, et la perle est expulsée hors des tissus.

Deux cas peuvent se produire. Quand l'Huître, rassurée sur les dangers extérieurs, entr'ouvre de nouveau ses valves, la perle peut tomber de la coquille sur le fond et est définitivement perdue ; aussi les plongeurs, quand ils s'emparent d'une grosse coquille de Méléagrine, ont-ils grand soin de maintenir et de serrer les deux valves l'une contre l'autre pour éviter de perdre les grosses perles qu'elle contient et qui ont pu se détacher par la contraction de l'animal, lors de sa capture.

Heureusement, un autre cas peut se présenter, et c'est d'ailleurs le cas normal, lorsque l'Huître se contracte sans être arrachée de son support.

Les belles observations d'Hornell, dans les mers de Ceylan, où il a souvent poursuivi ses observations en scaphandre, nous renseignent sur la position ordinaire de l'Huître perlière par rapport à son point d'attache.

Normalement, l'Huître perlière se fixe à l'aide de son byssus et garde une position oblique par rapport à son support (fig. 25), contrairement à ce qui se produit chez l'Huître ordinaire (fig. 26).

Si l'Huître perlière qui expulse une perle de ses tissus se trouve dans cette position naturelle, il y a grande chance que la perle ne puisse être rejetée hors des valves, comme l'indique la figure 25. La perle aura,

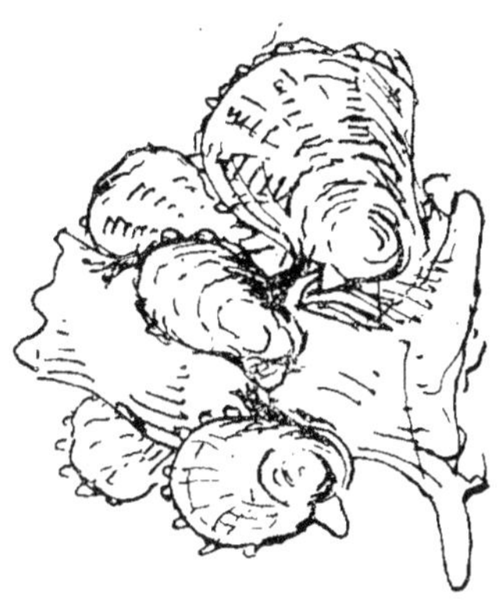

Figure 25. — Méléagrines fixées sur un support.

au contraire, toute chance de se loger entre la coquille et le manteau. Là, elle va jouer le rôle d'un corps étranger et sera peu à peu englobée dans les couches de nacre que sécrète le manteau

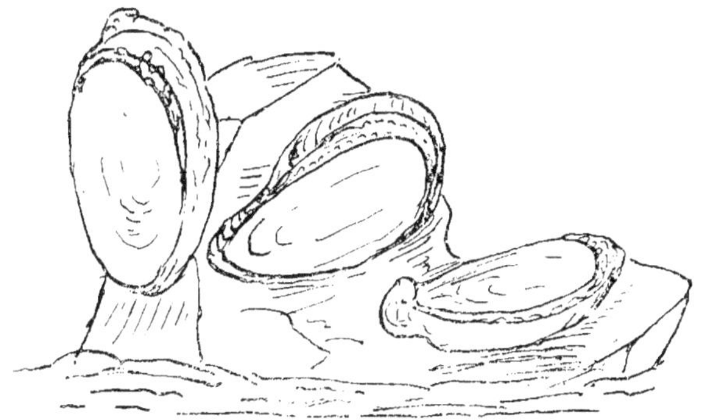

Figure 26. — Dessin destiné à montrer que l'Huître comestible se fixe par la valve d'une manière très différente de celle de la Méléagrine qui se fixe à l'aide du byssus.

et qui s'accumulent sans cesse, pendant toute la durée de la vie du Mollusque (fig. 24).

Ces perles, lorsqu'elles existent dans l'épaisseur de la couche nacrée, décèlent presque toujours leur présence par suite d'une bosselure de la surface interne de la nacre, aussi un triage préalable des nacres en vue de les récolter permet-il presque toujours, maintenant, d'éviter de les couper dans l'opération du sciage.

Actuellement, du reste, peu de coquilles arrivent aux fabriques, contenant encore des perles emprisonnées dans la nacre. Profitant de l'expérience acquise, les pêcheurs avisés traitent la plupart de ces coquilles sur les lieux de pêche et obtiennent, ainsi, un léger supplément de profit.

On a signalé, aussi, des perles notables extraites non plus de la nacre, mais à l'intérieur de demi-perles adhérentes à la coquille.

Cette observation, plusieurs fois répétée, constitue une excellente confirmation de l'explication donnée plus haut.

La perle expulsée hors des tissus de la Méléagrine, entre la paroi du manteau et celle de la coquille, joue le rôle du noyau artificiel, introduit par les Chinois et les Japonais, entre la coquille et le manteau, soit des Mollusques d'eau douce (procédé chinois), soit de véritables Méléagrines (procédé japonais) et qui donne lieu à une exploitation régulière (Voir chap. XXXI).

Mais, dans le cas de la Méléagrine enfermant entre le manteau et la coquille une perle expulsée des tissus, c'est le noyau qui garde une grande valeur, puisqu'il représente une perle naturelle complète (fig. 24).

Au fur et à mesure que l'animal vieillit et que la sécrétion nacrière augmente d'épaisseur, un nivellement se produit qui, au bout d'un nombre suffisant d'années, peut effacer toute trace de la demi-perle et de la perle qu'elle contient. Sur la série de coupes schématiques de la figure 24, on voit la perle donner d'abord naissance à une grosse demi-perle, puis, par suite de l'épaississement de la sécrétion nacrée, disparaître, peu à peu, dans l'épaisseur de la coquille.

Ordinairement, les perles, ainsi emprisonnées dans l'intérieur de la nacre, offrent sur une partie de leur surface, en particulier sur la face qui est tournée du côté du manteau, une sécrétion irrégulière, comme une sorte de *bave solidifiée*, qui nuit beaucoup à la beauté de la perle.

Cette sécrétion de mauvaise apparence est très vraisemblablement due à ce que, au moment où la perle s'est logée entre le manteau et la coquille, sa présence a causé quelques troubles, et les matières organiques provenant des tissus déchirés ont amené une sécrétion anormale de nacre.

Cette couche nuisible est facile à détacher à l'aide d'un grattage ou d'un pelage, portant exclusivement sur elle, et la perle reprend alors toute sa beauté.

C'est la nécessité de ce travail particulier sur les perles enrobées dans la nacre qui a inspiré, vers 1865, à un chercheur hardi l'idée du *pelage* des vieilles perles, idée qui l'a conduit, lui et ses imitateurs immédiats, à une fortune rapide.

S'inspirant de cette idée très juste que la perle est constituée par une série de couches concentriques, comme celles d'un oignon, mais beaucoup plus minces et que ces couches sont d'inégale valeur, du moins à la superficie (elles représentaient primitivement, à un âge moins avancé, la partie superficielle de la perle), il a soumis au pelage de grosses perles sans valeur et qu'on disait « mortes » parce qu'elles avaient perdu la plus grande partie de leurs qualités superficielles.

Ce premier essai, exécuté d'abord timidement, a obtenu un succès complet; ces perles sans valeur, ainsi dépouillées d'une ou plusieurs peaux, ont repris tout leur éclat, leur lustre et leur orient, et se sont trouvées radicalement rajeunies. Elles avaient perdu de leur poids, ce qui ne laisse pas d'être important pour la vente ; mais elles regagnaient cette perte et, bien au delà, par leur beauté nouvelle.

Un exemple fera mieux comprendre l'avantage de l'opération :

Supposons qu'une perle opaque de 20 grains soit, après pelage soigné, ramenée à 16 grains seulement.

A une fois le poids, la perle dans son premier état valait 20×20, c'est-à-dire 400.

Une fois pelée, son poids étant réduit à 16 grains, elle ne vaut donc plus, à une fois le poids, que 16×16, c'est-à-dire 244.

Pourtant, si, à l'état brut, à cause de sa teinte morne, elle trouvait difficilement acquéreur, à deux fois le poids, tandis qu'après pelage, ayant récupéré ses qualités de surface, elle peut se négocier à cent fois son poids, l'opération se traduit par une réussite inespérée, puisque, au lieu de 800 francs, à deux fois son poids, cette perle peut se vendre 24 400 francs, à cent fois son poids.

L'opération était trop tentante pour ne pas inciter beaucoup de joailliers à y consacrer leurs soins ; si bien que, dans les ventes publiques, on a vu de grosses perles anciennes tout à fait détériorées, et ne présentant plus aucune beauté extérieure, atteindre des prix relativement considérables pour leur état actuel, parce que les compétiteurs escomptaient leur état futur, après l'enlèvement d'une ou plusieurs peaux.

Comme toute opération très lucrative, celle-ci comporte, maintenant, des aléas nombreux. Et si l'on cite des joailliers ayant gagné à cette recherche des sommes considérables, on pourrait, par contre, en citer d'autres qui ne se sont pas enrichis dans l'aventure.

Les anecdotes à ce sujet sont innombrables et toutes pareilles : telle perle, achetée 20 000 francs par un groupe de négociants (car ils se mettent, en général, plusieurs en participation pour ces affaires très risquées), a perdu le quart de son poids et s'est ensuite vendue 150 000 ou même 200 000 francs. Telle autre perle achetée le même prix vaut tout juste 200 ou 300 francs après avoir été travaillée, les couches inférieures étant devenues de plus en plus mauvaises.

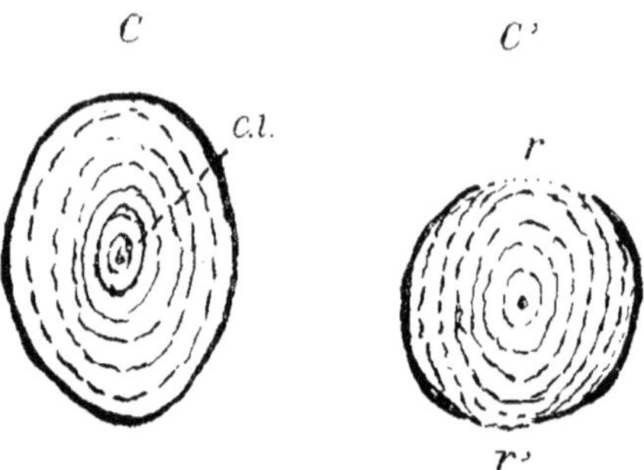

Figure 27. — Coupe schématique d'une perle en poire, arrondie artificiellement.

ci, centre de la perle. — *r* et *r'*, couches incomplètes. - – C, perle intacte. — C', perle travaillée.

Jusqu'ici le travail de la perle que nous avons envisagé est parfaitement licite. Le polissage, le grattage, l'enlèvement de peaux, n'altèrent en rien la perle fine ; ils diminuent son poids, ce qui peut être une perte sensible pour le marchand ; mais ils n'altèrent en rien la constitution de la perle, puisque les couches concentriques de la perle ainsi diminuée sont conservées dans toute leur étendue. La perle reste une perle fine normale. Tout ce qui peut arriver de plus fâcheux au joaillier, c'est d'être obligé d'enlever trop de peaux et d'atteindre ainsi les limites du noyau secondaire (Voir chap. IV), souvent fortement teintées, ce qui enlèvera presque toute valeur à la perle.

Il est pourtant une autre pratique, née de la première, qui constitue, à mon avis, une malfaçon et qui, pourtant, semble admise d'une façon courante. On lit, par exemple, dans le livre que j'ai déjà cité de M. ROSENTHAL (1) :

____

(1) ROSENTHAL, *Au Royaume de la perle*, p. 54.

« Dans les anciens colliers qui furent portés pendant des siècles, en RUSSIE et en POLOGNE, on rencontre fréquemment des perles en forme de tonneau qui se travaillent très facilement. En arrondissant les deux extrémités, on obtient une forme parfaite ; mais la grosseur de la perle s'en trouve diminuée d'un quart. Étant donné que la perle ronde a plus de valeur, on arrondit également les poires et les boutons ; mais, si la perle ronde a des défauts très grands, on la transforme en bouton et inversement.

« Malheureusement, la perle travaillée ou polie perd de son poids et, au prix actuel, chaque centième de carat représente une grande valeur.

« Il est donc nécessaire de savoir si, une fois travaillée, elle conservera son prix. »

D'après cette citation, le seul inconvénient que voit M. RO-

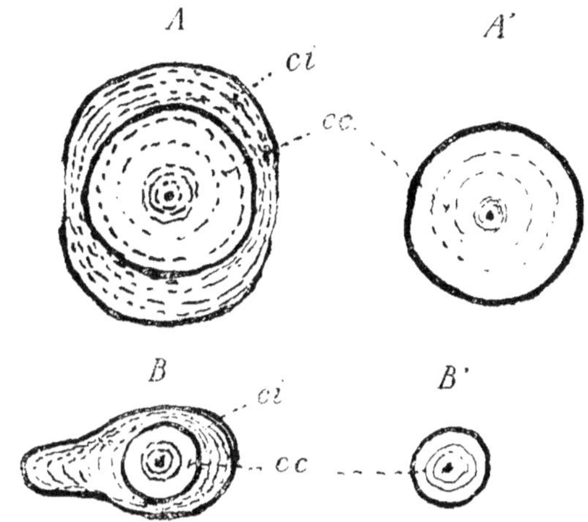

Figure 28. — DESSIN SCHÉMATIQUE D'UNE PERLE A et A' EN TONNEAU QUE L'ON PEUT TRANSFORMER EN UNE PERLE RONDE ET D'UNE PERLE EN POIRE B et B'. — *ci*, couches extérieures elliptiques. — *cc*, couches circulaires centrales.

SENTHAL dans cette pratique qui consiste à transformer une perle en forme de tonneau, ou de poire, ou de bouton, en une perle ronde, est une perte excessive de poids et la crainte d'une trop grande diminution de prix, sans compter la découverte possible de défauts cachés.

J'y vois un *inconvénient beaucoup plus grave et qui aurait dû attirer l'attention des joailliers* s'ils se servaient couramment du microscope pour l'examen minutieux de leurs spécimens.

Deux cas, en effet, peuvent se présenter :

Dans le premier, la déformation a été accidentelle et ne s'est produite que *tardivement*, comme le montre la figure 28 en A et en B. Les couches de nacre, d'abord orientées sous forme sphérique régulière, se sont déformées par suite d'un allongement du sac. Ce cas, qui doit être d'ailleurs assez rare, permet, en enlevant un certain nombre de peaux, d'arriver à la perle sphérique A' et B'.

Ici, *le résultat est loyal et inattaquable.*

Dans le deuxième cas, qui doit être le plus fréquent, la perle s'est constituée dès l'origine avec sa forme définitive (ce qui arrive en particulier pour beaucoup de perles en poire où le pédicule est conservé) ; la même manœuvre de rodage et de polissage va attaquer plus ou moins profondément les couches concentriques, qui seront ainsi régulièrement sectionnées, soit aux deux extrémités de la sphère obtenue (fig. 27), soit à l'une des extrémités seulement.

Dans ce cas, la perle, *malgré l'apparence, malgré l'aspect séduisant qu'elle conservera à l'œil nu, n'en sera pas moins une perle truquée, dont les qualités extérieures seront altérées,* ainsi qu'il sera facile de le constater à un fort grossissement, et sa résistance aux agents atmosphériques sera bien diminuée, par suite de la discontinuité des couches périphériques.

Enfin, pour terminer cet exposé du travail auquel on soumet les perles et qui, quoi qu'en pensent les joailliers, peut être, ainsi qu'on vient de le voir, une malfaçon dans le dernier cas examiné, nous devons signaler encore les tentatives regrettables qui ont été faites pour modifier la couleur des perles de coloration défectueuse.

Ces tentatives n'ont donné jusqu'ici que de mauvais résultats, grâce à la difficulté pratique de faire pénétrer le colorant ou le décolorant entre les différentes couches perlières. A travers la première couche perlière superficielle, la pénétration est pratiquement impossible, si cette première couche est tout à fait intacte ; mais les chercheurs ont essayé de colorer les perles intérieurement en faisant pénétrer l'agent à travers la perforation qui existe dans les perles de collier.

Fort heureusement, ces tentatives, de mauvais aloi, n'ont eu qu'un médiocre succès, malgré les mordants employés contre l'action desquels on préserve, paraît-il, la surface externe de la perle à l'aide d'une couche de collodion appliquée après dessiccation ; la coloration pénètre mal dans les couches de conchyoline. Elle reste un peu irrégulière. J'ai examiné plusieurs échantillons ainsi traités pour les amener à la teinte noire, et la fraude se reconnaît facilement au microscope.

C'est évidemment là un truquage qui consiste à introduire dans la perle un corps *étranger à sa fabrication normale* par le Mollusque.

Cette fraude ne serait admissible que si les perles fines en question étaient loyalement vendues avec l'épithète de *perles fines colorées artificiellement.* Elle doit être surveillée par les joailliers consciencieux, car il pourrait se faire qu'en employant des procédés plus perfectionnés (par exemple, pénétration d'agents chimiques après le vide obtenu et sous pression), un succès plus complet couronnât les efforts des fraudeurs.

Je regrette qu'il n'existe pas actuellement, pour éclairer la corporation des marchands de perles, un laboratoire spécial, convenablement agencé et spécialisé dans l'étude des fraudes, sur la coloration, sur la décoloration et sur les diverses manipulations et altérations que l'on peut faire subir aux perles fines.

CHAPITRE VII

QUELQUES CONSIDÉRATIONS
SUR LES EXPERTS ET LEUR ROLE.

Méthodes pour étudier les perles fines et les distinguer
des perles fausses.
Microscope simplifié pour l'examen des perles.

« Dans le commerce des perles, dit très justement M. Rosenthal (1), les connaisseurs sont très peu nombreux, car c'est un
don particulier et assez rare. »

« Dans l'Inde, ajoute-t-il plus loin, dès le vie siècle, l'art d'apprécier les pierres précieuses et les gemmes était considéré comme une
science difficile et d'autant plus estimée. L'étude n'en était pas
réservée seulement aux marchands, mais encore aux princes et
aux poètes... L'expert en pierres précieuses était de ce fait un
personnage considérable dont les textes parlent avec un grand
respect. »

Je ne prétend pas qu'après la lecture de ce chapitre chaque
lecteur deviendra un expert averti. Il n'est nullement besoin
d'être un grand financier pour distinguer une pièce fausse d'une
pièce de bon aloi, et j'aurais autant de confiance pour faire cette
distinction dans un bon caissier que dans le directeur de la Banque
de France et le plus illustre financier.

Toute mon ambition est de donner aux lecteurs des indications
suffisantes pour distinguer, à coup sûr, une perle fausse d'une perle
fine et d'une demi-perle.

Depuis mes derniers travaux sur les perles fines et en particulier sur les perles fines complètes de culture, je me suis trouvé
en rapport avec quelques experts et un certain nombre de bijoutiers et d'amateurs. Or, si la plupart des experts distinguent facilement les perles fines des perles fausses et sont capables d'en
apprécier la valeur, j'ai constaté, par contre, que nombre de mes

(1) Léonard Rosenthal, *Au Royaume de la perle*, p. 116.

interlocuteurs n'avaient à ce sujet que des notions très imprécises et pouvaient commettre, parfois, des erreurs surprenantes et que même de bons négociants pouvaient se trouver embarrassés dans leur examen. L'anecdote que j'ai rapportée dans le chapitre VIII, d'après M. ROSENTHAL, en est une preuve convaincante.

A la réflexion, le fait s'explique facilement, et une comparaison fera bien saisir ma pensée.

Dans la région girondine où j'ai habité longemps, il existe, ainsi que chacun le sait, des crus réputés parmi les vins les plus fameux de FRANCE. Un jour, je prenais part, à SAINT-ÉMILION, à l'un de ces banquets, comme savent en organiser les viticulteurs.

Les grands propriétaires du pays avaient envoyé, chacun, quelques spécimens de leurs vieux vins. Un régiment de bouteilles des meilleurs crus de SAINT-ÉMILION était aligné, comme un régiment de soldats en rang de bataille, sur le buffet qui limitait l'un des côtés de la salle du festin. Là figurait toute la gamme des vins de SAINT-ÉMILION, depuis le château AUSONE jusqu'au CHEVAL BLANC, représentés par les meilleures années de récolte.

Parmi les convives figurait un des propriétaires du pays, M. V..., justement réputé comme un fin gourmet.

Ses collègues, pour rendre hommage à ses talents, le mirent au défi de reconnaître et de classer tous les crus alignés derrière son dos. Il accepta l'épreuve et, à ma stupéfaction, il distingua sans défaillance non seulement les divers crus qu'on lui faisait déguster, mais encore l'année de leur récolte.

Un homme doué d'aptitudes exceptionnelles qu'il développe par un entraînement continu peut donc arriver, sans qu'il existe de règles formelles pour le guider, autres que celles qu'il s'est lui-même forgées, à percevoir des différences qui échappent au vulgaire.

J'ai cité l'expérience de M. V..., parce que j'ai assisté à la scène et qu'elle me paraît typique. Son cas n'est pas unique, et il existe à BORDEAUX des courtiers professionnels qui sont capables de pareilles discriminations et qui peuvent les faire porter, non pas seulement sur un cru limité, comme des SAINT-ÉMILION, mais aussi sur l'ensemble des autres crus tels que les MÉDOC, les PAUILLAC, etc...

A côté de ces fins connaisseurs professionnels, il existe beaucoup d'amateurs qui, sans avoir poussé l'éducation de leur palais aussi loin, sont cependant capables de reconnaître, *grosso modo*, les principaux crus.

En descendant la série, nous trouvons une bien plus grande proportion de gens qui distinguent, à peu près, le Bordeaux ou le Bourgogne d'un cru grossier, et enfin, plus bas encore, la foule anonyme qui ne distingue plus guère la qualité des vins que par le bouchon de cire ou l'étiquette plus ou moins pompeuse qui orne la bouteille.

Il en est de même pour l'appréciation des perles fines. Il existe, fort heureusement, en France, de grands experts, véritables virtuoses dans leur art, qui contribuent à faire de Paris le centre du commerce mondial des perles fines.

A côté d'eux, il y a également de fins connaisseurs qui sont capables d'une classification plus sommaire; mais la masse des petits négociants, qui représentent de simples intermédiaires, est bien excusable, en l'absence de règles précises, de ne pas arriver à une discrimination personnelle.

On peut, je crois, affirmer que la masse du public, la foule des amateurs de perles est encore plus ignorante que les buveurs de vin au sujet de leur boisson favorite, et ne peut faire, avec certitude, la distinction entre les perles fines complètes, les perles fines incomplètes et les perles industrielles.

Il m'est arrivé plusieurs fois, depuis que mes recherches ont attiré l'attention, de me voir présenter par une dame un bijou, ordinairement une broche, dont elle était très fière et dans laquelle était enchâssée une de ces demi-perles dites japonaises. Elle me disait avec assurance : « Voici une jolie perle... et ce n'est pas une perle japonaise ! » Ainsi cette notion pourtant très simple de la différence entre une perle fine complète et une perle incomplète, différence facile à saisir au premier coup d'œil, lui était complètement étrangère.

Cela était dit d'un ton si péremptoire que, d'ordinaire, je me contentais de hocher la tête en souriant, sans vouloir souffler sur des illusions. Une fois, cependant, je me permis de faire la proposition suivante « Si vous le désirez, je vous dirai exactement ce qu'est votre perle. » Cette proposition n'eut pas de succès et ne devait pas en avoir.

Quand une femme possède un bijou dont elle est fière, elle tient à lui conserver la valeur que le bijoutier lui a indiquée tout d'abord, et qu'elle lui attribue, en quelque sorte, *de seconde main*, puisqu'elle se sent incapable et n'a aucun moyen personnel d'analyser, elle-même, la valeur réelle de l'objet. La plus grande force du négociant réside dans la confiance qu'il inspire. Sa longue honnêteté, sa probité garantissent à son client qu'il peut adopter ses avis comme article de foi.

On a essayé parfois d'opposer les savants aux experts et les experts aux savants. C'est une tendance bien naturelle de l'esprit humain, que l'on peut spécifier sous le nom d'*esprit de corps*. Pour un ancien artilleur, un fantassin ou un cavalier étaient des êtres inférieurs et méprisables. Cette antique mentalité a fait son temps. Le rôle de l'expert et celui du savant sont très différents et pourtant également utiles, à condition que l'un et l'autre soient honnêtes et ne se croient pas infaillibles.

Puisque j'ai pris comme comparaison la connaissance

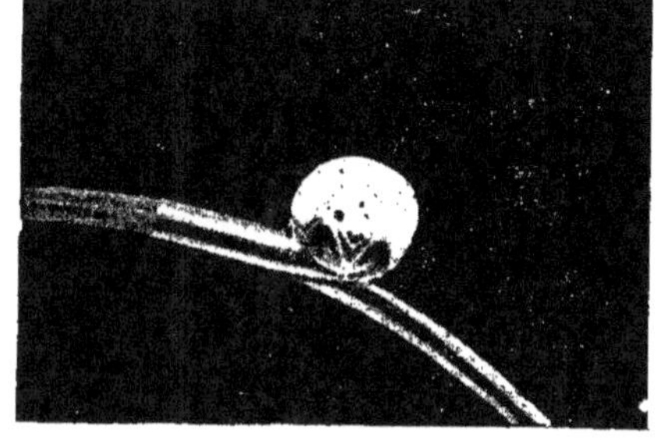

Figure 29. — UNE DEMI-PERLE DE MÉLÉA-GRINE MONTÉE SUR UN POIL D'ÉLÉPHANT.
(Grossie deux fois.)
(Photographie de H. Dupère.)

des bons vins de France, cette comparaison me servira encore à compléter ma pensée. Il ne serait pas raisonnable de recourir à l'analyse chimique pour établir et distinguer les différents crus et remplacer ainsi le palais de l'expert en vin. On raconte qu'un vin de Bourgogne, d'un très bon cru mais très vieux, ayant été envoyé par plaisanterie à l'analyse au laboratoire des fraudes, fut renvoyé avec l'étiquette suivante : *Vin mauvais, mais non nuisible.*

Je ne sais si l'anecdote est vraie, pourtant elle est vraisemblable. Une analyse de vin est destinée seulement à montrer s'il existe dans le liquide examiné les éléments d'un vin naturel et normal.

Si ces éléments sont seuls représentés et dans les proportions qui le rapprochent du vin considéré comme type, le chimiste note que le vin est bon. Si, au contraire, ces éléments, encore seuls représentés, sont, dans des proportions qui l'éloignent du vin type, le chimiste déclare que le vin est mauvais, mais non nuisible. Si, à côté de ces éléments, l'analyse décèle des principes dangereux pour la santé, le chimiste constate que le vin mauvais est nuisible. Si enfin l'analyse indique l'absence des éléments normaux du vin et la présence d'éléments étrangers au vin normal, le chimiste conclut que le liquide qui lui est soumis n'est pas du vin ou est un vin artificiel et fabriqué de toute pièce par un falsificateur.

J'ai développé longuement cette comparaison, pour faire comprendre nettement que les rôles de l'expert et du savant sont différents. L'expert qui peut arriver à classer les crus est incapable de nous indiquer, grâce à son palais seul, quel est le degré alcoolique de la boisson, ce que le chimiste peut faire très facilement. Le savant indique les qualités intrinsèques et, par contre, est incapable d'indiquer la valeur extrinsèque du produit, ce que l'expert habile peut faire couramment.

Les rôles du savant et de l'expert se complètent mutuellement, sans qu'on puisse les remplacer l'un par l'autre, à moins que l'expert, qui a de longues années de pratique, ne se décide à devenir en même temps un savant et n'utilise, à son tour, les méthodes scientifiques.

La comparaison que j'ai faite à l'aide des vins de cru est certainement très frappante, mais ce n'est qu'une comparaison, et, en réalité, le rôle des experts en vins et des experts en perles est différent, non seulement parce que leur spécialité est différente, mais aussi parce que leurs jugements doivent, nécessairement, porter sur des points différents :

M. V..., fin connaisseur en crus ou tel autre expert spécialisé pour les vins, peut prétendre indiquer l'*origine* du vin qui lui est présenté et l'*année* de la récolte. Il a pu faire, en effet, son éducation dans ce sens et vérifier, maintes fois, les indications que lui donnait le sens du goût, parce que :

1º Chaque cru a des qualités *caractéristiques* pour le palais exercé, et chaque année de ce cru en a également;

2º Les vins peuvent être conservés, catalogués, *étiquetés* sur les bouteilles, et de cette façon on a des moyens de contrôle pour ainsi dire *certains*.

M. X..., expert en perles fines, se trouve dans d'autres conditions, et sa longue expérience porte sur des points tout à fait différents, parce que :

1º Les Mollusques des différentes pêcheries produisent, dans la même pêcherie, des perles de nuances aussi différentes que le Bordeaux diffère du Bourgogne ;

2º Les perles ne supportent pas d'étiquettes comme les bouteilles, et l'on n'a aucun contrôle possible de la provenance : *on les classe, non d'après leur origine (comme les vins), mais d'après leurs qualités extérieures,* lesquelles peuvent être identiques, s'il s'agit de perles de différentes pêcheries, ou, au contraire, complètement différentes, s'il s'agit de perles d'une même pêcherie.

Par conséquent la compétence de M. X..., expert en perles, porte non seulement sur des matières différentes, mais aussi sur un autre domaine. Elle ne peut plus consister dans la désignation de l'origine des perles. Elle n'exige aucune connaissance des diverses origines ou provenances, ni à plus forte raison des années de production. Elle est d'un tout autre ordre et consiste en ceci : *Savoir, mieux que les autres, grâce à de longues études et à des expériences répétées, apprécier les caractéristiques de la perle fine,* qui, nous l'avons vu dans le chapitre II, résident uniquement dans certaines qualités de surface.

Il me semble donc que les qualités d'un grand expert en perles peuvent se résumer ainsi :

1º Avoir une bonne vue ;

2º Avoir une longue pratique du maniement des perles ;

3º Posséder des connaissances techniques suffisantes sur les Mollusques ;

4º Posséder des connaissances techniques suffisantes sur la formation des perles, sur leur structure, sur la façon de les travailler, de les percer, de les améliorer ;

5º Savoir classer les perles suivant leurs qualités extérieures ;

6º Savoir juger approximativement le poids des perles avant de les peser à l'aide d'instruments précis ;

7º Connaître suffisamment le marché des perles pour juger si les qualités des perles soumises à son appréciation répondent au goût des acheteurs des différents pays du monde ;

8º Être capable de donner par comparaison une estimation de valeur très approximative des perles qui lui sont présentées à l'expertise ;

9º Avoir un goût personnel assez raffiné et assez cultivé pour pouvoir choisir les perles convenant le mieux au but poursuivi, et pour pouvoir guider utilement d'autres acheteurs dans leur choix.

S'il veut aller plus loin et émet la prétention de faire comme le courtier en vins et d'indiquer à son client l'origine et la provenance exacte des perles qu'il a à examiner, il sort de son rôle d'expert et risque de devenir un *charlatan,* parce que ni lui ni personne ne peut vérifier ses propres assertions.

Méthodes rationnelles pour étudier les perles fines. — Après avoir étudié le rôle de l'expert en perles fines et avoir défini sa haute importance dans le commerce des perles, je crois que beaucoup d'admirateurs de la perle seront satisfaits, cependant, de pouvoir contrôler par eux-mêmes les indications qui leur sont fournies et d'avoir la possibilité d'étayer leur confiance dans l'infaillibilité des experts par des données précises.

Dans les deux chapitres relatifs aux caractères spécifiques de la perle fine (chap. II et III), j'ai montré que les caractéristiques d'une perle se trouvaient dans des particularités visibles extérieurement. Il suffit de regarder à un *grossissement suffisant* pour voir ces particularités.

Supposons que nous ayons affaire à une perle complète, soit accidentelle (dite naturelle) ou de culture ; en la plaçant sous le microscope, nous distinguons immédiatement les caractères visibles dans la figure 30 et en particulier les courbes ondulées dont la présence nous fixe immédiatement sur la nature de l'objet (fig. 30).

Supposons, au contraire, que nous ayons affaire à une perle industrielle. C'est en vain que nous chercherons ces courbes ondulées, et nous nous trouverons en face de deux cas bien tranchés.

Si nous avons affaire à une perle de verre creuse avec l'essence d'orient dans l'intérieur, nous apercevrons une surface très irrégulière, pleine de cavités et de bosselures, qui représente la couche d'essence d'orient (fig. 35). En faisant remonter légèrement la mise au point, nous distinguerons la couche vitreuse presque transparente et rayée de petits traits rectilignes, si la perle est ancienne et a été rayée par le frottement. Si nous avons affaire à une perle *dite incassable*, nous apercevons directement la couche de revêtement, plus ou moins irrégulièrement ponctuée, qui dans les fabrications soignées présente une couche en nid d'abeille très caractéristique.

Voilà une détermination précise et indiscutable, nous permettant

Figure 30. — Surface d'une perle fine fortement grossie, montrant comme accidents de surface des courbes de niveau et des points sur fond uni.

C, courbes de niveau. — p, points.

(*La Perle fine*, Bull. Soc. scient. d'Arcachon, 1921.)

de nous rendre compte de la nature de l'objet soumis à notre examen, sans que nous ayons à faire preuve de dons exceptionnels.

Désormais nous savons si nous avons affaire à une perle fine ou à un objet qui ne mérite pas ce nom.

En inspectant la surface de la perle à un plus petit grossissement, nous pouvons juger également si elle ne présente pas de graves défauts, car la plupart des perles offrent de petites tares souvent visibles à l'œil nu. Nous pourrons également nous rendre compte si elle n'a pas été travaillée d'une façon déloyale (chap. VI).

Pour distinguer les perles sciées ainsi que les demi-perles de culture des perles complètes, accidentelles ou de culture, l'examen sera encore beaucoup plus simple, puisqu'il suffira de constater que, dans les dernières, la perle est recouverte sur ses deux hémisphères de la sécrétion perlière, tandis que, dans le cas des perles

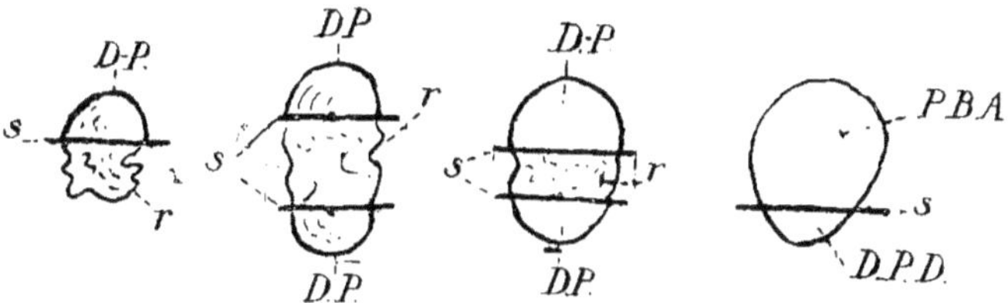

Figure 30 *bis*. — Représentation schématique de quatre sortes de perles défectueuses, utilisées pour faire des demi-perles.

Le trait noir *s* indique l'endroit où sera donné le trait de scie. — DP, partie de la perle utilisable pour faire une demi-perle. — *r*, partie de la perle constituant le rebut.

sciées et des demi-perles de culture, l'une des faces seule présente l'apparence caractéristique de la perle.

Dans les bijoux, cet examen des deux faces de la perle est rendu naturellement plus difficile par la monture qui cache l'une des faces, celle qui est de mauvaise apparence ; mais la forme de la monture, elle-même, nous révèle l'artifice employé, car, lorsqu'il s'agit d'une perle complète, le bijoutier, en général, ne masque pas entièrement l'un des hémisphères de la perle (fig. 31).

Les perles sciées proviennent généralement de perles complètes, dont une partie est bonne et l'autre mauvaise. On scie la partie utilisable et on met au rebut l'autre partie. Souvent aussi on coupe en deux des perles de forme allongée, et on en fait deux demi-perles plus faciles à utiliser (fig. 30 *bis*).

Ce sciage est fait *sur une grande échelle* pour les très petites perles, car d'aussi petites demi-perles sont utilisées en grandes quantités en bijouterie bon marché, par exemple pour faire des entourages (analogues à ceux que l'on fait avec de petits diamants) ou des bijoux fantaisie. Les petites demi-perles, pour être montées ne sont généralement pas percées sur une face comme les perles boutons, mais serties ou collées dans les petits alvéoles ménagés dans ce but dans le métal.

Le sciage n'est au contraire exécuté qu'*exceptionnellement* sur les perles d'une certaine dimension : on le pratique cependant de façon régulière sur les perles d'eau douce d'Amérique (fig. 30 *bis*).

Les petites demi-perles provenant du sciage sont tamisées par grosseurs et font l'objet d'une spécialité.

Si la demi-perle provient d'une perle complète sciée en deux

Figure 31. — UNE PERLE ENTIÈRE ET UNE DEMI-PERLE. (*Grossies deux fois.*) *A gauche,* une jolie perle bouton montée en dormeuse ; *à droite,* une demi-perle MIKIMOTO montée sur une bague.

(*Le grossissement adopté pour cette photographie permet de distinguer facilement, malgré la monture, la perle entière de la demi-perle.*)

(cas que l'on rencontre souvent pour les très petites perles, mais exceptionnellement pour les perles d'une certaine dimension), la disposition des couches concentriques de la matière perlière ne laisse aucun doute à ce sujet.

Il existe également des demi-perles accidentelles qui sont adhérentes à la coquille et qu'on désigne sous le nom de *blisters*. On les reconnaîtra facilement par l'aspect particulier de la région où l'on a opéré la section.

Enfin, pour les demi-perles dites « japonaises » et qui représentent des demi-perles de culture (fig. 29 et 31), l'examen, si la perle est démontée, renseigne immédiatement.

Normalement, la demi-perle japonaise porte une doublure en nacre irisée, particulièrement bien étudiée dans les perles MIKIMOTO. Le bouchon de nacre qui se voit extérieurement a des reflets très différents de celui de la perle et s'en distingue à première vue.

Ces demi-perles japonaises, qui peuvent atteindre une grosseur considérable, sont parfois très belles et font un grand effet. Miki-moto est arrivé à en produire de très remarquables en les laissant séjourner le temps voulu (deux à trois ans) dans le corps du Mollusque. Malheureusement, beaucoup de demi-perles japonaises, par suite du séjour in-suffisant dans l'Huître perlière, ont une peau trop mince et cas-sent très facilement.

L'examen au microscope est donc nécessaire dans un certain nombre de cas et donne des renseignements décisifs. *Avec une forte loupe, on entrevoit les acci-dents caractéristiques de la surface de la perle ; avec le microscope, on les voit et on les détaille.*

Jusqu'ici le microscope parais-sait à un profane un instrument très compliqué, coûteux et dont le maniement exigeait une étude longue et minutieuse.

Cela n'est encore vrai que pour les grands microscopes destinés aux études variées du naturaliste, et, pour tourner la difficulté, j'ai simplifié l'instrument et l'ai

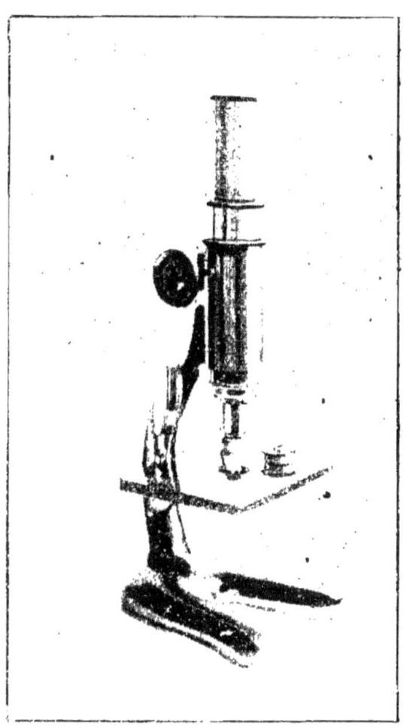

Figure 32. — Microscope simplifié pour l'examen des perles.

(*Modèle de Viox.*)

adapté aux conditions nécessaires et suffisantes pour un bon examen des perles.

Je crois utile de donner rapidement sa description sommaire et quelques instructions sur son mode d'emploi.

Ce microscope simplifié n'utilise qu'un seul objectif, qui suffit pour apercevoir nettement les courbes de niveau, sans qu'il soit nécessaire d'employer de grossissements exagérés qui compliquent la mise au point (fig. 32).

Cette simplification de l'appareil comporte les avantages sui-vants :

1° Meilleur marché ;

2° Maniement plus facile, car un changement d'objectif est une opération délicate à effectuer par celui qui n'a pas l'habitude de se servir du microscope ;

3° Moins encombrant, car à part les rondelles de rechange, *rien* ne peut gêner l'opérateur sur la table, dont il a besoin exclusivement pour ses perles. Il est important de pouvoir transporter et se servir d'un appareil qui n'aura, pour ainsi dire, aucun autre accessoire que ceux qui y sont attachés, et qui peut être placé à côté de n'importe quelle lampe électrique.

Ce microscope a été construit et perfectionné d'après mes indications et celles de M. POHL par M. VIOX (fig. 32). Il permet à un simple amateur d'examiner une perle sous toutes ses faces, dans les meilleures conditions d'éclairage. Il peut s'appeler « le microscope simplifié pour l'examen des perles ».

CHAPITRE VIII

LES PERLES INDUSTRIELLES
OU FAUSSES PERLES

La fabrication des perles artificielles date de loin, si l'on croit les renseignements fournis par SEURAT (1).

« Au commencement du VIIe siècle de notre ère, dit-il, les Chinois savaient déjà faire des perles artificielles ; leur procédé a été oublié, à moins que ce ne soit le même que celui qui est encore employé à CANTON et qui se rapproche du procédé français. »

Par les historiens latins, nous savons que l'industrie des pierres imitées existait déjà et était une source de revenus pour beaucoup de leurs concitoyens: mais nous ne savons pas exactement s'ils étaient arrivés à imiter convenablement les perles non seulement par la forme, ce qui était le plus facile, mais aussi par l'apparence extérieure. Les passages signalés nous laissent dans l'incertitude à cet égard.

Il semble mieux établi que, dès le XVIe siècle, on imitait à VENISE les perles fines au moyen d'un verre irisé. Les Vénitiens, passés maîtres dans tout ce qui concernait la verrerie artistique, étaient arrivés à souffler de petites boules coloriées artificiellement qu'ils remplissaient pour leur donner une certaine solidité.

C'était l'époque où les grands seigneurs, eux-mêmes, s'intéressaient à cette fabrication, et l'on dit que le duc FRANÇOIS, père de MARIE DE MÉDICIS, fabriquait de faux bijoux, si semblables aux vrais que, parfois, les joailliers s'y laissaient tromper, malgré un examen attentif.

La fabrication courante et à bon marché commence en FRANCE vers la fin du XVIIe siècle.

On dit que, vers 1680, un modeste fabricant de chapelets, de la rue du PETIT-LION, à PARIS, nommé JACQUIN, découvrit le secret de la composition qui est encore employée de nos jours et qu'on appelle l'*essence d'Orient.*

(1) SEURAT, *l'Huître perlière,* Baillière, Paris.

Il se chauffait, au coin de l'âtre dans sa cuisine, pendant que sa servante écaillait des Ablettes, ce qui devait être un médiocre régal. « Faute de Grives, on mange des Merles », et le brave Jacquin suivait avec intérêt le lavage et l'épluchage de ces petits Poissons, lorsqu'il remarqua sur l'eau qui servait à la servante une sorte d'écume brillante et fortement irisée.

Jacquin était, paraît-il, un chercheur, et il eut l'idée de tirer parti de cette observation, pour son métier. L'Ablette est un Poisson très commun dans la Seine et, après quelques essais, il constata que ses écailles pouvaient fournir une matière qui avait, à peu près, le chatoiement irisé de la perle.

L'essence d'Orient était inventée. C'est un mélange d'écailles et de liquide agglutinant qui la constitue. Voici l'une des nombreuses recettes qui ont été données pour sa préparation :

On prend 2 kilos d'écailles de Poisson, et on les soumet à un lavage prolongé dans de l'eau additionnée d'ammoniaque pour éviter la putréfaction. On les met ensuite dans une sorte de baratte et, après avoir ajouté 6 litres d'eau froide, on les broie sous l'eau et l'on décante. On obtient ainsi un liquide laiteux et argenté qu'on laisse pendant plusieurs jours dans un endroit frais après l'avoir additionné de quelques gouttes d'ammoniaque. Puis on décante de nouveau, et on lave jusqu'à ce que le liquide soit parfaitement limpide. Le résidu laiteux est alors versé dans des bouteilles avec un égal volume d'alcool ; on agite, on bouche et on met au repos dans un endroit frais.

Quand le liquide a bien reposé, on le filtre et on renouvelle l'alcool. Plus ces lavages à l'alcool sont nombreux et bien faits, mieux la matière est déshydratée, ce qui permet d'obtenir la consistance sirupeuse recherchée. On ajoute enfin une certaine proportion de gélatine que l'on a fait bouillir, et l'on brasse énergiquement le tout.

Cette fabrication de l'essence d'Orient a, depuis l'époque lointaine de la découverte de Jacquin, pris une importance considérable, surtout de nos jours. Il y a eu récemment une véritable crise, à son sujet, dans l'industrie des fausses perles, qui compte beaucoup de fabricants en France, et l'*Office scientifique et technique des Pêches* a fourni, à cet égard, les renseignements intéressants que nous donnons plus loin.

Le développement de la fabrication de l'essence d'Orient ne s'était pas localisé en France, et elle avait trouvé des imitateurs en Allemagne et en Italie.

Il faut environ 2 000 Ablettes (*Alburnus lucidus*) pour fournir
une livre d'écaille. Dans ces conditions, nos pêcheries d'eau douce
étaient absolument insuffisantes pour alimenter une industrie

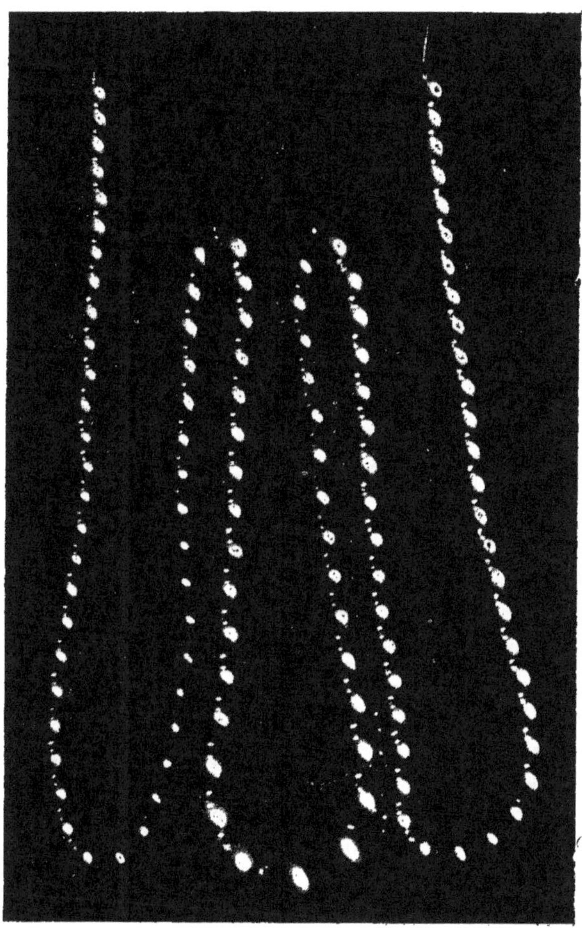

Figure 33. — UN COLLIER BIEN IMITÉ DE PERLES INDUSTRIELLES EN VERRE
CONTENANT DE L'ESSENCE D'ORIENT ET UN BOURRAGE EN CIRE.
(*Photographie de* H. DUPÉRÉ.)

de ce genre, même modeste. Aussi le marché des matières premières
fut bientôt entre les mains des Allemands, qui exploitaient en
grand les pêcheries de la Prusse Orientale et les lacs de Mazurie.
A tel point qu'au début de la guerre nos industriels, ceux d'Italie,

ceux d'Amérique, pour une grande part tributaires de l'Allemagne, manquèrent de matière première.

Il fallut alors se procurer ailleurs l'essence indispensable. A l'exemple des Italiens, certains Français cherchèrent à utiliser la vessie natatoire de l'Argentine (*Argentina Sphyræna*) et obtinrent de beaux résultats avec ce petit Salmonide, surtout abondant en Méditerranée.

En Amérique, on chercha à tirer parti des écailles de certains Clupéidés. Le *Pomolobus pseudoharengus*, l'Alose, le Hareng furent successivement traités à ce point de vue. Après quelques essais, d'abord infructueux, les industriels américains arrivèrent à perfectionner leur technique ; ils peuvent désormais livrer au commerce un produit qui n'emprunte rien à l'étranger. La production des adhérents au syndicat récemment formé pour l'exploitation des écailles de Hareng est évaluée à 15 000 dollars pour 1921. Une grande usine a été notamment installée à l'entrée de la baie du Fundy et une autre sur le territoire de Maine.

Au Canada, cette industrie est aussi d'un bon rapport pour les pêcheurs, qui, avant de vendre leur poisson, l'apportent aux usines où les machines spéciales l'écaillent sans le détériorer. Et souvent la vente des écailles est plus productive pour eux que la vente du poisson lui-même.

L'essence d'Orient ainsi obtenue est envoyée non seulement aux États-Unis, mais est aussi exportée en Angleterre et en France.

Cette industrie, qui primitivement ne faisait appel qu'aux produits d'eau douce, a pris peu à peu une extension nouvelle et intéresse désormais les pêcheries maritimes, pour lesquelles, en vérité, nous devrions pouvoir nous passer de l'étranger.

L'industrie française, qui créa « l'essence d'Orient », ne pourrait-elle pas faire un effort pour reconquérir tout au moins notre propre marché ? Sur les côtes d'Algérie ou de Tunisie, elle trouverait certainement à s'exercer avec succès.

Les fabriques de perles artificielles sont actuellement assez nombreuses et leurs produits sont très variés. Chaque industriel a ses procédés et ses secrets de fabrication, qui sont gardés jalousement pour éviter la concurrence. On peut, cependant, constater facilement qu'il existe actuellement deux types principaux de fabrication, autour desquels les autres types ne représentent que de simples variantes dues à *des tours de mains divers* :

1º Perles industrielles obtenues à l'aide de bulles de verre dans lesquelles on introduit de l'essence d'Orient qui forme un revêtement interne ;

2° Perles industrielles obtenues à l'aide d'une boule pleine et solide que l'on revêt extérieurement de la substance destinée à imiter le chatoiement de la perle fine.

PERLES INDUSTRIELLES CREUSES EN VERRE SOUFFLÉ. — Elles représentent les formes les plus connues de fabrication. Pendant longtemps, on les livrait au public après y avoir insufflé une goutte d'essence d'Orient. Ainsi traitées, elles étaient très légères et très fragiles. Maintenant, on les rend plus lourdes par le procédé suivant. On remplit, comme précédemment, ces petites sphères du mélange nacré, puis on les roule sur elles-mêmes afin de répartir uniformément la matière à l'intérieur ; après quoi, on les laisse sécher. Cette dernière opération est des plus délicates et, chose curieuse, on voit souvent, par un temps orageux, la totalité d'une fabrication se détériorer on ne sait pourquoi ! Une fois sèches, on obture ces perles de cire vierge et quelquefois de paraffine. Pour les terminer, il ne reste plus qu'à les percer de part en part.

Malgré ce bourrage, les perles industrielles en verre sont ordinairement sensiblement moins lourdes que les perles fines ; mais elles ont l'avantage de ne pas ternir l'enveloppe de verre protégeant la substance brillante, qui est collée sur la face interne, et la mettent à l'abri des agents extérieurs.

PERLES INDUSTRIELLES A NUCLEUS SOLIDE. — Ces perles sont basées sur un principe très différent et donnent naissance actuellement à une fabrication importante. N'ayant pu avoir de renseignements personnels, j'emprunte les détails suivants à un article de M. Jacques BOYER (1), qui paraît bien documenté à ce sujet.

« On confectionne les *perles dites incassables* en recouvrant avec cet enduit un corps dur constitué d'ordinaire par un émail plombeux connu sous le nom d'opale ou par une boule de nacre.

« A présent que nous connaissons la charpente, voyons comment on va construire l'édifice. Les sphères en émail varient de 3 millimètres jusqu'à 15 et 18 millimètres ; la grosseur de celles de nacre ne dépasse pas 8 ou 9 millimètres. On les fabrique en dehors des ateliers où s'exécute le nacrage. Les émailleurs qui produisent ces

(1) J. BOYER, *Fabrication des perles* (journal Ève, 27 septembre 1922).

sphérules par centaines de mille de grosses sont établis à PARIS, tandis que la plupart des sphères de nacre viennent de la province et notamment de MÉRU, dans l'OISE.

« Arrivées chez le fabricant de perles, les boules commencent

Figure 34. — FABRICATION DE PERLES INDUSTRIELLES.
Ouvrières occupées à monter des perles industrielles en fabrication, sur des épingles.
(Ce cliché nous a été aimablement communiqué par la direction du journal Ève; *il a été publié dans ce journal le 27* **septembre 1922.**)

par passer à l'atelier de collage. Là, des femmes enfilent chacune d'elles sur une tige de laiton, dont elles enduisent préalablement l'extrémité supérieure de colle. Après avoir laissé sécher la colle, une ouvrière enfonce la pointe de chaque épingle sur un plateau en liège, en prenant soin que les têtes se trouvent toutes disposées à la même hauteur (fig. 34).

« Les broches de perles sont ensuite plongées dans des bains où elles se recouvrent de l'enduit nacré. Cette manipulation exige un tour de main spécial, car de la température, de la concentration de la solution et de diverses autres conditions dépendra la réussite finale. Aussi les ouvrières habiles dans ce travail peuvent gagner de 20 à 25 francs par jour.

« Après trempage, on laisse se ressuyer la petite couche de matière entraînée par les perles, et on porte les broches au séchoir. Là encore, il faut exercer une surveillance sévère, puisque quelques degrés de trop suffisent pour gâcher la marchandise.

« Une fois séchées, les perles sont trempées à nouveau, puis passées à l'étuve, et ainsi de suite jusqu'à ce qu'on arrive à l'éclat désiré. On les insolubilise alors solidement, on les dépique, on procède à l'arrachage, qui a pour but de séparer la perle de sa tige de fortune ; on rogne avec soin les pédoncules constitués par la substance qui a coulé durant les trempages successifs, et on n'a plus qu'à les répartir comme couleur, grosseur, formes, en attendant qu'on les enfile en chutes, en rangs droits ou en colliers.

« Malheureusement, au bout de deux à trois ans d'usage, ces brillantes perles incassables se fanent, et il faut songer à les remplacer. Les marchands ne s'en plaignent naturellement pas, ni les ouvrières non plus, auxquelles l'usure des perles artificielles assure le gagne-pain. Toutefois, que nos lectrices en quête de besognes lucratives ne se leurrent pas. La corporation est très fermée. Il faut, en effet, montrer patte blanche pour entrer dans ces ateliers parisiens, qui tiennent secrets leur tour de main, leurs procédés et leurs formules.

« Plus récemment, on a imaginé, paraît-il, les perles irisées. Pour communiquer aux boules cet aspect, on les soumet à l'action de produits divers déposant sur leur surface de minces lames d'oxydes métalliques qui donnent naissance à de très jolis jeux de lumière. Les perles ainsi commencées se terminent comme les autres.

« Les perles à nucleus solide sont d'ordinaire un peu plus lourdes que les perles fines.

« Quand elles sont neuves, elles donnent assez bien l'illusion de perles véritables, si bien que des professionnels avisés peuvent s'y tromper s'ils se trouvent placés dans des circonstances où leur défiance n'est pas en éveil ».

M. Léonard Rosenthal (1) nous raconte à ce sujet une anecdote des plus typiques dans son livre sur le jardin des gemmes, où il se montre un metteur en scène incomparable !

« Je pourrais même vous conter, dit-il, une anecdote personnelle qui vous montrera que l'œil exercé *peut parfaitement se tromper et prendre une perle fausse pour une perle vraie*, à moins de deux mètres. Un jeune joaillier parisien qui venait de succéder à son père se croyait grand connaisseur en perles et pierres fines. Un jour, pour m'amuser, je lui montre sans mot dire une énorme perle fausse, d'ailleurs admirablement imitée, qui m'avait été apportée par un tapissier qui croyait, en la trouvant, avoir découvert une fortune. Il la prend entre ses doigts, la tourne, la retourne et s'écrie :

« — Quelle jolie chose ! Je vous l'achète.

« Très amusé de sa méprise, je réplique froidement :

« — Soit ! Combien m'en donnez-vous?

« — 325 000 francs, » me répond le jeune joaillier.

« Je commençais à être ennuyé. Lui révéler sa méprise, c'était le froisser, et je ne pouvais cependant poursuivre un tel marché. Je n'avais qu'une ressource : c'était de lui faire un prix assez exorbitant pour arrêter la négociation.

« — Ce n'est pas assez, répliquai-je. Je veux de cette perle pas moins de 500 000 francs.

« Je n'avais qu'une crainte, c'est qu'il dise « Oui » ; car je n'aurais pu sortir de ce mauvais pas qu'en lui révélant son erreur. Il dit : « Non », fort heureusement, et je remportai ma fausse perle. L'affaire cependant m'avait prodigieusement amusé, et je résolus de voir si de plus expérimentés que lui commettraient la même confusion.

« Peu de jours après, deux négociants, très connaisseurs, se trouvaient chez moi pour choisir quelques belles perles. Je fis, avec de l'ouate, un nid précieux à ma fausse perle et la montrai au premier d'entre eux. Il l'examina d'un coup d'œil rapide, la soupesa et me dit : « — Je vous prends cette perle. — Entendu, « combien? — 250 000 francs. »

« Je discutai pendant quelques minutes et nous tombâmes d'accord à 270 000 francs. Je me préparais déjà à dire la vérité à ce courtier et à annuler le marché, quand le second, l'ayant examinée à son tour, offrit au premier de la reprendre en lui

____

(1) Léonard Rosenthal, *loc. cit.*

payant 10 p. 100 de commission et le marché fut instantanément conclu sous mes yeux.

« C'est alors qu'éclatant de rire je pris mes deux négociants par le bras et que je leur dis : « — Vraiment, je ne veux pas vous « laisser partir ainsi. Vous venez de faire, certainement, le plus « extraordinaire marché de votre existence. Tenez pour nul tout « ce que vous avez dit et rendez-moi cette perle, elle est fausse. » Ils n'en revenaient pas, et ce n'est qu'après un examen plus sérieux qu'ils furent convaincus. »

Ces négociants naïfs, victimes de la mystification organisée par M. ROSEN-THAL, auraient pu aisément se donner le beau rôle en examinant cette perle, non pas à la loupe, mais au microscope.

Les joailliers, incertains et hésitant devant une imitation troublante, se tirent ordinairement d'affaire, en examinant l'orifice unique du trou foré dans la perle, s'il s'agit d'une perle

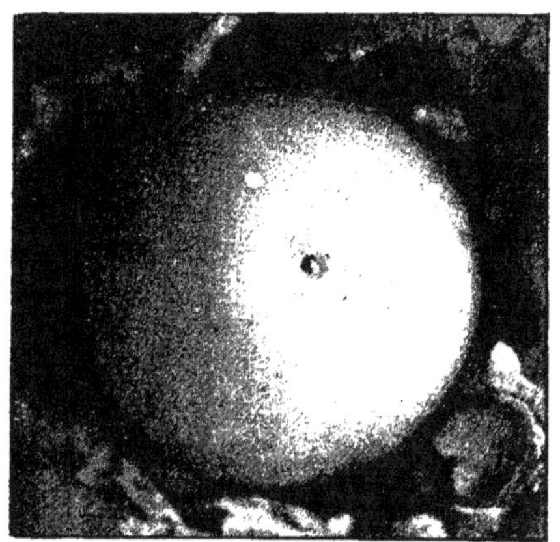

Figure 35. — ORIFICE D'UNE PERLE INDUSTRIELLE FORTEMENT GROSSIE.
(Photographie de H. DUPÉRÉ.)

destinée à être montée en bague, en broche ou en pendentif, ou les deux orifices s'il s'agit d'une perle de collier.

Presque toujours, par suite du procédé de fabrication, la structure de la périphérie de l'orifice, les cassures ou les légères bavures qu'ils constatent à ce niveau servent à trancher leurs hésitations (fig. 35).

Mais leurs derniers doutes s'évanouiraient s'ils se donnaient la peine de mettre la perle sous le microscope, comme nous l'indiquons dans le chapitre VII. Par cette méthode, au lieu de vaticiner comme des augures, d'après des indices souvent fugaces, ils pourraient baser leur conviction sur des preuves certaines.

Les perles industrielles, qui représentent incontestablement un négoce profitable et permettent aux gens peu fortunés de se donner l'illusion d'un luxe coûteux, présentent cependant quelques ınconvénients pour les ouvriers ou les ouvrières qui les fabriquent.

CHARBONNIER, dans une thèse publiée en 1923, signale les intoxications observées en ANGLETERRE, pendant la guerre, dans les usines d'aéroplanes où l'on utilisait un vernis à base de tétrachlorétane pour imperméabiliser les ailes d'avions, et étudie ensuite les accidents présentés par les ouvrières employées au trempage des perles artificielles dans un vernis semblable.

« Ces ouvrières, dit M. P. BLAMOUTIER (1), travaillent dans des pièces bien closes, à l'abri de la poussière, grande ennemie des perles : or les vapeurs de tétrachlorétane sont des vapeurs lourdes qui s'accumulent rapidement dans l'atelier. L'ouvrière se trouve donc de façon continue dans une atmosphère de vapeurs toxiques ; à cette inhalation prolongée s'ajoute de temps à autre l'effet massif des vapeurs se dégageant de la terrine, au moment où l'ouvrière y trempe les boules de verre.

« Les accidents rencontrés peuvent être des hépatites toxiques ou des polynévrites. Le tétrachlorétane est avant tout un poison du foie. L'expérimentation sur les souris est en accord avec les faits cliniques observés : ces animaux, soumis à une inhalation même courte de vernis au tétrachlorétane, présentent une somnolence et des troubles semblables à ceux observés chez l'homme. »

Il y aurait donc lieu de prendre les mesures utiles pour rendre cette industrie moins insalubre, et M. P. BLAMOUTIER ajoute :

« CHARBONNIER pense qu'il n'y a pas lieu de rejeter le tétrachlorétane, mais qu'il y a utilité à en surveiller l'emploi : le mieux serait de capter les vapeurs à l'endroit où elles se forment et de les rejeter à l'extérieur.

« Il serait nécessaire d'étendre au tétrachlorétane la loi sur les maladies professionnelles, qui n'accorde encore d'indemnités qu'aux ouvriers intoxiqués par le plomb et le mercure. »

Cette mesure aurait pour effet d'intéresser les industriels à assainir les locaux de travail et à chercher des moyens efficaces pour préserver leurs ouvriers du voisinage des vapeurs nocives.

En résumé, *les perles industrielles sont des imitations de perles fines* et peuvent s'accommoder de l'épithète de *perles fausses,* puisqu'elles ne sont pas produites par un Mollusque (Voir chap. II).

Bien entendu, quelques commerçants peu scrupuleux ne deman-

---

(1) P. BLAMOUTIER, *Paris médical,* 12 mai 1923.

deraient pas mieux que de créer une confusion dans l'esprit du public, et je cite, pour l'amusement du lecteur, cette réclame qui m'a été communiquée récemment. Je supprime, seulement, le nom du commerçant ingénieux.

Un grand nombre de personnes émues par des révélations savantes du professeur BOUTON *(sic de l'Académie des Sciences demandent des précisions sur la question des perles vraies ou fausses qui défrayent toutes les conversations du monde des orfèvres et des élégances.*

Précisons donc nettement cette curieuse affaire. Jusqu'ici il y avait deux sortes de perles : les vraies et les fausses. Les vraies provenaient de la sécrétion naturelle des huîtres ; les autres étaient fabriquées avec l'écaille de poisson. Elles ont leur poids, leur orient et sont inaltérables. Les premières avaient de la valeur. Les secondes n'en avaient pas.

Le professeur BOUTON *a établi que les perles faites par les fabricants sont identiques aux perles naturellement fabriquées par les huîtres. Il est impossible de distinguer les unes des autres. Si bien que les perles fausses sont vraies. Quant aux perles vraies, elles sont identiques aux fausses.*

N.-B. — Notre fabrication est bien française.
Toutes nos perles sont montées sur or et argent.

Il est inutile d'ajouter *que je n'ai pas établi que les perles faites par les fabricants sont identiques aux perles naturellement fabriquées par les Huîtres,* mais que j'ai cherché à établir précisément le contraire.

CHAPITRE IX

LES PLUS BELLES PERLES CONNUES

Il serait très intéressant de connaître l'histoire des belles perles, de les suivre à travers les temps et d'assister, avec elles, aux événements dont elles ont été les témoins.

Malheureusement, la chose paraît impossible et, malgré les recherches les plus minutieuses, on n'arrivera jamais à reconstituer l'histoire de ces joyaux, qui ont fait, successivement, l'orgueil de tant de générations de grandes dames et de belles filles.

Dans un article très documenté, écrit avec beaucoup de charme et dont j'ai cité précédemment un extrait, Lucien Falize s'exprimait ainsi :

« Nulle part je n'ai trouvé les éléments d'évaluation, aucune statistique sérieuse n'existe qui puisse être consultée. Ceux que j'ai questionnés, joailliers ou économistes, m'ont répondu par des chiffres où l'imagination et le sentiment avaient plus de part que la raison. »

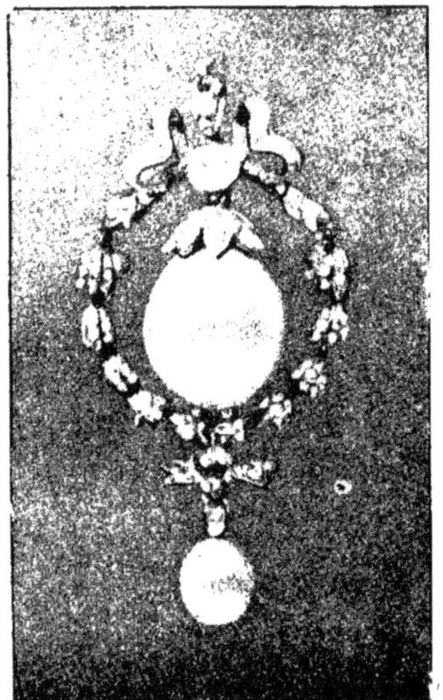

Figure 36. — Pendentif a trois perles provenant de la vente des bijoux de la princesse Mathilde.

Plus loin il ajoute :

« Autrefois, c'était en matières d'or, en vases précieux, en bijoux, en gemmes, en perles ou objets d'art, que consistait la fortune d'un roi, d'un prince, d'une église. Ces trésors, dont quelques inventaires célèbres nous ont conservé la description et nous font comprendre la prodigieuse importance, ces trésors ont à toutes les époques de l'antiquité et du moyen âge existé, mais dans quelques mains, chez un petit nombre de privilégiés ; les révolutions, les guerres, les causes économiques et morales, le changement des mœurs ont éparpillé ces richesses, mais pas un atome n'en a été perdu : les formes ont changé, les montures ont disparu, hélas ! mais pas un gramme d'or n'a cessé d'être, pas un diamant n'a été détruit. *Ces choses sont éternelles.* »

Je ne crois pas que l'on puisse partager sur ce point l'opinion du savant expert. Non, ces choses ne sont pas éternelles. La CHINE nous en offre un exemple typique. Ce pays, fermé si long-temps à la civilisation européenne, mais qui vivait sur son propre fonds, a fini par épuiser ses réserves d'or, par épuiser ses nombreuses mines. Ses monnaies et l'or étranger, qui peut maintenant y pénétrer, se transforment en ornements, en bijoux et, malgré cet apport incessant, tombent dans un gouffre sans fond. L'or disparaît peu à peu de la CHINE.

Là, l'augmentation du bien-être ne peut être invoquée, et seule l'usure, la perte progressive de l'or, peut expliquer, selon moi, le phénomène.

Combien plus rapide encore serait la disparition des perles, si fragiles malgré leur solidité (Voir chap. III), s'il ne s'en faisait un renouvellement incessant. L'or reste à l'état d'or. Lorsque le bijou est usé, on le refond ; la perle, qui a subi l'action d'un agent nocif, n'est plus qu'un objet sans valeur. Ce n'est que de nos jours que l'on tente de la régénérer, en la diminuant de poids et de grosseur.

Cette relativement courte existence de la perle, — qu'est-ce qu'une vingtaine de générations humaines dans l'histoire de l'humanité ? — nous explique, en partie, pourquoi nous perdons la trace, dans l'histoire, des perles un moment célèbre. Elle nous l'explique, en partie seulement, car, en dehors de l'altération des perles, il faut faire intervenir les changements de modes et les bouleversements politiques.

Qui nous dira ce qu'est devenue la perle fine de CLÉOPATRE ?... Pas celle qu'elle fit dissoudre, d'après la légende, devant ANTOINE, pour lui prouver qu'elle était encore plus dépensière que lui, mais l'autre, sa sœur jumelle. Cette dernière vécut, en effet, plus longtemps : rapportée à ROME après la victoire, elle fut sciée en deux et servit à faire une paire de boucles d'oreilles à la VÉNUS de PRAXITÈLE, tandis que le bouclier de VÉNUS GENITRIX avait été, bien avant, orné de perles d'eau douce par JULES CÉSAR.

Combien de temps resta-t-elle accrochée aux oreilles de la déesse ? Quel barbare la saisit pour en parer le pommeau de son glaive? Dans quel assaut la perdit-il ensuite? Nous n'en savons rien, et l'histoire est muette sur ces détails, qui nous intéresseraient beaucoup, mais qui n'intéressaient guère les anciens.

D'ailleurs, la moindre description précise nous manque. Les fameuses perles de CLÉOPATRE seraient-elles appréciées de nos jours? C'est probable, mais cela n'est pas sûr. Étaient-elles régulières? Quel était leur couleur et leur poids? Autant de questions, auxquelles nous ne pouvons répondre; tout ce que nous savons, c'est que les perles de Cléopâtre étaient des perles en forme de poire.

Notre ignorance est à peu près la même à l'égard de la plupart des perles anciennes, même de celles qui se rapprochent de nous à trente ou quarante générations près.

Citons, par exemple, la fameuse *Perigrina*, l'« incomparable », au sujet de laquelle ROSENTHAL (1) nous dit :

« Achetée en 1579, par PHILIPPE II, roi d'ESPAGNE, elle pesait 34 carats et avait la grosseur d'un œuf de pigeon et la forme d'une poire. GARCILASSE DE LA VEGA assure qu'elle fut offerte au roi par DON DIEGO DE TEMES, qui l'avait apportée de PANAMA. Elle fut estimée 14 000 ducats, et le joaillier de la Couronne, JACQUES DE TÉCO, dit qu'elle en valait 50 000. »

Le duc DE SAINT-SIMON eut l'occasion de la voir et la décrit d'une façon charmante, mais un peu imprécise :

« Ce fut à la Cour où je vis et touchai à mon aise la fameuse Perigrine que le roi avait, ce soir-là, au retroussis de son chapeau, pendant d'une belle agrafe de diamant. Cette perle, de la plus belle eau que l'on n'ait jamais vue, est précisément faite et évasée comme ces petites poires masquées qu'on appelle « de sept en gueule » et qui paraissent, dans leur maturité, vers la fin des fraises. Leur nom marque leur grosseur, quoiqu'il n'y ait pas de bouche qui en pût contenir quatre à la fois sans péril de s'étouffer. La perle est grosse et longue comme la moins grosse de cette espèce de poires. »

On pourrait multiplier les exemples et citer encore un grand nombre de perles célèbres. Cela me paraît inutile, étant donnée l'imprécision des descriptions faites de ces perles hors ligne, et nous renvoyons au chapitre du livre de ROSENTHAL dont j'ai déjà cité les passages précédents.

Je dois cependant dire quelques mots des trésors de perles qui

____

(1) ROSENTHAL, *loc. cit.*, p. 146.

existent ou qui existaient, surtout en Orient. Rien n'égale la richesse et le faste de certains souverains orientaux.

J'ai fait reproduire, d'après le portrait qui illustre la première page d'un livre d'Hornell (1) et qui représente le Maharaja de Baroda, le magnifique collier, de sept rangs de perles, de gros-

Figure 37. — Coiffure ornée de perles de Simonetta Juanensis Vespucia.

seur tout à fait extraordinaire (fig. 40), qui orne le cou de ce souverain indien.

Nos rois et surtout nos souveraines ont eu aussi des parures précieuses, et, dans le livre de Falize, cité précédemment, le lecteur pourra trouver de précieuses indications.

Là, l'auteur présente des reproductions de bijoux fameux d'après l'interprétation de grands artistes.

Malheureusement, elles nous renseignent surtout sur la richesse du pinceau des grands peintres tels que Rubens ou Van Dyck.

Comme la bouche de cette belle fille favorisée par une fée semait des perles et des diamants à profusion, leur pinceau sème de

(1) Hornell, *Report to the Government of Baroda, Marine Zoology*, part I.

magnifiques joyaux autour du cou et de la ceinture de leurs modèles : Reines, princesses ou simples bourgeoises.

Je reproduis ici le portrait de SIMONETTA JANUENSIS VESPUCIA, dû à un peintre moins connu que les deux maîtres que j'ai cités, POLLAIOLO, d'après une gravure de BOUTEILLÉ, éditée par la Société française du Louvre et provenant du musée de calcographie du Louvre.

SIMONETTA, vue de profil, le cou orné d'un collier d'orfèvrerie dessinant un serpent à ses cheveux semés de perles enfilées qui s'enroulent gracieusement autour des nattes de la chevelure avec, de loin en loin, d'énormes parangons qui représentent une parure magnifique (fig. 37).

Un tableau de grand maître n'est pas une photographie, c'est une interprétation du modèle où le génie du peintre a pu se donner toute licence. Il nous indique simplement que SIMONETTA avait de beaux bijoux, mais il ne peut permettre une expertise sérieuse portant sur les poids et leurs qualités réelles.

Nous avons à ce point de vue plus de satisfaction avec les diamants de la couronne, dont on trouve d'exactes reproductions.

Malheureusement ceux qui restent et dont l'estimation est actuellement possible ne représentent guère qu'un résidu.

M. ROSENTHAL (1) nous donne les renseignements suivants à ce sujet :

« La Couronne de France, dit-il, d'après l'inventaire fait en 1791 par ordre de l'Assemblée Nationale, possédait pour un million de perles. Leur histoire serait, hélas ! difficile à retracer, leur emploi et leur existence ayant varié au gré des souverains qui les attribuaient successivement à leurs favorites ou favoris. .

« Datant, pour la plupart, de François Ier, après avoir été pillés par la Ligue, les Joyaux de la Couronne furent reconstitués par Henri IV, lorsqu'il épousa Marie de Médicis. Au nombre de ses achats était un collier d'énormes perles rondes avec pendeloques. Mais ce ne fut que sous le règne de Louis XIV que la collection devint réellement importante. Les reines de France usèrent de ces perles jusqu'à la Révolution et ne se firent pas faute de les remanier à leur fantaisie.

« Lors du vol des diamants de la Couronne, en 1792, il est question d'une perle renfermée dans une boîte d'or, sur laquelle étaient

______

(1) ROSENTHAL, *loc. cit.*, p. 152.

écrits ces mots : « La Reine des Perles. » Achetée en 1669 pour la
somme de 40 000 livres, elle est portée à l'inventaire de 1791
pour 200 000 francs. Tout porte à croire que ce fut cette perle
ronde, parfaite de forme et d'orient, qui appartint plus tard aux
frères Zozima de Moscou et fut appelée « la Pellegrine ».

Malheureusement, un an après l'inventaire ordonné par l'Assemblée Nationale, les bijoux de la Couronne furent mis au pillage et

Figure 38. — Le collier a trois rangs de Mme Thiers

disparurent mystérieusement en 1792. Cette singulière histoire
n'a jamais été nettement éclaircie, et l'on prétend qu'il s'agissait
d'un vol simulé.

« Beaucoup des objets volés ayant été retrouvés, dit M. Rosenthal (1), Napoléon, lorsqu'il devint Empereur, augmenta le
Trésor et acquit pour six millions de pierreries. Après la chute de
Napoléon III et la proclamation de la République, les trésors
furent inventoriés et, par la loi du 10 décembre 1886, il fut décrété

(1) Rosenthal, *loc. cit.*, p. 153.

qu'une grande partie serait vendue aux enchères. La vente eut
lieu le 12 mai 1887 au Pavillon de Flore, et, parmi les plus belles
perles qui y figurèrent, il faut citer « la Régente », un diadème
d'un fort beau travail, orné de perles rondes et surmonté d'un rang
de magnifiques perles en poires, une couronne, des colliers, des
bracelets et des broches.

« Le total des perles vendues fut de 1 261 800 francs. Il ne se
trouva pas d'autres acquéreurs, pour ces bijoux historiques, que
des négociants ; les perles furent enlevées de leurs montures,
repolies, placées par qualités et revendues.

« C'est au cou des belles Américaines que nous retrouverions,

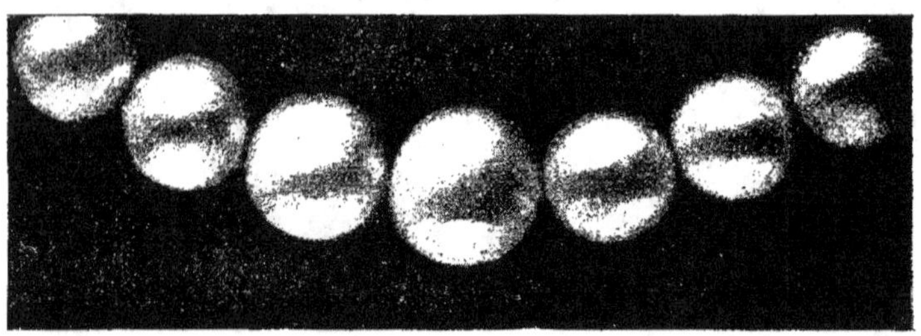

Figure 39. — Perles centrales d'un collier provenant de la vente
des bijoux de la princesse Mathilde. (*Grandeur nature.*)

sans doute, aujourd'hui, les joyaux favoris de nos Souveraines,
et les rangs de perles si chers à l'Impératrice Eugénie. »

Je me suis contenté de faire reproduire le diadème dont les
fleurons sont formés de perles en poires du plus gracieux effet
(fig. 52).

La fameuse vente de la princesse Mathilde, qui a eu lieu en mai
1904, a dispersé dans le monde une des plus belles collections de
perles existant en France (fig. 39).

Nous avons eu occasion de reproduire quelques joyaux provenant de cette collection (fig. 36); nous citerons encore le fameux
collier à sept rangs figuré plus haut et réduit au tiers.

Parmi les perles qui font encore partie du trésor français,
figurait le fameux collier de Mme Thiers (fig. 38), qui fut, dit-on,
acheté perle par perle et qui fut légué au Louvre.

Ce collier à trois rangs est assez diversement apprécié. On lui
reproche d'être constitué d'éléments un peu disparates. Certaines
perles ne sont pas, paraît-il, parfaitement rondes.

Il n'en constitue pas moins un collier de grande valeur et qui est bien placé au Louvre pour montrer au public ce que sont de belles perles ayant subi le minimum de préparation.

On a parlé, paraît-il, de le vendre. J'espère que c'est là un bruit dénué de fondement. Il me semble que ce serait presque une mauvaise action de la part de nos dirigeants.

Je ne prétends pas qu'on n'ait pas le droit de vendre ce collier pour acheter d'autres œuvres d'art, mais il est des droits dont il ne faut pas user. Il est des questions de tact et de délicatesse qui priment la question de droit (1).

Pour terminer cette sommaire étude des plus belles perles, je

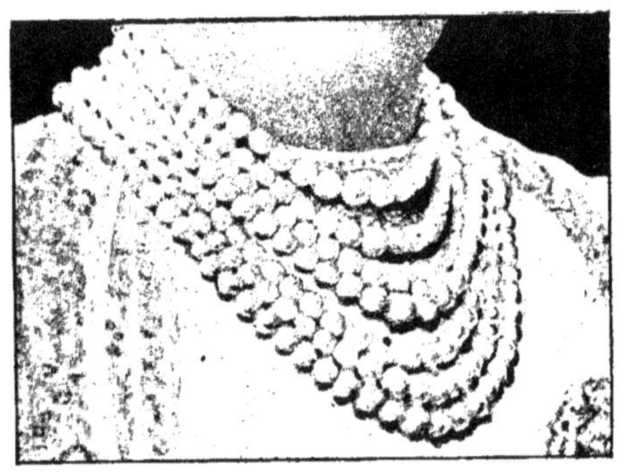

Figure 40. — Collier a sept rangs du Maharajah de Baroda.
(D'après un fragment de la photographie qui figure en tête du Report to the Government of Baroda marine zoology, partie I.)

dois encore dire quelques mots de la fameuse croix du Sud et de la grosse perle trouvée tout récemment et qu'on désigne sous le nom de perle d'Asie.

Une perle parmi les plus merveilleuses, dit David Master, est celle que l'on appelle la *Croix du Sud*. Elle a été trouvée par un nommé Clark dans l'est de l'Australie. Comme son nom l'indique, elle est formée d'une croix ; dessinée par neuf perles d'égale volume, soudées intimement les unes aux autres, le corps de la croix est constitué par sept perles, disposées bout à bout. Les deux branches de la croix sont formées par deux perles placées de part et d'autre de la seconde perle du corps de la croix ; la longueur totale est de un pouce et demi. Clark fut, dit-on, très étonné de trouver cette production dans une Huître perlière ; il

<hr>

(1) *Au moment où j'écrivais ces lignes, le collier n'était pas encore vendu, Comme je l'ai noté dans un chapitre précédent, sa vente a produit plus de onze millions de francs.*

la remit au patron de pêche, un nommé KELLEY, qui était le chef de l'expédition et qui éprouva, lui-même, à la vue de cette trouvaille, une respectueuse admiration.

Cet homme crut voir dans ce joyau un envoi direct du ciel, et, comme il était superstitieux, il se hâta de l'enterrer; mais, après une absence de dix-huit mois, il se décida à en reprendre possession ; malheureusement, un de ses hommes, en la manipulant maladroitement, la fit tomber et la brisa. Sa punition fut du reste rapide, car il se blessa grièvement à la main.

Peu de gens savent que la *Croix du Sud* a été brisée et réparée. Elle l'est, cependant, quoique, lorsqu'elle fut transportée en ANGLETERRE et examinée par de savants experts, aucun d'entre eux ne fut capable de reconnaître qu'un accident lui était arrivé.

Tous les jours amènent des trouvailles nouvelles :

Comme opposition à la fameuse *Croix du Sud*, je citerai en terminant la perle présentée sous le nom de *Perles d'Asie* (1). On citait comme la plus grosse perle du monde une perle baroque en forme de larme, de la fameuse collection HOPE. Elle pesait 1 800 grains. La perle en question paraît la dépasser de beaucoup en grosseur, et c'est elle qui représenterait la plus grosse perle du

Figure 41. — LA PLUS GROSSE PERLE CONNUE, DITE « PERLE D'ASIE », du poids de 2 420 grains.

(*Le cliché de cette perle remarquable nous a été gracieusement communiqué par le directeur du journal le Grand Négoce, 7, rue Drouot, Paris. Il a été publié dans ce journal le 15 juin 1922.*)

monde. Montée dans un motif en or agrémenté de perles de jade vert et de quartz rose, elle pèse 605 carats (2 420 grains), et elle est estimée à 50 000 livres sterling (fig. 41).

(1) Journal le Grand Négoce, 15 juin 1922, Paris.

Un de nos correspondants, qui a bien voulu aller l'examiner à la banque où elle est déposée, me donne sur elle les renseignements suivants :

Elle est un peu baroque de forme, d'une couleur blanche assez vive. C'est une pièce de musée ou de collection, mais non une perle utilisable en bijouterie. Assez curieux est l'emballage de cette perle : elle est enveloppée dans un tissu de soie bleue et est placée dans une boîte en or, laquelle boîte se trouve dans un écrin en cuir et velours, lequel écrin est lui-même dans une boîte en argent. Inutile d'ajouter que cette boîte en argent est elle-même soigneusement emballée avant d'être placée dans le compartiment du coffre-fort de la banque.

Elle paraît être une production de *Meleagrina maxima*, qui rappelle la Méléagrine de TAHITI.

CHAPITRE X

CLASSIFICATION DES PERLES

Pour se faire une idée exacte de la difficulté qui existe, actuellement, pour classer les perles d'après des caractères précis et faciles à reconnaître, il suffit de jeter un coup d'œil sur ce qu'on a déjà publié sur ce sujet, antéricurement à cet ouvrage :

Seurat (1) nous dit que les perles sont classées, sur la côte occidentale de l'île de Ceylan, dans dix principales catégories qu'il énumère ainsi :

« 1º *Ani*, perles d'une sphéricité et d'un éclat parfaits.

« 2º *Anathorie*, perles ayant une légère imperfection sous l'un des deux rapports indiqués.

« 3º *Masengoe*, perles ayant de légères imperfections de forme et d'éclat.

« 4º *Kalippo*, perles de forme plutôt plate, ayant en outre d'autres défectuosités importantes.

« 5º *Korowell*, perles doubles.

« 6º *Peesal*, perles difformes.

« 7º *Codwee*, perles difformes, mais assez belles.

« 8º *Mondogoe*, perles recourbées ou repliées.

« 9º *Kural*, perles très petites et de mauvaise forme.

« 10º *Thool*, semences de perles. »

Plus loin, il indique, d'après Simmonds, le classement en usage dans les îles du *Pacifique* (2) :

« 1º Perles de forme régulière et sans défauts; les perles de cette catégorie, pesant 1 gramme et demi à 2 grammes et demi, valent de 2 500 à 3 500 francs ;

« 2º Perles blanches, possédant un bel orient; 30 grammes de ces perles en contenant 800 valent environ 100 francs ; le même poids formé par 150 de ces perles seulement a une valeur d'environ 1 500 francs :

____

(1) *Loc. cit.*, p. 170.
(2) Les chiffres donnés ci-dessous n'ont qu'une valeur historique.

« 3° Perles de forme irrégulière et ayant des défauts ; 30 grammes valent de 80 à 100 francs ;

« 4° Perles soudées à la coquille ; le prix de 30 grammes est de 35 à 50 francs, suivant la régularité de la forme et le brillant ;

« 5° Semences de perles valant de 50 à 75 francs la livre.

« Les perles arrivent en Europe telles qu'elles ont été classées sur les lieux de pêche à l'aide de cribles numérotés. Les joailliers européens les classent à nouveau et établissent des choix.

« Les perles fines d'une belle eau, d'un bel orient, de formes recherchées pour les bijoux, se vendent à la pièce ; on les nomme perles vierges ou parangons. Les perles de forme irrégulière, dites perles baroques, se vendent au poids, même celles qui sont les plus grosses. »

Ces renseignements ne correspondent qu'à des classements locaux se rapportant exclusivement à des perles de Méléagrines, l'espèce perlière par excellence. Dans une autre partie de son ouvrage, M. L. Seurat (1) fournit des indications plus générales qui s'étendent à toutes les catégories de productions ressemblant à des perles et provenant des Mollusques.

« On doit tout d'abord distinguer, dit-il, les perles situées entre la face interne de la coquille et le manteau, désignées sous le nom de perles de nacre, qui ont plus de brillant et sont semblables à la nacre de la coquille, et les perles dites fines, situées à l'intérieur du corps du Mollusque, où elles sont complètement libres, tandis que les perles de nacre sont souvent soudées à la face interne de la coquille par un point minuscule d'adhérence. »

Outre les perles de nacre et les perles fines, Seurat distingue encore les *chicots* :

« L'irritation de la surface externe du manteau, due à l'intro-duction d'un corps étranger entre la face interne de la coquille et le manteau, ou causée par un animal perforateur du test, détermine la formation de concrétions de nacre de formes irré-gulières appelées chicots, qui peuvent atteindre la grosseur d'un œuf de Pigeon ; quelquefois la production du chicot a été déter-minée par la présence d'une perle fine, en sorte qu'en cassant un chicot de peu de valeur on a la chance de trouver une belle perle. »

Cette nomenclature, quoique déjà fort ancienne, n'a guère varié depuis lors, et nous la trouvons reproduite, un peu plus étendue, par M. Diguet, qui distingue, d'une part, la perle fine

____

(1) *Loc. cit.*, p. 49.

formant pour lui une sorte d'*entité* et, d'autre part, des productions d'ordre secondaire qu'il va classer de la façon suivante :

« Ces productions d'ordre secondaire qui sont sous le rapport de la forme, de la constitution et de l'apparence, plus ou moins analogues à ce que l'on est convenu de considérer comme perle fine, sont désignées en général sous la dénomination assez vague de perles de nacre, parce que leur éclat et leurs reflets ne sont guère plus vifs que ceux que présente la substance constituant la partie brillante de la coquille.

« Les perles de nacre répondent à deux catégories bien distinctes qui se différencient par leur origine.

« L'une est désignée sous le nom de *Morallas* ou perles de nacre

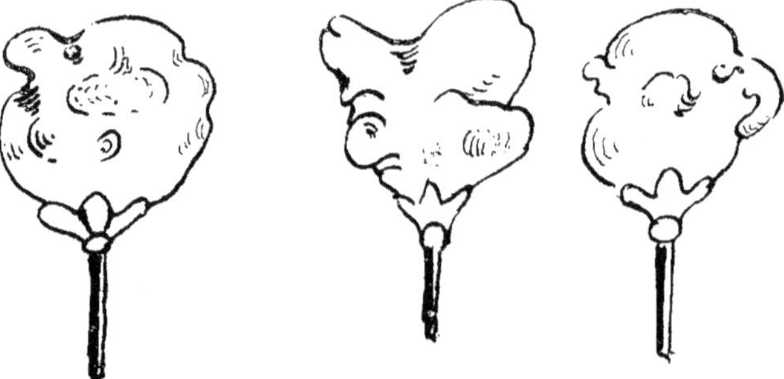

Figure 42. — TROIS GROSSES PERLES BAROQUES MONTÉES EN ÉPINGLES A CHAPEAU
Ces perles ont des valeurs très variables et se vendent à la pièce

proprement dites : elle comprend toute une série de concrétionnements qui viennent pour la plupart faire leur apparition à la suite d'une invasion parasitaire déterminant alors une manifestation pathologique que l'on désigne sous le nom de calco-sphérite.

« C'est dans cette catégorie que l'on peut faire rentrer ce que, dans le commerce des perles, on spécifie, suivant les particularités de forme, de constitution et de dimension, sous les différents noms de perles baroques, ampoules, lagrimillas, semences, etc.

« L'autre série comprend les topos, ou autrement dit perles adhérant à la coquille ; ces dernières sont le résultat de la séquestration d'un corps étranger sur les faces internes d'une des valves de la coquille : elles sont produites par les dépôts normaux et constants de la sécrétion calcaire du manteau. dont le rôle principal, comme on le sait, est de pourvoir incessamment à l'entretien et à l'accroissement de la coquille.

« Ces recouvrements nacrés, lorsqu'ils se produisent sur un noyau quelque peu sphérique, donnent l'illusion d'une perle qui serait fortement attachée à la coquille.

« Les topos, qui, à proprement parler, ne devraient pas être considérés comme perle, peuvent, parmi les corps les plus hétéroclites, leur ayant servi de point de départ, recéler de véritables perles fines; mais celles-ci ne sont venues se placer là que par suite d'un cas tout à fait accidentel qui n'a rien à voir avec leur formation. »

Les joailliers sont à peu près tous d'accord pour distinguer :

1º Les perles fines, qu'ils divisent souvent d'une façon plus ou moins arbitraire en :

Perles d'Orient, du Golfe Persique, perles de Ceylan, perles

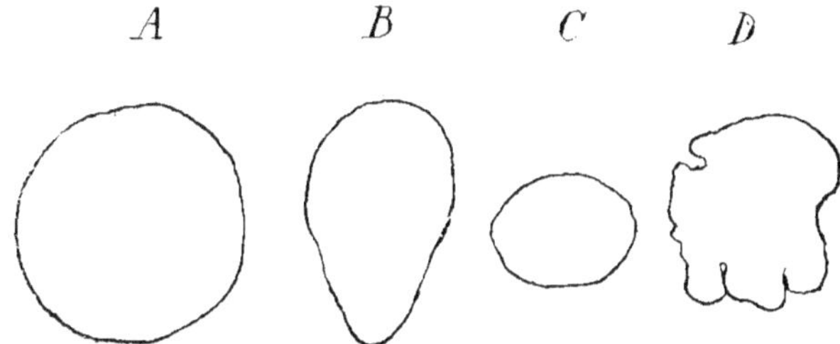

Figure 43. — Différentes formes de perles. (Schéma.)
A, perle ronde. — B, perle en poire. — C, perle bouton. — D, perle baroque.

d'Australie, du Japon, du Venezuela, blues perles, perles d'eau douce.

2º Les demi-perles, qui comprennent les perles dont un seul hémisphère présente les caractères de la perle fine.

3º Les perles de nacre, qui n'offrent plus les mêmes qualités de surface que la perle fine.

4º Les perles baroques, soufflures de nacre, lagrimillas, semences, coques de perles, etc.

Cette classification est évidemment tout à fait artificielle et n'a rien de scientifique. Elle pourrait, faute de mieux, être acceptée pour les besoins commerciaux, *à condition que les indications de provenance ne soient considérées que comme des indications de famille (d'un ensemble de caractères extérieurs) et non comme de véritables indications d'origine.*

Il y a là, en effet, un point sur lequel il me paraît nécessaire d'insister.

Voici, par exemple, un lot de perles d'ORIENT bien caractérisées par leurs qualités de surface et pour lequel tous les experts compétents seront d'accord pour la détermination : PERLES D'ORIENT. Cela ne veut certainement pas dire, ainsi que le laissent entendre certains experts, que toutes les perles de ce lot proviennent forcément du GOLFE PERSIQUE, mais seulement que toutes les perles ont les qualités superficielles des perles dites d'ORIENT.

Ainsi, par exemple, que l'a noté le professeur GRUVEL dans son cours du Muséum, les plus belles perles de MADAGASCAR sont achetées par des négociants indiens qui les exportent chez eux. Ces perles, une fois qu'elles ont quitté la Grande Ile, ne sont plus des perles de MADAGASCAR, ou plutôt perdent leur étiquette de provenance et deviendront perles de telle ou telle provenance selon leurs qualités extérieures. On ne vendra, sous le nom de perles de MADAGASCAR, que les produits tout à fait inférieurs. Cette remarque était nécessaire pour montrer combien artificielle est cette classification des perles.

Ces ébauches de classification ne paraissent pas cadrer avec la série des faits maintenant bien établis.

Pour faire une bonne classification des perles, il faut d'abord se demander quels sont, en réalité, les caractères qui peuvent servir à caractériser les perles et établir leur hiérarchie, c'est-à-dire l'importance relative de ces caractères. On peut espérer ainsi arriver à un résultat plus satisfaisant.

L'un des caractères servant à définir la perle fine sera-t-il puisé dans l'espèce de Mollusque qui aura produit la perle? Ou, dans le lieu où s'est formé la perle dans le corps du Mollusque? Ou dans la dureté ou l'élasticité de la perle? Ou dans sa densité? Ou dans sa composition chimique? Ou dans la présence ou l'absence d'un noyau? Ou dans sa grosseur, sa forme, sa couleur? Ou, enfin, dans ces qualités de surface désignées par les termes de lustre, éclat, orient, et dans cette translucidité, qui fait dire aux joailliers examinant un beau spécimen que l'eau de *telle perle* est pure et belle?

Nous avons répondu à ces questions par un exposé complet des faits dans les chapitres II et III intitulés : *Les caractéristiques de la perle fine.* Pour le moment, je puis me borner à constater que l'examen des caractéristiques de la perle fine conduit à trois conclusions principales :

1º Étant donnés les rapports intimes qui existent entre la nacre et la perle, au point de vue de leur composition qualitative et du tissu qui les sécrète, la nacre étant, d'autre part, un produit exclusif des Mollusques, la perle, pour être une vraie perle, devra être produite par un Mollusque.

Ce premier caractère pourra, donc, différencier les perles des autres productions similaires, les perles factices ou artificielles.

2º La perle fine est caractérisée surtout par *certaines* de ses qualités de surface :

Les vraies caractéristiques, les seules dominantes, parmi les qualités de surface, sont l'éclat, le lustre et l'orient ; le lustre et l'orient constituent l'eau de la perle.

Ces qualités de surface tiennent à la structure physique des couches superficielles de la perle, à ce qu'on peut appeler les *accidents de surface.*

La présence ou l'absence de ces qualités de surface permettra d'établir une séparation, en deux catégories bien distinctes, entre les perles proprement dites et les pseudo-perles.

3º Il est en dehors de l'éclat, du lustre et de l'orient, certaines autres qualités de surface, la forme, la grosseur et la couleur, par exemple, qui, tout en étant importantes, ne constituent pas des qualités fondamentales et ne peuvent servir qu'à des classements secondaires.

Ainsi que nous l'avons fait remarquer dans le chapitre II, une belle perle fine est ordinairement sphérique, mais des perles de grande valeur pourront avoir une forme plus ou moins allongée, la forme en poire, par exemple, sans cesser d'être des perles fines. Une perle de couleur blanche est fort estimée des joailliers, mais telle perle d'Orient tirant sur le jaune n'en a pas moins une grande valeur en rapport avec son volume, et telle perle grise ou telle perle noire seront particulièrement recherchées pour leur rareté.

Ces caractères variés serviront à constituer les différentes caté-gories de perles.

En tenant compte des deux premiers caractères fondamentaux, on peut arriver aux premières coupes d'une classification générale des perles. Les caractères secondaires sont représentés, ensuite, par ceux que nous avons notés dans le troisième alinéa.

J'ai résumé cette classifiation dans le tableau suivant :

CLASSIFICATION GÉNÉRALE.

1º Pseudo-perles ou apparences de perles.

1º *Productions industrielles de l'homme* (rappelant à peu près l'aspect des perles, mais constituant le résultat d'une fabrication humaine). — Perles imitation ou perles fausses, divisées généralement en *a.* perles creuses ; *b.* perles pleines.

2º *Productions naturelles* (rappelant à peu près l'aspect des perles, mais ne dérivant pas de l'épithélium externe du manteau des Mollusques).
Calculs biliaires des Vertébrés.
Calculs urinaires des Invertébrés.
Calcosphérites (produites souvent par les parasites dans le tissu conjonctif).

2º Perles (Production de Mollusques).

1º **Perles ne présentant ni complètement ni même partiellement les qualités de surface de la perle fine.**

A. Perles incomplètes.   Certaines demi-perles et blister-pearls de mer et d'eau douce.

B. Perles complètes…
Perles complètement altérées.
Perles (fossiles?).
Perles d'huître comestibles en général.
Certaines productions baroques.
Certaines perles de semence.

A. **Perles fines incomplètes.** (Les qualités de surface caractéris-

Eau douce.

Demi-perles provenant de perles complètes sciées. — L'une des faces présente les zones circulaires des couches perlières. — Demi-perles d'Amérique, ordinairement de couleur fantaisie ; perles d'Unio.

Demi-perles de culture. — A noyau sans couches circulaires. — Demi-perles d'Unio, de *Dipsas plicatus*, soufflures.

2º **Perles** présentant partiellement ou complètement les qualités de surface de la perle fine

Eau de mer.

— **Demi-perles provenant de perles sciées.** — L'une des faces présente les zones circulaires des couches perlières. — Demi-perles de Méléagrines. Demi-perles d'Haliotis.

— **Demi-perles de culture.** — Dites demi-perles japonaises à noyau de nacre. — A peau mince, fragiles. A peau épaisse, résistantes.

Eau douce.

— **Perles de forme sphérique.** — Perles de couleur variable, roses, mordorées, violettes, blanc laiteux ou bleuté ; perles dites d'Amérique, d'Écosse, de la Vologne.

— **Perles de formes diverses.** — En poires, en boutons, ovales, baroques, coloration variable comme les précédentes et de même origine.

B. **Perles fines complètes.** (Les qualités de surface caractéristiques existent sur toute ou sur presque toute la périphérie de la perle, qui visiblement n'a pas été adhérente à la coquille.) *Les perles fines complètes comprennent les perles occidentelles et les perles de culture qu'on ne peut distinguer pratiquement les unes des autres.*

Eau de mer

— **Perles de Méléagrines.** — Les perles de Méléagrines sont groupées selon des caractères qui correspondent non pas à l'origine, mais principalement à la coloration, en perles d'ORIENT, du JAPON, d'AUSTRALIE, du VENEZUELA, de TAHITI, de MADAGASCAR, etc.

Les formes les plus recherchées sont la forme ronde, en poire et en bouton. Elles présentent une gamme de couleur, du blanc ou blanc rosé, ou blanc verdâtre, au jaune. Exceptionnellement, on trouve la couleur grise, gris bleu et noire.

Perles de PINNES : souvent rouge-brique, altérables.
Perles de Moules : semences bleuâtres, altérables.
Perles d'Haliotis : vert métallique, rares.
Perles de Turbot : rose porcelainé, rares.

La classification que je propose n'est pas à l'abri de toutes critiques. Si elle paraît inattaquable dans ses grandes lignes, on peut lui reprocher de ne pas pousser assez loin les distinctions secondaires.

Elle permet de distinguer les perles en trois catégories bien nettes : les simili-perles, les demi-perles et les perles complètes, mais elle n'établit pas de hiérarchie entre les perles qui dérivent des Méléagrines et qui sont les perles fines les plus recherchées, les plus précieuses et les plus belles, et entre les perles d'eau douce et celles provenant des autres Mollusques.

Ce n'est qu'après de nouvelles études que l'on pourra aller plus loin. On peut prévoir déjà que les Méléagrines perlières (Voir chap. XI), qui appartiennent à plusieurs espèces distinctes et qui vivent dans des mers plus ou moins chaudes, donnent des produits différents, non seulement comme grosseur, mais aussi au point de vue de la disposition des accidents de surface. Cette étude n'étant pas encore au point, je dois la laisser de côté.

Je me bornerai à remarquer que le principal avantage que paraît avoir cette classification est de préciser qu'il n'existe aucune différence permettant de distinguer les perles fines accidentelles des perles fines de culture. Elles se trouvent ainsi réunies sous le même alinéa, car je n'ai pu trouver aucun caractère distinctif qui puisse établir une démarcation quelconque entre les perles complètes accidentelles et celles de culture.

Il n'en est pas de même pour les demi-perles.

Là, j'ai pu, sans peine, grouper dans deux alinéas différents les demi-perles sciées provenant de perles complètes et les demi-perles japonaises provenant d'une opération de culture nullement comparable à celle qui permet d'obtenir les perles complètes.

Pour arriver à déterminer approximativement la valeur d'une perle, je conseille de suivre la méthode qui consiste à se poser et à résoudre un certain nombre de questions. C'est une application de la méthode dichotomique inaugurée par LAMARCK à la fin de la Révolution française, au moment où il faisait, obscurément, de la botanique au Jardin des plantes et vivait surtout du produit de la vente de quelques exemplaires de la flore qu'il avait fait imprimer.

En examinant la perle, on doit se demander tout d'abord :

1º Est-ce une pseudo-perle?

2º Est-ce une production de Mollusque?

La réponse sera donnée par l'*examen microscopique*. Si l'on trouve les accidents de surface caractéristiques et, en particulier, les lignes sinueuses et ondulées, on peut conclure à une production de Mollusques.

On doit alors se poser deux autres questions :

1º La perle est-elle terne et dépourvue de lustre et d'orient sur toute son étendue?

2º La perle présente-t-elle au contraire ces qualités sur toute ou partie de la surface?

Je suppose que ce soit la seconde alternative qui se trouve justifiée par un examen à l'œil nu ou à la loupe.

On passe alors aux deux questions suivantes :

1º Est-ce une perle fine incomplète?

2º Est-ce une perle fine complète?

Là encore, un examen à l'œil nu suffira pour montrer si la perle offre une large section sans lustre, sans éclat et sans orient, ou présente, au contraire, sur toute sa surface, malgré quelques défauts plus ou moins apparents, l'aspect d'une perle entière et n'ayant subi aucune altération.

Dans ce dernier cas, nous savons que nous avons affaire à une perle fine, se rangeant dans la catégorie des perles complètes, les seules pour lesquelles, d'après l'usage séculaire, on estime la valeur de base par le poids traduit en grains.

DEUXIÈME PARTIE

LA MÉLÉAGRINE OU HUÎTRE PERLIÈRE

ÉTUDE SPÉCIALE DE CE MOLLUSQUE

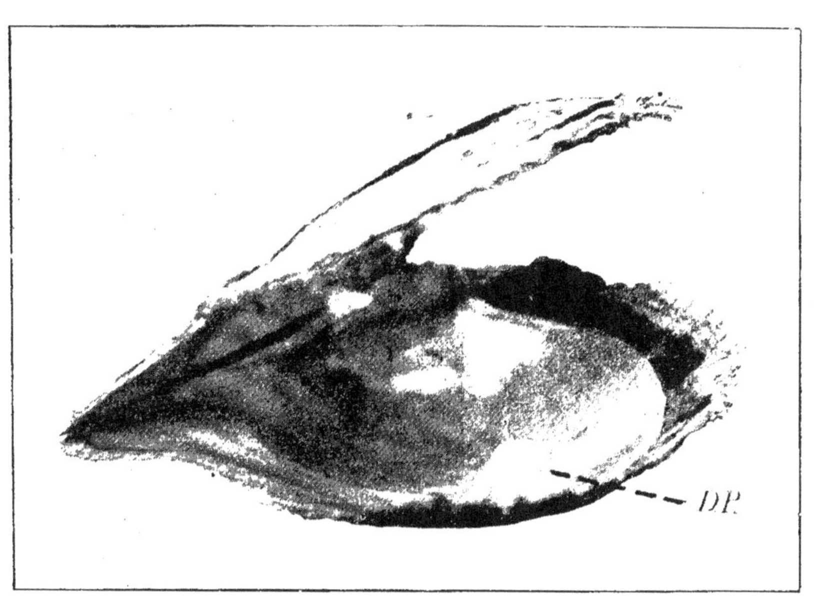

Figure 44. — Une demi-perle, DP, en place dans une coquille entr'ouverte de Méléagrine du Japon. (*Méléagrina Martensi* Dunker.)
(*Photographie communiquée par M. Ikeda.*)

CHAPITRE XI

LA PLACE DES MÉLÉAGRINES DANS LA CLASSIFICATION DES MOLLUSQUES

Les principales espèces de méléagrines.
Leur distribution géographique.

Parmi les animaux, les Mollusques seuls sont capables de produire des perles fines. Cela résulte des constatations scientifiques actuelles. Toutes les perles auxquelles on attribue une autre provenance que celle des Mollusques (calculs biliaires ou concrétions quelconques) ne sont pas des perles fines : *ce sont de fausses perles n'ayant ni la composition chimique, ni les qualités de surface nécessaires pour que l'on ait affaire à des perles,* ainsi que je l'ai noté dans la classification (chap. X).

Ce fait s'explique facilement, si l'on réfléchit que les Mollusques sont les seuls animaux qui sécrètent de la nacre et que les perles fines sont des nacres sécrétées dans des conditions particulières. Dans le chapitre relatif à la composition chimique de la perle fine, nous avons montré qu'au point de vue de la qualité de ses éléments *une perle fine est une nacre.*

Cela ne veut pas dire que tous les Mollusques sont capables de fournir des perles fines, car tous les Mollusques sont loin de présenter des nacres d'égale valeur. Pourtant, il suffit qu'un Mollusque ait une belle nacre et la sécrète en abondance pour qu'il soit, *en puissance,* capable de produire des perles fines.

Edmond Perrier a écrit avec raison (1) :

« Les Mollusques à coquille nacrée se recrutent presque exclusivement dans une même catégorie, celle qui s'est perpétuée, presque sans changer de forme depuis l'époque la plus ancienne de l'histoire de la terre jusqu'à nos jours. La nacre équivaut à d'innombrables quartiers de noblesse. La coquille des Mollusques

(1) Edmond Perrier, *le Monde vivant, la Perle* (Feuil. sc. du « Temps », 11 avril 1912, Paris).

plus récents a perdu les reflets irisés des coquilles primitives ; elle peut se teinter de rose tendre comme la bouche de ces grands Strombes qui figurent sur la commode ou la cheminée des marins bretons, de chaque côté du globe qui protège contre les Mouches et la poussière la couronne de mariée de la maîtresse de maison; mais son éclat ne dépasse pas celui de la fine porcelaine. La nacre appartient d'ailleurs indifféremment aux coquilles anciennes, à quelques catégories qu'elles appartiennent, à la coquille des Nautiles, précurseurs de nos Poulpes, à celle des Avicules et des Mulettes, parentes des Pintadines, comme à celle des Turbos, des Troques, des Haliotides, etc., etc., ancêtres de nos Escargots. Chose curieuse : parmi les Mollusques à coquille enroulée, seuls ont une coquille nacrée ceux qui ont conservé deux paires de branchies pour respirer, deux oreillettes au cœur, deux reins, et se rapprochent par là des Poulpes et des Bivalves. Quelle mystérieuse relation physiologique rattache ainsi, du moins indirectement, la production de la nacre à ces particularités anatomiques ? »

Pratiquement, il n'y a qu'un assez petit nombre de formes de Mollusques qui produisent accidentellement des perles, recueillies par l'homme et appréciées par les joailliers.

En première ligne, se placent les Méléagrines, dont nous devons tout d'abord indiquer la position parmi les Mollusques.

Les Méléagrines, vulgairement appelées Huîtres perlières, ne sont pas des Huîtres. Elles appartiennent à une autre famille, les *Aviculidés*, bien distincte de la famille des *Ostréidés*.

Les Huîtres n'ont, en effet, pas de pied ni de byssus (organe de fixation). Elles se fixent, dans le jeune âge, par la valve gauche et, une fois décollées, ne peuvent plus se fixer. Tandis que les Méléagrines ont un pied et un byssus, ne se collent jamais par une valve et, comme nous le verrons dans le chapitre XIII, qui porte sur l'anatomie de l'Huître perlière, elles peuvent se fixer à plusieurs reprises contre les corps étrangers, précisément à l'aide du pied et du byssus.

Les Huîtres et les Méléagrines diffèrent aussi beaucoup par la forme et la structure de la coquille. La nacre de l'Huître est de mauvaise qualité, tandis que celle de la Méléagrine est l'une des plus belles qui existent dans la série des Mollusques. Elles se fixent d'une façon très différente, comme le montrent les figures 25 et 26.

Dans la famille des *Aviculidés*, les Méléagrines font partie du genre *Avicula*. Elles diffèrent, cependant, des Avicules proprement dites par quelques caractères secondaires et surtout par la forme de la coquille. Chez les Avicules, en effet, la coquille, beaucoup moins épaisse que chez les Méléagrines, est généralement inéquilatérale et fortement ailée; ces ailes prennent même, dans quelques cas, une forme tout à fait singulière; et, malgré la brillante apparence de la nacre, l'Avicule ne donne des perles que très exceptionnellement.

Aussi a-t-on fait dans le genre *Avicula* un sous-genre *Meleagrina*. Cette distinction remonte à LAMARCK, qui, en 1812, a établi le premier le sous-genre *Meleagrina* que WOODWARD définit ainsi : « Lobes du manteau réunis sur un point par les branchies, leurs bords frangés et munis d'un rideau pendant. Rideaux frangés dans la région branchiale, unis en arrière. Pied digitiforme, canaliculé. Byssus souvent solide, cylindrique, à terminaison étalée ; quatre muscles du pied, le postérieur grand, situé en avant de l'adducteur des valves, qui est composé de deux éléments, rétracteurs du manteau formant une série de marques et une plus grande interne. Lèvres simples. Palpes labiaux tronqués. Branchies égales, en forme de croissant, réunies en arrière du pied. »

La tendance actuelle est de faire des Méléagrines un genre distinct des Avicules. Le genre ou le sous-genre *Meleagrina*, dont nous venons de donner les caractères spéciaux, contient un certain nombre d'espèces qui diffèrent non seulement par la taille et l'épaisseur de la coquille, mais aussi par les qualités des perles qu'elles contiennent.

Le genre *Meleagrina* n'est pas le seul à produire des perles. Parmi les bivalves, les jambonneaux *Pinna nobilis* LINN. sont connus pour leurs perles transparentes, depuis la plus haute antiquité.

Les Bivalves d'eau douce, les Unios et, en particulier, la *Margaritana margaritifera*, fournissent des perles. Les perles de la VOLOGNE ont fait la parure des reines de FRANCE, et des ducs de LORRAINE se réservaient la pêche des Mulettes perlières.

Parmi les Mollusques, les Gastéropodes peuvent également produire des perles aussi bien que les Pélécypodes ou Bivalves. Les perles roses, recherchées pour leur rareté, proviennent d'un gros Gastéropode, et l'Haliotide des côtes de CHINE et du JAPON fournit parfois des perles de coloration bizarre (vert métallique).

Les espèces de Mollusques, produisant régulièrement des perles accidentelles, sont, actuellement, assez rares et se réduisent pratiquement à deux : les Méléagrines pour l'eau salée et les Unios pour l'eau douce. Il n'en sera peut-être pas toujours ainsi, et la *margariculture*, qui a fait de si grands progrès ces dernières années, grâce aux efforts persévérants du Japonais MIKIMOTO, utilisera, probablement avec profit, des formes aux nacres variées et diversement colorées, telles que les grandes Avicules, les Anomies, les Nautiles, etc.

Nous étudierons, dans la quatrième partie, quelques-unes de ces espèces intéressantes pour l'avenir, mais nous devons, d'abord, étudier les diverses espèces du genre *Meleagrina*, actuellement les grosses productrices de perles fines.

Comme la répartition géographique du genre *Meleagrina* est très étendue, on doit s'attendre à trouver de nombreuses espèces ou variétés.

Il me paraît inutile de suivre leur classification dans tous ses détails, d'autant plus qu'elle ne me paraît pas encore assise sur des caractères suffisamment étudiés, et je me contenterai de distinguer, seulement, quatre types bien tranchés parmi les Méléagrines (fig. 45) :

1º Le type de la Grande Pintadine, la Méléagrine de TAHITI, *Meleagrina margaritifera,* dont les dimensions atteignent et dépassent 20 centimètres de diamètre et dont l'épaisseur de nacre atteint souvent plusieurs centimètres.

C'est à cette grande espèce que me paraissent se rattacher les Méléagrines de la NOUVELLE-GUINÉE, de l'AUSTRALIE et de la NOUVELLE-CALÉDONIE. Il semble que l'espèce existe, également, mais plus rare, autour de CEYLAN et dans le GOLFE PERSIQUE.

2º Le type de la petite Méléagrine du JAPON, la *Meleagrina Martensi* (DUNKER), dont les dimensions moyennes sont de 7 à 8 centimètres seulement de diamètre et dont l'épaisseur de nacre est très faible.

Cette espèce de petite taille paraît localisée au JAPON. Mais les espèces de MADAGASCAR, *M. Occa* et *irradians,* et celles des côtes de Venezuela s'en rapprochent comme taille.

3º Le type de la Méléagrine de CEYLAN, la *Meleagrina vulgaris* (*fucata*). L'animal, de dimension moyenne, a environ 10 à 12 centimètres de diamètre. Il est intermédiaire, comme taille, entre les deux espèces précédentes. Sa coquille n'est guère plus épaisse que celle de la *Martensi,* mais est sensiblement plus grande.

Cette espèce s'étendrait non seulement dans l'OCÉAN INDIEN, mais aussi dans la MER ROUGE et le GOLFE PERSIQUE. C'est elle

qui, après le percement de l'isthme de Suez, semble avoir pénétré
dans la Méditerranée pour se multiplier sur les côtes de Tunisie,
d'Alexandrie et de Malte.

Cette espèce paraît extrêmement variable, comme aspect et
comme taille; les jeunes spécimens ont été plusieurs fois décrits
comme des espèces distinctes, et les grands échantillons ont été

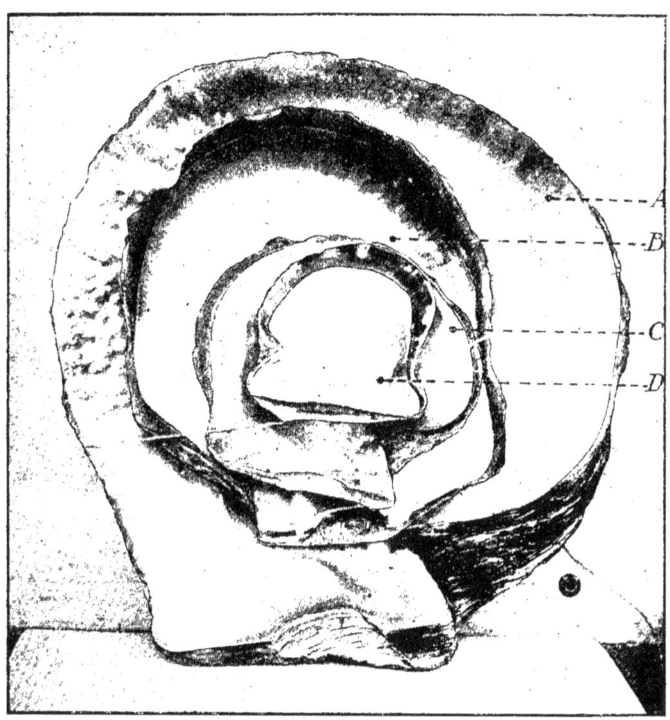

Fig. 45. — Les quatre principaux types de Méléagrine.
*Une valve appartenant à chacune de ces espèces a été photographiée de manière à
montrer leurs différences de taille.*

A, Méléagrine de Tahiti. — B, Méléagrine de Californie. — C, Méléagrine de
Ceylan. — D, Méléagrine du Japon.

à plusieurs reprises spécifiés comme appartenant à la Grande Pintadine, *Meleagrina margaritifera.*

4° Enfin le quatrième type est américain. C'est la *Meleagrina
Californica* (Carp.), dont la coquille, plus mince et plus petite que
celle de la *margaritifera*, se rapproche comme taille de celle de
Meleagrina vulgaris, avec plusieurs variétés géographiques.

Dans les bancs naturels, ce ne sont pas, d'ailleurs, les plus grandes espèces qui produisent les plus belles et les plus grosses perles. Souvent, dans les grandes espèces, les spécimens perliers sont déformés et rabougris, et le même fait s'observe facilement dans les espèces perlières d'eau douce.

Dans plusieurs gisements célèbres, entre autres dans le golfe PERSIQUE, deux types au moins coexistent dans les mêmes gisements : l'un se rapprochant de la *margaritifera,* l'autre se rapprochant de la *vulgaris*.

RÉPARTITION GÉOGRAPHIQUE DES MÉLÉAGRINES. — L'étendue occupée par les bancs naturels de Méléagrines est considérable. Il suffit de jeter un coup d'œil sur une carte générale pour s'en rendre compte.

La répartition des Huîtres perlières s'effectue, en effet, en latitude sur les deux hémisphères : on les trouve depuis le JAPON jusqu'aux NOUVELLES-HÉBRIDES à travers le golfe de CALIFORNIE et du MEXIQUE, sur la côte Nord d'AFRIQUE et sur tout l'Est du continent africain, y compris MADAGASCAR. Nous complétons le tour du monde, en arrivant au golfe PERSIQUE, sur les côtes de l'INDE, des mers de CEYLAN, des îles de la MALAISIE et sur presque tout le pourtour de l'AUSTRALIE, y compris la NOUVELLE-GUINÉE et la NOUVELLE-CALÉDONIE.

En somme, les Méléagrines, de chaque côté de l'équateur, forment des bancs naturels dans les mers chaudes, dès que la profondeur n'est pas trop considérable, 80 brasses au plus, et qu'elles trouvent un fond dur, formé de calcaire plus ou moins compact, ou encombré de roches.

CHAPITRE XII

ORGANISATION DE L'HUITRE PERLIÈRE

La coquille des Méléagrines. — Structure. — Réparation des coquilles. — Croissance.

Différentes parties de la coquille. — Forme générale. — La taille et même la forme de la coquille peuvent varier, dans certaines limites, selon l'espèce de Méléagrine considérée, puisqu'il

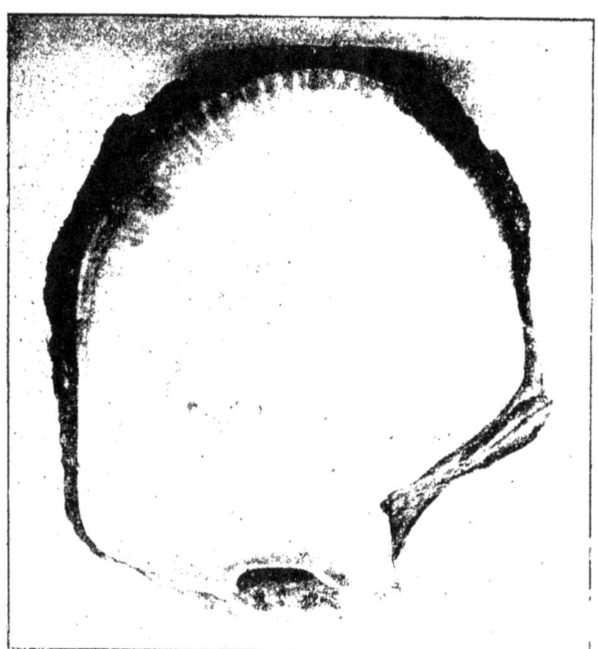

Figure 46. — Valve droite d'une Méléagrine de Nouvelle-Calédonie.
(*Photographie de* H. Dupéré.)

y a plusieurs espèces de Méléagrines ou Huîtres perlières, ainsi que nous l'avons constaté dans le chapitre précédent. On peut, cependant, donner les indications générales suivantes :

La coquille de la Méléagrine, constituée d'une valve droite et d'une valve gauche, est de forme ovale (fig. 46 et 74).

Dans presque tous les Mollusques bivalves, le corps est symétrique par rapport au plan sagittal de l'animal, et l'on peut distinguer, en plaçant la bouche en haut : une face dorsale et ventrale ; un côté droit et un côté gauche. Il en est de même dans la Méléagrine de CEYLAN (*Margaritifera vulgaris*, SCHUM) (1), que nous prendrons pour type dans cette description.

Pour orienter convenablement l'animal, il suffit de savoir que le côté de la charnière correspond à la face dorsale et que le côté droit de la coquille est plat, tandis que le côté gauche est bombé (fig. 49).

Si l'on ouvre la coquille en enlevant la valve plate, l'observateur a donc devant lui la face droite de l'animal encadrée dans la valve gauche (fig. 56).

La coquille, de forme arrondie, présente deux prolongements dorsaux, plus ou moins développés, que l'on appelle les auricules ou les oreilles de la coquille. On les aperçoit nettement dans la figure 49, qui représente une valve droite, d'après M. W. A. HERDMAN. Ils sont, parfois, beaucoup moins apparents et même effacés.

Extérieurement, la coquille est, ordinairement, noirâtre, et les zones d'accroissement se voient, parfois, beaucoup moins nettement que dans la figure 49. (Voir, par exemple, la figure 48).

Intérieurement, la coquille présente deux zones bien distinctes : la zone périphérique presque toujours noirâtre et la zone centrale (la plus étendue des deux couches) qui est tapissée d'une belle couche de nacre. Cette dernière présente une dépression subcentrale correspondant au gros muscle adducteur inférieur. Les autres insertions musculaires (pédieuses et palléales) sont beaucoup plus confuses et variables, comme le montre la figure 53.

Nous pouvons, d'après ces données, nous faire une idée de la structure de la coquille de la Méléagrine. Elle est caractérisée par l'épaisseur de la nacre lamelleuse vers le centre de la coquille, le peu de développement des prismes et l'abondance du périostracum à la périphérie, où l'on observe une zone noirâtre qui indique que cette formation y est à peu près seule représentée, pendant une période assez longue de la croissance (fig. 46).

Vue en surface à un fort grossissement, la nacre de la Méléagrine offre, par places, des lignes ondulées qui rappellent celles de la

(1) D'autres auteurs la désignent sous le nom d'*Avicula fucata* GOULD. Ces deux dénominations sont synonymes.

surface des perles fines. La figure 47 donne la représentation
d'un fragment où ces détails sont particulièrement bien indiqués ;
pourtant, à droite de la figure en *p* et en *l*, on aperçoit des traits
caractéristiques de la nacre.

Nous avons vu précédemment, chapitre XI, que les coquilles
de Méléagrines se rapportent à quatre types principaux :

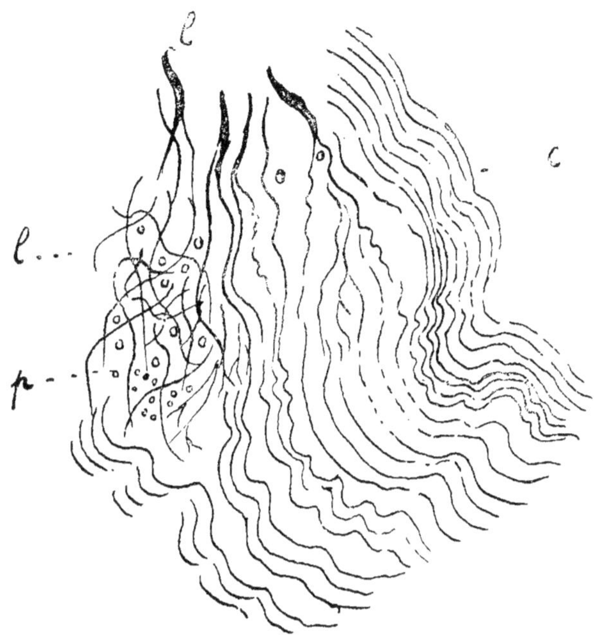

Figure 47. — Surface de la nacre de *Meleagrina margaritifera* montrant
des lignes ondulées, *c*, qui rappellent celles de la perle.

En C, les traits caractéristiques de la nacre et en *p* le pointillé qu'on retrouve
dans beaucoup de nacres.

[*Figure extraite de l'étude sur les perles fines* (Bull. Soc. scient. d'Arcachon, 1921).]

1° La coquille de la Méléagrine du JAPON, *Meleagrina martensi* DUNKER ;

2° La coquille de la Méléagrine de TAHITI, *Meleagrina margaritifera* LINNE ;

3° La coquille de la Méléagrine de CEYLAN, *Meleagrina vulgaris* ou *fucata* GOULD ;

4° La coquille de *Meleagrina californica* CARPENTIER.

La dimension de ces diverses Méléagrines est très variable :

La coquille de la Méléagrine du JAPON a environ 8 centimètres de diamètre et pèse environ 130 grammes.

La coquille de la Méléagrine de TAHITI, ou Grande Pintadine, peut aller jusqu'à 30 centimètres de diamètre et pèse jusqu'à 9 ou 10 kilos, d'après BOUCHON-BRANDELY (1).

Celle de la Méléagrine de CEYLAN, qu'il appelle *Meleagrina radiata*, dépasse, dit-il, rarement 10 centimètres de diamètre et n'atteint pas 150 grammes.

Enfin celle de la Méléagrine de CALIFORNIE, d'après DIGUET, a de 10 à 17 centimètres, et on compte 6 coquilles doubles au kilogramme, ce qui donne environ 160 grammes pour la coquille entière.

La croissance de la coquille est conforme à ce que l'on connaît chez la plupart des bivalves.

A la coquille larvaire, qui se sépare dès l'origine en deux valves

Figure 48. — MÉLÉAGRINE SOUMISE A UNE EXPÉRIENCE DE RÉGÉNÉRATION (*imité d'HORNELL*). *Dans les deux zones, zr, où la coquille avait été intentionnellement brisée, on voit nettement les nouvelles couches coquillières reconstituées.*

a, ailes de la coquille. — Cr, crochets. — coq, coquille ancienne. — zr, coquille régénérée.

bien distinctes, viennent s'ajouter progressivement sur la périphérie de nouvelles lames de substance coquillaire, fournies par la périphérie du manteau. Ces lames sont ondulées et relevées de côtes très peu saillantes produites par des soulèvements et par des retraits du bord du manteau. A l'abri de cette première formation s'effectue de très bonne heure le dépôt des couches

(1) BOUCHON-BRANDELY, *Rapport au ministre de la Marine et des Colonies sur la pêche et la culture des Huîtres perlières à Tahiti* (Paris, Imprimerie du Journal Officiel).

lamelleuses de nacre. Cette formation lamelleuse de la surface
est nettement mise en évidence dans la figure 49.

RÉPARATION DES COQUILLES DE MÉLÉAGRINE. — Ce sujet a
été particulièrement étudié à CEYLAN par HERDMAN, qui a fait
de nombreuses observations et institué des expériences pour les
contrôler.

D'après les données ainsi obtenues, l'on constate que les Méléagrines peuvent guérir les blessures de leur coquille et régénérer
les parties supprimées
avec une grande rapi-
dité, de manière à ré-
tablir l'intégrité de leurs
valves (fig. 48).

Il faut cependant, pour
que la réparation ait
lieu, que le manteau ne
soit pas trop fortement
lésé, sans quoi le Mol-
lusque, sans défense con-
tre les ennemis exté-
rieurs, ne tarde pas à
périr.

Cependant, dans quel-
ques cas favorables,
HERDMAN (1) est arrivé
à voir le manteau lar-
gement fendu se ressou-

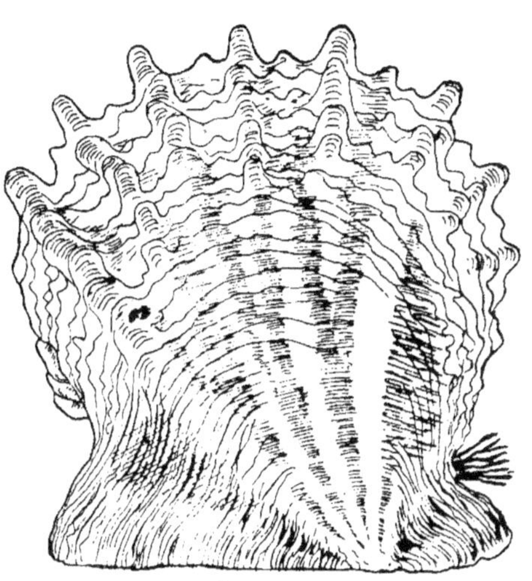

Figure 49. — VALVE DE MÉLÉAGRINE (*d'après
HORNELL*) MONTRANT LES LIGNES D'ACCROIS-
SEMENT.

der et se cicatriser. Après le rétablissement de l'intégrité du manteau, la régénération de la coquille commence et progresse avec
activité.

Dans une Méléagrine où le manteau est intact, après qu'on a
fragmenté une partie d'une des valves, cet organe se rétracte
et forme un bourrelet en arrière de la blessure. Puis il commence
à sécréter une nouvelle couche coquillière qui, peu à peu, va
s'accroître vers l'extérieur. La nouvelle formation ne part donc
pas du bord même de la blessure, mais en arrière de celle-ci, le
bord de la blessure restant extérieur par rapport à la nouvelle
formation (fig. 50 et 51).

(1) HERDMAN, *Report to the government of Ceylon on the Pearl Oyster
Fisheries* (London, 1903, vol. I, p. 143).

La croissance *se fait par poussées successives et non d'une façon continue*. A chaque temps d'arrêt, le manteau se rétracte de quelques millimètres, et la substance coquillière, sécrétée à la reprise *de la sécrétion, se trouve ainsi déposée en arrière et au-dessous de la zone précédemment formée.* C'est le cas normal, et *il explique la formation successive de ces zones d'accroissement* que l'on remarque à la surface de toutes les coquilles dont la surface n'a pas été rongée par l'action superficielle des agents extérieurs (fig. 49).

Le cas de la régénération n'est en somme qu'un cas particulier de la loi qui préside à la croissance générale de la coquille; seulement, dans la couche sécrétée au contact de l'eau sous laquelle va se reconstituer la nacre, le périostracum est moins nettement et régulièrement pigmenté que dans l'ancienne coquille et peut contenir des corps étrangers tels que des spicules d'Éponges, d'Échinodermes, ou d'autres corps qui se sont agglutinés à l'extérieur.

Le temps que met la coquille à se régénérer est d'ailleurs variable selon la saison, et les conditions extérieures paraissent influer beaucoup sur les Méléagrines.

Pour en donner une idée, je citerai seulement une observation empruntée à HERDMAN (fig. 48):

« En février 1903, dit-il, un certain nombre d'Huîtres perlières provenant de *Cheval paar* furent systématiquement endommagées en brisant la coquille en différents endroits.

« Examinées huit jours après, elles avaient déjà commencé une forte réparation; dans un cas, j'ai constaté la présence d'une nouvelle coquille ajoutée à l'ancienne qui atteignait 5 millimètres et demi; dans les autres, la réparation n'atteignait que 3 millimètres et demi.

« Une de ces Huîtres, qui avait un fragment de coquille enlevé sur une hauteur de 15 millimètres à la valve droite, répara entièrement le dommage en vingt et un jours. »

On voit, d'après ces chiffres, avec quelle rapidité peut s'effectuer la réparation de la coquille chez un Mollusque « bon nacrier comme la Méléagrine ».

L'auteur a fait encore bien d'autres expériences que je ne citerai pas, parce qu'elles confirment toutes celles que je viens de rapporter avec quelques petites variantes insignifiantes.

On s'explique facilement, d'après les renseignements fournis par ces observations, comment s'effectue, d'une façon générale, la réparation de la coquille chez les Mollusques.

Après la destruction d'une partie de la coquille, si le manteau est resté intact, la régénération va marcher rapidement. La surface externe du manteau, qui est chargée du soin de sécréter et d'agrandir la coquille, va entrer en jeu.

Une première sécrétion au contact de l'eau va permettre la formation d'une première couche protectrice *qui est analogue au*

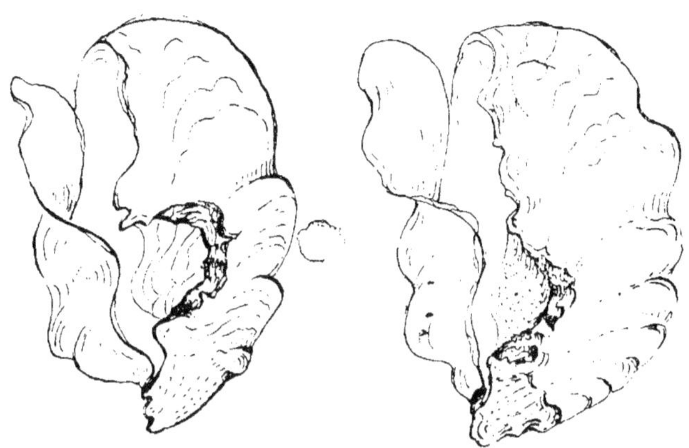

Figure 50. — Deux coquilles de *Gryphea*.

La coquille est régénérée à la suite d'un traumatisme expérimental. — Dans la figure de droite, la première couche sécrétée est conservée ; dans la figure de gauche la première couche sécrétée a été enlevée, de manière à laisser voir les lamelles de nacre en voie de formation.

périostracum, mais qui ne lui est pas homologue (c'est-à-dire qu'elle ressemble au périostracum, mais n'a pas identiquement la même origine).

Elle est en effet formée par la totalité de la partie du manteau, rendue libre par la disparition d'une partie de la coquille. Une fois cette première couche protectrice formée, la sécrétion entre normalement en jeu ; le pourtour du manteau, qui renferme des cellules spéciales dans son épithélium, sécrète du périostracum : les autres cellules de la surface externe du manteau sécrètent de la nacre.

Ces formations de nouvelles zones coquillières se font en quelque sorte par à-coups, avec des temps de repos, pendant lesquels le bord libre du manteau se rétracte légèrement en arrière.

A la reprise de la sécrétion, le manteau reste momentanément contracté ; ainsi s'expliquent les zones successives d'accroissemen que l'on observe si nettement dans les coquilles jeunes et sur les portions de la coquille régénérée (fig. 50).

Ces expériences, que j'ai récemment renouvelées chez l'Huître comestible, montrent que le procédé de régénération est général et suit la même marche dans les différents Bivalves.

CHAPITRE XIII

ORGANISATION DE L'HUITRE PERLIÈRE
(Suite)

Le manteau, le pied et les organes internes.

La Méléagrine ou Huître perlière est maintenant connue dans son organisation générale. Son anatomie a été soigneusement étudiée par différents auteurs, et les particularités en ont été précisées, surtout dans la belle étude, publiée par W. A Herdman (1), le savant professeur de l'Université de Liverpool.

Herdman s'est uniquement occupé de l'Huître perlière de Ceylan, autrefois connue scientifiquement sous le nom d'*Avicula fucata* et qu'on s'accorde maintenant à ranger sous le nom de *Margaritifera vulgaris* Schum, avec les autres Huîtres perlières ou Méléagrines, dans le genre *Margaritifera*.

Comme l'organisation de cette dernière est semblable, dans ses grandes lignes, à l'organisation des autres Méléagrines, productrices de perles, nous la choisirons comme type pour une description générale.

Disposition de la coquille par rapport aux organes de l'animal. — Nous ne nous occuperons pas de la structure et de la forme de la coquille qui a été étudiée dans le chapitre précédent. Nous constaterons simplement que la coquille représente très exactement le moule en creux du manteau qui l'a sécrétée.

Description du manteau. — Le manteau, dans les Bivalves, est ordinairement un grand repli de la peau, qui enveloppe tout le corps de l'animal à la façon d'un vêtement très ample. Il est ordinairement fermé dans sa partie inférieure, comme la *combinaison* d'un ouvrier mécanicien.

Dans l'Huître perlière, le manteau, soudé comme d'habitude

(1) Herdman (W. A.), *Report to the government of Ceylon on the Pearl Oyster Fisheries* (Publication de la Royal Society, London, 1904).

à la portion dorsale du corps, a, au contraire, ses deux côtés (qu'on appelle les lobes) largement ouverts sur la face ventrale et inférieure, comme un manteau qui serait déboutonné.

Ce manteau a, d'ailleurs, la même structure générale que chez les autres Bivalves. Il est formé de tissu conjonctif traversé par des fibres musculaires et enfermé entre deux lames continues de cellules, qu'on appelle l'*épithélium*.

Cet épithélium, chose très importante, *n'a pas la même structure ni la même fonction sur la face externe et sur sa face interne*. Du côté extérieur, ses cellules sécrètent la coquille et se divisent en deux parties : 1° une portion centrale uniquement affectée à la

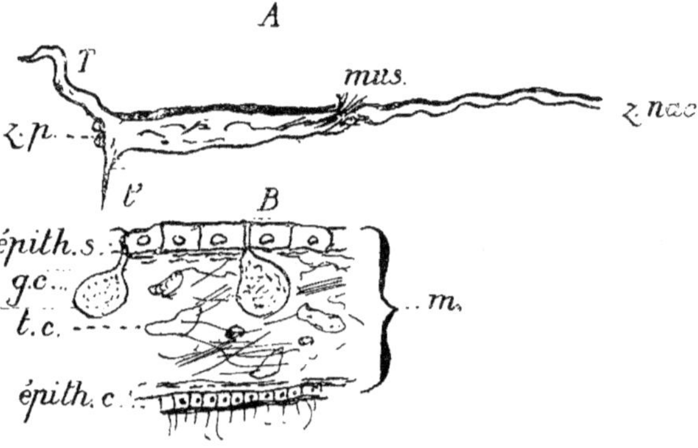

Figure 51. — DÉTAILS DU MANTEAU DE LA MÉLÉAGRINE ET DE SA STRUCTURE.
En A. *coupe longitudinale du manteau, montrant la zone périphérique.* zp. *avec les tentacules* T *et* t'. *les muscles d'attache.* mus. *et la zone nacrée.* z. nac.
En B. *coupe beaucoup plus fortement grossie passant dans la zone périphérique.* — épith.s. épithélium externe sécréteur avec de grosses glandes. g.c. — t.c., tissu conjonctif. — épith.c., épithélium cilié de la paroi interne du manteau.

sécrétion de la nacre ; 2° une portion périphérique uniquement affectée à la sécrétion du *périostracum*.

Du côté interne du manteau, les cellules portent des petits cils, sans cesse en mouvement, qui brassent le liquide environnant et le font circuler sur le corps proprement dit.

Sur son bord libre, le manteau est beaucoup plus épais que partout ailleurs. Il est vivement coloré, garni d'un voile et de nombreux tentacules courts. Ces tentacules sont ramifiés, comme l'indique la figure 57, et constituent des organes de tact et un filtre.

POSITION DE L'ANIMAL. — Dans l'attitude naturelle de la Méléagrine sur le fond, la valve droite, c'est-à-dire la moins bombée, est placée en bas, et le côté postérieur de la coquille s'élève en formant un angle d'environ **20** degrés. Si l'on détache une Méléagrine et si on la place sur le fond d'un récipient, dans une posit'on différente de celle qu'elle occupe normalement, l'animal projette son pied aussi loin que possible, de manière à provoquer de violentes contractions, jusqu'à ce que la coquille soit retombée du côté droit ; ce n'est qu'ensuite qu'il sécrète quelques filaments de byssus pour se fixer sur un corps étranger. Lorsqu'on le laisse bien tranquille, on voit les valves s'entr'ouvrir d'environ un centimètre. Cette large ouverture est en réalité réduite à une simple fente par l'extension du lobe palléal qu'on appelle le voile et qui pend ou s'élève perpendiculairement à la direction des valves. Comme ce voile est garni de tentacules digités, il existe ainsi un crible à mailles très lâches interposé entre l'extérieur et l'intérieur de l'animal. Cette sorte de crible, lorsque le courant d'eau s'établit sous l'action des cils vibratiles, arrête les particules un peu volumineuses ou tout animal qui essaye d'entrer. La sensibilité de ces tentacules amène, dans ce dernier cas, une brusque contraction du muscle adducteur des valves qui assure leur fermeture.

DISPOSITION GÉNÉRALE DE L'ANIMAL DANS L'INTÉRIEUR DU MANTEAU. — Le manteau recouvre complètement le corps proprement dit, mais, comme il est fendu en avant, il est facile, en repliant un de ses lobes, d'apercevoir les principales parties du corps.

En haut, la bouche, limitée par deux lèvres munies, chacune, de deux palpes labiaux ; sur la ligne médiane ventrale, le pied charnu ayant la forme d'une langue de mammifère ; au-dessous, les organes génitaux, placés sur le gros muscle adducteur inférieur, en arrière duquel se trouve le rectum et l'orifice de l'anus. Symétriquement de chaque côté du pied et des organes génitaux, on aperçoit, extérieurement, les branchies et, intérieurement, entre les branchies et les organes génitaux, les deux reins pairs qu'on désignait autrefois dans les Mollusques bivalves sous le nom d'*organe de Bojanus*.

Toutes ces parties du corps sont représentées dans la figure 56.

Pour compléter l'énumération des organes, nous pouvons noter sur la face dorsale, à travers une fine membrane transparente, le cœur. Quant au système nerveux, il n'est pas visible extérieurement, sauf au niveau de la portion ventrale du muscle adducteur.

où, en écartant les organes génitaux, on aperçoit par transparence, au milieu des tissus, deux ganglions qui appartiennent au groupe des ganglions viscéraux.

LE PIED ET LE BYSSUS. — Chez beaucoup de Bivalves et en particulier dans la Moule commune, le pied est en forme de langue

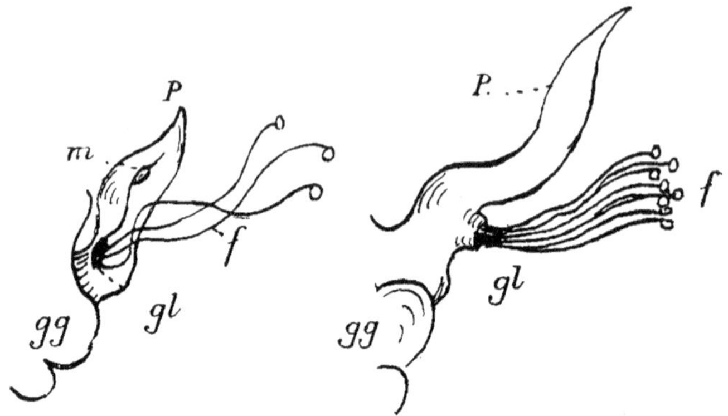

Figure 52. — LE PIED DE L'ORGANE DE FIXATION (BYSSUS) DE LA MÉLÉAGRINE

gg, glande génitale. — *gl*, filaments du byssus sortant du pied P et surmontés d'un sillon élargi en haut.
A gauche, le pied est vu en dessous ; à droite, de profil.
gl, glande du byssus. — *gg*, glande génitale. — *f*, filaments du byssus. — *m* point d'évasement du sillon. — P, extrémité du pied.

et contient une glande qui sécrète un organe particulier, le *byssus*, qui sert à fixer le Mollusque contre les corps étrangers.

Il en est de même chez la Méléagrine de CEYLAN, dont le pied ressemble en somme à celui de notre Moule commune.

Il est si facile de se procurer des Moules sur tous nos marchés qu'il me semble tout indiqué de renvoyer à la description détaillée du pied de ce dernier Mollusque pour faire comprendre plus facilement les dispositions du même organe dans la Méléagrine (1), que le lecteur pourra ainsi contrôler sur l'animal vivant.

Le pied de la Méléagrine, situé sur la ligne médiane, immédiatement au-dessous de la bouche, varie beaucoup de forme et de volume selon que l'organe est contracté ou, au contraire, étendu. Sa longueur, qui est d'un centimètre et demi dans un échantillon moyen à l'état de repos, atteint facilement 6 à 7 centimètres lorsque le pied est en fonction. C'est un organe très musculeux,

(1) On trouvera cette description dans le chapitre réservé à l'étude de la Moule marine (chap. XXV).

caverneux et érectile, lorsque le sang le gonfle et le fait saillir au dehors (fig. 52).

Sur sa face supérieure tournée du côté de la bouche, il est aplati surtout à son extrémité et ressemble à une langue de mammifère. Sur sa face inférieure, il présente un aspect tout différent. Il est creusé dans toute sa longueur d'un sillon qui, du côté le plus éloigné du corps, se termine dans une ampoule et qui, du côté le plus rapproché de la masse viscérale, aboutit à la glande du *byssus* (*gl*, fig. 52).

Cette glande joue un rôle très important au point de vue de la locomotion et de la fixation définitive de la Méléagrine. Elle sécrète les filaments du byssus, dont nous étudierons le fonctionnement chez les jeunes Huîtres perlières (Voir le chapitre suivant).

Nous nous contenterons de dire, pour le moment, que le pied a dans la Méléagrine un triple rôle :

1º Un rôle tactile, qui lui permet, grâce à la grande sensibilité de ses terminaisons nerveuses, d'apprécier les qualités des corps extérieurs ;

2º Un rôle locomoteur, car c'est grâce à la partie médiane et terminale du pied que l'animal peut ramper et redresser sa coquille de manière à la placer dans la situation la plus favorable ;

3º Un rôle fixateur, par la sécrétion des filaments du byssus qui, tout d'abord, lorsque l'animal est jeune, lui permettent des déplacements assez étendus et deviennent, ensuite, des points d'attache solides qui fixent l'animal contre les corps étrangers.

APPAREIL DIGESTIF. — L'appareil digestif ne diffère pas sensiblement, comme plan général, de celui des autres Bivalves.

La bouche, en forme de fente transversale, est bordée par deux lèvres minces, l'une supérieure, l'autre inférieure, qui se poursuivent latéralement par les grands palpes labiaux. Il y a ainsi deux palpes à chaque extrémité de la bouche, et, entre ces palpes, que l'on peut comparer à deux grandes paires de moustaches, un sillon cilié qui correspond à la commissure des lèvres et au point de départ des branchies (fig. 56).

La fente buccale conduit, en arrière et sur la ligne médiane, à un œsophage très court qui aboutit dans une vaste poche, l'estomac. Sa cavité est irrégulière et bosselée de nombreux replis où aboutissent seize canaux provenant du foie. Ce foie, glande complexe de couleur brune tirant sur le noir, est en réalité un *hépato-*

pancréas et enveloppe presque complètement l'estomac, sur la paroi externe duquel il est intérieurement appliqué.

En arrière de l'estomac existe un long cæcum qui contient une baguette gélatineuse et transparente, le stylet cristallin, dont on constate aussi la présence chez beaucoup de Bivalves et qui joue un rôle accessoire dans les phénomènes digestifs (1).

L'intestin, qui fait suite à l'estomac, peut se diviser, comme d'habitude, en trois régions, la première descendante, qui va rejoindre la base du pied, la deuxième ascendante ou récurrente, qui contourne le gros muscle adducteur, et enfin la dernière, descendante qui, sur la face dorsale, constitue le rectum et se termine à l'anus, sur la face dorsale et inférieure du gros muscle adducteur.

La particularité à noter, c'est que le rectum ne traverse pas le ventricule du cœur, comme d'habitude, et se trouve simplement en contact avec le péricarde et le ventricule, comme le montre les figures 56 et 58.

L'animal se nourrit de très petites proies et des débris organiques en suspension dans l'eau. Il absorbe les animalcules qui constituent le *plancton.*

HERDMAN, pendant ses observations à CEYLAN, a constaté que la nourriture des Méléagrines consiste en matériaux microscopiques, comme dans les formes voisines de Mollusques. Ces matériaux nutritifs sont des organismes unicellulaires, Diatomées (2), Infusoires, Foraminifères, Radiolaires, les petits embryons et les larves de différents animaux et, à l'occasion, une forte proportion d'Algues filamenteuses appartenant principalement aux *Rhodophyceæ.*

Les aliments sont apportés vers la bouche par le mouvement des cils vibratiles qui déterminent un courant ascendant du côté externe des branchies et descendant du côté interne. Grâce à ces cils vibratiles et à une sécrétion glandulaire qui se produit le long des branchies, les organismes s'agglutinent en petites masses nutritives contenant d'ailleurs beaucoup de matériaux non assi-

---

(1) Le rôle de ce stylet cristallin dans les Bivalves a donné lieu à de nombreuses controverses. Il semble destiné, d'après les études de MŒBIUS, PELSENE R et BARROIS, à faciliter le glissement des fèces dans le tube intestinal.

(2) Les Diatomées sont considérées non comme des animaux, mais comme des Algues microscopiques. Elles sont très abondantes dans le plancton côtier, et c'est l'une d'elles, la diatomée bleue, qui permet le verdissement des Huîtres de Marennes.

milables. Après la digestion dans l'intérieur de l'estomac, les déchets sont enrobés par le produit de la tige cristalline destinés à former une sorte de vernis autour des fèces, pour permettre le glissement dans l'intérieur de l'intestin.

Mélangés avec les aliments, on trouve, en effet, des spicules d'Alcyonaires, d'Éponges et parfois de petits grains de sable : ces particules arrivent au contact de bandes ciliées qui les acheminent vers les parties supérieures de la branchie les plus rapprochées de la bouche. Là, elles se trouvent en contact avec les palpes labiaux, qui sont également ciliés.

L'observation montre que ces palpes peuvent s'opposer à leur passage et les rejeter loin de la bouche. On le voit particulièrement bien, lorsque des particules de vase dans une eau trouble viennent s'accumuler au niveau de ces palpes en un petit paquet. A un moment donné, le palpe contracté se détend brusquement et rejette la masse formée d'impuretés dans le courant descendant qui se forme à la base de la branchie.

SYSTÈME NERVEUX ET ORGANES DES SENS. — Le système nerveux des Mollusques bivalves est formé typiquement par trois

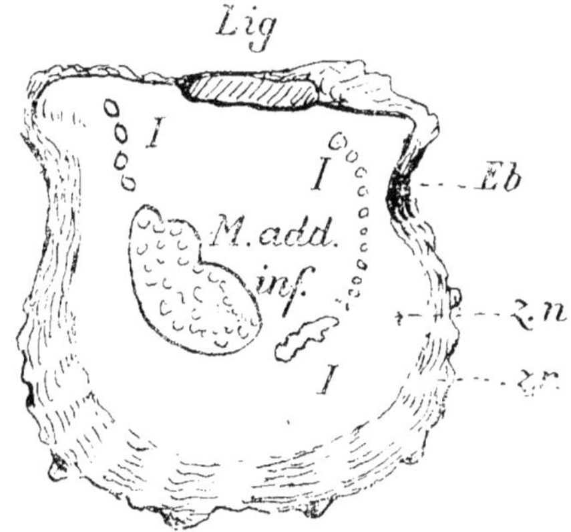

Figure 53. — COQUILLE DE MÉLÉAGRINE. VALVE GAUCHE VUE PAR LA FACE INTERNE.

On aperçoit la trace des insertions musculaires. En dehors du muscle adducteur inférieur, M. add. inf., on distingue en I d'autres insertions musculaires plus petites et plus nombreuses.

Lig., ligament de la coquille. — Eb., sinus correspondant au pied. — zn, zone de nacre. — zr, zone marginale. (Imité de HERDMAN.)

centres nerveux symétriques : deux ganglions symétriques placés ordinairement au niveau des commissures des lèvres et unis transversalement par la commissure cérébroïde ; deux ganglions pédieux situés à la base du pied et unis également par une commissure pédieuse ; deux ganglions palléo-viscéraux, logés sur la face ventrale du muscle adducteur inférieur et unis entre eux par une commissure viscérale.

Les ganglions cérébroïdes sont reliés par deux paires de longs connectifs, d'une part aux ganglions pédieux, d'autre part aux ganglions palléo-viscéraux, formant autour du tube digestif deux colliers.

Cette disposition générale du système nerveux se retrouve chez les Méléagrines, comme le montre la figure 55.

Les ganglions cérébroïdes sont situés normalement de chaque

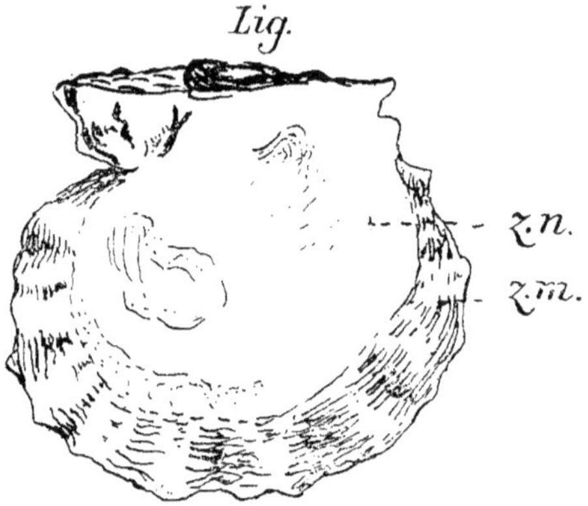

Figure 54. — VALVE DROITE DE MÉLÉAGRINE VUE PAR LA FACE INTERNE montrant les deux zones : zn, zone de nacre, et zm, zone marginale.

côté de la bouche ; les ganglions pédieux, intimement unis, ce qui supprime la commissure ou la rend virtuelle, sont placés sous les muscles rétracteurs à la base du pied et, enfin, les ganglions palléaux viscéraux, très gros, sont situés à leur place habituelle et se détachent en jaune sur la masse du gros muscle adducteur inférieur.

Quant aux organes des sens, ils sont représentés par deux otocystes qui sont situés contre la masse pédieuse et reliés par un nerf spécial aux ganglions cérébroïdes. Ils semblent représenter dans toutes les formes d'Invertébrés non pas le rudiment d'une oreille, mais un organe donnant les sensations d'équilibre.

Il existe également des organes tactiles qui sont représentés principalement par les tentacules du manteau et un organe énigmatique, l'osphradium, situé de part et d'autre des ganglions

palléo-viscéraux, représenté par des tubercules richement inner-
vés. On attribue, un peu hypothétiquement, à l'osphradium le
rôle d'un organe de goût, destiné à donner à l'animal des renseignements sur la qualité de l'eau, en contact avec les branchies.
Cet organe existe chez un grand nombre
d'autres Mollusques.

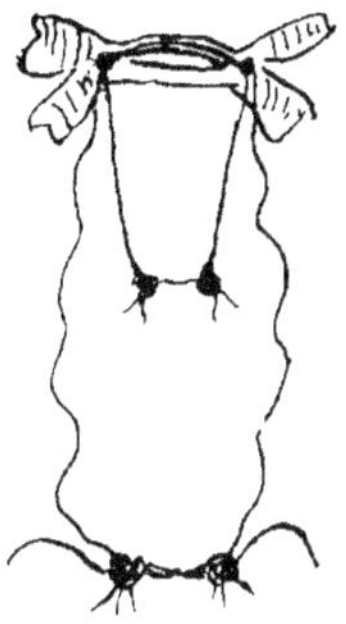

L'APPAREIL MUSCULAIRE. — Les muscles
sont très développés dans les Méléagrines. La
fermeture de la coquille est assurée par le
gros muscle adducteur inférieur, qui sert par
sa contraction à maintenir les valves rapprochées. Il n'existe pas de muscle adducteur
supérieur, comme dans beaucoup de Mollusques où les valves sont maintenues fermées
par deux muscles au lieu d'un seul.

Ce gros muscle adducteur inférieur n'est pas
homogène. Il offre deux régions bien distinctes
comme le montre la figure 56. L'une formée
de faisceaux étroits, l'autre au contraire de
faisceaux épais et massifs.

En dehors de ce gros muscle qui laisse sur
la coquille une impression toujours visible, on
distingue encore des impressions, plus ou moins
constantes, qui correspondent aux muscles rétracteurs et élévateurs du pied (fig. 53), et des

Figure 55. — Sys-
TÈME NERVEUX DE
LA MÉLÉAGRINE A-
VEC SES TROIS CEN-
TRES PRINCIPAUX.

En haut, ganglions
cérébroïdes situés de
part et d'autre de la
bouche, entre les pal-
pes labiaux et reliés
par une commissure
sus-œsophagienne. —
Au milieu, les gan-
glions pédieux.— *En
bas*, les ganglions pal-
léaux-viscéraux.

impressions nombreuses, mais encore plus fugaces, des muscles
palléaux (I, fig. 53).

Enfin, dans l'intérieur du corps et particulièrement dans le
pied et dans le manteau, existent un grand nombre de fibres musculaires qui n'ont plus de rapport avec la coquille, mais qui servent
aux contractions musculaires du corps proprement dit et qu'on
appelle les muscles intrinsèques (M*p*, fig. 57).

L'APPAREIL CIRCULATOIRE. — Comme tous les Bivalves normaux, la Méléagrine a comme organe central de la circulation un
cœur composé d'un *ventricule* et de deux *oreillettes* renfermés dans
un sac à paroi mince qu'on appelle le *péricarde* et qui représente le reste de la cavité générale si développée dans d'autres
types animaux tels que les Vers (fig. 58).

Le péricarde est situé sur la face dorsale, en arrière de la masse pédio-viscérale, au-dessus de la partie supérieure du gros muscle adducteur. C'est plutôt une dépendance du rein qu'un véritable péricarde.

Logé dans son intérieur, le cœur se compose d'un ventricule et de deux oreillettes. La particularité consiste en ce que le ventricule, au lieu d'être traversé par le rectum, comme c'est le cas

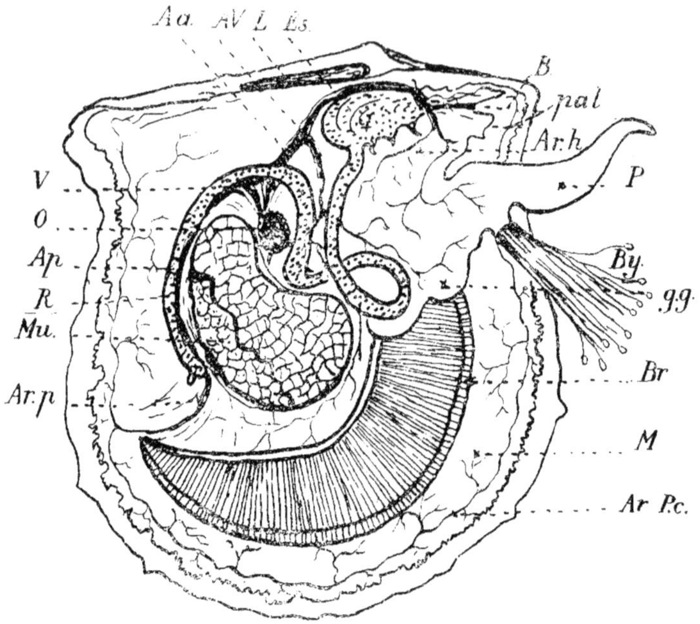

Figure 56. — ORGANISATION GÉNÉRALE D'UNE MÉLÉAGRINE COUCHÉE DANS SA COQUILLE, SUR LE CÔTÉ GAUCHE. *L'appareil circulatoire est figuré en noir.*

Aa, aorte antérieure. — *Ap*, aorte postérieure. — *Ar.p*, artère palléale au point où elle se détache de l'aorte postérieure. — *Ar P.c*, artère palléale périphérique. — *Ar.h*, artère hépatique. — *AV*, artère ventrale. — B, bouche. — *Br*, branchie. *By*, byssus. — *Es*, estomac. — *g.g.*, glande génitale. — L, ligament de la coquille. — M, manteau. — *Mu*, muscle adducteur intérieur des valves. — O, oreillette du cœur. — *Pal*, palpes labiaux. — R, rectum. — V, ventricule du cœur placé contre le rectum.

ordinaire, est seulement juxtaposé à ce dernier par sa face postérieure (fig. 56).

Le ventricule donne naissance à une artère antérieure et postérieure qui irriguent toutes les parties du corps. Je ne crois pas utile de donner ici la description détaillée des vaisseaux qui en dérivent, ce qui nous entraînerait à des détails trop minutieux (1).

(1) Cet appareil circulatoire est décrit dans le mémoire d'HERDMAN (p. 62), auquel nous renvoyons le lecteur.

Je me bornerai à indiquer que ces vaisseaux se terminent finalement dans des lacunes veineuses répandues dans tout le corps. Une partie de ces lacunes se rendent directement aux branchies où le sang va se charger d'oxygène et est ramené au cœur par des vaisseaux qui aboutissent symétriquement aux deux oreillettes. Ces deux oreillettes communiquent, d'ailleurs, entre elles et avec le ventricule. Une partie du sang, avant d'arriver aux branchies, pénètre dans la paroi du rein, où il se décharge de ses matériaux de déchet. Enfin, une troisième partie du sang traverse le manteau, qui semble jouer le rôle de branchie accessoire et revient directement au cœur. Le sang n'a pas de couleur bien nette et renferme des corpuscules nucléés.

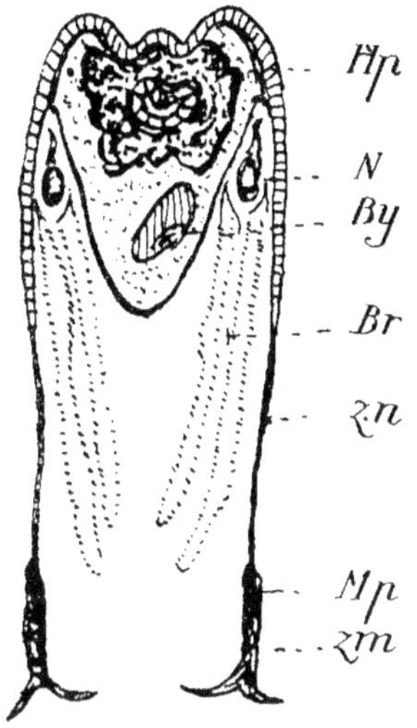

LES BRANCHIES ET LES REINS. — La disposition des branchies chez les Bivalves est très variable. Les branchies de la Méléagrine la font rentrer dans le cadre des *Pseudolamellibranches*, nommés ainsi par PELSENEER parce que la branchie est formée de filaments ayant l'apparence de lames, quoiqu'ils restent presque tous indépendants les uns des autres.

Quand on ouvre une Huître perlière en soulevant le manteau, on aperçoit, immédiatement de chaque côté du corps à droite et à gauche, la paire de branchies qui s'étendent de l'intervalle des lèvres qui entourent la bouche, jusqu'à l'extrémité du corps (fig. 57).

Figure 57. — COUPE TRANSVERSALE D'UNE MÉLÉAGRINE.

Br, branchies montrant la disposition en feuillets. — *By*, glande du byssus au milieu des téguments. — *Hp*, hépato-pancréas (foie) avec l'intestin au milieu. — *Mp*, bord renflé du manteau. — *N*, rein et nerf (commissure). — *zn*, zone du manteau sécrétant la nacre. — *zm*, zone périphérique du manteau.

Chaque branchie paraît constituée par quatre feuillets dessinant un W renversé. Son bord externe libre est représenté par l'angle aigu, et l'extrémité des branches du W est fixée au corps.

En réalité, ces feuillets, ou ces apparences de feuillets, sont formés par la simple juxtaposition de filaments branchiaux, ordinairement libres et indépendants (1). Chaque filament dans

(1) Ce n'est qu'exceptionnellement que l'on constate quelques points de soudure entre eux.

l'intérieur duquel circule le sang est creux et entouré d'un épithélium cilié. Ce sont les cils de cet épithélium qui s'engrènent par places pour constituer le pseudo-feuillet et qui, par leurs mouvements rapides, déterminent un courant à travers les branchies vers la bouche. Ce dispositif a l'avantage d'aérer la branchie et d'entraîner vers la bouche les particules alimentaires.

Si l'on écarte les feuillets de la branchie, on aperçoit entre la base du pied, de la masse génitale et de la branchie, l'un des deux reins symétriques qui est vu par transparence. Il est relativement très petit chez la Méléagrine, mais pourtant bien visible. Il est

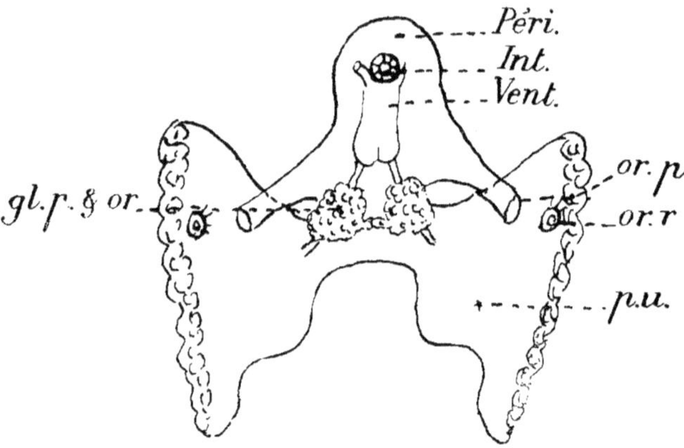

Figure 58. — Dessin schématique des deux reins de la Méléagrine, montrant leurs rapports avec le péricarde et le cœur.

gl.p. et *or.* glande péricardique placée sur les oreillettes. — *Int.*, intestin vu en coupe. — *or.p*, communication entre le péricarde et la cavité du rein. — *or.r*, orifice extérieur du rein. — *Péri*, péricarde. — *p.u*, cavité rénale ou poche urinaire. — *Vent*, ventricule.

constitué par une poche à paroi glandulaire en communication, d'une part, avec le péricarde et, d'autre part, avec l'extérieur. L'orifice extérieur s'ouvre, à peu près vers le milieu de la poche, dans le voisinage immédiat de l'orifice génital ; les deux orifices s'abouchent dans un tout petit vestibule commun.

La couleur de la glande est brune et les deux reins communiquent entre eux, au-dessous du péricarde. Le sang arrive en abondance dans la région glandulaire, et l'excrétion se fait grâce aux grosses cellules cubiques caractéristiques des reins des Mollusques, que l'on compare, non sans raison, aux néphridies des Vers.

La présence sur les oreillettes d'une glande, distincte de la glande rénale, rend cette comparaison un peu boiteuse. Ces glandes

noirâtres, fixées sur les oreillettes, sont visibles extérieurement.
Elles rendent la recherche du cœur extrêmement facile, car on les
aperçoit facilement par transparence à travers la paroi du péricarde. Elles indiquent que le péricarde à des fonctions plus
compliquées que la seule fonction rénale.

Particularités d'organisation dans d'autres espèces
de Méléagrines. — Les détails que nous avons donnés plus haut
s'appliquent à la *Meleagrina vulgaris* de Ceylan. Ils se retrou-
vent d'une façon générale dans les autres espèces.

Seurat (1) nous a donné, cependant, des détails sur le mode de
fixation de la Grande Pintadine, qu'il a pu étudier sur place :

« La conservation du byssus, dit-il, est une question essentielle
de vie ou de mort pour la Pintadine que l'on veut déplacer : si
celle-ci est cueillie par arrachement du byssus, elle meurt aussitôt ;
si, au contraire, le byssus est conservé avec la coquille et a été
détaché du corps d'adhérence, avec soin, ou coupé avec un couteau, en remettant la Méléagrine dans l'eau, de nouvelles soies
seront filées à côté des anciennes, à l'effet de reconstituer une
nouvelle attache au corps dur qui en sera le plus voisin, l'ancien
byssus est rejeté.

« Les Méléagrines s'attachent, à l'aide de leur byssus, sur des
corps variés (fig. 59), mais de préférence sur les morceaux de madrépores détachés, sur les gros coquillages, en particulier sur les
coquilles de Tridacnes, de Chames ou de Jambonneaux ; souvent
elles sont attachées les unes aux autres en formant des grappes de
2 à 3 mètres de longueur : ces grappes d'Huîtres perlières ne sont
pas rares aux îles Tuamotu (Tahiti).

« L'Huître perlière n'est attachée au support par un byssus que
dans son jeune âge et dans son âge moyen. Les coquilles de *Meleagrina margaritifera* de grande taille et de poids considérable sont
dépourvues de byssus et restent simplement posées sur le fond,
généralement par la valve gauche ; la valve libre est d'ailleurs
recouverte de Madrépores et d'Éponges, qui empêchent par leur
poids tout déplacement du Mollusque. »

L'observation de Seurat est intéressante et mériterait
d'être confirmée par de nouvelles observations. Je me souviens
moi-même d'avoir récolté à plusieurs reprises dans des attols du
détroit de Torrès de gros Bivalves voisins des *Tridacnes* ou

____

(1) *Loc. cit.*, p. 30.

Bénitiers, qu'on appelle des *Hippopes.* Ils étaient abondants à 1 mètre de profondeur et je les enlevais si facilement du fond que je m'étais figuré tout d'abord qu'ils n'avaient pas de byssus ; mais, en les examinant à loisir au laboratoire, il était facile de reconnaître que ces animaux étaient munis d'un organe de fixation, peu développé, il est vrai, et le point de la rupture de ce byssus presque gélatineux restait visible sur les échantillons examinés attentivement.

Le byssus sert surtout à la locomotion du jeune, comme nous le verrons dans le chapitre XIV, et à la fixation de l'adulte, qu'il maintient entre les rochers. Il est possible qu'il diminue de taille, ou ne s'accroisse pas proportionnellement à la taille des vieux échantillons: mais il serait très étonnant qu'il ne restât pas fonctionnel et ne jouât aucun rôle, comme l'indique SEURAT. C'est évidemment possible, mais il serait intéressant de mettre le fait hors de doute, car il aurait une réelle importance dans la *Méléagrini-culture.*

CHAPITRE XIV

GLANDE GÉNITALE ET DÉVELOPPEMENT DE L'HUITRE PERLIERE

« L'Huître perlière, dit Seurat (1), est à sexes séparés. ». Ce fait a été constaté à Ceylan et à Tahiti. Les Huîtres perlières femelles sont beaucoup plus abondantes que les mâles : Kelaart n'a pas observé plus de trois à quatre individus mâles sur cent Huîtres, et il pense que cette proportion est la proportion normale des individus des deux sexes.

Jusqu'à présent, on n'a pas trouvé de caractères suffisants permettant de distinguer les coquilles des Méléagrines femelles de celles des mâles. Les indigènes des Tuamotu prétendent pouvoir les distinguer ; les pêcheurs de Ceylan pensent que les grandes coquilles épaisses et bombées correspondent à celles des femelles ; toutefois, cette dernière distinction n'a pas été confirmée, car Kelaart a trouvé des œufs bien formés dans des Huîtres grandes et aplaties.

Organes génitaux de la Méléagrine. — On avait prétendu que l'Huître perlière de Ceylan était hermaphrodite et devenait femelle après avoir été mâle.

Les observations de Hornell,

(1) Seurat, *loc. cit.*, p. 32.

Figure 59. — Coquille de « Pinna » dont la partie supérieure, la seule qui fait saillie au-dessus du sable vaseux, a servi de support à de nombreuses Huitres perlières.

(*D'après* Hornell.)

poursuivies pendant plusieurs années, ont définitivement éclairé cette question et montrent que les sexes sont séparés, comme on l'avait supposé.

Il y a donc des mâles et des femelles, mais *les mâles sont beaucoup moins nombreux que les femelles* et ne se transforment jamais en femelles dans le cours de leur existence.

Il paraît d'ailleurs impossible de dire, à première vue, si l'on a affaire à un mâle ou à une femelle.

Le sexe de la glande génitale (*gg*, fig. 56) ne se distingue pas facilement chez la Méléagrine, comme chez les Pecten par exemple, où la glande mâle blanche et la glande femelle rouge se trouvent réunies chez le même animal, qui est hermaphrodite.

Ici, dans notre animal, les glandes mâles et femelles ont à peu près la même couleur, ordinairement un jaune-crème atténué. Ce qu'on peut remarquer, c'est que, dans la généralité des cas, la glande mâle est moins développée que la glande femelle ; mais, comme le fait observer HORNELL, qui a si bien étudié la question, on peut confondre le mâle avec une femelle immature.

Il n'y a donc que l'examen microscopique qui puisse renseigner exactement sur le sexe de la glande. Les spermatozoïdes sont excessivement petits, à grosse tête ovalaire prolongée par un flagellum ayant de dix à douze fois la longueur de la tête (fig. 61). Les œufs, beaucoup plus gros, atteignent de 16 à 8 μ. Lorsqu'on les examine dans la glande, ils sont de forme irrégulière, mais, une fois libres, ils ont une forme sphérique ou légèrement piriforme, et leur grosse vésicule germinative les fait reconnaître au premier coup d'œil (B et C, fig. 61).

Les glandes génitales, mâles ou femelles, sont des glandes en grappes à ramifications extrêmement nombreuses. Les acini de la glande sont tapissés de l'épithélium germinatif aux dépens duquel se forment : soit les ovules, soit les paquets de spermatozoïdes. Elles ont, dans les deux sexes, non seulement la même couleur, mais aussi la même disposition générale. Il y a, pour chaque individu, deux glandes ou deux *gonades*, placées symétriquement de chaque côté du corps, envahissant presque complètement la masse viscérale, jusqu'à la base du pied et le pourtour de la glande du byssus (fig. 56).

Les acini glandulaires versent leurs produits dans trois conduits principaux, qui se réunissent en un canal commun, pour aboutir à travers le rein à l'orifice génital (fig. 60), dont nous avons fixé la position en parlant de l'organe excréteur.

La même disposition existe de part et d'autre de l'axe de symétrie, ce qui indique que l'on a bien affaire à deux glandes, originairement distinctes.

Les œufs vierges sont émis dans l'eau de mer avant la fécondation, et c'est là qu'ils sont fécondés par la suite.

HORNELL, dans son laboratoire de GALLE, a fait des observations précises à ce sujet.

Si l'on observe des échantillons adultes femelles, comme il l'a fait, au mois de mai ou de septembre, — car il semble y avoir dans les mers chaudes deux saisons de ponte pour la Méléagrine, — on

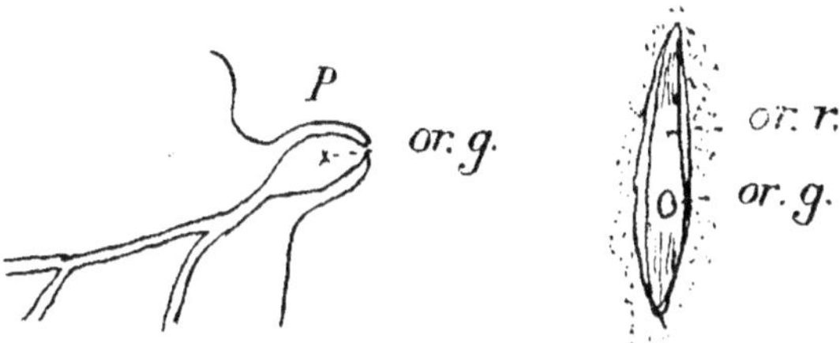

Figure 60. — DISPOSITION DE L'ORIFICE DE LA GLANDE GÉNITALE.

A gauche, une coupe sagittale montre que les conduits glandulaires se réunissent pour former une ampoule placée dans un renflement P et qui s'ouvre en *or.g.* — *A droite,* en haut, l'orifice rénal *or.r.* et l'orifice génital *or.g.* situé au milieu du sillon rénal.

(*D'après* HORNELL.)

les voit facilement, si on prend la précaution de les placer dans un aquarium bien éclairé, entr'ouvrir leurs valves et lancer des jets jaunâtres à des intervalles répétés. Ce sont les femelles qui entrent en fonction.

S'il y a, dans le même aquarium, des échantillons mâles, ces derniers commencent leur rôle quelques minutes après, et, probablement sous l'excitation produite par ces œufs mélangés à l'eau, ils entr'ouvrent, à leur tour, leurs valves et expulsent à l'extérieur des jets blanchâtres qui ressemblent à du lait et qui sont composés d'innombrables spermatozoïdes (A, fig. 61).

HORNELL ne parle que de l'excitation produite par l'émission des œufs sur le sexe mâle; il me paraît très probable que le phénomène inverse doit se produire également, et que la présence du liquide blanchâtre dans l'eau doit déclencher la ponte. Je n'ai pas constaté ce dernier phénomène chez la Méléagrine, mais il est d'observation courante pour les Mollusques de nos côtes.

Quoi qu'il en soit, la fécondation est exclusivement externe, et la réunion de l'ovule et du spermatozoïde se fait au hasard dans l'eau de mer.

Les œufs, qui sont expulsés en jet des oviductes, ne séjournent pas dans les branchies comme chez les Moules d'eau douce. Ce sont des œufs vierges, et leur aspect est très différent de celui qu'il va prendre après la fécondation (B et C, fig. 61).

Les produits sexuels sont émis en très grande abondance, et il suffit, pour s'en convaincre, de placer dans un grand aquarium un seul mâle et une seule femelle. Après la ponte, qui paraît durer jusqu'à vingt-quatre heures, l'eau est tellement encombrée de

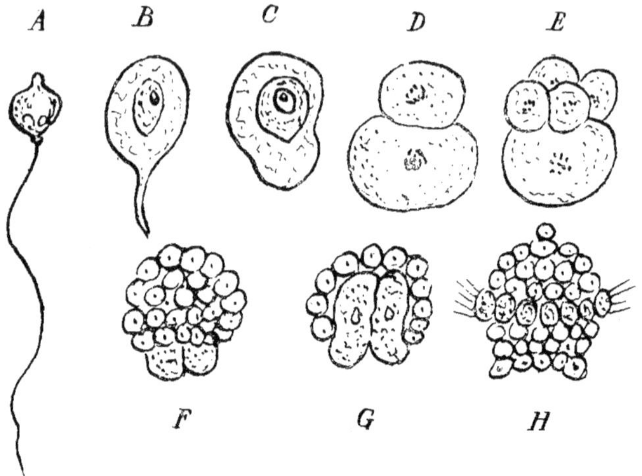

Figure 61. — A. SPERMATOZOIDE DE L'HUITRE PERLIÈRE FORTEMENT GROSSI.

B et C, œuf au moment de la fécondation. — D, division de l'œuf en deux sphères. — E, division plus avancée, où les micromères (au haut de la figure) commencent à englober les macromères. — F, formation de la gastrula. — G, coupe de la larve F. — H, larve à l'état de gastrula, avec une couronne de cils.

produits sexuels qu'elle devient trouble et laiteuse. Chaque goutte, examinée au microscope, contient beaucoup d'œufs et un nombre encore bien plus grand de spermatozoïdes.

PARTICULARITÉS DU DÉVELOPPEMENT. — Le développement de l'Huître perlière est un développement très normal, qui explique la dissémination des Huîtres perlières et la reconstitution, même dans des endroits éloignés des bancs où les Huîtres perlières avaient complètement disparu.

L'œuf vierge, au moment où il est émis, forme un corps minuscule légèrement piriforme (B, fig. 61). Immédiatement après la fécondation (c'est-à-dire après la pénétration du spermatozoïde), il devient sphérique (C, fig. 61). Formé, d'abord, d'une petite masse unique, au bout de deux heures, il s'est déjà divisé (D, fig. 61) et transformé en un embryon composé de six petites sphères et d'une grosse sphère (E, fig. 61).

Après quatre heures, le nombre des petites sphères a déjà beaucoup augmenté, et chacune d'elles est munie d'un cil vibratile qui permet à l'embryon de nager en tourbillonnant. L'œuf est arrivé au stade caractéristique de la *gastrula*, où les grosses cellules, qui se forment plus lentement, sont entourées par les petites et vont limiter l'intestin primitif (F, G, H, fig. 61).

Après vingt heures, l'œuf, devenu un embryon, a pris la forme

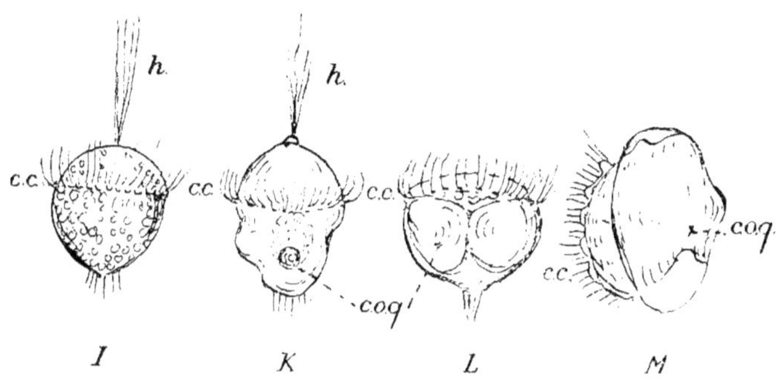

Figure 62. — SUITE DU DÉVELOPPEMENT DE LA MÉLÉAGRINE.

I, la larve H de la figure précédente s'est régularisée et forme maintenant une petite toupie avec une houppe de cils, *h*, et une couronne ciliaire *c.c.*, qui lui permet de circuler activement dans l'eau. — K, la larve présente maintenant l'invagination coquillière, *coq*. — L, elle se raccourcit et les deux valves de la coquille se développent de chaque côté du corps. — M, la même larve un peu plus avancée et vue de profil.

représentée dans la figure 62, à *gauche*, forme caractéristique, qu'on appelle la Trochosphère.

Dès le second jour, l'embryon a fait de nouveaux progrès et est devenu une larve velligère munie d'un organe locomoteur, le velum, entouré de cils vibratiles et présentant déjà un petit rudiment de coquille (K, L, M, fig. 62).

Maintenant, cette petite larve peut voyager et se diriger vers l'endroit où le destin la condamne à vivre... ou à mourir si le logis est trop inconfortable.

En même temps, l'ébauche de ses différents organes se perfectionne et, pendant que le voile se résorbe peu à peu, la coquille dont nous avons signalé l'apparition grandit et tend à envelopper l'animal de ses deux valves transparentes.

Comme le montre la figure 63, la petite larve a maintenant tout ce qu'il lui faut pour vivre.

Une bouche garnie de cils vibratiles, avec des palpes labiaux encore à l'état de lobes, un pied, qui s'allonge à la volonté de l'animal et lui permet de tâter les objets. A la base du pied, un petit mamelon dessine la future glande du byssus. Les branchies ont fait leur apparition sous forme de digitations ciliées. L'*oto-cyste* ou l'organe de l'équilibre est, déjà, bien visible et laisse voir par transparence sa petite sphère. Une grosse glande noirâtre dans la région de la charnière représente la glande digestive ou l'*hépato-pancréas*. Enfin, deux muscles, le muscle adducteur supé-

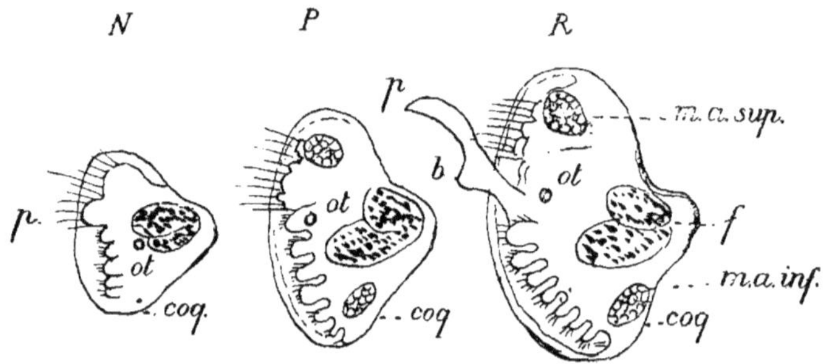

Figure 63. — SUITE DU DÉVELOPPEMENT DE LA MÉLÉAGRINE. TROIS STADES DU DÉVELOPPEMENT DE L'EMBRYON AGÉ DE LA MÉLÉAGRINE.

L'apparition des organes se voit à travers la coquille transparente, et la forme de l'adulte se dessine peu à peu, quoique la larve nage encore librement dans l'eau.

b, renflement du byssus. — *coq*, coquille. — *f*, foie et intestin. — *ma. sup.*, muscle adducteur supérieur. — *ma. inf.*, muscle adducteur inférieur. — *ot*, otocyste. — *p*, pied.

rieur (1) et le muscle adducteur inférieur, commandant déjà l'ouverture de la coquille, dont les valves sont si transparentes qu'on ne les distingue que sur leur périphérie (N, P, R, fig. 63).

Un changement de vie va s'opérer. Le petit être va se fixer pour vivre désormais en contact avec un corps solide.

Il se fixe, un peu au hasard, sur tous les corps qui se trouvent à sa portée. On en trouve, à ce moment, sur tout ce qui flotte entre deux eaux. HERDMAN en a signalé sur diverses Algues et sur des Hydraires, où ils forment souvent de véritables grappes, comme le montre la figure 64. Ces minuscules Méléagrines n'ont, souvent, qu'un millimètre de diamètre.

Il ne faut pas croire, cependant, que toutes celles qui se fixent

(1) Ce muscle adducteur supérieur, qui est représenté dans tous les Bivalves appelés Dimyaires, disparaît plus tard, chez la Méléagrine, comme chez les Bivalves appelés Monomyaires.

ainsi sur des corps mouvants qui se décomposent rapidement, sont perdues sans ressources et que, seules, celles qui se fixent sur un fond dur ou sur quelques roches vont pouvoir achever leur évolution.

Elles sont très capables de se déplacer et de gagner un meilleur gîte. Dès 1858, KELAART avait indiqué que les jeunes Huîtres perlières pouvaient se mouvoir de place en place et détacher leur byssus d'un support pour se transporter sur un autre.

En somme, il s'agit du même mécanisme que celui que j'ai décrit chez la Moule commune (Voir chap. XXV), et HERDMAN a montré clairement, par une série d'expériences, que non seulement les très jeunes Huîtres perlières, mais même des Huîtres de deux ans et demi, pouvaient couper dans certaines circonstances leurs vieux filaments byssaux et en sécréter d'autres, pour aller se fixer beaucoup plus loin.

Le mécanisme est très simple ; la jeune Méléagrine sécrète à l'aide de sa glande la matière qui va former le filament. Cette matière est moulée dans le sillon que j'ai noté sous le pied (fig. 52).

Figure 64. — LES JEUNES MÉLÉAGRINES, FIGURÉES EN NOIR, SONT FIXÉES EN MASSE SUR LES RAMIFICATIONS D'UNE ALGUE.

(*Figure imitée de* HERDMAN.)

A l'extrémité du sillon se trouve une ampoule, *m*, qui s'ouvre à l'extérieur. Grâce au mouvement du pied, la matière fournie par la glande est écrasée et collée comme un pain à cacheter au niveau de l'ampoule. Le sillon qui avait pris la forme d'un tube, par le rapprochement de ses deux lèvres, s'ouvre et le filament, qui s'est moulé dans son intérieur, et qui est à ce moment jaune pâle, durcit au contact de l'eau et prend une teinte vert-bronze.

Si l'animal veut rester en place, il sécrète une série de filaments tout autour du premier et se trouve ainsi relié à son support par une série de petits câbles, insérés par leur extrémité dans le voisinage les uns des autres (S, T, U, fig. 65). S'il veut se déplacer, il étend au maximum son pied, de façon à ce que les nouveaux *pains à cacheter* soient placés aussi loin que possible du premier. Quand ce travail préliminaire est opéré, il se contracte brusquement, en prenant son point d'appui sur les nouveaux câbles. Cette brusque contraction rompt les anciennes attaches et le libère des premiers filaments fixés. Cette manœuvre, recommencée de proche en proche, lui permet de cheminer lentement, assez vite cependant pour faire le tour d'un aquarium, d'un mètre de diamètre, en quelques heures de nuit, d'après les observations d'HORNELL.

C'est, en effet, dans l'obscurité que s'opèrent ces déplacements; l'animal étant très sensible aux impressions lumineuses et restant contracté tout le temps, où il est vivement éclairé. A partir du moment où il s'est fixé, la coquille larvaire s'accroît rapidement en perdant son caractère de transparence, ce qui permet d'apercevoir facilement les zones successives d'accroissement, comme le montre la figure 65.

Nous avons déjà étudié le mode d'accroissement de la coquille dans le chapitre XI. Il est inutile d'y revenir ici.

ÉPOQUE DU FRAI. — D'après HORNELL, il y aurait deux époques de frai pour la Méléagrine de CEYLAN.

D'après GRAND, la ponte a lieu, dans l'archipel des GAMBIER, vers la fin de décembre.

« Dans les îles TUAMOTU, dit SEURAT, situées par 15°à 18° de latitude sud, la différence de saisons ne s'accuse que par une période pluvieuse, la température des lagons étant à peu près toujours la même. L'émission du frai, dans ces îles, aurait lieu en toute saison, mais plus particulièrement de juillet à octobre ; l'époque du frai n'est d'ailleurs pas la même dans toutes les îles et varie d'une île à l'autre. »

Saville KENT ayant examiné les organes reproducteurs de *Meleagrina margaritifera* du détroit de TORRÈS, au mois d'août et de septembre, a constaté que les produits sexuels n'étaient pas arrivés à maturité à cette époque. Il pense que la saison de ponte du Mollusque, dans cette région, se produit durant la période plus calme et plus chaude de la mousson de nord-ouest. Il est vraisemblable que le frai se rencontre un peu plus tard sur la côte occidentale de la NOUVELLE-CALÉDONIE.

Il semble bien, d'après ces renseignements, que l'Huître perlière suit, pour frayer, la règle observée par la plupart des Bivalves, dont la grande ponte a lieu aux jours les plus chauds et est suivie d'une ponte plus faible après les beaux jours. Comme sa répartition géographique est très étendue (Voir chap. XV), l'époque de ponte doit varier de saison avec le climat et les variations de température.

C'est ainsi, par exemple, que l'Huître plate, dans le bassin d'ARCACHON, fraie normalement depuis juin jusqu'en juillet; si

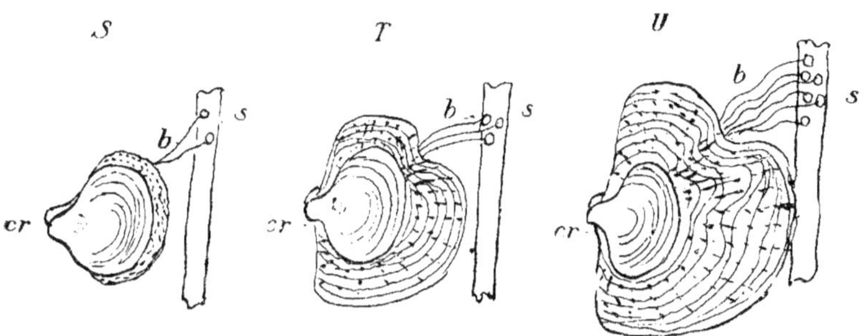

Figure 65. — Dernières étapes du développement de la Méléagrine.
Trois stades de la croissance de la jeune Méléagrine, montrant l'agrandissement de la coquille par zones successives.
b, filaments du byssus. — *cr,* crochets de la jeune coquille. — *s,* support sur lequel se fixent les filaments.

(Figure imitée d'HORNELL.)

les conditions climatiques deviennent défavorables, c'est-à-dire, si l'eau n'atteint pas de 18° à 22°, sa ponte est retardée, et, si les conditions restent trop longtemps contraires, le naissain ne se fixe pas.

En est-il de même pour la Méléagrine, qui habite des eaux plus chaudes ? Nous ne le savons pas exactement encore. Les côtes de TUNISIE et en particulier celles du golfe de GABÈS, où la Méléagrine paraît s'être acclimatée après le percement de l'isthme de SUEZ, seraient des points particulièrement favorables pour élucider la question.

CHAPITRE XV

LA PÊCHE DE L'HUITRE PERLIÈRE
(MÉLÉAGRINE)

Au japon, sur la cote américaine et a Madagascar.

La pêche de la Méléagrine est une pêche marine. Elle s'effectue selon les localités, soit à l'aide de plongeurs, qui vont récolter les animaux pas trop profondément placés, soit par l'intermédiaire de dragues, que l'on traîne du bord des vapeurs et des bateaux de pêche voiliers. Parfois on utilise des scaphandriers, qui travaillent comme les plongeurs.

La pêche par plongeurs a le défaut de rapporter peu de matériaux à bord, par suite de la durée très limitée de la plonge. La pêche par sca-

Figure 66. — Un beau type de plongeuse japonaise.
(Photographie communiquée par M. Ikeda.)

phandriers coûte cher, à cause de la manœuvre et de l'encombrement des appareils. Enfin, la pêche à la drague ramasse tout ce qu'il y a sur le fond, sans aucun discernement. Elle a l'inconvénient d'arracher de leur support beaucoup de jeunes sujets ; elle a l'avantage de nettoyer le fond et de capturer des Algues et quelques ennemis de l'Huître perlière.

LA PÊCHE DES HUITRES PERLIÈRES AU JAPON. — La pêche des Méléagrines s'effectue sur plusieurs points privilégiés des côtes du JAPON. J'ai surtout obtenu des détails sur la pêche, telle qu'elle se pratique dans la baie d'AGO, où se trouve la ferme sous-marine de

Figure 67. — L'EMBARQUEMENT DES PLONGEUSES.
Elles sont munies de leur serre-tête et de leurs lunettes.
(Cliché communiqué par M. IKEDA.)

MIKIMOTO. J'étudierai dans un chapitre spécial les particularités de cette installation d'ostréiculture perlière (Voir chap. XXXII) qui offre un grand intérêt, et je ne parlerai ici que de la pêche proprement dite.

Au JAPON, la pêche très bien organisée, d'ailleurs, se fait non pas à l'aide de plongeurs, mais surtout à l'aide de plongeuses ou, comme on les appelle là-bas, des *filles de la mer* (fig. 66).

Nous les voyons rangées dans le bateau qui va partir pour le lieu de pêche (fig. 67). Chacune de ces gaillardes est munie d'un vêtement assez chaud, qu'elle ne quitte qu'au moment de plonger. La plonge se fait dans un costume plus sommaire, composé d'une chemisette et d'une sorte de jupe-caleçon. Le bonnet qui fait

partie du costume est formé d'une pièce de cotonnade fortement
serrée autour de la tête, qu'elles gardent sous l'eau pour se maintenir les cheveux et les empêcher de retomber sur les yeux.

Chacune porte, relevée sur le bonnet, une paire de lunettes ou
mieux d'œillères qui sont rabattues sur le nez pendant la plonge
et protègent les yeux contre les courants salés. On aperçoit ces
œillères relevées sur le bonnet dans les figures 67 et 68.

Plusieurs centaines de ces plongeuses (de 300 à 500), dont quel-

Figure 68. — Un instant de repos entre deux plongées.
(Cliché communiqué par M. Ikeda.

ques-unes ont une apparence fort agréable (fig. 66), sont employées
dans l'exploitation de Mikimoto.

Elles restent sous l'eau de une minute à quatre-vingts secondes,
et la durée totale de la plongée est d'environ quatre-vingt-dix
minutes par jour, dans la saison favorable, divisée en trois périodes,
d'environ trente minutes.

En hiver, la durée des séances est naturellement plus courte
et ne dépasse pas une trentaine de minutes, en tout.

Dans les intervalles des plongées, elles se groupent sur le bateau
de pêche, autour de brasiers où elles se réchauffent en babillant
tout à leur aise (fig. 70), à moins qu'elles ne soient près du bord et
ne préfèrent se réchauffer au soleil, comme dans la figure 68.

Au moment de la première plonge, elles jettent chacune à la
mer un baquet, qui flotte à la surface et où elles entassent, à chaque

apparition hors de l'eau, le produit de leur récolte. On peut ainsi vérifier le résultat de leur travail sous l'eau, puisque chaque baquet est individuel.

Ainsi que le montrent les photographies 68 et 69, les gisements sont si favorables dans la baie d'Ago que, parfois, les plongeuses entrent directement dans l'eau en emportant leur baquet et trouvent, tout près du rivage, le terrain favorable à leur travail.

« Elles sont plus chez elles, dit D. MASTERS (1), dans la mer que

Figure 69. — UN ENDROIT FAVORABLE POUR LA MÉLÉAGRINICULTURE.
Les plongeuses entrent directement dans l'eau pour la récolte des Huitres perlières ou le nettoyage du banc.

(Cliché communiqué par M. IKEDA.)

sur la terre sèche, et ce sont les ouvrières les mieux payées du JAPON, si bien payées même qu'elles peuvent choisir leurs maris et les nourrir comme des coqs en pâte.

Elles sont, d'ailleurs, employées toute l'année non seulement pour la pêche proprement dite, mais aussi pour le nettoyage des fonds.

Il y a, en effet, dans l'exploitation MIKIMOTO, des conditions particulières, que nous exposerons avec plus de détails dans le chapitre XXXII, qui rendent la situation des plongeuses japonaises particulièrement favorable et leur assurent une vie large et facile.

(1) David MASTER , *The Truth about culture Pearls* (Pearson' Magazine, mars 1922).

Leur existence est très heureuse si nous la comparons à celle des plongeurs des autres pays, qui mènent une vie pauvre et misérable.

La Méléagrine pêchée dans la baie d'Ago est une petite espèce que nous avons déjà décrite dans le chapitre XI. C'est la *Meleagrina Martensi*. Elle donne d'ordinaire des perles blanches rappelant et se confondant parfois avec les perles de MADRAS, si recherchées il y a quelques années.

Si nous descendons plus au sud du JAPON, une autre Méléagrine semble faire son apparition. Cette deuxième forme, dont nous

Figure 70. — AU MILIEU DE CETTE PHOTOGRAPHIE, ON APERÇOIT LE SAMPAN-REFUGE, SURMONTÉ D'UN TUYAU DE CHEMINÉE.

(Cliché communiqué par M. IKEDA.)

n'avons pu nous procurer des échantillons, me paraît se rattacher non plus à la *Meleagrina Martensi*, mais à la *Meleagrina Margaritifera* de TAHITI.

OSHIMA paraît être également, au sud du JAPON, un point privilégié pour la pêche des Huîtres perlières, si l'on en juge par la belle photographie qu'a bien voulu me communiquer M. IKEDA, auquel je dois de nombreux renseignements intéressants. Dans cette photographie où l'Huître perlière a été simplement ouverte, on aperçoit au milieu des tissus trois belles perles accidentelles (naturelles) encore en place. Elles sont si grosses qu'elles font hernie au milieu des organes et font saillie, recouvertes cependant par les téguments, est encore renfermées dans l'intérieur de leur sac perlier.

LA PÊCHE DES MÉLÉAGRINES AUX ENVIRONS DE PANAMA. —
Nous avons des renseignements précis sur la pêche des Méléagrines à Panama, grâce à M. ROQUEBERT (1), un de nos compa-
triotes qui a fondé et qui dirige la pêcherie « La Française », à
PANAMA. Son exploitation comprend une petite flotte, avec un
voilier de 90 tonnes, une goélette de 15 tonnes, un bateau à moteur
et cinq canots de pêche munis de voiles.

Dans le voilier, sont installés les services de pêche : approvi-
sionnements, logements et cuisine des scaphandriers. La goélette

Figure 71. — GROUPE DE PLONGEUSES JAPONAISES REGAGNANT DIRECTEMENT
LA TERRE AVEC LEURS BAQUETS.
(Photographie communiquée par M. IKEDA.)

sert aux transports de la nacre récoltée et établit la liaison entre
le voilier et la ville de Panama. Le bateau à moteur permet de
remorquer les canots sur le lieu de pêche. Ces derniers comprennent
chacun, parmi leurs six hommes d'équipage, un scaphandrier
et grâce au bateau moteur qui leur donne la remorque, peuvent
aller s'ancrer sur les lieux de pêche.

« Le canot de pêche, dit M. ROQUEBERT, étant arrivé sur l'emplacement qu'il a choisi, mouille son ancre, et le scaphandrier
descend. S'il ne trouve pas cet endroit avantageux, prenant à la
main la petite ancre du canot, il le dirige lui-même en marchant

(1) ROQUEBERT, *La pêche des Huîtres perlières à Panama* (Le Grand
Négoce, avril et mai 1922).

sur le fond. En haut, les hommes, sous la direction du *cabo de rida*, se conforment, à l'aide des avirons à ce mouvement. Arrivé à l'emplacement désiré, le scaphandrier donne le signal d'arrêt; aussitôt on lui envoie les deux paniers en fils de fer qui doivent recevoir les Huîtres, et le scaphandrier, muni de gants en toile à voile, commence à les prendre, remplissant à tour de rôle les paniers qui, sur son signal, sont hissés à bord et vidés dans le canot.

« Il est à noter que, tout le temps que le scaphandrier est en manœuvre ou en travail, deux des matelots du canot, sous la surveillance du second, ne cessent d'actionner la pompe à air comprimé que le scaphandrier, pour sa sécurité personnelle, essaye toujours avant de descendre.

« Comme l'eau est excessivement claire, le scaphandrier peut choisir les Huîtres, ne prendre que les grandes et laisser les petites, ce qui a l'avantage de ne pas trop appauvrir les bancs en vue de la reproduction. Très souvent, les scaphandriers reçoivent la visite des sieurs Requins et Caïmans, qui se promènent en passant et repassant au-dessus d'eux: lorsqu'ils deviennent trop pressants, un déclic de la valve à air comprimé et le bruit fait par l'échappement d'air leur font prendre la fuite. Il n'y a pas d'exemple que les Requins et Caïmans aient attaqué des scaphandres travaillant sur le fond. »

A ces détails intéressants, M. ROQUEBERT en ajoute d'autres sur la durée de la pêche, qui est de deux à trois heures par marée : « Le scaphandrier étant fatigué, ou ayant le complet comme Huîtres, dit-il, hisse le signal « Retour ». Le Motor Boat, qui n'a cessé d'aller de l'un à l'autre canot, pendant la durée du travail, le prend à la remorque et les ramène tous à leur place autour du grand voilier. Les Huîtres qui ont été mises dans les sacs, marqués au numéro du scaphandrier qui les a prises, sont montées à bord du bateau-ponton, où on les ouvre. Cette opération terminée, une partie de la chair des Huîtres passe à la cuisine, l'autre partie sert d'appât pour prendre des Poissons ; le reste est jeté à la mer. »

M. ROQUEBERT nous donne aussi des indications sur les paiements qui se font, selon la méthode américaine, par chèques qui sont réglés en fin de mois d'après le poids des coquilles récoltées, et sur le dressage des apprentis scaphandriers qui jouent d'abord le rôle de seconds (*cabos de rida*) et surveillent les opérations de la descente et la manœuvre de la pompe, car il s'agit ici de scaphandres à tuyau où l'air est fourni au plongeur par compression à bord du bateau.

A mon avis, il y aurait avantage, pour obtenir un meilleur rendement et une simplification de la manœuvre, à employer le scaphandre autonome que j'ai établi en collaboration avec mon frère et qui est actuellement utilisé pour les sous-marins de la marine française (fig. 72).

Il s'agit, avec la pêcherie la Française, d'une exploitation importante ; mais, dans beaucoup de cas, les propriétaires des *bousseries* sont eux-mêmes des scaphandriers et n'ont qu'une seule embarcation à leur disposition.

Cette exploitation des bancs perliers est assez intense pour que le gouvernement de PANAMA se soit vu dans l'obligation de prendre des mesures de protection et de diviser les lieux de pêches, en deux zones, comprenant, d'une part, les îles de l'archipel de SAINT-MIGUEL, et, d'autre part, les îles de l'archipel CHIRIQUI-DARIEU.

On n'est autorisé a pêcher que d'une année entre autres sur chacune des deux zones.

Pour que ces mesures préservatrices soient efficaces, il faudrait évidemment créer un plus grand nombre de zones, de manière à ne ramener les pêcheurs sur les mêmes fonds qu'au bout de trois ou quatre ans. Ces mesures valent cependant mieux que l'abandon complet.

A côté de cette exploitation moderne des bancs, subsiste à PANAMA l'ancienne méthode de récolte par plongeurs indigènes. M. ROQUEBERT nous fournit encore à ce sujet des renseignements intéressants au point de vue historique :

« Ces bancs, dit-il, ont été connus de tous temps. Les Indiens (*Indios Cholos*), habitants primitifs de ces îles, pêchaient les Huîtres pour le brillant de l'intérieur de leurs coquilles et s'en servaient pour orner leurs maisons, leurs temples, leurs tombeaux. Les Caciques et les femmes se servaient des perles blanches comme amulettes ou comme parure. Ils ne donnaient aucune importance aux perles noires ou de couleur, qui, d'après les légendes, étaient faites par les mauvais esprits ; aussi les brûlaient-ils pour enterrer les cendres loin de la mer.

« Plus tard, les Conquistadores espagnols s'emparèrent de ces îles, et ces bancs furent exploités par eux dans un but de négoce et de lucre. Ils obligèrent par de cruels traitements les Indios, hommes et femmes indistinctement, à plonger à de très grandes profondeurs, car ils croyaient que c'est seulement là que se trouvent les grosses et belles perles, ce qui est une erreur, la profondeur n'y étant pour rien.

« Les mauvais traitements qu'ils firent subir aux Indios et le grand nombre qui furent noyés, à la suite de ces plongées inconsidérées, amenèrent la disparition de cette race de plongeurs.

« Ils transportèrent, alors, dans les îles, des esclaves nègres africains pour y faire la pêche comme plongeurs de tête, et c'est encore leurs descendants qui habitent les îles de l'archipel Saint-Miguel, où cette race s'est conservée presque intacte.

« Après la proclamation de l'indépendance des Républiques de l'AMÉRIQUE DU SUD et du CENTRE (1820 à 1821), ces nègres, devenus hommes libres, continuèrent pour leur compte la pêche des Huîtres perlières. Pour cela, ils se groupaient par villages, mettant pour la période de la pêche toutes leurs ressources en commun, et formaient de petites flottilles de six à huit pirogues (*caïoucos*). Ces pirogues sont creusées dans un tronc d'arbre et sont encore en usage aux îles. Chacune de ces pirogues est montée par quatre hommes, et la manœuvre se fait à l'aide de voiles et de rames (pagaies).

« De juin à fin décembre, les pêcheurs s'installent dans les îles, de préférence dans celles où il y a de l'eau de source, et construisent des Ranchos, sorte de huttes recouvertes en feuilles de palmier et clôturées avec des bambous. Ils y séjournent de quinze à vingt jours par mois, choisissant toujours la période des grandes marées, plongent à marée basse seulement et autant que possible dans les hauts fonds, s'éloignant relativement peu du pourtour de l'île.

« Suivant la chance, chaque plongeur peut, pendant la marée basse, ramasser de trois à quatre douzaines d'Huîtres perlières. Ces Huîtres sont transportées au Rancho, où elles sont ouvertes avec des couteaux. »

On peut prévoir que cette pêche par plongeurs indigènes se fera de plus en plus rare, car M. ROQUEBERT constate que la nouvelle génération d'indigènes habitant les îles fournit de moins en moins de plongeurs.

« Presque tous, dit-il, sachant lire et écrire, se rendent compte des dangers qu'ils courent et des accidents qu'offre ce genre de pêche, tels que rhumatismes, tuberculose, vomissements de sang, qui, joint à la peur d'être dévorés par des Requins, des Caïmans, ou blessés par d'autres Poissons nuisibles, font qu'ils préfèrent s'adonner à l'agriculture, à l'élevage et au commerce... »

Faut-il regretter la disparition de ces plongeurs ? C'est une question que nous aurons à étudier plus longuement dans le chapitre XXXIV et que nous trancherons par la négative, car il est bien évident que le progrès comporte la disparition progressive de ces méthodes de pêches rudimentaires, qui mettent en danger l'existence de pauvres gens, sans leur fournir un gagne-pain suffisant.

La pêche des Huitres a Madagascar. — La pêche des Huîtres

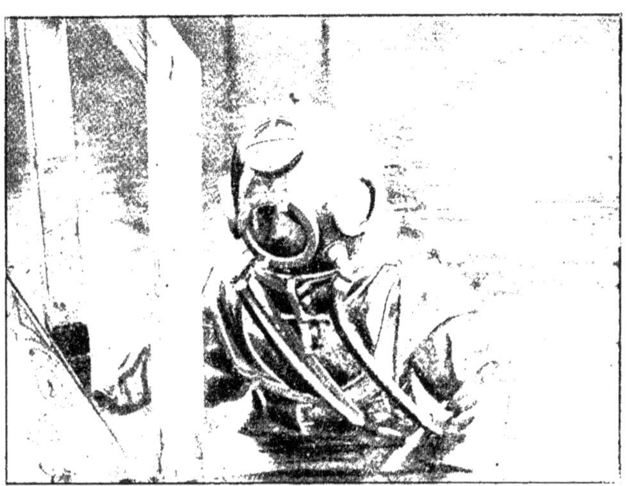

Figure 72. — Un scaphandrier vêtu du scaphandre autonome (A. et L. Boutan), sans tuyau communiquant avec une pompe, au moment de la plongée.

Les deux tuyaux que l'on aperçoit en avant de la poitrine font communiquer le casque avec l'appareil qui régénère l'atmosphère dans le vêtement et remplace le lest en plomb.

(Photographie de l'auteur.)

à Madagascar, quoiqu'elle se pratique depuis de longues années, n'avait pas encore été organisée sérieusement ; mais, sous l'impulsion de M. G. Petit, naturaliste chargé de mission à Madagascar, elle entrera, nous l'espérons, dans une ère nouvelle.

D'après les déterminations faites par lui, dans le nord-ouest de l'île, il existerait dans les gisements de Madagascar trois espèces différentes : *Meleagrina margaritifera*, *M. irradians* et *M. occa*, dont les émissions du frai s'échelonnent sur une période de six mois, d'octobre-novembre à février-mars.

« Lorsqu'en novembre 1920, dit l'auteur (1), M. le Gouverneur

(1) G. Petit, *les Huîtres perlières de Madagascar* (Agence économique de Madagascar, 1er juin 1922, p. 52).

Général nous chargea d'une mission dans le nord-ouest de MADA-
GASCAR pour l'étude des gisements perliers, les documents concernant ces richesses marines, — documents imprimés et publiés,
documents manuscrits conservés dans les Archives du Gouvernement Général, — étaient fort peu nombreux, et beaucoup,
notamment ceux qui provenaient d'enquêtes menées par les chefs
des provinces côtières, contenaient des confusions et des erreurs.

« On savait, cependant, qu'il existait des Huîtres perlières et
des perles à MADAGASCAR. On le savait si bien que, de 1904 à 1911,
dix concessions furent accordées à des particuliers, à des Sociétés
ou des Compagnies, pour la pêche des Huîtres perlières sur les
côtes de MADAGASCAR. A partir de 1907-1908, notamment, tout
le littoral ouest de MADAGASCAR (nord-ouest, ouest, sud-ouest),
était inégalement partagé entre cinq concessionnaires. Il n'en est
pas moins vrai qu'au cours de cette longue période, pour des
raisons que nous ne pouvons pas indiquer ici, la question des
Huîtres perlières et de leur exploitation n'a fait aucun progrès
et que nous n'étions pas plus avancés à ce sujet en 1920 qu'en
1904. »

« La grande majorité des perles de provenance malgache, dit
un peu plus loin l'auteur, ont été péchées par les indigènes dans
des Huîtres perlières fixées sur les Cymodocées et formant des
bancs de surface, découvrant partiellement à marée basse. Ces
bancs ne sont exploités, en effet, de la côte vers le large que sur
une profondeur allant, au moment des plus basses marées, de
quelques centimètres à 2 mètres. Car l'indigène ne plonge pas,
ou du moins ne s'aventure pas au delà de 2 mètres. Or, ce sont
toujours les mêmes bancs qui reçoivent une multitude de pêcheurs,
et ce sont toujours des mêmes bancs, d'étendue réduite, piétinés et
saccagés, qu'ont été extraites les perles de MADAGASCAR, venant
jusque sur le marché de la Métropole. Or, nous avons vu chez des
Hindous de la région de NOSSI-BÉ des collections de perles d'une
grande valeur et d'une beauté d'autant plus surprenante qu'elles
sont nées, précisément, dans ces petites Méléagrines de surface,
qui atteignent très rarement leur taille définitive, si accessibles
qu'elles sont à la cueillette inconsidérée des Malgaches. Or, les
Meleagrina occa et *irradians* ne vivent pas seulement en surface ;
nous en avons relevé des bancs étendus depuis 12 mètres jusqu'à
17 mètres de profondeur.

« On conçoit, étant donnée la situation des bancs perliers et les
modes d'exploitation, qu'une réglementation de la pêche des

Huîtres perlières s'imposait à MADAGASCAR. Cette réglementation, qui s'est inspirée de nos rapports sur la question, comprend un décret et deux arrêtés : l'un, portant fixation des modalités d'application du décret du 21 janvier 1922 (règlement basé sur la biologie des Méléagrines et les conditions locales de pêche); l'autre, portant fixation du droit d'usage des indigènes en matière de pêche aux Huîtres perlières, coquillages à nacre, éponges, etc. (*J. O. Madagascar et Dépendances*, 18 mars 1922). »

Nous reproduisons ci-après, à titre de document pouvant intéresser le lecteur entreprenant, le Cahier des Charges publié récemment par l'Agence économique de Madagascar (1) et qui montre qu'il y a une tentative sérieuse pour l'organisation des pêcheries perlières dans notre grande colonie et pour la pêche des coquillages à nacre et des éponges.

CAHIER DES CHARGES

———

(*Secteur* N° X)

ARTICLE PREMIER. — La concession du droit de pêche des Huîtres perlières, des coquillages à nacre et des éponges dans le secteur N° X dont les limites, fixées par l'arrêté du 15 mars 1922, sont les suivantes (2) :

. . . .

et que l'adjudicataire déclare bien connaître, sera attribuée, par voie d'adjudication publique en un seul lot, pour une période de dix années qui commenceront à courir du jour de la notification de l'approbation du procès-verbal d'adjudication.

ART. 2. — Les adjudicataires devront être citoyens ou sujets français ou représentants de sociétés constituées sous le régime de la loi française. Dans ce cas, le président et les trois quarts des membres du conseil d'administration ainsi que l'administrateur-délégué et le directeur de la société devront être citoyens français. Les adjudicataires devront faire élection de domicile dans la

———

(1) *Agence économique de Madagascar*, 1er juin 1922, Informations, 40, rue Général-Foy, Paris, p. 53.

(2) L'énumération et les limites des onzes secteurs figurent au *Journal officiel* de la colonie du 18 mars 1922, et nous ne les reproduisons pas ici.

localité du bureau des domaines dont dépend le secteur concédé.

Art. 3. — Toute personne agissant pour le compte d'autrui devra déclarer avant la clôture du procès-verbal le nom de son mandant. Elle devra justifier : 1º d'une procuration dûment légalisée, timbrée et enregistrée, qui sera déposée sur le bureau après avoir été certifiée par le mandataire ; 2º de la solvabilité du mandant.

Un mandataire ne peut représenter qu'un seul soumissionnaire.

Art. 4. — L'adjudication aura lieu à Tananarive, dans les bureaux du directeur des domaines, le 30 septembre 1922, à 10 heures.

Les soumissions seront reçues jusqu'au 29 septembre 1922, à 10 heures, dans les bureaux du directeur des domaines.

Elles devront être placées sous double enveloppe, l'extérieure portant l'adresse du président du bureau ; l'autre, renfermant la soumission, devra porter l'inscription suivante : « Adjudication de la concession du droit de pêche aux Huîtres perlières, coquillages à nacre et éponges du secteur Nº   ».

L'enveloppe intérieure ne sera ouverte qu'en séance d'adjudication par une commission dont la composition sera fixée par une décision du Gouvernement Général.

Les soumissionnaires devront joindre à leur soumission le récépissé d'un cautionnement provisoire de 500 francs déposés entre les mains du receveur des domaines de Tananarive, dans les conditions prévues par la circulaire du 14 février 1917.

Art. 5. — L'adjudication s'ouvrira sur la mise à prix de 1 000 francs.

Dans le cas où plusieurs personnes qui auraient fait simultanément des enchères égales auraient des droits égaux à être déclarées adjudicataires, il sera ouvert de nouvelles enchères, auxquelles ces personnes seront seules admises à prendre part, et, s'il n'y a pas d'enchères, il sera procédé à un tirage au sort entre ces mêmes personnes, selon le mode qui sera fixé par le fonctionnaire présidant à l'adjudication.

Art. 6. — Si la mise à prix d'un lot n'est pas couverte, le Gouverneur Général pourra faire procéder à une nouvelle adjudication sur baisse de mise à prix.

Art. 7. — Le cautionnement provisoire sera remboursé aux soumissionnaires non déclarés adjudicataires dans les conditions prévues par la circulaire du 14 février 1917.

Art. 8. — En cas de folle enchère, le cautionnement provisoire de l'adjudicataire défaillant restera acquis à la Colonie.

ART. 9. — Les redevances seront exigibles par semestre et d'avance.

ART. 10. — L'adjudicataire devra, sous peine de déchéance, justifier, dans les huit jours de la notification de l'approbation du procès-verbal d'adjudication, du versement entre les mains du receveur des domaines de Tananarive :

a. D'une somme de 1 000 francs à titre de cautionnement définitif, sous réserve de la déduction du montant du cautionnement provisoire ;

b. Des frais d'insertion, d'affiches et de publication dont le montant sera annoncé à l'ouverture de la séance d'adjudication ;

c. Des droits d'enregistrement et de timbre ;

d. Du premier semestre de la redevance. Les autres redevances devront être versées dans les conditions de l'arrêté du 12 octobre 1906, sur ordre de versement domanial émis par le receveur des domaines compétent.

ART. 11. — L'adjudicataire sera tenu de commencer la mise en exploitation du secteur concédé dans le délai d'un an à compter du jour de la notification de l'arrêté de concession. La constatation de la mise en exploitation de la concession sera effectuée à l'expiration de la deuxième année, à compter du jour de la notification de l'arrêté de concession par la commission prévue à l'article 2 de l'arrêté du 15 mars 1922, portant fixation des modalités d'application du décret du 21 janvier 1922.

ART. 12. — Dans le cas où l'adjudicataire voudrait créer un établissement ostréicole (parc de culture), il devra en faire la demande au Gouverneur Général, qui statuera en conseil d'administration.

L'adjudicataire indiquera, par croquis, les points du domaine sur lesquels il se propose de créer son établissement et l'étendue qu'il entend lui donner.

ART. 13. — Après une période de cinq années, sur la demande écrite de l'adjudicataire, la durée de la concession pourra, par arrêté pris en conseil d'administration, être portée à vingt années à compter de la date de la notification de l'arrêté de concession si l'adjudicataire a justifié, en cours d'exploitation, de la création d'établissements ostréicoles, jugés par le Gouverneur Général suffisamment importants pour motiver cette prorogation. Dans ce cas, les montants du cautionnement et des redevances pourront être revisés.

Art. 14. — L'adjudicataire qui justifiera de la création d'établissements ostréicoles en vue du repeuplement des fonds pourra être exonéré de tout ou partie de ses redevances pendant une période dont le Gouverneur Général déterminera la durée par décision prise en conseil d'administration.

Art. 15. — Le Gouverneur Général pourra, par arrêté pris en conseil d'administration, interdire à l'adjudicataire l'usage des dragues, chaluts et autres engins traînants, sur tout ou partie de sa concession, lorsque cette mesure sera nécessaire pour le repeuplement des fonds épuisés.

L'adjudicataire devra, pour faire rapporter cette interdiction, justifier que le repeuplement des fonds a été effectué.

Ces constatations seront effectuées dans les conditions énumérées à l'article 8 de l'arrêté du 15 mars 1922 portant fixation des modalités d'application du décret du 21 janvier 1922.

Art. 16. — L'adjudicataire pourra être autorisé à occuper, dans les conditions réglementaires, les parcelles du domaine public nécessaires à l'exploitation de sa concession.

Art. 17. — La concession du présent droit de pêche est attribuée sans garanties de quantité ou de qualité des Huîtres perlières, des coquillages à nacre et des éponges.

La Colonie décline, par avance, toute responsabilité en ce qui concerne les dégâts qui pourraient être commis par des tiers à l'intérieur des eaux territoriales faisant l'objet de la concession.

Elle dégage également toute responsabilité pour les dommages que subirait l'adjudicataire du fait de cyclone, éboulements, ensablement, envasement et autres cas fortuits.

Art. 18. — L'adjudicataire est tenu d'engager, à ses risques et périls, les poursuites contre les fraudeurs soupçonnés ou convaincus d'opérer à son préjudice.

Art. 19. — L'adjudicataire déclare avoir pris connaissance :

1º Du décret du 21 janvier 1922 réglementant, dans la colonie de Madagascar, la pêche des Huîtres perlières, des coquillages à nacre et éponges ;

2º De l'arrêté du 15 mars 1922 portant fixation des droits d'usage des indigènes en matière de pêche aux Huîtres perlières, coquillages à nacre et éponges dans la colonie de Madagascar et Dépendances ;

3º De l'arrêté du 15 mars 1922 fixant les modalités d'application du décret ci-dessus.

Il s'engage à se conformer aux prescriptions de ces règlements.

Art. 20. — La concession du droit de pêche et les autorisations d'ouvrir des établissements ostréicoles sont personnels et temporaires. Cependant, dans certaines circonstances exceptionnelles, elles pourront faire l'objet de transactions ou de cessions totales ou partielles en vertu d'une autorisation donnée par arrêté du Gouverneur Général en conseil d'administration.

Art. 21. — Sauf le cas de force majeure laissé à l'appréciation de deux experts dont un désigné par le concessionnaire, le second par l'administration, et en cas de partage par un tiers expert désigné par le président du tribunal ou le juge de paix à compétence étendue du territoire dont ressortit le fonds litigieux, la déchéance du concessionnaire pourra être prononcée par arrêté du Gouverneur Général, pris en conseil d'administration :

1° Pour défaut de versement, dans les huit jours de la notification de l'approbation du présent cahier des charges, entre les mains du receveur des domaines de Tananarive :

a. Du cautionnement définitif ;

b. Des frais d'insertion, d'affiche et de publication ;

c. Des droits d'enregistrement et de timbre ;

d. Du premier semestre de la redevance :

2° Pour défaut de commencement de mise en exploitation dans le délai d'un an ;

3° Pour insuffisance de mise en exploitation dans le délai de deux ans ;

4° Pour inexécution des charges imposées au concessionnaire ;

5° Pour interruption d'exploitation pendant une année, sauf cas de force majeure constaté à dire d'experts désignés conformément à l'article 21 du présent cahier des charges ;

6° Pour entrave apportée à la navigation ou à la pêche :

7° Pour non-paiement des redevances, à terme échu, après sommation non suivie d'effet dans les six mois ;

8° Pour location ou transmission des établissements à quelque titre que ce soit, sans autorisation du Gouverneur Général.

La saisie du cautionnement définitif pourra en outre être ordonnée, et l'adjudicataire ne pourra prétendre à aucune remise des termes dus ni à aucune indemnité.

Art. 22. — Toutes les contestations auxquelles pourront donner lieu l'application du présent cahier des charges seront du ressort de la juridiction administrative, à l'exception de celles qui auraient trait au recouvrement des créances.

APPEL A LA CONCURRENCE

Le samedi 30 septembre 1922, à 10 heures, il sera procédé à Tananarive, dans les bureaux du directeur des domaines, de la propriété foncière et du cadastre, dans les formes réglementaires, à l'adjudication sur soumissions cachetées de la concession pour dix ans du droit de pêche aux Huîtres perlières, coquillages à nacre et éponges dans le secteur n° ... dont les limites sont déterminées comme suit par l'article 1er de l'arrêté du 15 mars 1922 portant fixation des modalités d'application du décret du 21 janvier 1922, savoir.

Les soumissions seront reçues à Tananarive, dans les bureaux du directeur des domaines, de la propriété foncière et du cadastre, jusqu'au 29 septembre, à 10 heures.

Il ne sera pas tenu compte des soumissions qui porteraient sur une mise à prix inférieure à 1 000 francs.

Le cautionnement provisoire est fixé à 500 francs ;

Le cautionnement définitif est fixé à 1 000 francs.

Nul ne sera admis à prendre part à l'adjudication s'il n'est citoyen français ou sujet français.

Le cahier des charges et toutes les pièces du dossier seront communiqués aux intéressés tous les jours non fériés, de 8 heures à 11 heures et de 14 heures à 17 heures :

1° A Tananarive, dans les bureaux du directeur des domaines, de la propriété foncière et du cadastre ;

2° Dans les bureaux des chefs de province de Diego-Suarez, Nossi-Bé, Analalava, Majunga, Tulear et Fort-Dauphin ;

3° A Paris, dans les bureaux de l'agence générale des colonies (ministère des Colonies) et dans les bureaux de l'Agence économique de Madagascar, 40, rue du Général-Foy.

Il m'a paru intéressant de reproduire ici le cahier des charges de l'adjudication des gisements d'Huîtres perlières à MADAGASCAR. Il prouve, en effet, l'importance de ces réserves dans certaines de nos colonies françaises. J'étudierai, dans le chapitre suivant, la pêche de l'Huître perlière dans des gisements plus classiques.

CHAPITRE XVI

LA PÊCHE DE LA PINTADINE DE CEYLAN
(MELEAGRINA VULGARIS)

Quoique le gouvernement anglais soit très jaloux de ses prérogatives de pêche et écarte soigneusement les étrangers et les curieux des gisements des mers de l'INDE, où se pratique sous son contrôle la récolte des perles, on a actuellement, sur la pêche de

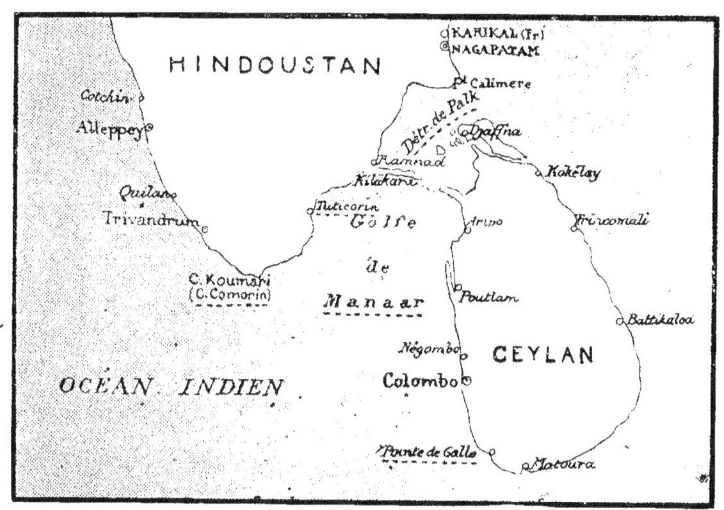

Figure 73. — CARTE DES MERS DE CEYLAN.
Montrant les principales régions de pêche des Méléagrines perlières et, en particulier, le golfe de MANAAR et le détroit de PALK.

l'Huître perlière à CEYLAN, des indications précises et contrôlées par des hommes de science.

HERDMAN, le savant professeur de LIVERPOOL, qui a été envoyé en mission par le gouvernement anglais à CEYLAN pour étudier les mesures propres à conserver et à étendre les pêcheries, a publié des études considérables sur les conditions biologiques des Huîtres perlières de Ceylan.

HERDMAN et surtout son second, HORNELL, ont fait de longs séjours sur place. HORNELL a même établi le petit laboratoire de GALLE, où, pendant plusieurs années, il a pu préciser beaucoup de points du développement et de l'anatomie de la Méléagrine.

Comme il était chargé, en outre, d'inspections régulières sur les bancs, il a pu réunir une documentation considérable sur les gisements d'Huîtres perlières. Tous ces renseignements ont été classés et mis en valeur par HERDMAN, qui les a publiés sous les auspices du gouvernement anglais, dans cinq grands volumes, in-quarto, véritable monument zoologique, où se trouvent de précieuses indications, non seulement sur les Méléagrines, mais aussi sur la faune tout entière des mers de CEYLAN.

C'est dans le troisième volume des rapports sur les pêcheries de CEYLAN (1) que HORNELL nous fournit les détails les plus précis sur la pêche de l'Huître perlière dans cette région. J'en extrais les renseignements suivants :

Le gouvernement anglais, qui contrôle et organise les pêcheries de l'INDE et de CEYLAN, se réserve une part de lion sur le produit de la pêche. Les deux tiers sur le produit de la récolte doivent lui être versés comme redevance. On prétend qu'il ne perçoit, en réalité, qu'une contribution beaucoup moindre. Car, pendant les deux ou trois heures où les bateaux échappent à sa surveillance directe, pour rentrer des bancs aux magasins gouvernementaux, les pêcheurs ont le loisir de soustraire quelques-unes des plus belles perles, faciles à cueillir dans les coquilles qui s'entrebâillent. Frauder le fisc n'est pas considéré, là-bas, comme un vol, et les pêcheurs sont habiles pour dissimuler le produit de leur larcin. Ces perles de contrebande, soigneusement cachées sous la paupière, dans les narines ou quelque autre cavité naturelle, sont assez souvent découvertes par les fouilleurs officiels, avant que les hommes ne quittent l'emplacement (*kotiu*) gouvernemental, où une fouille méticuleuse est pratiquée avant leur départ de l'enceinte officielle.

Voici comment s'organise une pêche, d'après l'auteur anglais.

La nouvelle qu'une pêche perlière est autorisée et va avoir lieu dans le golfe de MANAAR se propage avec une rapidité incroyable à travers l'INDE et les diverses parties de la côte est. Au moment voulu, se trouve réunie une population hétérogène de 20 000 à 40 000 indigènes, agglomérée en quelques jours, dans une région habi-

---

(1) HERDMAN, *Report on the Pearl Oyster Fisheries*, t. III, p. 11, London, 1905.

tuellement déserte : une bande de sable aride et plate représentant la côte, derrière laquelle s'étend, à perte de vue, la jungle.

Là se constitue brusquement une ville éphémère, couvrant un espace d'environ un kilomètre carré. Cette ville est coupée de grandes rues (rue des Bruyères, rue des Réservoirs, rue des Plongeurs, etc., etc.). On voit s'élever des habitations et des boutiques, des offices gouvernementaux, une prison, des hospices, des

Figure 74. — Valve droite de Méléagrine de Ceylan.
Montrant la différence d'aspect de la nacre dans la zone périphérique de la coquille.

marchés et des officines de toutes sortes. La ville (*camp town*) s'élève, pousse comme un champignon sous la direction d'un chef local. Construite en bambous et en feuilles de palmier, c'est une ville fragile mais prospère et un centre d'industrie et de négoce pendant les quelques semaines de son existence.

Dans son voisinage, on construit de grands réservoirs d'eau pour fournir la boisson et pour constituer des établissements de bains que les plongeurs utilisent au retour de leur journée de travail. En même temps, une flotte d'environ 200 bateaux s'assemble non loin du rivage, et un port, muni du minimum de ce qui est nécessaire pour la surveillance, est constitué. L'ensemble de l'organisation est placé sous les ordres du gouvernement de la province.

Cinq races principales, au moins, sont représentées, et les bateaux montés par les plongeurs et destinés à la pêche sont de cinq types différents, depuis le simple grand canot non ponté, jusqu'au grand bâtiment pouvant porter soixante-cinq hommes, dont trente plongeurs. Les bateaux sont répartis autour de points fixés à l'avance par des bouées, et la pêche dure du matin au soir.

On a beaucoup exagéré la durée de la plonge. Les Arabes, qui représentent les plongeurs les plus endurants, restent en plongée soixante-dix à quatre-vingt secondes. Les Tamils et les autres indigènes ne restent guère sous l'eau que de trente-cinq à quarante secondes ; jamais HERDMAN n'a constaté de plongée dépassant quatre-vingt-dix secondes.

Après la pêche, les bateaux doivent transporter sans les ouvrir les Mollusques pêchés aux magasins départementaux. Là, chaque bateau a son emplacement spécial. Le tiers de la pêche est alors enlevé par les ayants droit et le reste constitue la part du gouvernement. Après une fouille minutieuse, les plongeurs peuvent emporter le reliquat, qui maintenant est devenu leur propriété.

Dès qu'ils sortent du magasin gouvernemental, ils sont entourés par une foule d'indigènes désireux d'acheter les Huîtres, qui se vendent par petits lots ou même à la pièce.

Les plongeurs écoulent, ordinairement, leur stock en très peu de temps, et ils passent le reste de leur temps à se baigner ou à dormir.

Au moment où HERDMAN consignait ces observations, il signalait que le montant de la pêche de la saison avait fourni environ 40 millions de Mollusques. Ce nombre peut s'élever, dit-il, à 50 millions dans les circonstances les plus favorables. Il peut se passer d'ailleurs de longues années avant que la pêche ne soit réouverte, ainsi que nous le verrons dans le chapitre XXII intitulé : *Irrégularité des périodes de pêches sur les bancs naturels dans l'Inde et Ceylan. Caractère cyclique de la pêche. Ses causes.*

La pêche ne peut pas, en effet, s'effectuer tous les ans, et, avant toute tentative de pêche, il est d'usage de s'entourer de renseignements suffisants pour savoir s'il y a des Huîtres dont la récolte sera profitable à l'endroit choisi et d'évaluer officiellement la valeur des perles, avant de permettre de faire une campagne.

« En conséquence, raconte HERDMAN, pendant la durée des

inspections régulières faites par le service du gouvernement, trois grands lots d'Huîtres en âge d'être pêchées sont ramassés en trois points différents du CHEVAL PAAR: partiellement, par le moyen du plongeur et, partiellement, à l'aide de dragues. D'après les résultats obtenus, on peut, en toute connaissance de cause, décider si la pêcherie peut être ouverte.

« Voici, dit l'auteur, comment on procède à ces vérifications. Sous la constante direction de M. HORNELL et de ses aides, les échantillons sont transportés dans un magasin, soigneusement enclos de palissades ; les sacs d'Huîtres sont empilés sur des tas de bambous ou de palmes et recouverts soigneusement de nattes ou de paillassons. Dans cet état, ils sont gardés en surveillance pendant une période de sept à dix jours.

« La putréfaction causée par les bactéries n'est pas la seule à agir, et les larves d'une espèce de Mouche entrent en jeu et ont un rôle des plus utiles.

« Dans des conditions favorables, à la fin de sept à dix jours, les Asticots produits par les Mouches ont fini leur travail, c'est-à-dire qu'ils n'ont rien laissé intacts, sauf les coquilles vides et les perles qu'elles contiennent.

« Quand les Huîtres sont à point dans l'intérieur des sacs, on s'en rend facilement compte par les entassements de Chrysalides brunes qui se répandent partout, de telle sorte que le terrain, tout autour des piles de sacs, est recouvert de ces Chrysalides, comme les sacs eux-mêmes.

« Le temps de procéder au lavage est arrivé. On enlève les paillassons, et l'on vide les sacs dans des baquets, où l'on fait passer un courant d'eau. Les Asticots ou leurs dépouilles sont entraînés. Les laveurs sont rangés en ligne le long des baquets ; ils sont dépouillés de tout vêtement, et il leur est défendu de tirer leur main hors de l'eau, sinon pour enlever les coquilles vides. L'opération se décompose en plusieurs périodes, et le premier temps consiste à remuer vigoureusement les coquilles de manière à séparer les valves et à les nettoyer de tous les débris organiques qui pourraient contenir une perle.

« Ensuite, un homme examine séparément chaque valve pour enlever les perles adhérentes. Les coquilles dépourvues de perles, après une rincée finale, sont jetées par les laveurs à leurs pieds.

« La quantité d'eau, contenue dans les baquets, est progressivement réduite ; puis on ajoute une nouvelle quantité de liquide et l'on triture tous les débris de manière à les écraser. »

Cette opération, peu appétissante. est arrivée presque à sa fin. Elle se prolonge, cependant, par l'examen minutieux de tous les détritus.

Lorsque ce matériel est à peu près sec, on le divise en différentes catégories, et le tout est passé minutieusement en revue par les surveillants. La recherche finale, quand on constate que toutes les perles notables ont été enlevées, est poursuivie par les femmes et par des enfants, et il est surprenant, dit l'auteur, de voir quelle quantité de petites perles ils récoltent encore, grâce à leurs yeux clairvoyants et à leur fin toucher.

Après que les perles ont été triées, il est d'usage de mettre en vente la plus belle, et l'on trouve toujours rapidement un acheteur. Quand l'évaluation du lot est complète, le résultat est télégraphié au secrétaire colonial, pour qu'il donne un avis définitif. Si cet avis est favorable, la pêche est déclarée ouverte.

Malgré toutes les qualités d'organisation dont font preuve les Anglais, et auxquelles il est juste de rendre hommage, malgré l'importance qu'ils attribuent à la récolte des perles se traduisant par de multiples mesures d'inspection et de contrôle, il faut reconnaître que l'exploitation de l'Huître perlière se fait à CEYLAN par des procédés tout à fait primitifs et qui rappellent ceux des pêcheries les plus anciennes. Depuis peut-être plus de deux mille ans, ainsi que nous l'a montré l'histoire de la perle (chap. I), les flottilles de pêche montées par des plongeurs opèrent, sans changements notables dans leurs habitudes, sur les mêmes bancs.

Alternativement, ces bancs sont riches, puis se dépeuplent. et pendant de longues périodes ne fournissent plus de ressources aux pêcheurs, qui sont obligés d'attendre, plus ou moins longtemps, que les bancs se repeuplent.

Ce qui a un peu varié, tout en restant au fond la même chose, c'est que, successivement, ce sont les anciens despotes. puis les Radjah, puis les Anglais, qui ont réglementé la pêche et prélevé des droits énormes sur son produit.

Immuable dans ses coutumes, la pêche a continué, fructueuse certaines années, stérile pendant de longues périodes.

J'indiquerai dans le chapitre XXII comment s'explique cette alternance de périodes favorables et défavorables à la récolte de la perle. Les Anglais, malgré leur ingéniosité et leur esprit pratique, se trouvent désarmés devant ce troublant phénomène et ne

peuvent remédier à ce déficit périodique, dans le rendement de
la pêche.

Il me reste, cependant, à signaler une tentative ingénieuse
d'amélioration qui a été faite dans les pêcheries de CEYLAN.

Je fais allusion aux essais de radiographie qui ont été effectués
à l'île IPANTIVU (fig. 75).

L'idée première est due à des expériences faites par Raphaël

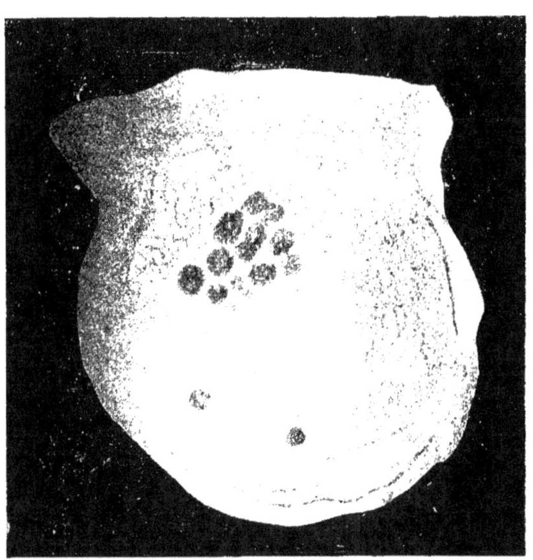

Figure 75. — RADIOGRAPHIE D'UNE HUITRE PERLIÈRE OBTENUE A IPANTIVU.
[*D'après une photographie de* M. Raphaël Dubois *dans son mémoire sur
les perles fines* (Annales de l'Université de Lyon, p. 50, fasc. IX).]

DUBOIS, le savant physiologiste de LYON, qui, dès 1901, avait
radiographié une perle contenue dans une *Unio* perlifère.

Voici comment Raphaël DUBOIS décrit cette intéressante
application :

« En 1906, je reçus de NEW-YORK, dit l'auteur, une lettre
d'un ingénieur électricien américain, M. John SALOMON, qui
voulait faire connaissance du savant qui avait appliqué le premier les rayons X à la recherche des perles fines. Il désirait
obtenir aussi certains renseignements su. les moyens que j'avais
employés pour faire vivre et même reproduire des Huitres perlières à mon laboratoire maritime de TAMARIS-SUR-MER. M. SALO-

MON vint, en effet, à TAMARIS et m'expliqua que, malgré des difficultés de toutes sortes créées par l'Administration anglaise, il avait pu, cependant, fonder une grande industrie pour l'application du procédé dont je suis l'inventeur. Il avait réalisé un capital de 200 000 francs, qui lui avait permis de créer à CEYLAN, dans l'île d'IPANTIVU, située au fond de la baie des HOLLANDAIS, une usine importante pour radiographier les Huîtres perlières. Les procédés radiographiques ont été très perfectionnés par M. John SALOMON, en vue surtout d'éviter l'action de la chaleur sur les Huîtres perlières, au moyen d'un dispositif spécial très ingénieux. Des casiers, dans lesquels on range cent Huîtres perlières, sont placés à la suite les uns des autres sur une sorte de trottoir roulant qui les amène successivement sous les rayons X et au-dessus d'un papier spécial pour radiographier.

« Celles-ci, après un repérage convenable, sont développées dans un cabinet noir, et les Huîtres renfermant des perles sont pour ainsi dire arrêtées au passage.

« Celles qui renferment de grosses perles sont ouvertes immédiatement, et les perles sont recueillies directement, sans que l'on soit obligé de passer par l'horrible putréfaction de l'Huître, comme dans les procédés courants. Les Huîtres qui ne contiennent que de petites perles sont mises dans des appareils, que l'on immerge jusqu'à ce que les perles aient acquis un volume suffisant. Ce procédé de conservation laisse beaucoup à désirer et appelle des études nouvelles. Les Pintadines qui sont dépourvues de perles sont rendues à la mer. »

Depuis que Raphaël DUBOIS écrivait ces lignes, je n'ai pu avoir aucun renseignement sur l'avenir qu'avait eu cette intéressante application faite au laboratoire d'IPANTIVU, et je crains que cette tentative d'amélioration de la pêche dans les eaux de l'INDE ne se soit heurtée aux périodes cycliques (1) pendant lesquelles les pêcheries ne peuvent fonctionner et qu'elle n'ait pu constituer une industrie prospère.

(1) J'étudie dans une autre partie de l'ouvrage ces périodes cycliques d'exploitation des pêcheries de CEYLAN.

CHAPITRE XVII

LA PÊCHE DE LA GRANDE PINTADINE
(*MELEAGRINA MARGARITIFERA*)

A Tahiti. — En Nouvelle-Calédonie et sur les côtes australiennes.

Je décrirai, tout d'abord, la pêche dans l'Archipel polyné-sien, non pas à cause de l'importance actuelle de ces pêcheries, d'une valeur très secondaire pour la récolte des perles, mais surtout parce que ces pêcheries offrent un très grand intérêt au point de vue français et qu'il n'existe probablement sur le globe aucun point plus favorable pour établir d'une façon ration-nelle la *méléagriniculture perlière, qui représente, vraisemblable-ment, une richesse pour l'avenir.*

La pêche de la grande Pintadine, *Meleagrina margari-tifera* (Linné). — Cette pêche a lieu dans l'Archipel Poly-nésien, et Bouchon-Brandely l'a décrite soigneusement. Quoique son mémoire (1) ait été publié en 1885, son récit reste d'actualité, et la pêche se pratique encore, comme de son temps, avec quelques scaphandriers en plus, pour les grosses maisons de pêche.

« Les naturels de Tuamotu, dit-il, n'ont d'autre industrie que la pêche. Leur aptitude pour ce dur et pénible métier est vraiment merveilleuse, et tous : hommes, femmes et enfants, l'exercent pour vivre. Ils plongent comme des Poissons et restent plusieurs minutes sous l'eau.

« Les femmes ne sont pas les moins habiles ; il en est trois, bien connues dans l'Archipel, deux de l'île Faaite et une d'Anna, qui vont explorer les fonds de 25 brasses et n'y restent pas moins de trois minutes sans revenir à la surface (2). Que de dangers ne

(1) Bouchon-Brandely, *Rapport au ministre de la Marine sur la pêche et la culture des Huîtres perlières à Tahiti*, Paris, 1885.
(2) Je crois que le temps de plonge indiqué par l'auteur est exagéré et qu'aucun plongeur ne peut passer aussi longtemps sous l'eau.

courent pas ces malheureux au cours de leurs investigations dans les sombres profondeurs des lagons, où règnent en maîtres les Requins affamés ! Qui sait s'ils ne sortiront pas mutilés du fond des eaux ou même s'ils n'y resteront pas à jamais ensevelis ? Voraces et faméliques, les Requins rôdent autour des lieux de pêche, dans l'espoir d'y trouver une proie. C'est la menace à l'état permanent. Quand, en dépit de sa vigilance et de toute son agilité, le plongeur ne parvient pas à les éviter, il faut livrer avec eux un combat inégal et terrible.

« J'ai cité, dans une notice, prenant ce fait entre beaucoup d'autres, l'exemple d'une femme d'ANAA qui avait eu le sein et les bras emportés par un de ces redoutables habitants des mers.

« Lorsqu'un accident de ce genre arrive, l'épouvante se répand parmi la population des plongeurs ; la pêche est suspendue pour quelque temps, personne n'ose plus se risquer. Mais ce sentiment de crainte bien justifié ne persiste pas longtemps. Il faut céder aux besoins impérieux de l'existence.

« Le plonge est non seulement une profession dangereuse, mais c'est aussi un des plus durs métiers que l'on connaisse. Au début de la saison, le pêcheur est tenu à de très grandes précautions, dont la première et la plus essentielle en même temps est de ne pas se jeter trop souvent à l'eau dans une même journée ; l'oubli de cette règle l'expose aux hémorragies et aux congestions. Plus tard, il s'habitue et s'aguerrit, mais la continuation de cet exercice jusqu'à un certain âge entraîne la paralysie.

« Il n'est encore que très peu d'indigènes à TUAMOTU pratiquant la pêche pour leur propre compte. La plupart n'ont, pour faire cela, ni les ressources nécessaires, ni l'esprit de suite qu'il faut pour mener à bien une entreprise de cette nature. Les uns travaillent à la journée, sur un bateau de pêche, et c'est encore ce qui leur est le plus profitable. Mais ce mode d'occupation n'est possible qu'à ceux qui ont leur résidence fixe dans les îles ouvertes à l'exploitation ; les autres se mettent, pour la durée ou une partie de la campagne, à la solde de maisons de commerce de PAPEETE ou aux gages d'un capitaine de goélette opérant à ses risques et périls. Le plongeur à la journée reçoit un salaire de 5 francs par jour. Le plongeur embauché pour la saison passe, lui, avec l'entrepreneur, un contrat aux termes duquel il doit lui livrer le produit de sa pêche à des conditions déterminées d'avance, moyennant quoi ledit entrepreneur lui fournira pendant toute la durée de

son engagement les aliments indispensables à son existence et
les autres choses de première nécessité.

« Un plongeur ordinaire gagne de 120 à 150 francs par mois,
selon l'état de la mer et l'abondance des gisements huîtriers.
Quand il a le bonheur de tomber sur un banc peu épuisé, son salaire

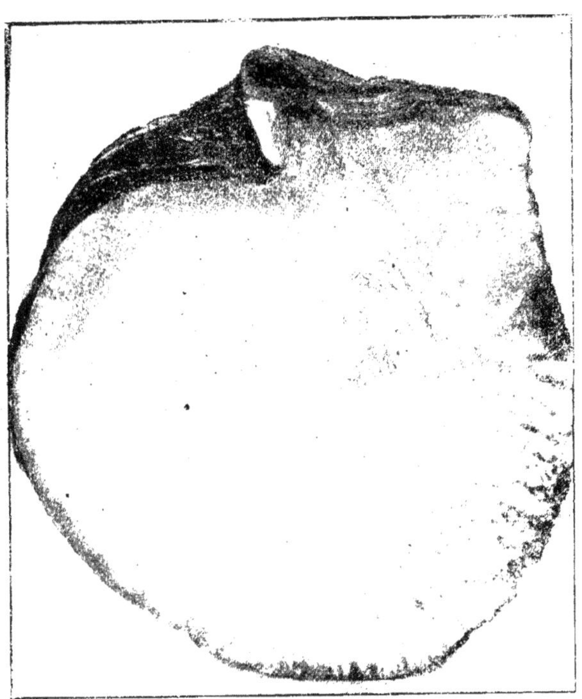

Figure 76. — La grande Pintadine de Ceylan. Valve gauche.
(Cliché de H. Dupuis.)

peut atteindre un chiffre élevé. On en a vu qui, en une semaine,
récoltaient pour 200 ou 220 francs de nacre.

« La plonge commence dans la matinée. Avant d'entamer le
travail quotidien, les pêcheurs se groupent sur le bateau et char-
gent le plus digne ou le plus respectable d'entre eux de réciter
une prière, que tous suivent avec ferveur. Le bateau est sur le
lieu de pêche. Les apprêts sont faits, ils ne sont pas longs. Pour
tout vêtement, l'indigène a son parea; pour tout outil, une lunette.
Destinée à examiner, de la surface, les fonds que le plongeur doit
explorer, cette lunette est assez semblable à une lunette de calfat.
Elle se compose de quatre planches, longues de 10 à 15 centi-

mètres, larges de 25 à 30, formant une chambre dont l'une des deux extrémités est pourvue d'un verre à vitre ; l'autre extrémité reste ouverte pour laisser pénétrer la tête de l'observateur. On applique la partie vitrée à la surface de l'eau, afin d'en effacer les rides. Et comme les lagons de Tuamotu sont d'une limpidité et d'une transparence sans égale, le pêcheur exercé parvient à découvrir, au moyen de ce simple appareil, les huîtres situées à des profondeurs considérables ; la plupart du temps, ce n'est qu'après cette reconnaissance préliminaire qu'il se détermine à les aller chercher. »

Très récemment, M, le professeur Lapique vient de perfectionner le procédé en construisant un petit bateau spécialement aménagé pour l'examen du fond de la mer. J'en donne, ci-joint, une photographie d'après l'auteur, car cet engin me paraît appelé à rendre de réels services dans les lagons (fig. 77).

Bouchon-Brandely ajoute à la description que nous avons donnée plus haut ces détails complémentaires :

« Le plongeur tuamotu est, à bon escient, considéré comme le meilleur plongeur de la terre. L'Indien employé aux travaux de la pêche dans le Golfe Persique et à Ceylan et qui passe, à bon endroit, aussi, pour un des meilleurs fouilleurs de mer, ne peut lui être comparé. Celui-ci descend dans l'eau au moyen d'un poids de 20 ou 25 livres attaché à ses pieds ; sa ceinture contient encore de 7 à 8 livres de lest, servant à le maintenir dans les profondeurs quand il s'est défait de son premier fardeau ; il se tamponne le nez et les oreilles avec du coton imbibé d'huile, s'applique un bandeau sur la bouche, va visiter les fonds de 40 pieds, reste de cinquante-trois à quatre-vingt-dix secondes sous l'eau, et remonte ensuite en s'aidant de la corde dont il était accompagné. Point n'est besoin de tout cet appareil pour le Tuamotu, ni de toutes ces précautions. Ses seuls préparatifs consistent, quelques instants avant la plonge, à faire fonctionner fortement ses poumons par d'énergiques mouvements d'inspiration et d'expiration.

« Cela fait, il prend une dernière et copieuse provision d'air ; puis, dégagé de tout vêtement, se laisse choir au fond de l'eau, les pieds les premiers et sans que ceux-ci soient munis d'aucun poids capable d'accélérer la rapidité de sa chute. Il peut descendre non à 40 pieds, mais à 20 et 25 brasses ; rester sous l'eau non quatre-vingt-dix secondes au maximum, mais deux et même trois minutes; et, une fois sa cueillette faite, il revient à la surface sans le secours d'aucun cordage, avec une incroyable promptitude.

« On a dit que le naturel des îles basses s'enduisait le corps d'huile pour se préserver des brûlures du soleil et de l'action corrosive de l'eau de mer. Je n'ai constaté le fait en nul endroit. Au surplus, pour ce qui est du soleil, les pêcheurs n'ont rien à craindre, car, bien que les Tuamotu soient un pays intertropical, le soleil y est inoffensif, à cause des courants d'air qui se donnent librement carrière entre les îles. Les cas d'insolation y sont inconnus, et la température de l'eau dans les lagons excède rarement 25 degrés centigrades.

« Chaque plonge, dans les grands fonds, dure en moyenne d'une

Figure 77. — Embarcation construite par M. le professeur Lapique pour étudier les fonds par transparence.
(Cliché de l'Office des Inventions.)

minute à une minute et demie, rarement deux minutes, exceptionnellement trois.

« Des maisons de commerce ont essayé, sans y réussir, de mettre en honneur le scaphandre parmi les indigènes.

« Ceux-ci refusent de s'en servir, prétendant, et cela paraît fondé, que l'usage de cet appareil détermine rapidement chez eux la paralysie des membres inférieurs. Trois Européens emploient le scaphandre et, grâce à lui, font généralement de très fructueuses pêches ; ils assurent en outre que le scaphandre fait fuir les Requins. Rarement les scaphandriers remontent à la surface sans ramener plusieurs nacres à la fois, tandis que le plongeur indigène doit se contenter de les détacher rapidement une à une, et il est bien rare qu'il en rapporte deux en même temps. Son premier soin sous l'eau est de tenir serrées l'une contre l'autre les valves de l'Huître, de crainte que l'animal, enlevé brusquement de son point d'adhérence et se sentant blessé par la déchirure des rameaux de son byssus, n'expulse, par le mouvement de ses organes, la perle qu'il pourrait contenir.

« Il n'existe point de signes extérieurs caractéristiques permettant de conjecturer la présence des perles dans la nacre. Néanmoins, on voit les pêcheurs fouiller certaines Huîtres plutôt que certaines autres, guidés en cela par l'aspect, la forme, la couleur des coquillages ; mais toutes les indications qu'ils possèdent à ce sujet sont mal définies, et je n'ai vu, en somme, se réaliser qu'exceptionnellement les prévisions de ces pêcheurs.

« Après le travail du jour, les plongeurs se mettent en devoir d'ouvrir les Huîtres récoltées, se servant pour cela d'un large couteau qu'ils manient avec une grande dextérité. Du premier coup, le muscle adducteur est tranché. Chaque coquille et son contenu sont ensuite examinés avec un soin extrême pour qu'aucune perle n'échappe à leurs méticuleuses recherches et ne passe inaperçue.

« Les patrons ne manquent pas d'assister à cette opération, car, bien que dénué de toute poche pour la dissimuler, le Tuamotu a vite fait d'avaler la perle qu'il vient de découvrir.

« Les coquilles appartenant aux pêcheurs indépendants sont, une fois vidées, déposées dans le sable humide jusqu'au jour de la vente, afin que l'évaporation ne leur fasse rien perdre de leur poids.

« La plonge se pratique d'un bout de l'année à l'autre et plus spécialement pendant les mois de novembre, décembre, janvier et février. En juin, juillet, août et septembre, elle n'a lieu que l'après-midi, l'eau étant trop fraîche dans la matinée. »

On voit, par ce long extrait du mémoire de Bouchon-Brandely, que les procédés de pêche employés à Tuamotu sont très sensiblement les mêmes que dans les mers indiennes. Ils en diffèrent surtout par l'absence de toute réglementation sérieuse de la pêche.

J'ai insisté a dessin sur ces pêcheries de l'Archipel Polynésien. Nous possédons, en Océanie, les plus vastes pêcheries d'Huîtres perlières du monde.

Avons-nous utilisé ce domaine ?... Non. Nous sommes très coupables à ce point de vue, et nous l'avons négligé jusqu'ici, presque jusqu'à l'abandon.

Sous prétexte d'éloignement, nous sacrifions un des plus beaux joyaux de notre domaine colonial et, depuis la guerre, le pavillon tricolore n'a plus flotté dans les eaux polynésiennes.

M. Géraud, ancien gouverneur des Colonies, se faisait récemment l'écho des doléances des Tahitiens au congrès permanent de l'outillage colonial.

Les habitants de Tahiti, privés de communication avec la mère patrie, se voyaient, en effet, avec tristesse, obligés de faire du commerce avec d'autres pays que la France.

Fernand Hauser (1) vient de publier tout récemment à ce sujet une étude bien documentée d'où j'extrais les citations suivantes :

«Le commerce, dit-il, avec cette partie de notre domaine colonial nous échappe :

« En veut-on une preuve? La voici. Sur un total d'importations de 14 millions et demi, la part de la France est tombée à 595 000 francs, soit environ 4 p. 100. A l'exportation, sur un total de 24 millions et demi, la part de la France est de 1 million et demi, soit 5,4 p. 100. Tout le reste du commerce est accaparé par les États-Unis, l'Australie et la Nouvelle-Zélande.

« M. Géraud a constaté l'emprise des Américains, des Australiens et des Néo-Zélandais sur Tahiti en ces termes émouvants et inquiétants :

« A Papeete, les enseignes en anglais sont aussi nombreuses, sinon plus, que les enseignes en français : mais quelle que soit la nationalité du magasin dans lequel il entre, le voyageur y trouvera un employé parlant anglais, qui lui vendra, en mesures anglaises, des marchandises australiennes ou américaines. L'hôtel dans lequel il prendra ses repas sera tenu par une Américaine. Au cinéma où il ira le soir, il verra projeter des films américains, dont les légendes seront rédigées en anglais. Les jeunes gens du pays, qui prennent au cinéma leurs leçons d'élégance, portent fréquemment le large chapeau et le fichu rouge des cows boys. Ceux qui appartenaient à des familles aisées ont été parfaire leur éducation à San-Francisco et gardent, dans leurs costumes et dans leur allure, la marque de cette formation. »

« Tel est, hélas ! le résultat de l'abandon dans lequel nous avons

____

(1) Fernand Hauser, *Tahiti a enfin revu le pavillon français* (Le Journal, 12 août 1923, Paris).

laissé l'île que Loti chanta si délicieusement et où le peintre Gauguin peignit ses toiles les plus captivantes.

« On dira que c'est là le résultat d'une inéluctable fatalité. PAPEETE est à 3 600 milles de SAN-FRANCISCO, à 3 600 milles de SYDNEY et à 2 000 milles d'AUCKLAND. Et la FRANCE est presque à ses antipodes.

« En neuf, douze ou treize jours, un Américain, un Australien, un Néo-Zélandais vont à TAHITI ; un Français met un mois pour aborder à ses rivages.

« C'est évident. Mais il fut un temps où notre pavillon flottait souvent dans le port de PAPEETE. Il n'y flottait plus du tout depuis des années. Il va s'y montrer toutes les douze semaines. C'est maigre... »

L'auteur ajoute plus loin :

« Il y aurait un moyen, pour nous, de rendre à ce pays et à nos autres possessions de l'OCÉANIE une existence française : ce serait d'aménager enfin ce port de PAPEETE, qui constituerait une admirable escale pour les navires qui traversent le PACIFIQUE. Tous, en effet, passent à proximité de l'île, véritable carrefour de la ligne maritime qui rejoint le continent asiatique au continent américain à l'AUSTRALIE et à la NOUVELLE-ZÉLANDE. Ce qu'est HONOLULU dans le Pacifique nord, PAPEETE pourrait le devenir dans le Pacifique sud. Une convention pour la construction de ce port a été passée en 1914. Mais la guerre a tout remis en question. Il faudrait cependant aboutir.

« En ce qui concerne la liaison de l'île avec la métropole, le contrat passé avec la Compagnie des Messageries maritimes est un commencement. On pourrait faire mieux en assurant la liaison maritime de nos possessions de l'OCÉANIE avec l'INDO-CHINE. »

Fernand HAUSER termine ainsi :

« Nous parlons toujours des produits de nos colonies : en voici; pourquoi n'allons-nous pas les chercher ? Nos commerçants demandent des débouchés. Il y en a là. Pourquoi n'y envoie-t-on pas des marchandises? Veut-on que nos îles s'américanisent, se zélandisent, s'australisent de plus en plus ?

« Qu'on y prenne garde. Un jour pourrait venir où la « langue » entraînerait le « pavillon ».

Espérons que cette fâcheuse prévision ne se réalisera pas et que nous n'aurons jamais l'humiliation d'une nouvelle affaire Pritchard ; mais il est temps que notre action gouvernementale

entre en jeu. N'oublions pas que ces vastes pêcheries de nacres
peuvent se transformer en de beaux établissements méléagrini-
coles et que les étrangers le savent encore mieux que nous.

J'espère pourtant que nos hommes d'État l'ont enfin compris, et, comme premier indice, je constate qu'un accord conclu
récemment avec la Compagnie des Messageries Maritimes assure
à Tahiti le passage d'un vapeur mixte partant de Marseille
toutes les douze semaines. C'est peu. Mais c'est mieux que rien.
Et Tahiti commençait à désespérer, lorsqu'elle a vu arriver le
premier de ces vapeurs.

C'est un premier pas, il doit être complété par une organisation
nouvelle sur laquelle nous nous expliquerons plus longuement
dans le chapitre relatif à l'ostréiculture perlière.

Il est à souhaiter que le rattachement de nos îles polynésiennes
à l'Indo-Chine dont on a parlé récemment se fasse promptement.
Pour mettre en valeur ce domaine que Seurat qualifie avec raison *des plus vastes pêcheries d'Huîtres perlières du monde*, l'aide
d'une colonie riche comme l'Indo-Chine serait indispensable.
En établissant un contact fréquent avec l'Indo-Chine, dont les
deltas sont surchargés de population, il s'établirait, vraisemblablement, un courant de relations jusqu'ici inexistant et un afflux
de travailleurs. Or, c'est la main-d'œuvre qui fait actuellement
défaut pour tirer parti de ce riche domaine. Elle pourrait le
transformer, en quelques années, pour le plus grand bien de la
France.

La grande Pintadine ne se trouve pas seulement dans l'Archipel
polynésien, on la rencontre en beaucoup d'autres points de l'océan
Pacifique et de l'océan Indien et même de la mer Rouge. Seurat (1) donne des précisions intéressantes sur sa répartition
géographique.

« La pêche des perles et des coquilles d'Huîtres perlières,
dit-il, constitue l'une des industries les plus importantes du
Queensland : la moyenne annuelle de revenu donné dans ces
dernières années est d'environ 1 725 000 francs (2). Les pêcheries
ont lieu dans la région tropicale des côtes du Queensland, en
particulier dans le détroit de Torrès et dans le golfe de Carpen-
taria : les principaux centres de pêche sont l'île d'Albany,
Wai-Weer, le détroit d'Endeavour, l'île Friday, l'île du Prince-

<hr>

(1) Seurat, *l'Huître perlière*, Masson, Paris, p. 129.
(2) Saville Kent, *The great Barrier Reef*, London, 1891.

DE-GALLES et l'île de la Possession ; le quartier général est à
PORT-KENNEDY, dans l'île de THURSDAY (*Thursday Island*),
située au nord-ouest du cap YORK, point le plus septentrional de
l'AUSTRALIE. »

La grande Méléagrine existe sur presque toutes les côtes de
l'AUSTRALIE, sauf sur celles de la province de VICTORIA et d'ADÉ-
LAÏDE, où on ne l'a pas signalée à ma connaissance. Elle est
particulièrement abondante le long de l'AUSTRALIE OCCIDENTALE.

« Les pêcheries de l'AUSTRALIE OCCIDENTALE, dit SEURAT (1),
ont commencé en 1868 : l'espèce que l'on pêche est la grande Méléagrine perlière (*Meleagrina margaritifera*) : on pêche ce Mollusque
pour la nacre, qui est la meilleure qui soit connue : les valves
pèsent de **700** grammes à **2^{kg},700** la paire : ces Méléagrines
donnent aussi des perles d'une grande valeur : en 1874, on a
trouvé une perle dans la valve droite d'une Huître pêchée au
large de la côte, près de Cossack ; cette perle, dénommée la « Croix
du Sud » (Southern Cross), est en réalité formée de neuf perles
soudées les unes aux autres par leur surface latérale, sept formant
le grand bras de la croix (Voir chap. IX pour l'histoire surprenante de ce joyau).

La pêche a lieu depuis la fin de septembre, jusqu'à la fin de
mars : autrefois on recueillait de belles coquilles à marée basse
au milieu des récifs ; des plongeurs malais et des indigènes furent
ensuite employés pour aller chercher les coquilles à une profondeur
relativement faible et, aujourd'hui, on est obligé d'utiliser des
bateaux ayant à bord des appareils à plonger pour aller chercher
les Huîtres perlières à des profondeurs de 10 à 20 brasses et quelquefois plus.

« D'autres pêcheries de perles existent beaucoup plus au sud
sur la côte de l'AUSTRALIE OCCIDENTALE, dans la baie des REQUINS
(*Shark's Bay*). Ces pêcheries de *Shark's Bay* sont d'ailleurs les
plus anciennes de l'AUSTRALIE OCCIDENTALE ; l'espèce qui fait
l'objet de ces pêches est la *Meleagrina imbricata*, qui est beaucoup
plus petite que la *Meleagrina margaritifera* : la coquille est très
mince, mais sa surface interne est transparente et a un lustre semblable à celui des perles : autrefois ces coquilles étaient peu estimées
sur le marché, à cause de leur faible épaisseur et surtout parce
qu'elles n'étaient pêchées que pour les perles et n'étaient pas
envoyées en EUROPE. »

---

(1) SEURAT, *loc. cit.*, p. 131.

On les pêche également en Nouvelle-Guinée, le long des côtes des Nouvelles-Hébrides. Les pêcheries de la même espèce existent jusqu'en Nouvelle-Calédonie, et Seurat (1) donne les détails suivants à leur sujet.

« La *Meleagrina margaritifera*, dit-il, existe le long des côtes occidentales de la Nouvelle-Calédonie, dans les eaux peu profondes comprises entre la côte et les récifs-barrières qui enserrent cette île. On trouve également cette espèce sur les côtes de l'île de Lifou, située à l'est de la Nouvelle-Calédonie : des spécimens de cette provenance, qui figuraient au pavillon de la Nouvelle-Calédonie à l'Exposition Universelle de 1900, mesuraient 20 centimètres de diamètre de la charnière jusqu'à la marge de la coquille, la surface intérieure nacrée atteignant 18 centimètres, et pesaient 870 grammes les deux valves.

« Les bancs nacriers de la côte occidentale et septentrionale de l'île sont concédés, pour une durée de vingt ans, aux Comptoirs français de l'Océanie. Ces pêcheries s'étendent, le long de la côte ouest de l'île, depuis la rivière de Pouembout jusqu'à la baie de Gomen ; on en trouve surtout aux environs de la petite île Konienne, à l'entrée de la rivière de Pouembout : les indigènes qui habitent cette île sont de tout temps venus offrir de petites perles aux passagers des bateaux qui font le tour des côtes. Cette concession nacrière s'étend également aux îles Wallis. La visite des bancs d'Huîtres perlières et la pêche se font à l'aide du scaphandre. La nacre récoltée est expédiée uniquement sur le marché français. »

La pêche de la Grande Pintadine se pratique aussi dans la mer Rouge; j'ai plusieurs fois recueilli dans le golfe de Suez, dans les environs de Tor et surtout sur la côte d'Afrique, de beaux spécimens de valves roulées de Méléagrine que le flot rejetait sur le rivage.

La pêche s'effectue en plusieurs points, en particulier par le travers de Massaoua, la possession italienne. La pêche n'y est d'ailleurs pas réglementée, et le gouvernement italien s'en désintéresse et jusqu'ici ne prélève aucun droit sur les récoltes faites par les pêcheurs.

Une des plus importantes pêcheries est représentée, entre la mer Rouge et les mers indiennes, par celle du golfe Persique, d'où proviennent les perles les plus anciennement estimées. Malgré

(1) Seurat, *loc. cit.*, p. 133.

la qualité de leurs produits, les pêcheries dont l'origine se perd
dans la nuit des temps fonctionnent séculairement de la
même manière, à l'aide de plongeurs maigrement rétribués et
travaillant dans des conditions misérables. Je me réserve de revenir sur ce point dans le chapitre **XXXIV**.

Pour fournir la physionomie exacte de ces fameuses pêcheries,
je donne ci-après, plusieurs extraits d'une intéressante brochure
publiée par M. le professeur Perez (1), qui a dragué sur les bancs
perliers du golfe Persique :

« La côte méridionale du golfe Persique est, dans son allure
générale, concave vers le nord, et la saillie anguleuse de la presqu'île
de Katar la subdivise en deux concavités secondaires. C'est dans
le croissant de la première, la plus orientale, que se pressent surtout les bancs d'Huîtres perlières ; c'est la *mer des Filles*, champ
des aventures fortunées de Sindbad le Marin. Quelques bancs se
groupent encore au delà de la presqu'île de Katar, et l'archipel
de Bahrein est le centre principal de l'armement pour la pêche.

« Dans toute cette région du golfe, les fonds sont faibles, allant au
maximum jusqu'à 20 ou 30 brasses ; la moyenne est de 10 à
15 brasses, et la profondeur se réduit souvent jusqu'au voisinage
de 0, non seulement autour des côtes, qui plongent en pente
insensible, reculant à plusieurs milles les mouillages, mais encore
au large, où abondent les îlots volcaniques, les bancs de sable,
les récifs construits par les madrépores. Il faut le plus souvent
modérer l'allure, naviguer à la couleur de l'eau, et le *nid de corbeau*
n'en est pas moins utile que dans les glaces polaires.

« Généralement calme, l'eau est d'une pureté, d'une transparence
absolue ; à 15 et 20 mètres de fond, quelquefois plus, on distingue
la ramure des Madrépores, les mamelons vermiculés des Méan-
drines, les Oursins et les Holothuries posés sur le sable, ou les
Poissons aux couleurs vives, qui passent comme des gemmes
fugitives dans un paysage de corail. »

L'auteur décrit ensuite les méthodes de dragage employées
à bord de la *Sélika*, yacht à vapeur de 500 tonneaux sur lequel il
était embarqué :

« Nous avions en tout pêché environ 110 000 Huîtres. Certes,
beaucoup de nos perles étaient d'une rondeur parfaite et du plus

(1) Charles Perez, *Six semaines de dragage sur les bancs perliers du
golfe Persique* (Extrait du Bull. de l'enseign. des pêches maritimes, Orléans,
1908).

magnifique orient ; mais j'ai dit que les plus petites étaient presque impalpables ; les plus grosses atteignaient à peine 2 millimètres de diamètre. La plupart, en somme, n'étaient pas marchandes ; et le commandant, qui tint à conserver toute la pêche en souvenir de sa croisière, sans frustrer cependant le Syndicat des armateurs, paya largement tout le lot au prix de 100 francs. C'était, on en conviendra, un maigre chiffre à défalquer des frais généraux, et l'aventure portait en elle son enseignement. Certes le hasard eût pu nous favoriser, et l'une de nos Huîtres eût pu contenir une perle qui couvrît à elle seule tous les frais de l'expédition. Il est évidemment de ces chances ; mais il est sage, dans les évaluations générales, de ne point faire entrer en ligne de compte ces heureux coups de main. Certes, c'est par millions de francs que se chiffre la valeur totale des perles pêchées chaque année au golfe Persique : mais il faut songer que c'est par milliards que s'y pêchent les Huîtres, que bien peu contiennent une perle et que c'est précisément pour cela que les perles sont et restent précieuses. Nous avons cherché par divers moyens à faire un calcul approximatif du nombre total d'Huîtres annuellement pêchées dans le golfe, soit par le poids des coquilles livrées au commerce, soit par le dénombrement de la population des plongeurs indigènes et l'évaluation de la pêche de chacun d'eux. Le résultat de notre estimation fut justement que le rendement moyen devait être d'environ 100 francs de perles pour 100 000 Huîtres pêchées au hasard. C'est ce que nous avions nous-même obtenu. »

« L'on ne peut dire, en somme, qu'avec sa science et tous ses moyens perfectionnés l'Européen, venu de chez lui à grands frais, ne semble pas pouvoir lutter avantageusement contre une main-d'œuvre indigène qui est à vil prix ; son activité intensive est submergée par la multitude des travaux infimes, mais intégrés, de tout un peuple qui, avec la patience et la résignation habituelles de l'Islam, plonge et replonge toujours : esclaves misérables qui, dans l'angoisse sans cesse répétée d'une asphyxie qui commence, vont de leurs doigts maigres arracher au fond de la mer la coquille tenace et reçoivent une poignée de riz comme paiement des joyaux qui rouleront de main en main et s'en iront jusque « par delà trois fois sept royaumes » orner le manteau d'un rajah, le diadème d'une pairesse ou le collier d'une courtisane.

« Du premier au dernier, du plus grand au plus infime, *nous sommes tous esclaves d'un même maître*, la Perle, » disait un indigène à PALGRAVE, et ce mot est bien la caractéristique des conditions économiques spéciales qui régissent toute la population des régions perlières. Tout gravite autour de la perle, tout lui est subordonné ; toute pensée, toute conversation lui est consacrée, et son joli nom liquide, *loull*, coule rapide sur les lèvres, comme elle-même glisse fugitive et soyeuse entre les doigts. Point n'est besoin de pouvoir tenir en arabe une longue conversation : *Loull*, et aussitôt, de dessous son burnous, le passant, le consommateur qui flâne au café, tire un petit nouet soigneusement cravaté ; avec précaution, presque avec respect, il dénoue la ligature savante et verse dans la paume brune de sa main maigre la grenaille chatoyante et lustrée. Il la fait rouler avec amour, et ses doigts restent crochus pour la retenir. Il daigne vous en laisser examiner une ou deux, mais on voit que cette confiance lui est pénible ; il ne perd pas de vue les vagabondes et bientôt leur fait à toutes réintégrer le nouet et la cachette profonde du burnous.

« Ce ne sont point des manœuvres salariés, mais bien plutôt de véritables esclaves ; obligés d'acheter aux maîtres qui les emploient leur nourriture et tout ce qui est nécessaire à leur subsistance, ils payent en travail et sont censés ne s'acquitter jamais des avances qui leur ont été faites ; ils sont captifs d'une dette perpétuelle : les contrats de louage sont passés pour un an, avec d'infimes salaires, que relèvent à peine de maigres gratifications pour la pêche d'une perle exceptionnelle par sa taille, ou son éclat. Pendant l'hiver, morte-saison pour la pêche, les hommes vivent sur les avances de l'employeur et grèvent ainsi d'avance leur travail de la campagne suivante ; enragés joueurs, ils risquent encore leur moindre épargne sur un coup de dé.

« Aussi, comme bien on pense, si des millions sont arrachés chaque année au fond du golfe PERSIQUE, ce ne sont point les pêcheurs qui s'en enrichissent, ni même, il faut le dire, leurs employeurs immédiats. Là, comme ailleurs, c'est l'intermédiaire, le trafiquant, qui fait fortune, le courtier qui reste tranquillement à terre et de BOMBAY traite directement avec LONDRES, PARIS ou BERLIN.

« Tous les petits ports de la côte méridionale du golfe, depuis l'OMAN, arment pour la pêche des perles. Le centre principal est formé par l'archipel de BAHREIN, avec les ports de MANAMAH et de MUHARRAK, comptant à eux seuls environ neuf cents navires, et il en vient encore de certains points de la côte persane, de Lingah particulier, ville surtout arabe, et qui est, sur la côte nord du golfe, comme une dépendance de l'ARABIE.

« La période de pêche s'étend de juin à septembre, les plongeurs

se bornant à cette époque de l'année où les eaux du golfe ont une
température d'au moins 36°. La plongée s'effectue par un procédé
des plus primitifs. Le plongeur plonge debout, sur une pierre
attachée à une corde qu'il tient à la main. Cette corde est rapidement filée, et, aussitôt arrivé au fond, le plongeur abandonne sa
pierre, qui est immédiatement hissée à bord. Pour éviter, dans
cette plongée verticale, l'entrée de l'eau dans les narines, celles-ci

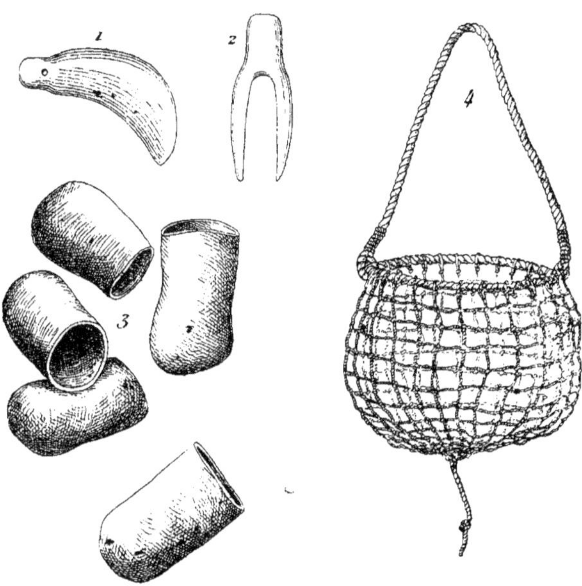

Figure 78. — INSTRUMENTS DU PLONGEUR DU GOLFE PERSIQUE.
(Clichés de M. le professeur PÉREZ, extraits de la Revue de l'enseignement
professionnel des pêches maritimes.)

sont fermées par un appareil spécial appelé *fitaam* (*1* et *2*, fig. 78).
C'est une pince en corne, soit faite d'un seul morceau, soit de deux
pièces assemblées par un rivet. Chaque branche a à peu près une
forme de virgule, et la pince, insinuée un peu en arrière de la
pointe du nez, épouse exactement la ligne courbe supérieure qui
limite les ailes, et, les appliquant fortement contre la cloison
médiane, assure l'occlusion hermétique des narines.

« Libéré de son lest, le plongeur arrache rapidement le plus
d'Huîtres qu'il peut, 30 ou 40 en moyenne, les met dans un panier
(*4*, fig. 78) et, à bout de souffle, donne le signal de la remontée,
qui s'effectue par une seconde corde nouée autour de ses reins et

reliée à son panier. Pour permettre ce ramassage rapide, les doigts du plongeur sont protégés par les *khabaat* ou bouts de doigts en cuir, comme les doigts de gants grossiers, trois fois longs comme un dé à coudre (*3*, fig. 78). Au moment où la saison de pêche bat son plein, de pleines corbeilles de ces bouts de doigts, contenant des assortiments de tailles diverses, sont exposées en vente dans les bazars ; chaque plongeur en use deux jeux, c'est-à-dire vingt par saison. Le panier, *dadjin*, rappelle par sa forme les paniers métalliques servant à égoutter les salades ; il est construit à larges mailles avec de la corde de palmier et monté sur un cercle de rotin (*4*, fig. 78). C'est là tout l'outillage du plongeur, qui, entièrement nu, conserve tout au plus autour des reins un mince cordon de cuir, auquel pend une amulette.

« Depuis les premières heures du jour jusqu'à la tombée de la nuit, les pêcheurs plongent, excités de la voix et du geste par le patron en barque ; et de toute la journée ils ne prennent aucun repas ; ils se soutiennent en buvant du café ; la nourriture solide n'est prise que le soir, après la fin du travail. On exagère souvent la durée possible de la plongée, en l'évaluant jusqu'à deux à trois minutes. En réalité, les meilleurs plongeurs restent sous l'eau une minute et demie ou deux minutes tout au plus ; et l'on conviendra que c'est déjà un temps assez long, qui suppose un long apprentissage, peut-être même une adaptation spéciale héréditaire. C'est le maximum que la physiologie de notre organisme puisse supporter ; et souvent encore le malheureux plongeur est-il ramené à la surface aux trois quarts évanoui, parfois même complètement asphyxié et incapable d'être ramené à la vie. Jusqu'à quarante fois par jour les pauvres diables répètent leur dangereuse plongée.

« La pression de l'eau, à la profondeur où ils plongent, occasionne souvent la perforation du tympan. Ces malheureux, qui d'ailleurs négligent de se soigner et ont une hygiène déplorable, ont alors des suppurations d'oreilles qui amènent bientôt la surdité. Avec cela des rhumatismes, des névralgies, une misère physiologique générale ; exception frappante, ils n'ont point ces dents magnifiques si constantes chez les Arabes ; ils font rarement ce métier pendant plus de dix ans, et ils meurent tous relativement jeunes.

« Un autre danger inhérent à leur profession est le Requin. Ces redoutables Sélaciens abondent dans le golfe; ils fréquentent les bancs perliers pendant la saison des pêches et attaquent fréquemment les plongeurs. La chirurgie est sommaire à bord et le malheureux qui s'échappe, amputé, de la gueule d'un squale, est couvert d'une sorte d'emplâtre fait avec de la cendre du foyer. Souvent, il succombe à la gangrène.

« Et, chose singulière, les plongeurs paraissent insouciants vis-à-vis de ce terrible danger. Par contre, leur superstition s'effraie outre mesure d'une petite pieuvre, du genre Elédone, bien incapable du méfait qu'on lui impute de sucer le sang des plongeurs. A peine l'un d'eux en a-t-il aperçu quelqu'une, il remonte démoralisé et, pendant toute la journée, il se refuse souvent à plonger de nouveau. »

Cette copieuse citation extraite de l'intéressant mémoire du savant professeur de la Sorbonne, et qui a été publié à la suite de son voyage sur les bancs perliers du golfe Persique en 1908, m'est très utile pour prouver dans quel état primitif se trouve encore actuellement la pêche et l'exploitation de l'Huître perlière, et je dois tous mes remercîments au professeur Perez pour avoir bien voulu mettre à ma disposition les deux clichés publiés dans ce même travail qui me permet de conclure que :

En résumé, partout, sauf au Japon, où les tentatives d'ostréiculture perlière sont en bonne voie, ainsi que nous le verrons plus loin, au point de vue de la pêche des Huîtres perlières, l'homme exploite le domaine maritime comme les trappeurs exploitent les forêts pour se procurer du gibier, sans autres soucis que de récolter et de tuer le plus de bêtes sauvages possible.

Malgré ses engins de pêche de plus en plus perfectionnés et ses chalutiers à vapeur, le civilisé reste encore le chasseur primitif au contact de ces vastes étendues de la mer.

Et, s'il a tenté de substituer, par places, à l'antique méthode de recherche des Huîtres perlières par plongeurs nus, la méthode plus perfectionnée du scaphandrier, abrité dans un appareil qui lui fournit l'air nécessaire à sa respiration, il n'a fait en réalité que très peu de progrès au point de vue de la protection et de la multiplication des Huîtres perlières, depuis les périodes séculaires.

TROISIÈME PARTIE

LES ENNEMIS ET LES PARASITES DES HUÎTRES PERLIÈRES

Figure 79. — Un Poulpe des mers indiennes.

(*Imité d'*Hornell.)

CHAPITRE XVIII

LES ENNEMIS DES HUITRES PERLIÈRES

LES POISSONS.

Les ennemis des Huîtres perlières peuvent, dans de nombreuses circonstances, non seulement faire mourir beaucoup d'Huîtres, mais même supprimer complètement les bancs naturels pour plusieurs années (Voir chap. XXII).

Il est donc intéressant d'étudier les particularités de leurs mœurs et de leur genre de vie.

On trouve des ennemis, plus ou moins redoutables, des Huîtres

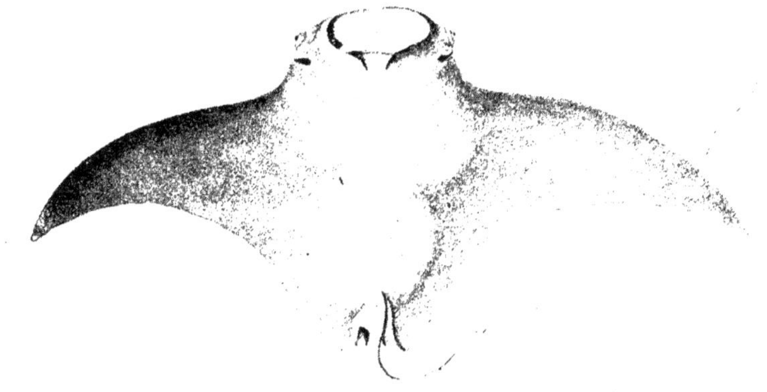

Figure 80. — CÉPHALOPTÈRE OU RAIE CORNUE.

On voit en avant de la tête les deux prolongements formés par les nageoires pectorales. L'animal peut atteindre une envergure de 1ᵐ,50.
(D'après le « Règne animal » de CUVIER, pl. 119.)

perlières dans les Poissons, les Crustacés, les Mollusques, les Vers, les Spongiaires et les Protozoaires.

Je passerai successivement en revue ces ennemis pour donner sur chacun d'eux les détails, qui me paraissent les plus intéressants, et je commencerai par les Poissons, les seuls Vertébrés, avec l'Homme, qui s'intéressent aux Huîtres perlières pour les manger.

Presque tous les Poissons, ennemis des Huîtres, sont des Poissons cartilagineux, appartenant à l'ordre des Sélaciens, et voisins des Raies. Cependant, parmi les Poissons osseux, existe le petit groupe des Poissons cuirassés, qui contient aussi des ennemis très redoutables, surtout pour les jeunes Huîtres perlières.

POISSONS CARTILAGINEUX OU SÉLACIENS. — Les Poissons cartilagineux qui nous intéressent dans ce groupe ne sont pas les Squales, les Requins, qui peuvent s'attaquer aux plongeurs, mais qui ne sont pas armés pour déguster les Huîtres : ce sont, au contraire, les Poissons moins agiles qui se rangent sous le nom d'*Hypotrèmes* (trous des branchies situés en dessous du corps), dont quelques-uns ont les instruments nécessaires pour écailler les Huîtres et les dévorer malgré leur coquille.

Les Torpilles, ces Poissons si curieux avec leur appareil électrique, leur corps en forme de disque et leur grosse queue courte et charnue, ont été souvent signalées sur les bancs d'Huîtres perlières, mais ce sont simplement des suspects, et je n'ai vu aucune observation précise concernant leurs dégâts. Leur persistance à rôder autour des parcs d'Arcachon, où l'on fait l'élevage de l'Huître comestible (Huître plate et Huître portugaise), permet de supposer qu'ils ne sont pas là en simples flâneurs et qu'ils mangent peut-être les jeunes Huîtres à l'état de naissain.

Les Raies proprement dites, et, en particulier, les Céphaloptères, les Myliobates et les Pastenagues, qui atteignent une plus grande taille que les Torpilles, ont une dentition qui leur permet de se nourrir presque exclusivement de Bivalves.

Les Céphaloptères (ailes sur la tête) doivent leur nom à deux grands prolongements formés par les nageoires pectorales qui s'avancent sur les côtés de la tête et ressemblent à deux cornes. Ces animaux redoutables ont un aspect des plus bizarres. DE BLAINVILLE les appelait les *Raies cornues* (fig. 80).

Leur bouche est munie de mâchoires garnies de petites dents tuberculeuses qui peuvent servir utilement à broyer les coquilles. On sait qu'il en existe de grosses espèces exotiques. Céphaloptère de Massena, *Cephaloptera Massena* Riss, entre autres, peut atteindre une envergure de $3^m,50$: il a été quelquefois péché dans la Méditerranée. On l'a signalé dans certaines pêcheries d'Huîtres perlières, mais l'on n'a que des renseignements assez vagues sur les dégâts qu'il peut causer.

C'est probablement un Céphaloptère qui, d'après ROQUE-

BERT (1), met, parfois, les plongeurs en péril à PANAMA (chap. XV).

Les Myliobates sont mieux connus. Ils n'exercent pas leurs ravages seulement dans les mers chaudes et sur les bancs naturels de Méléagrines ; ils arrivent à la belle saison sur les côtes de FRANCE et constituent une grosse menace pour les ostréiculteurs, qui cultivent chez nous l'Huître plate, *Ostrea edulis* LINNE.

Dans le bassin d'Arcachon, on redoute particulièrement le

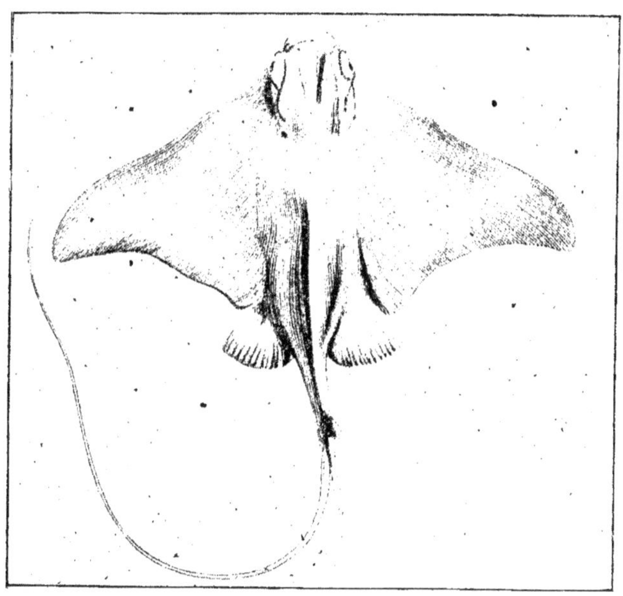

Figure 81. — L'AIGLE DE MER (*Myliobatis aquila*).
(D'après un dessin de MOREAU.)

Myliobate Aigle, *Myliobatis aquila* DUMER, et chaque parc est entouré de longues branches de pin rapprochées les unes des autres et plantées verticalement dans le sol de manière à constituer une barrière qui empêche l'ennemi de passer. Outre cette défense coûteuse, on hérisse le fond de petits pieux dans les endroits où les Huîtres sont en élevage, de manière à ce que l'animal, s'il franchit la barrière, ne puisse mettre sa bouche en contact avec le sol, où sont répandues les Huîtres.

L'Aigle de mer est un terrible ravageur. Il atteint sur nos côtes 1ᵐ,50 de long. Avec ses pectorales très développées, il

(1) ROQUEBERT, *loc. cit.* (Journal Grand Négoce, mai 1922).

semble plutôt voler que nager dans l'eau, et les petits spécimens que l'on met dans les aquariums d'Arcachon font l'admiration des visiteurs par la rapidité de leurs évolutions : la longue queue, munie à la base d'un dard barbelé, ondule gracieusement dans l'eau. L'animal peut l'enlacer autour des objets avec lesquels il se trouve en contact et les pêcheurs redoutent, avec raison, la piqûre de son aiguillon hérissé de pointes latérales dirigées en arrière. S'il entre en contact avec les chairs, quand la queue s'enroule autour d'un bras ou d'une jambe, on comprend sans peine qu'il peut produire des blessures graves. Aussi les pêcheurs prennent-ils soin, dès qu'ils capturent un de ces animaux, d'ailleurs peu estimés pour l'alimentation, de trancher la queue pour rendre le Poisson inoffensif.

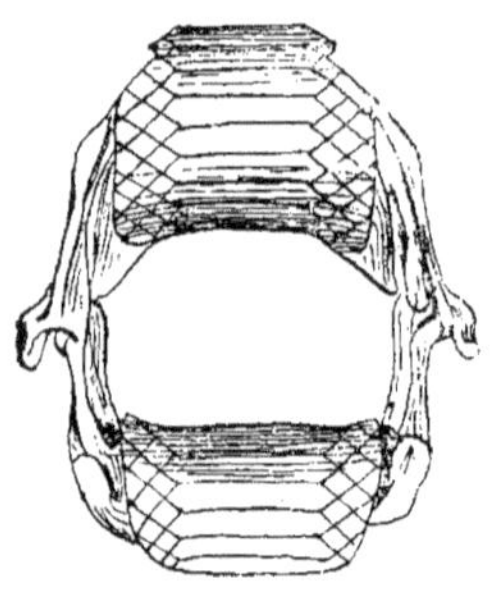

Figure 82. — Machoire d'un jeune Myliobate. (*D'après un dessin de* Moreau.)

Sa tête est particulièrement curieuse (Voir fig. 81). Elle a été comparée par les naturalistes à celle d'un Crapaud ou d'un Bœuf,

Elle est, contrairement à celle de la plupart des Raies, bombée, large et aplatie à sa partie supérieure avec un museau déprimé et de gros yeux latéraux placés près du profil supérieur de la tête, avec l'iris d'un gris verdâtre ou jaunâtre.

Le plus souvent, le dessus du corps est bronze-cuivré ou jaunâtre et le dessous blanc ou d'un gris blanchâtre. La bouche ventrale et transversale est relativement assez large, puisqu'elle occupe les deux cinquièmes environ de la largeur du museau. Les lèvres recouvrent des mâchoires, dont la puissance et la forme nous expliquent par quel procédé l'animal peut broyer les épaisses coquilles de l'Huître comestible ou de la Méléagrine perlière (fig. 82).

Les mâchoires (fig. 82), au lieu de porter des dents, ne présentent que des plaques dentaires. Ces dernières tapissent les mâchoires sur la plus grande partie de leur face interne. Ces plaques sont ordinairement disposées sur sept rangées, et celles du milieu, sept ou huit fois plus larges que longues, forment avec les plaques latérales une véritable meule.

Quand l'animal saisit un coquillage entre ses mâchoires, il imprime un mouvement de va-et-vient qui fait glisser les deux valves l'une sur l'autre. Cette manœuvre casse la charnière. Il ouvre ainsi l'Huître plus rapidement que la plus habile écaillère, absorbe le corps du Mollusque et rejette les deux coquilles plus ou moins fragmentées sous la pression de la meule.

On estime qu'il peut manger, facilement, dans un seul repas nocturne de 1 000 à 1 200 grosses Huîtres.

Dans les parcs de nos côtes, on se met à l'abri de ses attaques au moyen des barrières dont j'ai parlé plus haut, mais sur les

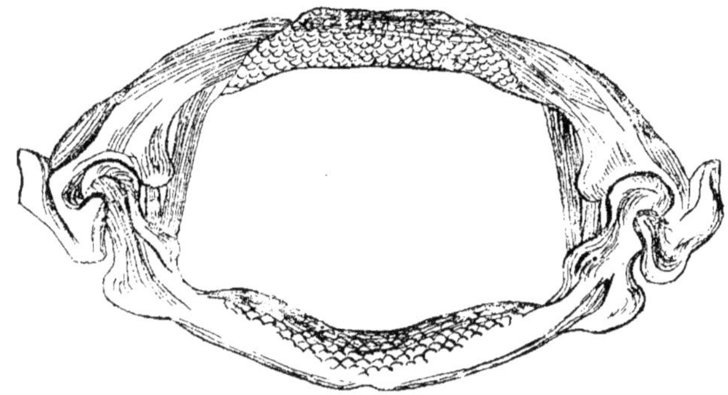

Figure 83. — MACHOIRE D'UNE PASTENAGUE, d'après MOREAU, montrant les dents aplaties qui permettent à l'animal de broyer la coquille des Huîtres.

bancs naturels, où l'on pêche les Méléagrines, les moyens de protection sont nuls et les ravages que peuvent faire les grandes espèces des mers chaudes sont considérables.

HERDMAN et HORNELL ont constaté à plusieurs reprises leurs déprédations, sur les bancs qu'ils étaient chargés de surveiller à CEYLAN, ravages effectués en compagnie des Pastenagues et de plusieurs autres grandes Raies.

Les Pastenagues sont bien connues de nos pêcheurs et, en particulier, la Pastenague commune, *Trygon vulgaris* RISS, que l'on appelle la « Tère » à Arcachon et qu'on retrouve dans la MANCHE. Je l'ai vue prendre, parfois, en grande abondance à Roscoff et le débarcadère de ce petit port était parfois jonché des queues de cette redoutable espèce. Les pêcheurs les avaient coupées en hâte avant de débarquer leurs prises, pour éviter de se piquer malencontreusement à l'un des trois aiguillons qui garnissent la base de cet organe.

Comme dans l'Aigle de mer, la queue est, en effet, munie de plusieurs aiguillons barbelés qui peuvent faire des piqûres très dangereuses. Le corps, d'aspect rhomboïdal, peut atteindre plus d'un mètre cinquante de longueur. La tête engagée dans le disque présente un museau court. Les mâchoires sont garnies de petites dents, en forme de râpe, pointues chez les mâles et squammiformes chez les femelles. Elles sont appropriées, comme les dents aplaties de l'Aigle de mer, pour broyer les coquillages (fig. 83).

« Les grands Elasmobranches tels que l'Aigle de mer et les formes voisines, dit HERDMAN (1), causent de très sérieuses réductions sur les bancs des Huîtres perlières adultes. En 1903, M. HORNELL trouva de grandes Raies en train de frayer sur le PERIYA PAAR KARAI (grand banc d'Huîtres perlières sur la côte de l'île de CEYLAN). Il explora le fond après avoir revêtu le vêtement de scaphandre et *récolta en abondance les coquilles brisées abandonnées par les Raies.* » Les coquilles broyées par ce Poisson ont une appa-

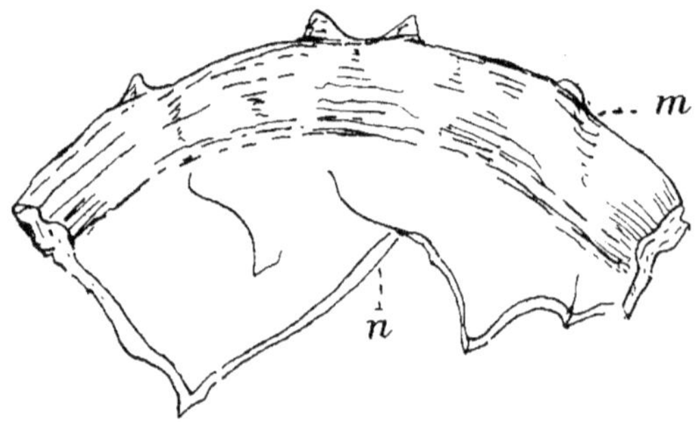

Figure 84. — FRAGMENT DE COQUILLE DE LA MÉLÉAGRINE DE CEYLAN, BROYÉE PAR LES POISSONS PRÉDATEURS.
*(D'après une photographie d'*HERDMAN.*)*

rence particulière (fig. 84) et fort caractéristique : la nacre, fendillée et fragmentée, est maintenue en place, malgré ses fissures, sur la périphérie de la coquille, dans la zone de périostracum. Ce dernier, beaucoup plus élastique, reste à peu près intact (*m*, fig. 84).

HERDMAN a étudié, en outre, à proximité des bancs de Méléagrines, un grand nombre de types voisins, parmi lesquels je citerai :

L'*Aeeobatis Narinari* (EUPHRASEN), qui est appelé dans le pays l'« Oiseau-Raie » et qui est caractérisé par sa chair couleur bleu noir ;

Le *Myliobatis maculata* (GRAY), l'Aigle de mer le plus commun dans l'océan INDIEN ;

Le *Rhinoptera Javanica* (MULLER), très voisin du *Trygon Warmack*, la Pastenague la plus répandue dans cette région :

(1) HERDMAN, *loc. cit.*, vol. V, p. 121.

« Ces derniers Poissons, dit-il, vivent en troupes très nombreuses ;
j'ai appris de source sérieuse que, durant la période de pêche de
1889, un grand filet manœuvré dans le voisinage de la côte prit
en une seule fois 7 000 individus. Mon informateur était certainement présent sur les lieux, puisqu'il fut chargé de l'utilisation de
cette grosse prise. Cet homme et son équipe mirent huit jours
entiers pour arriver à couper en morceaux ces Rhinoptères et à
préparer cette énorme masse de chair. Comme le choléra fit son
apparition dans le camp de la pêcherie de DUTCH BAY, située dans
le voisinage, beaucoup d'indigènes attribuèrent l'origine de cette
épidémie à cette accumulation de Poissons, qui, sans aucun doute,
devaient répandre une odeur peu agréable durant le cours de leur
préparation. »

L'examen du contenu de l'estomac de cette espèce, qui a été
soigneusement fait par HORNELL, montre qu'elle se nourrit
exclusivement de Mollusques et en particulier de Bivalves. Chose
curieuse, elle est d'ailleurs utile pour qu'il se produise des perles
accidentelles, et nous verrons dans le chapitre relatif aux parasites
que la présence de ces dévorants est nécessaire pour que les Huîtres
perlières justifient leur nom et produisent une quantité notable
de perles fines sur les bancs naturels (Voir chap. XXI).

A propos du *Rhinoptera javanica*, HERDMAN fait observer, avec
raison, qu'on ne peut souhaiter la destruction complète de ce
Poisson vorace, qui fait pourtant tant de dégâts dans les mers
indiennes, puisqu'il est l'hôte du *Tetrarhynchus unionifactor*, qui,
à son stage larvaire, en infestant les Méléagrines, amène la production de perles fines et sert de noyau pour leur formation. Il
souhaite seulement qu'on arrive à en diminuer le nombre.

Des Poissons cartilagineux tels que les Raies ne sont pas les
seuls Poissons qui nuisent aux bancs d'Huîtres perlières. Le
Balistes mitis, le *Balistes stellatus* et le *Balistes maculatus*, ainsi
que plusieurs autres espèces de la même famille qui appartiennent
à la section fort curieuse des Poissons osseux, qu'on appelle les
« Poissons cuirassés » (Voir fig. 85), s'attaquent aussi aux Huîtres
perlières. Leur dentition, malgré la solidité de leurs dents, ne leur
permet pas de broyer les *grosses* coquilles des Huîtres adultes ;
ils semblent s'attaquer, exclusivement, aux formes jeunes et
commettent ainsi des ravages plus durables.

« Les différentes espèces de Balistes, dit HERDMAN (1), se nourrissent d'Huîtres immatures. Nous avons trouvé des coquilles brisées dans l'estomac de ces Poissons; mais, quoique ceux-ci arrivent à enlever fréquemment un morceau du pourtour de grandes coquilles, il est probable qu'ils sont impuissants à détruire des adultes à coquilles saines et suffisamment développées. Tout au plus peuvent-ils dévorer, parmi les adultes, ceux dont la coquille est déjà travaillée par l'éponge *Cliona* (fig. 97) et qui deviennent ainsi une proie facilement accessible. »

« Le *Balistes stellatus*, dit HERDMAN (2), parut en grande abon-

Figure 85. — BALISTE VU DE PROFIL ET DU CÔTÉ GAUCHE.
(*D'après une figure du « Règne animal » de* CUVIER.)

dance pendant l'inspection (1902) sur le banc que nous avions à étudier. On en apercevait un grand nombre dans l'eau et, en un quart d'heure, on en prit six exemplaires. Il est intéressant de noter que les Huîtres examinées dans ces parages étaient infestées d'un grand nombre de kystes de *Tetrarhynchus* (*parasite des Balistes à l'état adulte*) à un degré bien supérieur à celui constaté sur tous les autres bancs. »

Ces observations et bien d'autres, que je pourrais citer, suffisent à montrer que les ravages des Poissons sont très sérieux sur les bancs d'Huîtres perlières dans l'océan INDIEN et, en particulier,

(1) HERDMAN, *loc. cit.*, vol. III, p. 121.
(2) HERDMAN, *Description of the Pearl Oyster Banks of the Gulf of Manaar*, p. 115.

dans le voisinage de CEYLAN. Ils contribuent, ainsi que nous le verrons dans le chapitre XX, à la disparition cyclique des bancs d'Huîtres qui s'appauvrissent parfois pendant de longues périodes, où l'on est obligé de suspendre la pêche, faute d'Huîtres sur les fonds.

Il n'y a pas que sur les bancs de l'océan INDIEN que les Poissons exercent leurs déprédations.

« Les lagons des îles TUAMOTU, dit SEURAT (1), sont infestés par un Trigon qui y cause beaucoup de ravages, que les indigènes appellent *Tehareta* ou Raie marteau et qui vit par bandes de huit à dix individus. Cet animal atteint 1^m,50 de longueur sur 1 mètre de largeur.

« Un autre Poisson, armé de puissantes mâchoires, appelé *Oiri* et *Kotohe* à TUAMOTU, broie également les Huîtres et les dévore. »

Certaines grosses Raies semblent jouer le même rôle destructeur au JAPON, sur les côtes de CALIFORNIE et à PANAMA. J'ai signalé au commencement du chapitre que, d'après ROQUEBERT (2), elles peuvent nuire non seulement aux Huîtres, mais aussi aux scaphandriers qui font la pêche :

« Le seul Poisson dangereux pour un scaphandre, dit-il, c'est la « Manta » ou Grande Raie cornue, qui, poursuivie par d'autres Poissons, passe comme une trombe presque au ras du fond, coupant, comme un fétu, les tuyaux a air comprimé qui desservent le scaphandrier; mais, comme par le bruit qu'elle fait on l'entend venir de loin, le scaphandrier a le temps de se coucher à plat sur le fond, de s'accrocher aux roches et garder ainsi assez d'air pour prévenir la rupture du tuyau en caoutchouc servant de conduite à l'air comprimé, et pouvoir être remonté à la surface, soit à l'aide de la corde à signaux, soit avec celle à laquelle il est attaché, et même, si besoin est, avec celle de l'ancre à canot. L'équipage du canot, mis en éveil par le passage en trombe de cette Raie, sait, avec ou sans signal d'alarme, ce qu'il a à faire. Aussitôt après, il remonte le scaphandrier. »

La présence à PANAMA de cette Mante ou Raie cornue, qui doit vraisemblablement être un gros Céphaloptère (fig. 80), montre que les Poissons cartilagineux peuvent exercer partout les mêmes ravages sur les bancs naturels de Méléagrines perlières, et comme, d'autre part, les Balistes et les autres Poissons cuirassés, quoique

____

(1) SEURAT, *la Nacre et les Perles en Océanie* (Bull. Muséum Océ.n., Monaco, 1906).

(2) ROQUEBERT, *loc. cit.* (Journal Grand Négoce, mai 1922).

relativement peu nombreux en espèces, ont une répartition géographique très étendue et se rencontrent dans toutes les mers chaudes; on peut en conclure qu'eux aussi constituent partout des ennemis destructeurs de l'Huître.

En résumé, nous pouvons dire que, parmi les Poissons prédateurs, les Balistes dévorent surtout le naissain et les jeunes, tandis que les Raies et surtout les Myliobates et les Céphaloptères dévorent les adultes.

CHAPITRE XIX

LES ENNEMIS DES HUITRES PERLIÈRES *(Suite)*

Les Mollusques renferment trois grandes divisions principales :

1º Les Mollusques les plus élevés en organisation, les Céphalopodes, dont le pied est divisé en plusieurs longs tentacules armés de ventouses, qui sont disposés tout autour de la bouche comme une couronne ;

2º Les Mollusques à coquille enroulée comme celle de l'Escargot, qui représentent les anciens univalves, désignés maintenant sous le nom de Gastéropodes ;

3º Les Mollusques, au groupe desquels appartiennent les Huîtres perlières, et qui ont une coquille à deux valves et que l'on classe, généralement, sous le nom de Pélécypodes, de Lamellibranches ou d'Acéphales.

Tandis que, chez les Vertébrés, les principaux destructeurs se trouvent parmi les Poissons cartilagineux et quelques Poissons osseux, chez les Mollusques, des ennemis se rencontrent dans les trois grandes divisions.

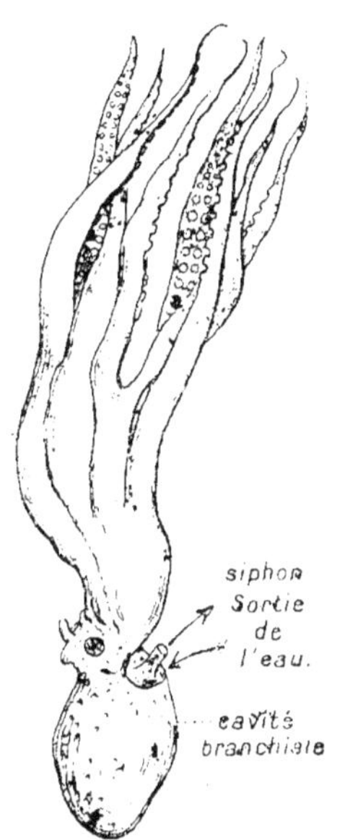

Figure 86. — EXTÉRIEUR DU POULPE VU DE PROFIL.

CÉPHALOPODES. — J'étudierai tout d'abord les Céphalopodes. Tous les lecteurs connaissent le passage du roman où Victor HUGO a décrit une Pieuvre gigantesque qui s'attaque à un malheureux, qu'elle étouffe et qu'elle dévore. Sauf quelques Céphalopodes géants, qui vivent entre deux eaux à de grandes profondeurs et qui ne descendent jamais sur le fond, tous les Céphalopodes qui peuvent nuire aux Huîtres perlières sont de beaucoup plus petite taille.

Leur aspect n'en est pas moins très impressionnant et leur physionomie des plus singulière.

Dans la description d'une grotte sous-marine, Yves DELAGE (1), le grand biologiste français mort récemment, a donné la description sommaire du Poulpe en quelques vers qui prouvent qu'un grand savant peut être aussi un grand poète et que je reproduis ci-dessous :

> . . . . Au fond, ce haut crâne bicorne,
> Ce fouillis de longs bras parsemés de suçoirs,
> Cette apparition de rêve, cet œil morne,
> Qui, demi-clos, lançant des feux rouges et noirs,
> Guette ce Crabe vert frissonnant d'épouvante,
> C'est le Poulpe, à la fois et splendide et hideux,
> Araignée embusquée en sa toile vivante,
> Rétiaire tapi sous son filet visqueux !

La Pieuvre la plus commune sur les côtes de France est l'*Octopus vulgaris* L., le Poulpe commun (fig. 86).

Il est peu fréquent qu'un homme se trouve mis en danger par une bête d'aspect aussi redoutable malgré sa taille réduite. Il n'en est pas de même pour les Huîtres perlières, qui sont souvent dévorées par les Pieuvres, qui représentent, pour elles, des ennemis mortels.

Si l'on examine le Poulpe étendu sur la face ventrale, le corps a l'aspect d'une petite outre appendue à la portion céphalique ; on n'aperçoit aucun orifice, sur la face dorsale, mais de chaque côté du renflement céphalique on distingue deux gros yeux proéminents et, sur tout le corps, des rugosités ou des proéminences charnues particulièrement développées au niveau des yeux.

La coloration est loin d'être uniforme. Livide par places, elle est foncée et brune sur d'autres parties. Cette coloration inégale est due aux *chromatophores* inégalement étalés (2).

Si l'animal est suffisamment frais et si les tissus sont encore vivants, on peut mettre en évidence le rôle des chromatophores en soufflant un peu de fumée de tabac sur une faible portion de la surface du corps.

Partout où touche la fumée, on voit s'étendre une teinte plus

---

(1) Yves DELAGE, *Gloria Parvis*, p. 23. (Vendu au profit des victimes de la mer de Roscoff, 1921.)

(2) L. BOUTAN, *Dissections et manipulations de zoologie*, 1917, Doin, Paris, p. 321.

foncée, qu'on explique par la paralysie des chromatophores qui se relâchent sous l'influence de la nicotine.

Si on renverse alors l'animal sur l'autre face et si l'on étudie la face ventrale, on remarque que l'outre est fendue transversalement dans sa partie la plus voisine de la région céphalique.

C'est l'ouverture de la cavité branchiale, surplombée sur la ligne médiane par le siphon et constituée par un repli de manteau, repli qui n'existe pas sur la face dorsale (contrairement à ce qu'on observe dans les Décapodes).

On peut maintenant reconnaître les principaux orifices : en écartant les bras réunis à leur base par une membrane; au milieu du cercle qu'ils forment, on trouve la bouche entourée par une lèvre circulaire, par où fait saillie le *bec de perroquet renversé*, qui représente les mâchoires.

Quoique le Poulpe commun soit de beaucoup l'espèce la mieux connue au point de vue des mœurs, bien des points restent obscurs dans sa biologie.

Depuis plus de trente ans que je fréquente le laboratoire de Roscoff, j'ai constaté, en effet, les faits suivants :

Lorsque j'étais jeune étudiant, le Poulpe était extrêmement commun sur les côtes de Bretagne et, à marée basse, on ne pouvait faire une excursion sans en trouver un grand nombre dans les flaques d'eau, laissées par la mer en se retirant. Là, on l'apercevait dans son gîte caractéristique, ordinairement une petite cavité sous une pierre constituant son repaire, qui se trahissait à l'extérieur par des débris de repas, constitués principalement par des coquillages et des carapaces de Crabes.

Il était alors si abondant que Frédéric, le grand physiologiste belge, pouvait se procurer sans peine les centaines d'échantillons qui lui étaient nécessaires pour poursuivre ses mémorables études sur le sang du Poulpe et mettre en évidence l'Hémocyanine, qui y remplace l'hémoglobine du sang des Vertébrés.

Peu à peu, dans les années suivantes, le nombre des Poulpes qu'on trouvait à la plage allait en décroissant, si bien que les pêcheurs, qui se servaient de ses fragments découpés pour amorcer leurs lignes de fond, durent renoncer à utiliser cet appât. Vers 1900, il était devenu très rare, et on ne le trouvait plus que tout à fait par hasard.

Brusquement, vers 1910, les Poulpes faisaient de nouveau leur apparition à Roscoff et, année par année, ils devenaient de plus en plus nombreux, envahissant la plage et l'appauvrissant en coquillages. Il semble que cette invasion est actuellement de nouveau en décroissance et que le Poulpe est en voie de disparition, comme dans la première période que j'ai signalée.

Ces faits nous prouvent que nous avons encore beaucoup à apprendre au sujet des Poulpes et de la plupart des formes marines. Est-il soumis à des migrations périodiques ? Est-ce un habitant de grandes profondeurs, qui ne vient sur nos côtes que dans des conditions particulières de courants ? La température de l'eau a-t-elle une action sur lui ? Est-il simplement soumis à des épidémies qui déciment l'espèce et en réduisent le nombre ? Ce sont autant de questions qu'il est impossible de résoudre dans l'état actuel de nos connaissances.

Ce sont des espèces voisines de notre Poulpe vulgaire qui, dans les mers chaudes, causent de sérieux dégâts.

Il ne semble pas que ces dégâts des Poulpes, sur les bancs naturels de Méléagrine, aient particulièrement fixé l'attention de HERDMAN et d'HORNELL, qui ont cependant étudié avec tant de soin les gisements d'Huîtres perlières de CEYLAN.

HERDMAN, dans son chapitre sur les ravageurs des bancs, ne paraît pas attacher une grande importance aux dégâts des Céphalopodes. Il dit incidemment : « Les Octopodes (tels que *Polypus Herdmani*) sont abondants dans quelques endroits des bancs et sont bien connus pour vivre aux dépens des Huîtres et des Moules. »

Grâce à lui, un mémoire tout entier a été consacré par W. HOYLE (1), directeur du Muséum de MANCHESTER, aux Céphalopodes recueillis sur les pêcheries de CEYLAN ; mais je n'y ai trouvé aucune observation précise sur les dégâts occasionnés par ces carnassiers voraces.

Nous savons cependant, d'après la citation précédente, qu'il existe en grande abondance sur certains points, le *Polypus Herdmani*, de taille moyenne, déterminé par W. HOYLE, comme une nouvelle espèce (fig. 87). Des exemplaires ont été recueillis à GALLE, à PALK BAY, au nord de PERIYA PAAR, dans le golfe de MANAAR et dans le CHEVAL PAAR, et tout nous porte à croire que, comme sur nos côtes, les bancs naturels de Méléagrines doivent être mis en coupe réglée par ces insatiables mangeurs de Mollusques.

Les Japonais, au contraire, se sont rendus compte des dégâts

(1) William-E. HOYLE, *Report on the Cephalopoda collected at Ceylon in 1912* (Suppl. reports, n° XIV, 1904).

des Poulpes sur leurs pêcheries et, dans le nettoyage des fonds qu'ils effectuent grâce à leurs plongeuses, ils cherchent, tout particulièrement, à se débarrasser de ces hôtes incommodes et leur font régulièrement la chasse (Voir le chap. XV).

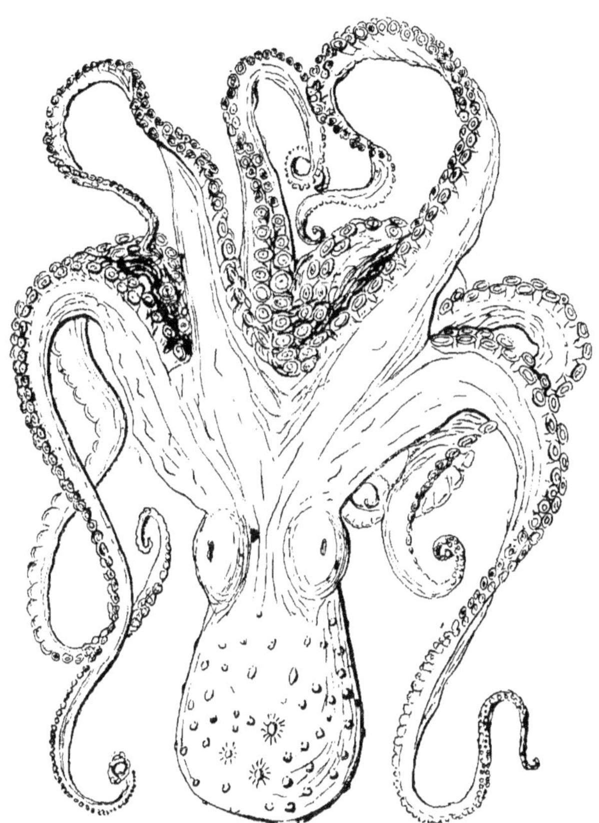

Figure 87. — *Polypus Herdmani.* Nouvelle espèce de Poulpe des mers indiennes.
(*D'après une planche d'*Herdman. *Cephalopoda*, pl. I, 1904, 2ᵉ partie.)

Gastéropodes. — Parmi le nombre immense de coquillages enroulés qui constituent le groupe des Gastéropodes, beaucoup sont inoffensifs et se contentent de brouter les Algues et de manger de toutes petites proies. Un certain nombre sont au contraire des carnassiers redoutables pour les Huîtres perlières.

A première vue, on peut se demander comment ces animaux encombrés par leur coquille arrivent à dévorer une Huître qui, pour se mettre à l'abri, semble n'avoir qu'à rapprocher ses valves et à fermer ainsi, par une solide barrière, l'accès de sa demeure.

Le Gastéropode carnassier arrive, cependant, à ses fins par une méthode très simple, qu'une particularité de son organisation lui permet d'employer.

Je l'ai mise en évidence dans une étude que j'ai faite autrefois sur la Nasse réticulée, particulièrement abondante sur nos côtes et que les lecteurs qui fréquentent le bord de la mer peuvent facilement recueillir eux-mêmes.

La Nasse réticulée est un Gastéropode de 1 centimètre et demi à 2 centimètres de long. Il est contenu dans une coquille, fortement enroulée en spirale, ornée de lignes ponctuées d'un dessin assez élégant (fig. 88).

La couleur générale de l'animal à l'état vivant est verdâtre : mais d'ordinaire la coquille est en partie masquée par des débris de vase, retenus par de petites Algues parasites.

Pour bien se rendre compte du dessin de la coquille, il faut donc avoir la précaution de la gratter soigneusement après un lavage, ou de la décaper dans un liquide acidulé, à l'aide de l'acide chlorhydrique, par exemple.

L'animal peut faire saillir hors de sa coquille une tête munie de deux tentacules, portant des petits yeux brillants et noirs ; un long tube qu'on appelle « siphon » et qui lui permet d'introduire l'eau nécessaire à la respiration dans l'intérieur de la chambre branchiale, et, enfin, un long pied en forme de cœur allongé, à l'aide duquel, il progresse en rampant à la façon des Limaçons.

Voici notre animal bien déterminé ; mais comment arriver à le découvrir, puisque j'ai commencé par dire qu'il vivait enfoui sous le sable ?

Pour le trouver, il suffit de descendre le long de la plage, lorsque la mer a commencé à se retirer et de choisir les endroits pourvus de sable fin dans le voisinage des roches.

Dans toutes les mares que vous trouverez et que le flot laisse derrière lui en se retirant, il y a un monde de chasseurs à l'affût, que vous ne voyez pas, mais qui n'attend que l'occasion de faire un bon repas.

Pour faire apparaître les Nasses que nous cherchons et les forcer à quitter leur cachette, il faut leur offrir une proie.

Hâtez-vous donc de retourner les rares cailloux qui émergent au milieu du sable blanc, jusqu'à ce que vous ayez découvert un

Crabe. Ce sera la victime désignée, l'amorce qui attirera le gibier convoité (fig. 88).

Le Crabe est considéré par les Nasses comme un mets délicat,

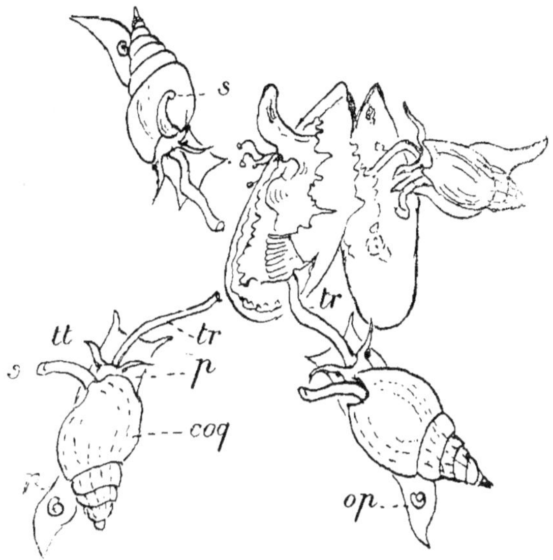

Figure 88. — Un groupe de Nasses autour d'une Moule ouverte.

Les Nasses, attirées par cette proie, ont dévaginé leur trompe et s'apprêtent à déguster le Mollusque. Les deux individus de droite ont déjà introduit l'extrémité de leur trompe dans les chairs de la Moule.

coq, coquille. — *op*, opercule. — *p*, pied. — *s*, siphon. — *tr*, trompe. — *tt*, tentacules.

et ce balayeur de la plage sera balayé à son tour, car ici les loups se mangent entre eux.

Broyons le Crabe entre deux pierres et jetons le tout saignant dans la flaque la plus voisine.

Les Nasses ont un odorat des plus subtils; elles ont déjà senti l'odeur de la proie que vous venez de leur préparer.

Vous n'avez plus qu'à vous asseoir sur quelque grosse pierre voisine de la mare et qu'à attendre l'arrivée des affamés ; vous en verrez des légions tout à l'heure.

Déjà, de place en place, tout autour de l'endroit où gît le malheureux Crabe, la carapace défoncée et le ventre en l'air, le sable commence à se soulever, de petites masses noirâtres apparaissent, ce sont les têtes de nos chasseurs ; puis, les coquilles enroulées émergent lentement à leur suite.

Les gloutons ont senti la chair fraîche, ils laisseront à peine au Crabe le temps d'expirer ; avant une heure, il ne restera plus du Crustacé que quelques débris de carapace.

A peine sorties du sable, les Nasses s'orientent. Elles promènent tout autour d'elles leur long siphon pour tâter le terrain, comme un homme se sert d'un bâton pour se diriger sur un sol difficile.

Leur hésitation n'est pas de bien longue durée ; la route reconnue, toutes se dirigent sans dévier vers la proie, laissant derrière elles un léger sillon dans le sable.

Chacune des lignes ainsi formées converge vers le Crabe et dessine les rayons d'une circonférence ayant un Crabe pour centre.

Les Nasses surgissent partout ; en voilà dix, puis vingt, puis cent. Quelques-unes sont déjà en contact avec leur proie ; fiévreusement, avec leur long siphon, elles en tâtent les différentes parties, comme pour en mesurer le volume ; on voit qu'elles ont hâte de commencer le repas.

Comment vont-elles s'y prendre pour dévorer leur victime ?

Le Crabe est protégé par sa carapace, qui l'enveloppe comme une cuirasse rigide ; toutes les parties molles sont à l'abri et semblent au premier abord bien protégées contre l'appétit d'animaux mous et flasques comme les Limaçons.

Comment parvenir à perforer cette carapace ? Les Nasses vont-elles se glisser, par le défaut de la cuirasse, dans l'intérieur du cadavre si bien protégé ? Les parties molles pourraient peut-être s'y insinuer, mais leur grande coquille les arrêterait bientôt.

Il suffit d'observer leur manège pour s'apercevoir que ce qui nous paraissait si embarrassant n'est, en réalité, qu'un jeu pour ces animaux.

Quand, à l'aide de leur siphon, elles ont terminé leur inspection et bien déterminé le volume de la proie, on voit tout à coup sortir de la partie antérieure de la tête, entre les deux tentacules qui portent les yeux, un long appendice de forme cylindrique qui égale en longueur leur corps tout entier (*tr*, fig. 88).

Elles appliquent l'extrémité de ce singulier instrument au point de jonction d'une des pattes avec la carapace du Crabe, dans un point qu'elles ont choisi et déterminé soigneusement à l'avance.

L'appendice s'insinue lentement, comme une vrille, au travers du point faible de cette jointure ou de cette articulation et s'enfonce progressivement dans les tissus.

Ces animaux ont donc une trompe ? direz-vous.

C'est en effet l'exacte vérité, les Nasses ont une trompe comme les Éléphants, mais leur trompe me semble beaucoup mieux combinée que celle des grands Pachydermes. L'Éléphant avec sa trompe ne peut que sentir et flairer. Il est obligé, lorsqu'il veut se nourrir, de recourber cet énorme appendice et d'en amener l'extrémité au contact de la bouche. La trompe de l'Éléphant n'est qu'un nez muni d'une main.

La Nasse est mieux pourvue. La trompe n'est plus un nez, c'est *une bouche allongée en forme de main*. Ne pouvant se rapprocher des aliments, à cause de sa volumineuse coquille, elle aurait pu, si elle avait possédé des organes préhenseurs, aller chercher sa nourriture avec la main pour la porter à sa bouche ; elle trouve plus pratique de transporter sa bouche dans l'intérieur de la proie, en même temps que sa main.

Ce long cylindre n'est donc en réalité qu'un prolongement du tube digestif ouvert à son extrémité, pour livrer passage aux aliments et muni de fortes dents, mises en mouvement par une série de muscles et qui jouent le rôle d'une forte lime.

On comprend, maintenant, comment les Nasses peuvent dévorer un Crabe en dépit de sa carapace et sans pénétrer dans son intérieur.

Grâce à leur trompe, elles peuvent fouiller partout et porter leur bouche jusqu'à l'extrémité interne des pattes, car plus l'organe s'allonge, plus il s'amincit.

N'avais-je pas raison de dire que cette trompe paraît mieux combinée que celle de l'Éléphant?

L'Éléphant garde à perpétuité ce long appendice, qui ressemble à un énorme boudin. Il porte, sans cesse, ce nez démesurément allongé en travers de la figure. C'est de là que lui vient cet air ennuyé et chagrin.

La Nasse, au contraire, son repas fini, replie tranquillement sa trompe dans l'intérieur de son corps. L'organe s'invagine comme un bonnet de coton, ou plus exactement comme un doigt de gant, qu'on tire par son extrémité supérieure, de dehors en dedans.

Elle s'enfonce ensuite dans le sable, rentre dans sa coquille, dont elle ferme l'unique orifice à l'aide d'une petite plaque qu'elle porte sur le pied et qu'on nomme l'opercule, et attend, bien à l'abri dans cette sûre retraite, que la fortune lui envoie quelque proie délicate à la marée prochaine.

Si, au lieu de la mettre en contact avec un Crabe, nous l'avions mis en présence d'une Huître vivante enfermée dans sa coquille, l'Huître aurait été dévorée comme le Crabe, mais l'opération aurait été plus longue et aurait exigé la mise en œuvre d'un nouveau dispositif.

La trompe de la Nasse, comme celle d'ailleurs des autres Gastéropodes carnassiers, est un outil à deux fins : un outil travaillant mécaniquement et chimiquement, s'il est nécessaire.

Dans cette trompe qui, nous l'avons dit plus haut, n'est autre chose que le tube digestif prolongé, il y a des glandes salivaires qui sécrètent un acide très efficace sur le calcaire.

Si l'animal applique l'extrémité de sa trompe sur une coquille et sécrète un peu de salive, cette salive va dissoudre le calcaire de la coquille au point d'application de la trompe et, peu à peu, grâce aux mouvements de la râpe linguale, va s'ouvrir à travers la coquille un tunnel cylindrique qui va aboutir aux téguments mous de la victime.

C'est pour cela que l'on trouve si fréquemment à la plage, parmi les coquilles roulées, des valves de Bivalves, trouées comme à l'emporte-pièce. L'emporte-pièce qui a fonctionné dans l'espèce est une trompe de Gastéropode carnassier.

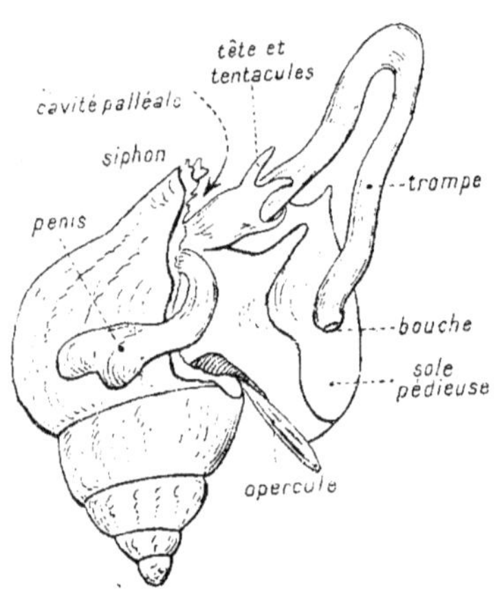

Figure 89. — Le Buccin (*Buccinum undatum*) en état d'extension et vu de profil de manière a montrer la tête de l'énorme trompe qui lui sert a perforer les coquilles.

La Nasse commune, que j'ai prise comme exemple, n'attaque pas spécialement les Huîtres perlières, les Méléagrines des mers chaudes. Il y a cependant plusieurs Nasses exotiques qu'on a recueillies en abondance sur les bancs naturels d'Huîtres perlières et qui doivent s'attaquer aux jeunes Méléagrines.

A côté de la Nasse existent bien d'autres Gastéropodes carnassiers. Sur les bancs de Méléagrines de Ceylan, Herdman (1) a constaté les ravages de ces animaux. « Les Mollusques, dit-il, qui perforent les coquilles à l'aide de la radula et creusent un petit tunnel qui leur livre l'accès de l'intérieur de l'animal, sont en grande partie de petits Gastéropodes que les plongeurs dési-

____

(1) Herdman, *loc. cit.*, p. 122, vol. V.

gnent sous le nom collectif d'*Uri*. Ce sont d'ordinaire les jeunes coquilles de Méléagrines qui sont attaquées, et, sur un grand lot de valves appartenant à des Huîtres d'un pouce de diamètre (environ 3 centimètres) que j'ai examiné dans une occasion. 60 p. 100 étaient perforées par le petit orifice circulaire qui indiquait nettement la cause de la mort.

Il est vraisemblable que les Méléagrines adultes sont bien rarement tuées par ces petites formes et, durant nos explorations sur les gisements perliers de la mer ROUGE, je n'ai pas recueilli personnellement une seule grande coquille perforée par un Gastéropode. Si cela arrive, le Mollusque perforant ne peut pas être l'*Uri*, mais doit être un plus gros animal, comme les grandes espèces de *Murex*, de *Chanks*, *Turbinella pyrum* et *Fasciolaria trapezoïdes*.

Le Chank est un gros Gastéropode, dont la coquille est recherchée par les Indiens, qui en font une foule d'objets utiles ou d'ornement (fig. 90). Est-il un ennemi pour l'Huître perlière ?

La question est loin d'être élucidée, et H. S. THOMAS ne partage pas l'avis d'HERDMAN sur le rôle de ces gros Gastéropodes, qui,

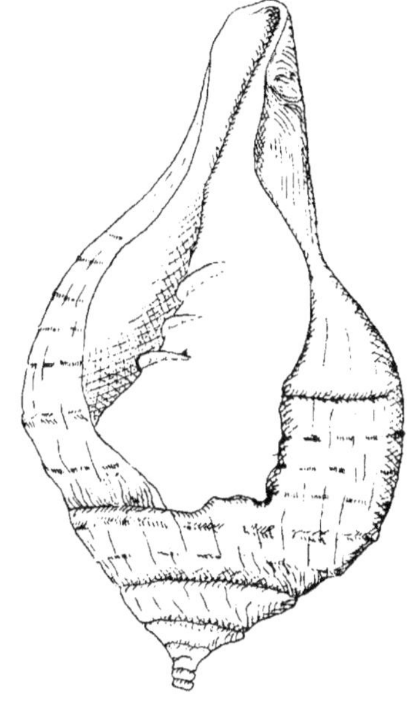

Figure 90. — COQUILLE DE CHANK VUE PAR LA FACE VENTRALE.
(D'après HORNELL.)

dit-il, se tiennent dans le sable, assez loin des Méléagrines. D'après lui, le Chank se nourrit surtout d'Annélides, et l'extrémité de sa trompe n'est pas armée de dents assez puissantes pour lui permettre de perforer l'animal.

Ce dernier argument n'a pas de valeur, et je ferai remarquer que ce qui permet la perforation de la coquille est surtout la sécrétion des glandes salivaires et non l'armature de la trompe.

Ce sont elles qu'il faudrait examiner chez le Chank, et non la radula, qui ne joue qu'un rôle accessoire.

Malgré l'avis de THOMAS, comme des inspecteurs des bancs à TUTICORIN et à COLOMBO ont vu le Chank manger l'Huître perlière adulte, ce Chank ne saurait être regardé comme tout à fait dédaigneux de cette proie succulente.

D'après SEURAT, le *Pyrula carnaria* et le *Murex regius* ou Chank éléphant représenteraient, au contraire, des Gastéropodes très nuisibles à l'Huître perlière. Il signale que, dans un endroit où vit le Chank éléphant avec sa progéniture, les Huîtres disparaissent sur un assez grand espace.

Il signale également le *Murex bicolor* comme ennemi de la Méléagrine dans le golfe de Californie.

Un autre Murex décrit par FRANÇOIS (1) dans son voyage en Nouvelle-Calédonie me paraît être également un ennemi assez actif de la Grande Pintadine. Voici les détails très curieux qu'il fournit à son sujet : « Sur les bancs des environs de NOUMÉA, j'ai rencontré en abondance un gros *Murex* (*Murex fortispinna*), qui se promène en cherchant sa pâture parmi les coraux et les débris de toutes sortes que les courants y accumulent (fig. 91).

« J'avais déjà remarqué, en examinant la coquille de ce *Murex*, que le bord externe de l'orifice de celle-ci, parmi les dents en nombre variable qu'il comporte, en présente une beaucoup plus forte que les autres, située vers le tiers antérieur, dirigée vers le bas lorsque la coquille est placée dans sa position naturelle, c'est-à-dire l'orifice reposant sur le sol, et que cette dent semble toujour plus ou moins usée comme par un frottement, tant du côté interne qu'à l'extérieur, tandis que les dents voisines sont intactes. Je ne pouvais trouver d'explication à ce fait, lorsque, en ramassant aujourd'hui un de ces Gastéropodes, je compris le rôle de cette dent et la cause de son usure.

« Ce *Murex* était en train de dévorer une Arche volumineuse ; avec son pied, il la tenait fortement serrée contre le bord de sa coquille, et, dans cette position, la dent qui nous occupe, enfoncée entre les deux valves de la victime, les empêchait de se fermer, tandis que le bourreau pouvait introduire sa trompe sans danger et se délectait de la chair et du sang de l'infortuné Lammelli-branche.

« Cette observation m'a semblé intéressante, et cette adaptation d'une partie de la coquille à ce mode de préhension des aliments très particulier mérite d'être notée.

« L'Arche en question, *Arca*, sous-genre *Andora pilosa*, vit à moitié enfoncée dans les grèves de cailloux et débris de coraux.

____

(1) FRANÇOIS, *Choses de Nouméa* (Archiv. de zool. exp. et générale, t. IX, 2ᵉ série, p. 241).

Il faut avoir l'œil très exercé pour reconnaître sa présence, car il n'y a d'apparent que le bord postérieur de sa coquille avec les orifices du manteau. Mais, à la moindre alarme, elle referme brusquement ses valves, en projetant en l'air et obliquement quelques gouttes d'eau ; c'est généralement ce qui la fait découvrir.

« Je ne crois donc pas que le Murex puisse la prendre par surprise, il n'est pas assez rapide pour cela ; en revanche, il est doué

Figure 91. — *Murex fortispinna* DE LA NOUVELLE-CALÉDONIE.
(*D'après* FRANÇOIS, « *Arch. de zool. exp. et générale* », t. IX, 2e série.)

d'une grande force. Il doit donc, à mon avis, après avoir tiré l'Arche de la grève, la saisir avec son pied, puis, rentrant dans sa coquille, la serrer fortement en plaçant le bord des valves sur sa dent en coin, contre laquelle l'opercule contribue encore à la pousser. Quelle que soit la puissance des muscles de l'Arche, elle ne peut résister à la pression considérable qu'elle subit ; le coin entre, les valves sont écartées ; le repas commence. »

N'est-il pas curieux de voir s'ajouter, au mécanisme de la trompe que j'ai décrit plus haut chez *Nassa*, un mécanisme tout nouveau qui vient renforcer les armes du Mollusque carnassier ?

Ce *Murex*, si bien décrit par FRANÇOIS, est, paraît-il, assez commun sur les côtes de la NOUVELLE-CALÉDONIE, et ses ravages sur les bancs où vit la Grande Pintadine ont été plusieurs fois signalés.

Nous n'avons pas d'aussi grosses espèces de *Murex* en FRANCE; mais l'une d'elles est très commune sur nos côtes, et je relève le passage suivant de M. EYSSARTIER (1) :

« Le Cormaillot ou Bigorneau perceur, *Murex Erinaceus* LINN., perce rapidement la valve supérieure de l'Huître et, par cette ouverture, suce l'animal. Leur abondance dans le bassin d'AR- CACHON, quand COSTE y créa les Huîtrières de LAHILLON, obligea l'État à envoyer un stationnaire, *le Léger*, dont l'équipage fut chargé d'opérer leur destruction. »

Les ostréiculteurs d'ARCACHON récoltent systématiquement ces animaux à marée basse dans leurs parcs et arrivent à en limiter le nombre, de manière à rendre leurs dégâts supportables. Mais il ne peut en être de même sur les bancs naturels de Méléagrines où personne ne peut songer à aller les ramasser.

En résumé, dans toutes les régions du globe où prospèrent les Méléagrines, il existe des Gastéropodes carnassiers qui s'attaquent souvent aux jeunes Huîtres et parfois aux Huîtres adultes mieux protégées par l'épaisseur de la coquille. Les espèces particuliè- rement signalées sur les bancs perliers sont : les Nasses, les Murex, les Buccins, les Pourpres et les Turbinelles.

BIVALVES OU PÉLÉCYPODES. — Certains Bivalves, en petit nombre d'ailleurs, peuvent se cantonner dans le rôle d'ennemis indirects. Aucun d'eux n'attaque directement les Méléagrines, mais quelques-uns, parmi les Bivalves perforants, peuvent léser gravement la coquille; un certain nombre d'entre eux peuvent les étouffer en se fixant dans leur voisinage immédiat.

La *Modiola barbata* est, d'après HERDMAN, un ennemi assez redoutable pour les jeunes Huîtres de CEYLAN.

« Le rôle néfaste joué par cette sorte de petite Moule appelée *Surau*, dit-il, par les pêcheurs, est probablement dû en partie à une action mécanique. Il s'y ajoute, en outre, une compétition pour la nourriture. La Modiole étend ses filaments bissaux aussi bien sur les coquilles d'Huîtres vivantes ou mortes que sur les pierres. Elle forme ainsi un réseau inextricable et chevelu, d'où elle émerge seule au milieu d'une masse compacte de fibres dans laquelle la vie de l'Huître perlière devient impossible. Elle est d'ailleurs très petite et ne peut avoir d'action sur les grosses

(1) EYSARTIER, Bulletin Société scientifique d'Arcachon, 1922.

coquilles. Pourtant elle arrive, si elle est assez nombreuse, à faire périr toutes les formes jeunes. »

Parmi les Bivalves perforants, nous trouvons des Lithodomes qui peuvent creuser dans la coquille de véritables excavations

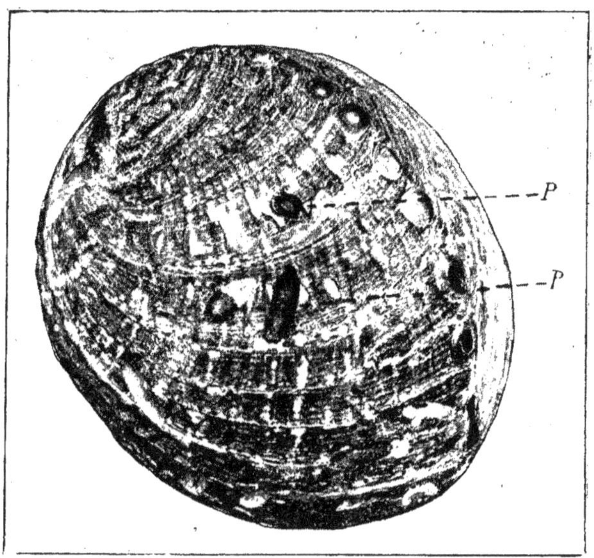

Figure 92. — Coquille d'Haliotis perforée en partie par les Lithodomes bivalves, qui s'attaquent également a la coquille des Huitres perlières.

P, cavités visibles extérieurement sur la face dorsale de la coquille creusées par les Lithodomes.

(*Photographie de* H. Dupéré.)

profondes de près d'un centimètre, comme le montre la coquille d'*Haliotis* du Japon que j'ai fait photographier (fig. 92).

En résumé, ce sont les Pieuvres et les Gastéropodes carnassiers qui représentent dans les Mollusques les ennemis les plus redoutables de l'Huître perlière. Leurs méfaits ont été reconnus à plusieurs reprises, mais on peut les soupçonner de faire des dégâts encore bien plus considérables que ceux qui ont été enregistrés. Leur action est sournoise, presque invisible, dès que quelques mètres d'eau séparent l'observateur du théâtre de leurs exploits.

CHAPITRE XX

LES ENNEMIS DES HUITRES PERLIÈRES *(Suite)*

Les Crustacés. — Les Vers. — Les Échinodermes. — Les Cœlentérés. — Les causes de nature non animale de destruction des gisements de Méléagrines.

Dans ce dernier chapitre, consacré aux ennemis des Huîtres perlières, nous nous occuperons de ceux qui ne jouent qu'un rôle secondaire et sur les dégâts desquels, faute d'études précises, on ne peut fournir que des indications sommaires.

Nous passerons successivement en revue :

1º Les Crustacés ;

2º Les Échinodermes ;

3º Les Vers ;

4º Quelques types de Cœlentérés (Hydraires) ;

5º Les Éponges ;

6º Les Protozoaires.

En terminant, j'indiquerai que, en dehors des ennemis appartenant au règne animal, quelques autres facteurs interviennent et peuvent constituer des causes nouvelles de destruction des bancs d'Huîtres perlières, qui viennent compliquer les dégâts causés par les formes animales.

Les Crustacés. — Les Crustacés sont aussi répandus dans la mer que les Mollusques ; les très petites formes et les larves de Crustacés peuvent vraisemblablement jouer un rôle utile, puisqu'elles font partie du plancton qui sert à l'alimentation des Bivalves en général et des Méléagrines en particulier.

Les grosses formes, et particulièrement les Crabes (fig. 93), sont au contraire des ennemis redoutables pour les Huîtres en général.

Sur tous nos rivages, nous trouvons en abondance le *Carcinus mœnas*. Malgré sa taille relativement petite, c'est un animal bien armé, mais il a la réputation d'un *charognard*, plutôt que d'un mangeur de chair fraîche. Ce n'est pas la bonne volonté qui lui manque, mais l'occasion.

Il suffit de constater avec quel soin les ostréiculteurs débarrassent leurs parcs des Crabes qui tentent de s'installer dans leur domaine, pour comprendre que ces animaux doivent constituer pour leurs élèves des ennemis dangereux. Ils n'ont pas une puissance suffisante pour séparer par arrachement les valves du Mollusque, et ils procèdent d'une manière analogue à celle que nous avons vu employer par les *Murex* observés par FRANÇOIS.

Figure 93. — UN CRABE COMMUN VU PAR LA FACE DORSALE.
(*Photographie de* H. DUPÉRÉ.)

Ils profitent du moment où l'Huître bâille pour insérer une branche de leur forte pince entre les valves, et ils attendent patiemment que la fatigue leur livre leur proie.

Il existe sur les bancs naturels de Méléagrines une grande variété de Crabes qui pullulent par places dans ces mers chaudes; mais nous n'avons que très peu de détails précis sur leurs déprédations en ce qui regarde les Huîtres perlières. HERDMAN se contente de les signaler comme des ennemis des Méléagrines, mais sans entrer à ce sujet dans de longs détails.

En dehors des Crabes et des Décapodes macroures (Homards, Nephrops, etc.), qui tous sont capables de se nourrir et d'attaquer plus ou moins les Huîtres perlières, les Crustacés nous fournissent encore des formes inférieures qui, d'une façon inattendue, vont devenir indirectement des ennemis des gisements perliers.

Tous ceux qui ont été au bord de la mer connaissent ces petits Crustacés qui ne ressemblent guère à des Crabes et que l'on appelle les Balanes. Ils vivent, en abondance, sur les rochers battus par les vagues et hérissent leurs parois, dont ils rendent la surface tout à fait rugueuse. On peut s'en procurer facilement des échantillons en achetant des Moules ou d'autres coquillages au marché; les Balanes s'y fixent souvent en grande abondance.

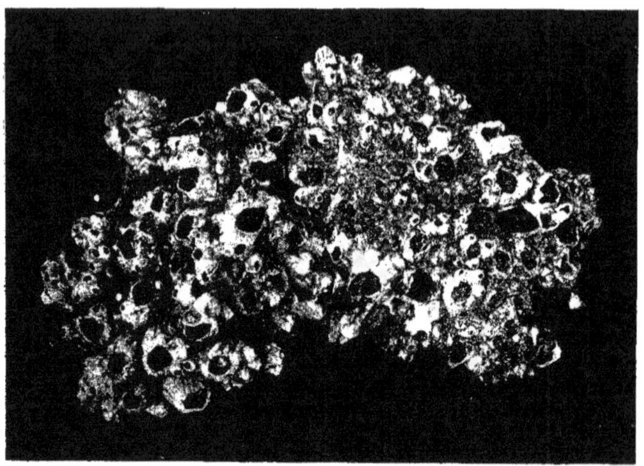

Figure 94. — Un groupe de Balanes.
(*Photographie de* H. Dupéré.)

Extérieurement, on distingue une petite cupule calcaire fermée par un opercule formé de deux paires de plaques, que l'on appelle les *terga* et les *scuta*. Cette loge calcaire représente quelque chose d'analogue à la carapace du Crabe, mais à une carapace endurcie de calcaire et collée sur le rocher.

Lorsque l'animal est placé dans de l'eau de mer, l'opercule s'entr'ouvre et laisse passer six paires de pattes qui représentent celles qui permettent au Crabe de courir sur le sol. Elles sont adaptées à une autre fonction et ne servent pas à la locomotion. Elles font tourbillonner l'eau pour amener vers la bouche les particules alimentaires et assurent, ainsi, la fonction respiratoire.

Ce petit Crustacé inférieur est incapable de manger des Huîtres perlières. HERDMAN signale, cependant, les dégâts causés par les

Balanes et en particulier par *Balanus amphitrite* sur certains bancs. Ce ne sont pas d'ailleurs des ennemis directs ; ils se collent sur les coquilles, et ils croissent si rapidement et absorbent tant de nourriture qu'ils privent les Huîtres perlières de leur part d'organismes microscopiques (fig. 94) :

« Les jeunes Balanes, dit-il, apparaissent dans les mers de CEYLAN d'avril à mai et se développent avec tant de rapidité et en si grand nombre que, en quelques semaines, les rochers, les coquilles, les bateaux, les pieux et tous les objets placés dans l'eau sont recouverts d'une couche continue.

« Ces Crustacés inférieurs agissent donc, en somme, comme les Modioles signalées précédemment et affament les Huîtres perlières. »

LES ANNÉLIDES. — Les Annélides paraissent représenter des ennemis de même ordre que les Crustacés inférieurs étudiés dans le paragraphe précédent, et l'on peut seulement, à mon avis, les considérer comme des voisins incommodes. Tel est le cas d'une petite Annélide polychète, *Polydira Hornelli*, qu'on trouve, souvent en abondance, dans des tunnels qu'elle creuse ou qu'elle agrandit dans la coquille des Méléagrines de CEYLAN.

Est-elle la cause des perforations, ou profite-t-elle seulement de ce que la coquille est en mauvais état ? Personne ne le sait exactement. « Il n'y a pas de doute, dit HERDMAN, que par son passage à travers les couches de la coquille elle ne contribue à sa dissociation par un apport de sable et de vase, et elle est parfois la cause de la formation de soufflures de nacre et de blisters. »

Une espèce très voisine existe sur nos côtes et se trouve souvent en commensalisme avec l'Huître cultivée. Je n'ai jamais constaté un seul cas où l'Huître fût mise à mal par cet hôte indésirable. Tout au plus, peut-il causer ces soufflures pleines d'eau vaseuse et d'odeur désagréable que l'on crève parfois en ouvrant une coquille, lorsque la pointe du couteau traverse la mince pellicule de nacre qui l'isole, vers l'intérieur de la coquille de la paroi même du manteau.

LES ÉCHINODERMES. — Comme pour les ennemis précédents, nous n'avons pas de renseignements bien précis sur leurs dévastations et nous pouvons seulement nous rendre compte de leurs dégâts d'après ceux qu'ils commettent sur nos côtes, dans les parcs à Huîtres. Les Échinodermes comprennent comme formes principales : les Oursins, les Ophiures, les Holothuries, les Comatules et les Astéries. Ces dernières seules, très carnassières et souvent d'assez forte taille, peuvent fournir des ennemis redoutables pour les Bivalves en général. J'en citerai un exemple pris sur nos côtes.

L'*Asterias rubens* s'est tellement multiplié dans le grand bassin d'ARCACHON qu'il constitue une cause de déchets sérieux pour les ostréiculteurs. Presque tous les auteurs qui se sont occupés de l'*Asterias rubens* signalent sa voracité. FISCHER, qui l'a étudié à Arcachon, écrit : « Il se nourrit principalement de Mollusques acéphales. En peu de jours, une centaine de *Donax anatinum* vivants ont été mangés par cinq ou six Astéries. » L'auteur décrit ensuite la façon dont l'Astérie prend sa nourriture. « Les Astéries entourent la coquille des Donax (1) de telle sorte que son bord extérieur corresponde à leur bouche ; la partie centrale du corps de l'Astérie se moule en quelque sorte sur le Donax et présente une saillie extérieure arrondie qui permet de reconnaître que l'animal prend son repas. La plupart des ambulacres fixent solidement les rayons de l'Astérie au sol, tandis que ceux de la base des rayons sont appliqués solidement sur les valves de la coquille, les écartent et les tiennent bâillantes. La membrane interne de l'estomac est boursouflée ; elle s'insinue entre les valves et se place en contact avec les viscères du Donax, qui sont rapidement digérés. Presque toujours l'épiderme de l'extrémité postérieure de la coquille est enlevé. »

Cette observation si précise de FISCHER est facile à répéter dans les aquariums marins.

Les Astéries peuvent dévorer les formes les plus diverses de Mollusques et d'Échinodermes, et l'Huître, en particulier, est une proie convoitée par elles.

Il m'est souvent arrivé à marée basse, en recherchant des Ascidies dans les collecteurs, de trouver, à l'abri des tuiles, jusqu'à une douzaine d'Astéries qui s'étaient régalées aux dépens des jeunes Huîtres constituant le naissain. On comprend, dans ce cas, quels dégâts elles avaient pu commettre tout à leur aise.

Elles sont, cependant, relativement rares sur les parcs *pas trop négligés*. Elles se tiennent de préférence à une plus grande profondeur, et on ne les aperçoit en très grande quantité que lorsque l'eau baisse fortement aux grandes marées. Elles affectionnent

(1) Le Donax est une petite coquille bivalve qi vit en abondance dans les sables vaseux.

les fonds vaso-sableux dans le voisinage des zostères, d'où elles montent à l'assaut des parcs.

Par suite d'une circonstance favorable, leur élan se trouve, en partie, arrêté. Elles viennent se heurter aux palissades que les parqueurs disposent autour de leur domaine, pour arrêter les Raies, les Pastenagues et les Myliobates, les plus redoutables

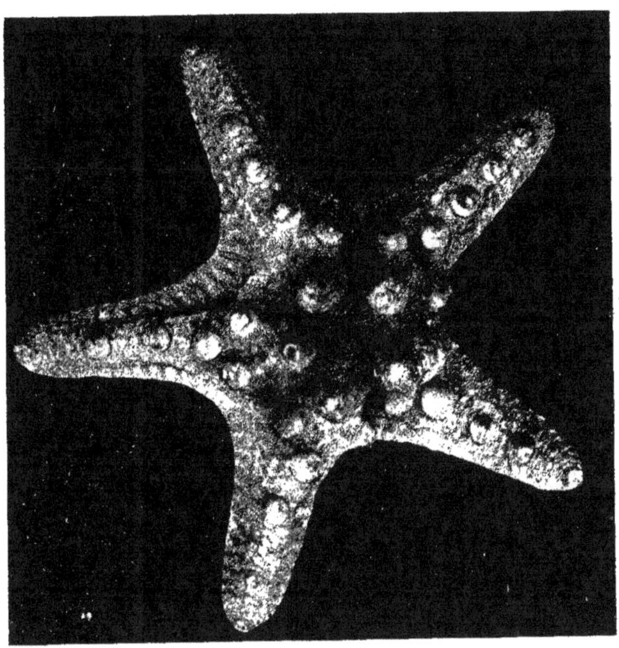

Figure 95. — PENTACEROS DE L'OCÉAN INDIEN, VU PAR LA FACE DORSALE.
Cet animal est considéré comme un redoutable ennemi de l'Huître perlière.
(Photographie de H. DUPÉRÉ, d'après un échantillon du Musée de Bordeaux.)

mangeurs d'Huîtres. Ces palissades, constituées d'ordinaire par des branches de pins, n'ont pas leurs pieux assez rapprochés pour empêcher les Astéries de passer outre. Heureusement ces pieux portent un appât constitué par les grappes de Moules qui s'y fixent, comme sur les clayonnages des myticulteurs. La plupart des Astéries s'arrêtent là, où leur gourmandise les retient, même à marée basse.

Il semble que, dans ces conditions, les parqueurs pourraient en détruire une grande quantité, puisqu'ils les trouvent à portée de la main.

Le problème n'est pas aussi simple qu'il le paraît au premier abord. Lorsque l'ostréiculteur coupe en deux un Crabe, il est sûr d'avoir détruit un de ses ennemis et d'avoir défendu efficacement ses Huîtres ; lorsqu'il coupe en deux une Astérie, sa manœuvre est beaucoup moins heureuse ; au lieu de détruire un ennemi, il l'aura le plus souvent multiplié par deux. L'*Asterias rubens* est parfaitement capable, en effet, de régénérer un ou deux bras qui lui ont été enlevés, et chacun des bras mutilés peut également reconstituer une Astérie tout entière.

Les Astéries ne font pas de moins sérieux ravages dans les bancs de Méléagrines que dans les parcs à Huîtres de notre pays, ce qui permet à Herdman (1) d'écrire : « que *les Astéries sont probablement les plus redoutables ennemis des Huîtres perlières* ». Elles sont représentées en très grand nombre sur beaucoup de points des bancs perliers. « Nous en avons eu la preuve, dit-il, durant la pêche de 1905, pendant que le yatch *Violet* faisait des dragages dans le sud de Modragam Paar. On capturait et on détruisait tous les jours de deux à trois cents spécimens de *Pentaceros Lincki* et de *Pentaceros nodosus*. Nous avons pu constater que cette Étoile de mer était très vorace, très vivace et destructive de Méléagrines. Il semble qu'elle voyage de place en place en quête de nourriture, et nous l'avons vue se concentrer autour de la riche provende représentée par les bancs des jeunes Huîtres (fig. 95).

« Lorsque nous étudiâmes le banc en mars 1902, il y avait là un gisement de près de cinq à six millions de Méléagrines. En mars 1903, elles avaient toutes disparu, et il est probable que leur absence était due, au moins en grande partie, au nombre d'Astéries qui s'y rencontraient à ce moment. »

Les Astéries ne font pas moins de ravages au Japon, et nous verrons dans un des chapitres suivants les mesures spéciales que l'on prend dans ce pays pour s'en débarrasser. On a remarqué leurs méfaits dans toutes les pêcheries, non seulement au Japon, mais dans le monde entier. Certaines espèces d'Astéries semblent donc représenter un véritable fléau pour les bancs naturels de Méléagrines.

Les Cœlentérés. — La plupart des Cœlentérés appartiennent à des formes pélagiques et n'entrent pas en contact avec les Huîtres perlières. Cependant certains Hydraires peuvent constituer des

(1) Herdman, *loc. cit.*, p. 125, t. V.

ennemis indirects des Méléagrines. Herdman (1) constate à
Ceylan la présence de deux Hydraires que l'on trouve sur les
vieilles coquilles de Méléagrines où elles forment des touffes. Il a
signalé aussi l'action malfaisante de formes vivantes de coraux
fixés sur des coquilles de Méléagrines.

La présence de Coralliaires est encore plus fréquente à Tahiti.
« On a constaté, dit Seurat (2), que les Huîtres perlières vivant
au milieu des Madrépores branchus sont très fréquemment

Figure 96. — Groupe d'Éponges de la Méditerranée photographiées vivantes
sous l'eau.

piquées, et que, si on nettoie les fonds en brisant ces Madrépores,
on obtient des Huîtres de grande taille dont le test n'est pas
perforé : un croiseur, ajoute-t-il, s'étant échoué aux Gambier,
sur le côté est de la passe qui conduit à la rade de Rikitea, il
y a quelques années, sur tout le parcours qu'il avait dragué pour
se retirer, les Madrépores furent brisés, et on fit dans la suite une
récolte magnifique de nacres ; on obtint également une grande
quantité de coquilles non piquées dans le lagon de l'île d'Hikuera,
après que les Madrépores branchus eurent été brisés par des scaphandriers. »

Les Éponges. — Certaines Éponges (fig. 96) constituent des
ennemis plus redoutables que les Cœlentérés, parce qu'elles s'attaquent à la coquille même. Elles sont très communes dans les

(1) Herdman, *loc. cit.*, p. 123, t. V, et p. 114, t. I.
(2) Seurat, *l'Huître perlière, loc. cit.*, p. 44.

mers chaudes. HERDMAN en a recueilli 146 espèces dans les mers de CEYLAN. Elles sont loin d'être toutes également nuisibles aux Huîtres. Le plus grand nombre se contente de recouvrir les coquilles et ne gêne le développement des Huîtres que par l'appauvrissement en matières nutritives contenues dans l'eau. Les Éponges dites perforantes attaquent au contraire la coquille et la mettent en très mauvais état.

La plus nuisible est certainement la *Cliona margaritifera* DENDY (fig. 97). HERDMAN rapporte que, dans une excursion sur les bancs sud-ouest du CHEVAL (côte de CEYLAN), il eut l'occasion d'examiner cent valves d'Huîtres perlières complètement rongées par la Clione, comme le montre la figure 97. « Non seulement, dit-il, la substance de la coquille était complètement perforée par des sortes de galeries en tunnel, mais ce qui était plus grave, la partie correspondant au grand muscle adducteur était tuberculeuse et mortifiée, état correspondant à l'infériorité, sur ce point, de la production de la nacre par l'épithélium du manteau.

« Dans certains cas, les déformations de la couche nacrée intérieure étaient si considérables que j'ai vu les indigènes mettre de côté ces valves en vue de couper les tubercules pour en faire des perles indigènes (*blisters*). Parfois, l'invasion de la Clione était si étendue que le tissu sous-épidermique, en particulier, et les autres tissus en général, étaient altérés et paraissaient en mauvais état. La plus grande partie des Huîtres mortes, trouvées durant la saison de pêche dans le CHEVAL, étaient gravement infestées, et Clione représente, sans aucun doute, un agent destructeur particulièrement à redouter. »

A TAHITI, les ravages des Cliones ont été également signalés. « Des éponges siliceuses appartenant au genre *Cliona*, dit SEURAT (1), déterminent dans toute l'épaisseur de la coquille de fines perforations régulières, souvent très rapprochées les unes des autres, qui la font ressembler à un morceau de bois attaqué par les Xylophages. La nacre ainsi détériorée est dite *nacre piquée* ou *vermoulue* (fig. 97), et sa valeur est considérablement diminuée, quand elle n'est pas nulle. »

Les Protozoaires, c'est-à-dire les animaux unicellulaires, peuvent également causer des dégâts parmi les Huîtres perlières.

Au JAPON, une cause de destruction des méléagrines a été scientifiquement étudiée par NISKIKAWA (1901). Elle est désignée sous le nom de *courant rouge* (en japonais *akashiwo*). La destruction

---

(1) SEURAT, *loc. cit.*, p. 44.

semble due à la grande abondance d'un Péridinien, *Gonyaulax Poleydra*. Les ravages causés aux pêcheries de perles fines ont été, de tous temps, considérables dans les parties de la côte exposées à cette invasion.

Certaines maladies d'origine microbienne ont été aussi constatées. Mais, là, nous sommes en plein inconnu, et les données scientifiques sont à ce sujet si incertaines que l'on ne peut encore donner aucun renseignement précis à ce sujet.

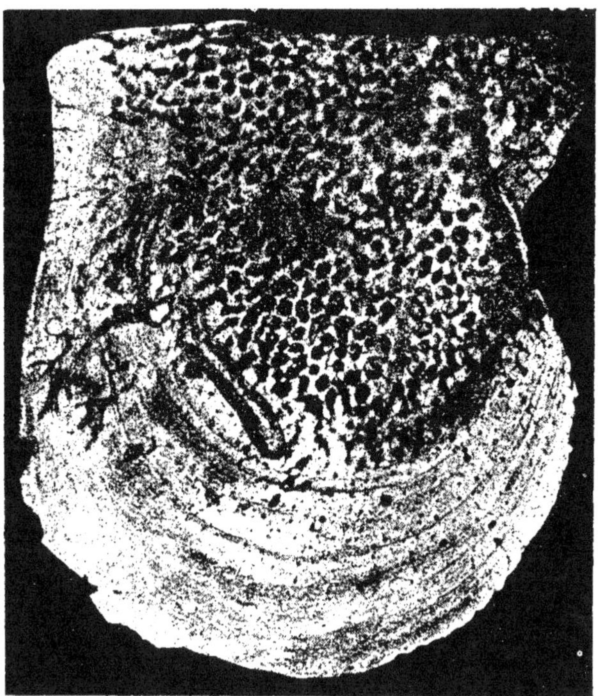

Figure 97. — Coquille de Méléagrine (Huitre perlière) complètement perforée par une Éponge, la *Cliona margaritifera*.

Toutes les perforations circulaires qu'on aperçoit sont dues à cet animal.

*(D'après une photographie d'*Herdman.

Causes de destruction de nature non animale des bancs d'Huitres perlières. — Enfin, il y a des causes de disparition en masse, et ce ne sont pas les moins redoutables, qui n'ont rien à voir avec un animal destructeur. Ces causes de disparition, parfois totale, des bancs sont le résultat des modifications du fond sous l'action de courants violents et l'apport de vases qui enlisent les Mollusques.

HERDMAN nous fournit à ce sujet de précieux renseignements pour les pêcheries de CEYLAN :

« Le plus important agent de destruction, dit-il, qui peut causer, à la fois, le décès des jeunes, aussi bien que des adultes, dans le golfe de MANAAR, est représenté par la vase accumulée par les forts courants qui prévalent durant la mousson du sud-ouest et par des tempêtes exceptionnelles. Nous avons eu des preuves évidentes de ces mouvements de vase et de leur accumulation sous l'action des courants. Nous avons pu faire des observations précises sur les effets de l'enlisement des Huîtres, à la suite de l'apport, plus ou moins considérable, de la vase.

« La formation de bancs de jeunes Huîtres perlières qui ont apparu et disparu successivement sur le PERIYA PAAR, dans les vingt-cinq dernières années, est hors de doute et ne peut être que la conséquence des courants causés par la mousson du sud-ouest. La destruction qui en résulte est énorme. C'est ainsi qu'en mars 1902, ayant fait des observations sur une longueur de 6 milles le long de la côte de PERIYA PAAR, nous pûmes estimer qu'à ce moment le banc en question ne contenait pas moins de cent mille millions de jeunes Huîtres. Quand M. HORNELL le visita de nouveau, vers le mois de novembre suivant, il explora le banc de bout en bout et ne put trouver qu'un petit nombre de coquilles, qui toutes étaient mortes.

« En novembre 1904, ce territoire sous-marin fut de nouveau trouvé couvert de millions de jeunes Huîtres, mais l'année suivante pas un seul échantillon n'avait survécu.

« Sur le PERIYA PAAR, cette destruction colossale est probablement un événement annuel ; dans d'autres terrains moins exposés, elle se produit exceptionnellement, et, par suite d'une moindre extension de la vase, elle n'a lieu que dans des circonstances exceptionnelles. »

M. HERDMAN cite ensuite un exemple de la disparition de soixante-douze millions d'Huîtres qui s'est produite en 1899 sur le MUTTU VARATU PAAR, alors qu'en 1897 elles étaient déjà âgées d'un an.

Il ne s'agissait plus là d'une destruction annuelle, mais d'une disparition momentanée, due à une cause exceptionnelle et qui s'explique par de grandes perturbations, peut-être d'origine cosmique.

La destruction des Huîtres perlières peut, d'ailleurs, résulter de leur abondance même, et l'on trouve souvent dans les bancs de CEYLAN de vieilles Huîtres mortes recouvertes d'une si grande quantité de jeunes que leur décès s'explique facilement. En dehors de cette cause singulière, des maladies épidémiques dues à des microorganismes tels que les Sporozoaires ont été signalées par HERDMAN sur les bancs de CEYLAN, mais, comme je l'ai dit plus haut, nous manquons de renseignements précis à ce sujet.

En résumé, par les exemples cités dans les deux précédents chapitres et dans celui-ci, on peut se rendre compte que les causes de destruction des Huîtres sont très nombreuses. Dans les bancs naturels, tels que ceux où s'installent les pêcheries dans le monde entier, l'homme se trouve désarmé contre ces légions d'ennemis, faute de moyens efficaces.

Il ne peut se proposer d'arrêter, directement, la destruction des Méléagrines par les Poissons, même en procédant à des pêches intensives, puisque ces bandes de Poissons proviennent le plus souvent des grands fonds et se renouvellent sans cesse, tant qu'ils trouvent leur pâture. Il est pratiquement désarmé contre les dégâts causés par les Mollusques, les Crustacés et les Échinodermes.

HERDMAN a bien proposé de nettoyer les bancs à l'aide de dragages, mais le remède paraît pire que le mal.

Comment draguer, en effet, sans enlever les Méléagrines qui se trouvent sur le fond? Les rejeter ensuite à l'eau est une mauvaise opération, car ces Méléagrines ont un byssus et, si ce byssus a été violemment arraché du corps, l'animal meurt infailliblement de la blessure.

Nous verrons, chapitre XXXII, que ce n'est que par une transformation complète des pêcheries et en pratiquant la Méléagriniculture, comme on fait de l'Ostréiculture pour défendre et propager les Huîtres comestibles, que l'on peut entrevoir la solution pratique de la question.

CHAPITRE XXI

LES COMMENSAUX ET LES PARASITES

Après avoir étudié précédemment les ennemis de l'Huître perlière, il reste maintenant à faire connaissance avec leurs commensaux et leurs parasites.

Les premiers ne paraissent jouer qu'un rôle assez secondaire
dans la biologie de la Méléagrine; les seconds, au contraire, ont
une importance capitale pour le sujet qui nous occupe, puisque
c'est surtout grâce à eux que se produit la *margaritarose*. — La
production des Perles fines est souvent, en effet, le résultat de
l'infection par les parasites.

Hôtes et commensaux des Méléagrines. — C'est dans les
groupes où se recrutent d'ordinaire les ennemis que nous trouvons
quelques types assez rares qui se sont adaptés au commensalisme.

Je citerai les deux principaux, l'un parmi les Poissons, l'autre
parmi les Crustacés.

Le Poisson, le *Fierasfer*, que l'on a plusieurs fois signalé entre
les feuillets des branchies de la Méléagrine, est un petit Poisson
osseux qui présente les caractères suivants :

Le corps est allongé et aplati, la peau nue, et la bouche grande,
armée de dents. Le *Fierasfer* vit en commensal chez divers
animaux marins.

Ce petit être, fragile et sans défense, a surtout l'air de chercher
un abri commode en se réfugiant entre les valves solides de la
coquille de la Méléagrine. Un *Fierasfer* (*Fierasfer imberbis*) habite
également le gros intestin des Holothuries, et c'est dans ce gîte
qu'on a eu le plus souvent l'occasion de l'étudier.

Il semble qu'il considère la Méléagrine comme une hôtellerie
confortable, où il devient plus ou moins sédentaire.

Le commensalisme comporte des services réciproques entre les deux associés. On voit ceux que l'Huître rend au *Fierasfer*, en lui donnant le gîte ; on entrevoit, moins nettement, ceux que le *Fierasfer* rend à l'Huître. Peut-être trouve-t-il chez elle à la fois le gîte et le couvert ? Dans ce cas, l'Huître retire un certain bénéfice de cette cohabitation, si son hôte la débarrasse des déchets de son tube digestif. Il faudrait des observations précises pour trancher la question et déterminer, exactement, quel est le régime du *Fierasfer*, et s'il se nourrit réellement des déchets rejetés par l'Huître.

Ce qui a attiré l'attention sur cet animal, c'est qu'il s'égare parfois entre le manteau et la coquille de la Méléagrine. Alors il devient un hôte franchement nuisible, et le Mollusque s'en débarrasse en le mettant en prison, sous une couche de nacre sécrétée par l'épithélium externe du manteau.

Ce cas, qui doit être assez rare, a été signalé à plusieurs reprises, entre autres par DIGUET (1), qui a rapporté de son voyage en BASSE-CALIFORNIE une valve de Méléagrine, où le Poisson ainsi enfermé dans la nacre s'aperçoit encore très nettement, moulé en quelque sorte par la sécrétion.

« Le *Fierasfer*, dit SEURAT (2), a été signalé à TAHITI, en AUSTRALIE, à PANAMA et dans le golfe de CALIFORNIE. » Sa dispersion géographique est donc très considérable.

Le Crustacé que l'on a le plus souvent signalé dans les Méléagrines, comme jouant le rôle d'un commensal, est le *Pinnothère*.

Un Pinnothère, *Pinnotheres pisum*, se rencontre très fréquemment dans les Moules communes, et tous ceux qui sont amateurs de Mollusques ont certainement trouvé à plusieurs reprises ce Crustacé, gros comme un pois et de couleur rougeâtre, en ouvrant leur mets favori.

Ce petit Crustacé présente les caractères suivants : sa carapace est nettement orbiculaire ; les téguments sont mous ou du moins peu consistants, et ses yeux sont ordinairement très petits, ainsi que les antennes. Les différentes espèces ne se distinguent que par des caractères secondaires qu'il me paraît inutile de noter.

Il constitue, vraisemblablement, pour la Méléagrine un hôte banal comme le *Fierasfer*, et ce qui a attiré l'attention sur lui, c'est que, comme le *Fierasfer*, on le trouve parfois muré dans la

---

(1) DIGUET, *les Pêcheries de la Basse-Californie* (Journal « Nature », 1899, Paris).

(2) SEURAT, *loc. cit.*, p. 43.

coquille. Woodward entre autres a signalé une valve de Méléagrine provenant des côtes septentrionales de l'Australie, qui renfermait un bel échantillon de Pinnothère enrobé dans les couches nacrières.

Il semble que les Pinnothères se rencontrent surtout dans la Grande Pintadine, *Meleagrina margaritifera*, et que ce sont d'autres espèces de Crustacés qui les remplacent dans les Méléagrines américaines.

« Les Pinnothères, dit Seurat, petits Crabes à carapace arrondie, sont fréquents dans la cavité palléale des Huîtres perlières de Tahiti, d'Australie, etc... Burger cite le *Pinnotheres villosus* Guérin, comme commensal de la *Meleagrina margaritifera* L. A Ubay, l'*Alphen savarus* Fabricius est commensal de l'Huître perlière du détroit de Torrès ; une espèce appartenant au genre *Pontonia* est commensale de la Méléagrine du golfe de Californie. »

On pourrait être tenté de ranger, encore, parmi les commensaux, un certain nombre d'Annélides qui perforent et qui vivent dans les coquilles des Méléagrines. Je crois que ce serait à tort. Si, en effet, l'Annélide *Polydora Hornelli* que nous avons signalé précédemment fréquente les coquilles de Méléagrines, il semble y avoir là un phénomène de juxtaposition et non d'association réciproque. L'Annélide qui habite et agrandit les galeries creusées dans l'épaisseur de la coquille de la Méléagrine y trouve certainement un avantage personnel, mais la Méléagrine ne peut que souffrir de la présence de cet étranger, qui cause une destruction plus rapide de son enveloppe calcaire. Il est donc plus logique de ranger les Annélides parmi les ennemis et non parmi les commensaux, ainsi que je l'ai fait précédemment (chap. XX).

Les parasites des Méléagrines. — Une entreprise des plus difficiles dans les sciences naturelles est de suivre l'évolution d'un être parasite qui, pendant la durée de son existence, habite, successivement, plusieurs hôtes.

Je prendrai comme exemple, pour rendre hommage à van Beneden (1), qui a si puissamment contribué à éclaircir l'histoire du parasitisme, le *Tænia serrata*, dont il a, depuis bien longtemps déjà, précisé l'évolution (fig. 98) :

(1) P.-J. van Beneden, *Les Commensaux et les Parasites*, Paris, 1875.

« On connaît aujourd'hui parfaitement, dit le savant auteur, l'itinéraire du *Tænia serrata* du Chien, si abondant chez cet animal que bien peu d'entre eux n'en renferment et même plusieurs. Il n'y a guère que le Chien de salon qui n'en héberge pas.

« Le Chien dépose de préférence ses ordures sur l'herbe.

« L'œuf, introduit dans l'estomac d'un Lapin qui mange cette herbe éclot rapidement. Dans cet organe, sous l'action des sucs gastriques, l'embryon (hexacanthe) qui en sort cherche son gîte au milieu des tissus qui l'entourent ; il les creuse et s'établit dans les replis du péritoine. Une fois dans son gîte, il se barricade et attend tranquillement l'occasion de faire son entrée dans l'estomac du Chien.

« Cet embryon microscopique est orné de six crochets comme les embryons de tous les Cestoïdes ; il les emploie, avec beaucoup de dextérité, pour percer les parois des organes et se creuser une géode dans l'épaisseur des tissus. Blotti dans sa loge, des membranes se forment autour de lui pour le protéger ; ses six crochets apparaissent sous forme de couronne à côté de quatre cupules, futures ventouses. Il est invaginé dans une grande vésicule pleine d'un liquide limpide ; il attend patiemment le moment où il se trouvera dans l'estomac du Chien.

« S'il a de la chance, un beau jour il se réveillera dans l'estomac de celui qui a mangé le Lapin qui l'a hébergé, et une nouvelle vie commencera pour lui. Les organes qui l'emprisonnent sont digérés, il se débarrasse de tous ses langes, se déroule, se sépare de la vésicule qui l'a garanti jusqu'alors et pénètre dans l'intestin.

« Là, baigné dans la pâture de son hôte, il croît avec une extrême rapidité et prend la forme d'un ruban. Les bouts de ce ruban mûrissent successivement et se détachent... Ce sont les anneaux remplis d'œufs qui sont ensuite évacués avec les fèces ; à peine apparus au grand jour, ils crèvent et répandent leurs œufs. »

Les complications de l'évolution du *Tænia* sont encore peu de chose si on les compare à celles de quelques autres formes de Vers parasites tels que cette petite Douve qu'on appelle le *Distomum macrostomum* (le Distome à grande bouche).

L'adulte de ce Distome vit dans l'intestin des petits Oiseaux insectivores, ou à régime mixte. Ses œufs sortent mélangés aux excréments et se collent sur la surface des feuilles.

Un petit Gastéropode à coquille enroulée qu'on appelle le *Succinea putris* absorbe l'œuf en broutant les feuilles. De cet œuf, sous l'action du suc digestif sort une petite larve agile qui passe à travers la paroi du tube alimentaire pour se loger dans les tissus de son hôte.

La larve agile, qui a trouvé son gîte, se transforme en un petit sac, le *sporocyste*.

Ce petit sac grandit énormément, dans toutes les directions, et devient superficiel dans la région céphalique du petit Mollusque. Il repousse les téguments et forme sur la tête de l'animal un ou plusieurs prolongements richement colorés qu'on désigne sous le nom de *Leucochloridium paradoxum*.

Or, dans l'intérieur de ce singulier prolongement, se trouvent en quantité de jeunes Distomes (*Distomum macrostonum*) qui proviennent des divisions successives qui se sont opérées dans le sporocyste.

Un Oiseau insectivore passe à portée, il aperçoit le prolongement richement coloré; il le considère comme une proie appétissante, il le cueille d'un coup de bec, et le voilà infesté de toute une cargaison de Distomes qui, chose curieuse, ne se développeront pas chez lui, mais seulement chez les jeunes oiselets, auxquels il donne la becquée.

Dans d'autres formes voisines, telles par exemple que le *Distomum Ascidia*, l'évolution peut être encore plus compliquée, puisque, dans ce dernier cas, nous trouvons entre l'adulte représenté par un Mammifère, la Chauve-Souris un Gastéropode, la Planorbe, et un Insecte, l'Éphémère, comme hôtes intermédiaires.

Dans les exemples précédents, il s'agissait de formes terrestres et de formes d'eau douce; mais la difficulté devient bien plus grande encore *quand il s'agit de parasites, évoluant dans des hôtes différents, les uns terrestres ou aériens, les autres aquatiques et marins, ou évoluant dans une série d'hôtes exclusivement marins.*

Ces deux derniers cas se présentent pour les parasites que nous avons à étudier à propos des Méléagrines. Leur histoire n'est pas encore très bien éclaircie. On a recueilli beaucoup de faits, mais il en reste encore davantage à découvrir pour connaître l'évolution complète de ces formes parasites.

Un jour que je me promenais sur le bord de la mer avec le regretté professeur FRANCOTTE, de l'Université de BRUXELLES, mort récemmment, nous constations, en causant amicalement, que nous savions, en réalité, bien peu sur l'évolution des êtres marins inférieurs, et il me dit en riant et en montrant d'un geste large l'immense étendue des flots : « La tasse est un peu grande pour la vider d'un seul coup !... Il faudra s'y prendre à plusieurs fois et pendant plusieurs générations pour voir ce qu'il y a tout au fond. »

Cette phrase imagée du grand savant belge est parfaitement juste ; il faudra encore beaucoup d'années et beaucoup de travaux pour connaître toutes les phases de l'évolution des parasites marins et pour suivre, dans tous leurs détails, l'évolution des parasites des Méléagrines. Nous en savons cependant assez pour nous faire, dès à présent, une idée exacte du rôle de ces derniers au point de vue de la production des perles et pour mettre en évidence les points suivants :

1º Il y a plusieurs sortes de parasites produisant les perles ;

2º Les parasites logés dans les tissus du Mollusque, même s'ils appartiennent à l'espèce favorable, ne donnent pas tous des perles ;

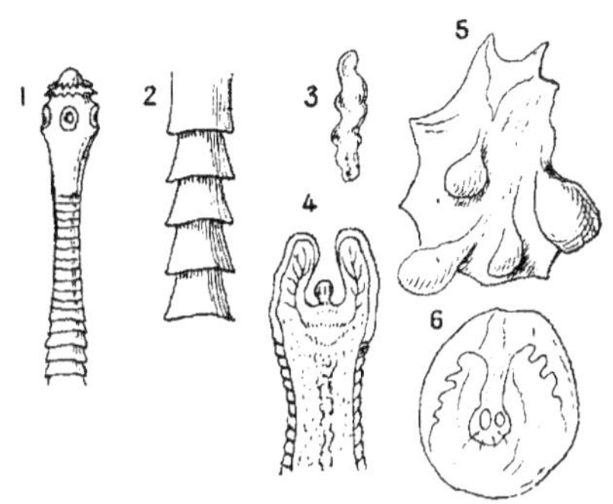

Figure 98. — Diverses étapes de l'évolution du *Tænia serrata.*

1. Partie supérieure du corps de l'adulte avec les crochets et les ventouses. — 2. Partie moyenne du corps, montrant les anneaux disposés en dent de scie.— 3. Kyste formé dans le foie du Lapin par l'embryon du *Tænia*. — 4. Coupe de l'embryon invaginé dans la vésicule pleine de liquide. — 5. Une série de vésicules contenant l'embryon (cysticerque) appendu à un lambeau d'intestin. — 6. Tête garnie de crochets et de ventouses, invaginée dans la vésicule, dans l'attente d'un nouvel hôte.

3º Le rôle du parasite, au point de vue de la formation des perles, peut être joué par toute autre chose qu'un parasite ;

4º Le rôle du parasite est accessoire, c'est la formation d'un sac perlier qui est essentielle pour qu'une perle se forme.

Nous allons successivement examiner ces diverses propositions dans des alinéas différents.

IL Y A PLUSIEURS SORTES DE PARASITES PRODUISANT LES PERLES. — Nous pouvons enregistrer, tout d'abord, comme un fait établi, actuellement d'une façon certaine, que le centre de la perle dans les Méléagrines, c'est-à-dire dans le Mollusque qui fournit les plus belles perles, est, d'ordinaire, occupé par une larve de Ver d'une espèce très différente de celle que l'on trouve comme centre des perles de Moules marines. Ce Ver est une larve de

Cestode dans les Méléagrines, et une larve de *Trématode* dans les
Moules marines. Or, les Cestodes et les Trématodes diffèrent
autant entre eux, parmi les Vers, que les Lapins et les Éléphants
parmi les Mammifères.

Sur les Méléagrines, cette constatation est faite depuis longtemps, puisque KELAART, *dès 1859*, avait déjà signalé le fait.

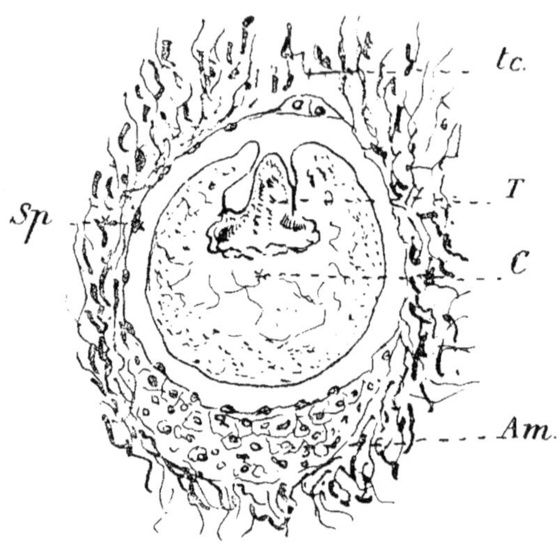

Figure 99. — COUPE D'UN EMBRYON DE CESTODE LOGÉ DANS LE TISSU CONJONCTIF.
C. corps du cestode. — *tc*, tissu conjonctif. — *Am*, amas cellulaire. — *Sp*, cellules
épithéliales.

(*D'après* HORNELL.)

Ayant découvert les formes parasites dans les Méléagrines de
CEYLAN, il écrivait : « Je crois que ces Vers jouent un rôle important dans la formation des perles, et il me semble possible d'infecter
les Huîtres des autres bancs avec ces Vers et d'accroître ainsi la
quantité des perles. »

THURSTON (1), en 1894, a confirmé les observations de KELAART,
et SEURAT, vers la même époque, a également constaté la présence de larves de Cestodes dans les Huîtres perlières de TAHITI.
Les travaux de HERDMAN et de HORNELL, qui pendant leurs
campagnes à CEYLAN ont pu examiner un très grand nombre
d'Huîtres perlières, sont venus apporter une contribution définitive à ce sujet.

Parallèlement, d'autres auteurs, parmi lesquels je citerai :

(1) TURSTON, Madras, Mus. Bull. 1894.

Raphaël Dubois, Lyster Jameson, Giard, établissaient que le centre des perles dans les Moules perlières marines était constitué sur nos côtes par la larve du Trématode, le *Gymnophallus margaritarum.*

Cette première constatation est, *à elle seule, suffisante pour établir qu'il y a plusieurs sortes de parasites produisant les perles;* mais, nous pouvons aller plus loin. S'il est incontestable qu'une larve de Cestode forme le noyau des perles de Méléagrines, dans beaucoup de cas cela veut-il dire :

1° Que c'est toujours la même sorte de larve de Cestode qui forme le centre de la perle?

2° Que c'est forcément un Cestode qui représente le parasite, dans les Huîtres perlières ?

La première question n'est pas complètement éclaircie. Les constatations des auteurs, en particulier celles de Hornell, conduisent, cependant, à penser qu'il y a dans les Méléagrines *plusieurs sortes de larves, appartenant à des espèces variées,* qui peuvent servir de noyau à la perle.

La seconde, au contraire, se trouve résolue par les constatations suivantes :

Le nucleus d'une perle américaine étudiée par Mœbius (1857) était non pas un Cestode, mais une Filaire, dont Hornell a retrouvé une forme voisine, sinon semblable, dans l'Huître de Ceylan.

De même dans les Moules perlières des côtes de France, il y a comme centre de la perle, si l'on en croit une note récente de R. Dollfus (1), deux larves de Trématodes appartenant à deux espèces différentes, capables de parasiter les Moules et de servir de centre à la perle :

1° Le *Gymnophallus margaritarum* parasitant *Mytilus edulis* ;

2° Le *Metacercaria Duboisi* n. sp. parasitant *Mytilus galloprovincialis.*

LES PARASITES LOGÉS DANS LES TISSUS DU MOLLUSQUE, MÊME S'ILS APPARTIENNENT A L'ESPÈCE FAVORABLE, NE DONNENT PAS TOUS DES PERLES. — C'est là une proposition sur laquelle je désire insister : elle a trait à une notion sur laquelle

____

(1) R. Dollfus, *le Trématode des perles de nacre des Moules de Provence* (C. R. Ac. Sc., 14 mai 1923).

il existe beaucoup d'incertitude non pas dans les faits, mais dans l'esprit des naturalistes.

Une Méléagrine peut être infestée de parasites. Comme dans la figure 100, il peut y en avoir un peu partout disséminés dans les organes. Ces parasites, à un certain âge, vont même s'entourer d'une pellicule calcaire. Cette petite pellicule calcaire indique-t-elle une perle en formation ?

La plupart des auteurs pensent *oui*.

L'observation, les faits et le bon sens répondent *non*.

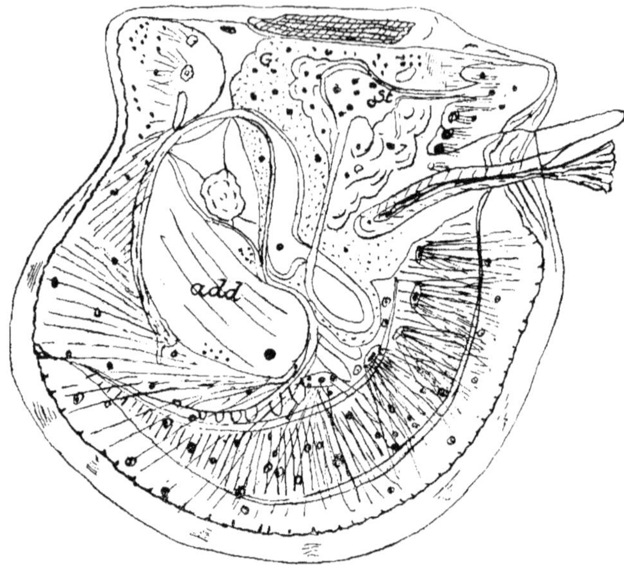

Figure 100. — Dessin schématique d'une Huitre perlière ouverte et couchée dans sa valve gauche. (*Imité d'*Hornell.)

Les points noirs, disséminés un peu partout, indiquent la place où l'on a trouvé des parasites enfermés dans des kystes calcaires.

Non, ces petits kystes calcaires ne sont pas tous des perles naissantes. Le croire, c'est se laisser berner par une apparence, une ressemblance lointaine. C'est méconnaître les faits généraux.

Reprenons l'exemple du *Tænia serrata* que nous avons cité au commencement du chapitre :

Nous avons figuré, au numéro 3 de la figure 98, un kyste tel qu'on le trouve dans le foie du Lapin infesté. La paroi de ce kyste est formée de tissu conjonctif souvent endurci de calcaire. Le foie en est souvent farci. Chacun de ces kystes représente-t-il une perle? Non. Le Lapin, ainsi qu'on le sait, ne produit pas de perles, et un kyste de Cestode *peut s'endurcir de calcaire sans être pour cela le noyau d'une perle.*

Si, après cette constatation, nous reprenons l'examen des kystes de la Méléagrine, tels qu'ils sont représentés dans la figure 100, nous constatons qu'il y en a de deux sortes (fig. 101) : les uns qui contiennent le parasite, dans une petite loge entourée de tissu conjonctif, avec des granulations calcaires (*k,* fig. A.) ; les autres qui contiennent le même parasite, également dans une petite loge, mais, cette fois la loge est entourée non plus par du tissu conjonctif, mais par des cellules régulièrement rangées constituant

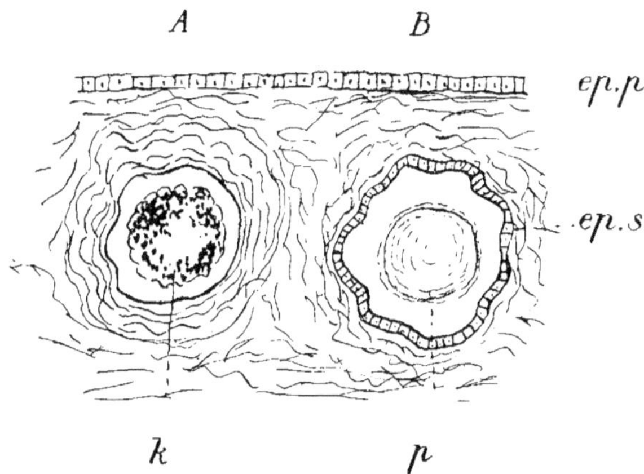

Figure 101. — REPRÉSENTATION SCHÉMATIQUE DE DEUX KYSTES RENFERMÉS DANS L'ÉPAISSEUR DU MANTEAU DE LA MÉLÉAGRINE.

En A, le kyste est logé dans le tissu conjonctif. — En B, le kyste est séparé du tissu conjonctif par l'épithélium *ep.s,* qui forme un sac perlier. Ce dernier seul donnera naissance à une perle.

ep.p, épithélium externe du manteau. — *ep.s,* épithélium du sac perlier. — K, kyste ne donnant pas de perle. — *p,* perle en évolution.

ce qu'on appelle un *épithélium.* Ce sont ces dernières loges qui seules donneront des perles (*p,* fig. B).

Le Lapin ne donne pas de perles, parce que ses kystes sont entourés seulement de tissu conjonctif et *qu'il n'a pas cet organe particulier qu'on appelle l'épithélium du manteau du Mollusque, qui est chargé de sécréter la nacre.*

La Méléagrine, au contraire, peut donner des perles parce qu'elle possède dans son manteau (chap. XII) un épithélium qui est chargé de sécréter la nacre, et *tout noyau (parasite ou autre) qui sera entouré par cet épithélium (ou mieux par un fragment de cet*

*épithélium) donnera une perle, parce que la perle est de la nacre
sécrétée dans des conditions particulières par cet épithélium.*

Comment prouver que c'est bien cet épithélium du manteau
du Mollusque qui : 1º donne la perle? 2º la donne seule?

La réponse à ces deux questions se trouve exposée dans le
chapitre XXVIII, et je dois me contenter, ici, de donner deux
preuves suffisantes, d'ailleurs :

Si l'on injecte dans les tissus des cellules dissociées de l'épithélium en question, comme l'a fait ALVERDES, on constate que
les cellules, ainsi injectées, donnent de la matière perlière. — il est
vrai très irrégulière, — étant donné que les cellules, par suite même
du procédé opératoire, sont disposées dans les tissus en îlots
irréguliers.

Si l'on introduit des corps étrangers dans les tissus du Mollusque,
des particules calcaires (fragments de coquille), il ne se forme rien
autour de ces corps étrangers, qui ne servent, dans aucun cas, de
noyau de formation pour les perles.

LE RÔLE DU PARASITE, AU POINT DE VUE DE LA FORMATION DES
PERLES, PEUT ÊTRE JOUÉ PAR TOUTE AUTRE CHOSE QU'UN PARA-
SITE. — On sait que le noyau des perles peut varier énormément
(Voir chap. IV) et qu'au lieu d'un parasite on peut trouver
une simple vacuole, un grain de sable ou une petite boule de nacre,
s'il s'agit de perles de culture. Cette constatation suffit pour
répondre à la question.

LE RÔLE DU PARASITE EST ACCESSOIRE, C'EST LA FORMATION DU
SAC PERLIER QUI EST ESSENTIELLE. — La réponse à cette proposition découle de ce que nous venons de constater à propos de la
deuxième et de la troisième proposition.

Si les parasites logés dans les tissus du Mollusque ne donnent
pas tous des perles et si ces parasites peuvent être remplacés par
un corps quelconque, à condition que tout autour de lui se trouve
de l'épithélium du manteau formant un sac perlier, on peut en
conclure que le parasite ne joue qu'un rôle accessoire et que le sac
perlier joue le rôle essentiel.

On voit, par ce qui précède, que l'étude des parasites dans les
Méléagrines donne des renseignements très importants.

Elle est loin cependant d'être complète, ainsi qu'on en pourra

juger par cet extrait de l'un des auteurs les mieux documentés
sur la question :

« Malgré, dit HERDMAN (1), le grand nombre d'Huîtres perlières
provenant de différents points du golfe de MANAAR que nous avons
examinées, soit sur le terrain, soit au laboratoire, et malgré le grand
nombre de petites perles que nous avons trouvées, il me paraît
tout à fait difficile de donner une description exacte indiquant
le premier stade du commencement de la formation de la perle, et

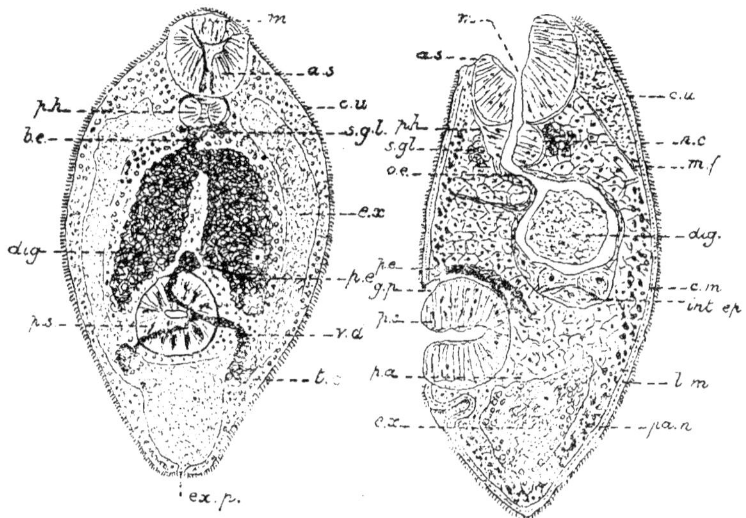

Figure 102. — LE *Tetrarhynchus unionifactor*, LE PRINCIPAL PARASITE DE L'HUÎTRE
DE CEYLAN.

(D'après HORNELL*), vu par la face ventrale et de profil.)*

*je ne puis fournir aucun renseignement sur l'entrée du parasite
dans l'intérieur du Mollusque.*

« En réalité, les stades les plus jeunes dans l'évolution du
Tetrarhynchus sont tout à fait inconnus, et il me paraît tout à fait
incertain que les larves libres, trouvées à MUTTUVARATU PAAR,
appartiennent à cette évolution. Ils ont cependant des corpuscules
calcaires, l'indication d'une tête invaginée, et sont incontestablement de jeunes Cestodes.

« Beaucoup, parmi les Huîtres perlières que j'ai examinées
dans le golfe de MANAAR en février et mars 1902, et parmi même

____

(1) HERDMAN, *loc. cit.*, vol. V, p. 20.

celles que j'ai étudiées soit à LIVERPOOL, soit à CEYLAN, montrent de nombreux parasites enkystés dans différentes parties du corps. Nous avons trouvé des kystes dans les branchies, dans le manteau, dans le foie, dans les organes génitaux et partout autour des viscères ; ces kystes, quoique petits, sont habituellement visibles à l'œil nu et mesurent depuis un treizième de millimètre jusqu'à 1^{mm},3 en diamètre. Tous ne sont pas au même stade de développement, mais représentent des formes de Cestodes (fig. 100). »

Les études de HORNELL et d'autres auteurs sont venues, heureusement, compléter sur certains points ces notions trop sommaires.

Il faudrait entrer dans trop de détails pour en donner un aperçu exact. Je me contenterai de dire qu'il résulte de ces travaux que, dans l'état actuel de nos connaissances, parmi d'autres nombreuses formes parasitaires, sur lesquelles il me paraît sans intérêt d'insister, le principal parasite de l'Huître à CEYLAN est le *Tetrarhynchus unionifactor* SHIPLEY et HORNELL, qui vit à l'état larvaire dans la Méléagrine (fig. 102) et à l'état adulte dans ce Poisson grand mangeur d'Huîtres que nous avons signalé dans le chapitre XVIII, le *Rhinoptera javanica* MULL.

CHAPITRE XXII

IRRÉGULARITÉ DES PÉRIODES DE PÊCHE SUR LES BANCS NATURELS, DANS L'INDE ET A CEYLAN

Caractère cyclique de ces périodes. — Les causes.

Les pêches s'échelonnent dans les mers des Indes durant des périodes qui ne correspondent nullement au cours d'une année.

Si l'on considère, en effet, une longue période, on trouve des chiffres très variables, ainsi que le montrent les recherches d'Hornell, qui, grâce aux documents administratifs, a pu réunir, dans un tableau très instructif, les principales périodes de pêche dans les mers indiennes, pendant une durée séculaire.

Il me paraît inutile de reproduire ici ce tableau, qui se trouverait déborder le cadre de l'exposé que j'ai en vue. Je me contenterai de dire que l'on ne peut pas pêcher tous les ans dans les pêcheries de l'Inde et de Ceylan. Après une ou plusieurs années de pêches fructueuses, on constate la disparition des gisements naturels exploitables, et il s'écoule souvent des périodes plus ou moins longues, six, sept, huit ans, parfois plus, d'années blanches, pendant lesquelles la pêche ne donne aucun résultat.

Cette question de l'intermittence dans le peuplement des bancs de Méléagrines a naturellement beaucoup préoccupé les Anglais qui surveillent l'exploitation des pêcheries et en tirent profit, comme nous l'avons vu dans l'un des chapitres précédents.

Au premier abord, l'on serait tenté de croire qu'une mauvaise exploitation et l'absence de divisions suffisamment bien réglées dans les bancs de Méléagrines doivent être la cause de ce phénomène irrégulièrement cyclique. Il n'en est rien. Les pêcheries de l'Inde et de Ceylan, monopole du gouvernement anglais, sont minutieusement organisées et surveillées par des agents très compétents.

Il est évident que l'action de l'homme n'est pas un facteur négligeable et que le fait d'enlever des millions d'Huîtres adultes, au moment des récoltes, contribue à l'appauvrissement des bancs, mais il ne suffit pas à l'expliquer. Ce n'est là qu'une cause, tout à fait secondaire, du dépérissement périodique des gisements, ainsi que nous allons le voir.

Le facteur principal est constitué par la présence sur les bancs des ennemis des Huîtres perlières que nous avons étudiés dans trois chapitres de la troisième partie.

Dès 1864, Huxley, le grand biologiste anglais, en avait eu l'intuition et, dans une lettre découverte par M. Hornell (1) dans les archives des pêcheries de Tuticorin, en réponse à une consultation que lui demandait le gouvernement local, il montre nettement l'action possible des mangeurs d'Huîtres.

Dans cette lettre, Huxley, en effet, constate que les divers documents qui lui ont été soumis lui font croire que l'épuisement périodique des pêcheries est vraisemblablement dû à la présence d'animaux de proie, Poissons, Mollusques et Gastéropodes ; mais il ajoute, prudemment, que des observations prolongées sur le terrain seraient nécessaires pour permettre la confirmation de cette hypothèse. « Si cette suggestion est confirmée par les observations, dit-il, je dois avouer que je ne vois aucun moyen de prévenir cette destruction des Huîtres dans l'avenir, non pas qu'on ne puisse indiquer des moyens de destruction sur une grande échelle pour protéger les bancs, mais, étant donnée la grande étendue des territoires habités par les Méléagrines sans protection du côté de la pleine mer, ces moyens paraissent, à première vue, inapplicables. »

James Hornell, qui pendant plusieurs années a étudié la question (de 1905 à 1915), paraît être le premier naturaliste qui, avant d'avoir connaissance des suggestions d'Huxley, ait dégagé quelques-unes des principales lois qui régissent le phénomène.

« Je n'ai entrevu, dit-il, la solution du problème que lorsque j'ai pu me convaincre du rôle dominant que jouent dans l'histoire de la vie de l'Huître perlière les bandes de Poissons qui se nourrissent de cette proie. »

Après avoir énuméré ses observations à ce sujet, il ajoute :

« Ces vues nouvelles sur l'énorme importance des Poissons ennemis comme facteur dominant dans le régime économique des pêcheries de l'Inde et de Ceylan furent complètement confirmées

____

(1) Hornell. *Pearl Fishery cycles* (Madras fisheries Department, n° 8, 1916).

par mes expériences ultérieures, surtout en 1907, lorsque, sur les bancs de Ceylan, je pus constater la destruction totale par des Poissons prédateurs, dans une brève période de quelques semaines, d'immenses bancs de jeunes Huîtres sur Periya Paar, ces bancs qui auraient donné quelques années plustard, en l'absence de leurs ennemis, des pêches abondantes. »

Ces premières observations permettent de bien comprendre l'influence de ces prédateurs sur la destruction des bancs; mais pourquoi ces ravages ne sont-ils pas continus et pourquoi, tout au contraire, observe-t-on des alternances?

« J'ai été longtemps, dit Hornell, embarrassé comme tant d'autres naturalistes par ces alternances caractéristiques de périodes productives et de périodes blanches qui fixèrent longtemps mon attention, et je poursuivis mes observations dans cette voie. »

Peu après l'auteur anglais reconnut la corrélation qui existe entre l'abondance des Huîtres et des prédateurs :

« Je pus établir, dit-il, par mes observations que, pendant la période productive de 1902 à 1907, alors que beaucoup de millions d'Huîtres perlières étaient continuellement représentées dans les bancs naturels de Ceylan, la population des Poissons de ces bancs croissait annuellement en nombre et en force destructive, si bien qu'à la fin de 1907, ils devinrent si nombreux qu'il leur fut loisible de dévorer la totalité des grands bancs de jeunes Huîtres qui étaient présentes sur le Periya Paar, avant que ces dernières eussent pu atteindre un âge où la coquille aurait été assez solide pour résister à la dent d'un grand nombre des espèces vivant à leurs dépens.

« Après la coupe sombre ainsi produite dans la population huîtrière des bancs perliers de cette localité, qui eut lieu de 1907 à 1908, la région devint impropre à nourrir une grande quantité de Poissons, et ceux-ci devinrent bientôt peu nombreux.

« L'observation fut poursuivie par mon successeur, le lieutenant J. C. Kerkham, et porta sur de nombreuses pêches effectuées en 1908 et les années suivantes ; la rareté des Poissons mangeurs d'Huîtres se trouva confirmée. »

Après ces intéressantes observations, Hornell note que les pêcheurs de la côte étaient désireux de voir les bancs se repeupler d'Huîtres, non pas tant pour les recueillir que pour être sûrs de pêcher en abondance les Poissons prédateurs et, en particulier, les *Rhinopera javanica*, qu'ils capturent par bandes entières.

Ainsi des observations précises de HORNELL, il résulte clairement que l'abondance des Huîtres amène progressivement l'abondance des Poissons prédateurs, qui détruisent les bancs lorsque
leur nombre augmente suffisamment, puis disparaissent à leur
tour par manque de nourriture.

Selon lui, il y a trois facteurs en jeu, qui interviennent pour
reconstituer les bancs, à la suite de leur disparition :

1º Le nombre d'Huîtres perlières adultes qui vivent à l'abri
des récifs coralliens ou dans le sol crevassé et mouvementé qui
entoure ces récifs et se trouvent à proximité des bancs dépeuplés
ou sur le banc même, sur la côte opposée du golfe ;

2º La présence de conditions favorables existant, à la fois, sur
l'endroit où se trouvent les reproducteurs et sur les bancs à repeupler ;

3º L'absence continue de Poissons prédateurs.

Il y a lieu de croire, en effet, qu'un petit nombre d'Huîtres mères,
dont chacune produit de 500 000 à 2 000 000 d'œufs à chaque
saison, suffit, dans des circonstances favorables, à repeupler de
grandes étendues ; mais, pour que ce repeuplement puisse avoir
lieu, il faut que les jeunes arrivent sur le terrain propice et que,
pendant la période critique de croissance, ils ne soient pas dévorés
par les Poissons ennemis.

A propos du second facteur, qu'il a mis en lumière, HORNELL
fournit à l'appui de sa thèse de très curieuses observations. Elles
montrent que le repeuplement indien se produit souvent à l'aide
des Huîtres de CEYLAN et que le repeuplement célanais se fait à
l'aide des Huîtres indiennes.

Voici, en effet, les observations qu'il a faites :

D'ordinaire chaque pêche fructueuse dans l'INDE est précédée
à une distance de deux ou trois ans par une pêche fructueuse sur
les bancs de CEYLAN, et de même chaque période fructueuse
de pêche indienne est suivie, avec le même intervalle de temps,
par une période fructueuse, sur les territoires de CEYLAN.

Il l'établit par deux tableaux comparatifs des pêcheries fructueuses de l'INDE et des pêcheries de CEYLAN, qui portent de 1669
à 1890, et qui sont, en effet, tout à fait en faveur de ses affirmations.

Il conclut qu'il y a là mieux qu'une coïncidence et qu'il est ainsi
prouvé que l'ensemble des bancs, situés de chaque côté opposé du
golfe, bénéficient les uns et les autres d'avantages réciproques.
Ceux de CEYLAN étant fréquemment repeuplés par ceux des côtes

de Madras, et, concurremment, ces derniers recevant le naissain qui provient des côtes de Ceylan (Voir la carte, fig. 103).

Pour enlever tout caractère hypothétique à ces vues, Hornell les a appuyées par des expériences concluantes. Elles ont consisté à lancer des bouteilles flottantes, munies des indications nécessaires dans des points différents de chaque côté du golfe et à des époques différentes. C'est ainsi, par exemple, que, en novembre et décembre 1907, pendant une inspection sur les bancs perliers de Ceylan, il lança 200 bouteilles, dont 15 furent retrouvées sur la côte indienne. L'expérience inverse, faite à une époque favorable, donna également de bons résultats.

Ce cheminement en sens contraire du naissain (allant de l'ouest à l'est dans le premier cas et de l'est à l'ouest dans le second) se comprend aisément si l'on tient compte du régime particulier des *moussons* dans l'océan Indien, où le vent souffle une période de l'année dans un sens et pendant une autre période en sens inverse. Il faut, bien entendu, qu'à chacune de ces saisons corresponde une période de ponte, et c'est ce qui a lieu, en effet, pour les Méléagrines de cette région, où il y a ponte de printemps et ponte d'automne.

Cette sorte d'ensemencement réciproque entre les bancs indiens et ceux de Ceylan, qu'Hornell a si bien mis en lumière, contribue certainement à repeupler les bancs; mais il faut des conditions réunies si favorables pour que l'ensemencement réussisse par cette voie, qu'il ne représente certainement qu'un seul des facteurs de la reconstitution des bancs, et la première condition citée plus haut, l'ensemencement par les Huîtres du voisinage ayant échappé à la destruction par la nature même du terrain, garde certainement toute son importance.

En somme, l'alternance d'un cycle d'années fructueuses pour la pêche, avec celui de longues périodes où les bancs se détruisent et se repeuplent, se trouve expliquée suffisamment par les longues et patientes recherches d'Hornell.

Si ce savant attribue, avec raison, je crois, l'anéantissement périodique des bancs au développement corrélatif des Poissons prédateurs, j'estime, cependant, que, sur ce point, ses vues ne sont pas assez générales.

Les ennemis des Huîtres perlières n'appartiennent pas au seul groupe des Poissons. Les Mollusques, Gastéropodes et Céphalopodes, les Échinodermes tels que les Astéries, doivent également entrer en jeu, et leur action explique, selon moi, les longues périodes blanches pendant lesquelles les bancs restent dépeuplés.

Les Poissons prédateurs sont des animaux très mobiles ; ils peuvent se déplacer aisément, et ils sont sujets à des migrations dont les lois ne sont pas connues. Il est très vraisemblable qu'après l'appauvrissement des bancs ils ne disparaissent pas réellement, mais s'éloignent simplement vers les profondeurs de la mer, où on les retrouve en abondance dans les fonds de 100 à 200 mètres et à des profondeurs plus fortes quand on pratique des pêches en grande profondeur. Leur territoire de chasse se trouve ainsi beaucoup plus étendu que ne le croit HORNELL et, comme faute de Grives on mange des Merles, ils subsistent, faute d'Huîtres perlières avec d'autres animaux qui habitent les grands fonds.

Les Mollusques gastéropodes sont beaucoup plus sédentaires et à évolution beaucoup plus rapide que celle des Poissons. Il en est de même pour les Astéries, et si HORNELL avait fait porter ses observations sur ces deux groupes, en même temps que sur les Poissons, il aurait, sans doute, constaté que, alors que ces derniers avaient disparu depuis longtemps sur les bancs épuisés, les Mollusques et les Échinodermes subsistaient encore en abondance et ne disparaissaient que progressivement et avec une sage lenteur.

Je crois donc que, malgré les belles observations d'HORNELL, qui ont permis de préciser les conditions d'appauvrissement des bancs, les phénomènes cycliques que présentent les bancs perliers de CEYLAN sont, en réalité, plus compliqués que ne l'indique le savant auteur et peuvent se résumer ainsi :

1° Repeuplement des bancs dévastés depuis longtemps par suite de circonstances très favorables à la bonne éclosion et à la dispersion du naissain d'Huître perlière sur les territoires appropriés ;

2° Développement corrélatif des ennemis des Méléagrines et particulièrement des types migrateurs (Poissons osseux, Poissons cartilagineux, Poulpes), qui deviennent sédentaires et se reproduisent sur les bancs, où ils trouvent une abondante nourriture ;

3° Développement plus lent des formes sédentaires (Gastéropodes, Crabes, Annélides et Éponges), qui, tout en dévorant les Huîtres, sont mangées en même temps qu'elles par les prédateurs ;

4° Épuisement des bancs en Huîtres perlières et émigration des Poissons par suite de la disparition de leur nourriture favorite ;

5° Développement considérable des ennemis sédentaires qui

font disparaître les dernières Huîtres perlières et se mangent entre eux ;

6° Disparition presque totale des bancs où la vie animale diminue par suite du manque de proies, avec absence presque complète de prédateurs, émigrants ou sédentaires ;

7° Rétablissement des conditions favorables à la vie des Bivalves,

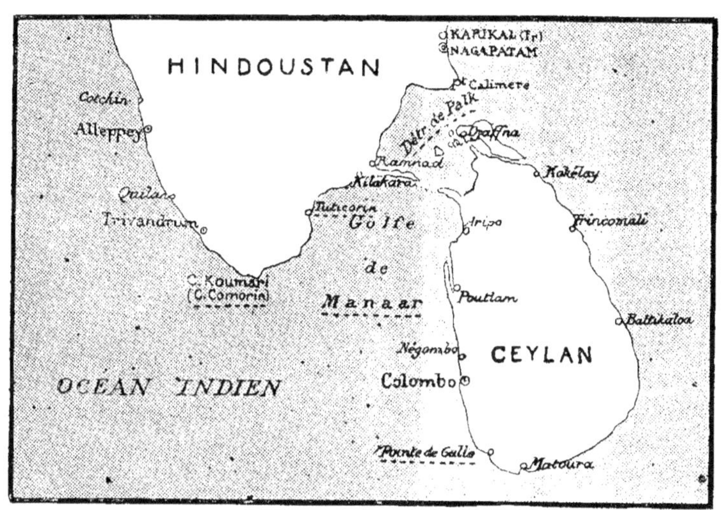

Figure 103. — CARTE DES MERS DE CEYLAN.
Montrant les principales régions de pêches des Méléagrines perlières et, en parti-culier, le golfe de MANAAR *et le détroit de* PALK.

qui, sur ces territoires dépourvus d'ennemis, peuvent se nourrir et se développer à l'aide du plancton.

Je dois faire remarquer, cependant, que ce ne sont là que des vues hypothétiques, basées, il est vrai, sur les connaissances actuelles de la biologie des êtres marins, mais qui auraient besoin d'être confirmées par des observations précises sur les bancs perliers eux-mêmes. Il existe donc un vaste champ pour de nouvelles observations utiles à entreprendre et auxquelles les belles recherches de HORNELL pourraient servir de préface.

En terminant ce chapitre, il reste à examiner si l'intermittence des périodes fructueuses de pêche peut être corrigée par l'intervention humaine.

La question a été autrefois posée à HUXLEY ; nous avons vu,

au commencement de ce chapitre qu'il y a répondu dans la lettre que j'ai citée, en disant qu'il ne croyait pas à la possibilité de corriger par des moyens pratiques cette fâcheuse condition des pêcheries.

HERDMAN et HORNELL, qui depuis ont si consciencieusement étudié les particularités des pêcheries anglaises, sont arrivés à la même réponse négative.

On le comprend facilement, si l'on réfléchit à ce fait que les bancs naturels situés au large, sans aucune protection possible, sont régis par des lois naturelles que l'homme ne peut modifier à son gré. S'il est possible, dans les parcs ostréicoles de nos côtes, de défendre les Huîtres parquées à l'aide de barrières et d'engins appropriés contre les prédateurs, ces protections sont, hélas! très coûteuses et, cependant, les conditions choisies par les ostréiculteurs sont aussi favorables que possible.

Les territoires sous-marins, où se trouvent les bancs naturels d'Huîtres perlières, sont à proprement parler des territoires de chasse, et l'on sait quelle faible action possède l'homme sur le développement des animaux sauvages. Son action, dans ce cas, ne peut être que destructive et non préservatrice.

La seule solution à envisager consiste à transformer les territoires de chasse en localités d'élevage, et, si la chose est impossible pour les bancs sous-marins situés en pleine mer, on ne peut guère les utiliser qu'en transportant les animaux eux-mêmes sur d'autres territoires appropriés (1).

C'est également la solution préconisée par HORNELL, qui termine un de ses mémoires par les aperçus suivants :

« De ce qui précède, il résulte, dit l'auteur (2), que la seule voie économique pour rendre les pêcheries perlières de l'INDE et de CEYLAN permanentes et régulièrement rémunératrices est d'augmenter la formation des perles par des moyens artificiels sur un nombre comparativement limité d'Huîtres perlières cultivées et de renoncer à toute coûteuse tentative pour diriger la croissance et le maintien des Huîtres perlières en eau profonde.

« Il est impossible, en effet, d'obtenir une régularité suffisante et, dans la limite de mes prévisions, il me paraît illusoire de penser que des mesures efficaces pourraient être prises avec succès pour

______

(1) Les Japonais ont trouvé une solution mixte qui paraît très avantageuse (Voir chap. XXXIII).
(2) HORNELL, Madras Fisheries Bulletin, 1914-1915, p. 22.

protéger de vastes étendues de bancs perliers contre les ravages des Poissons prédateurs.

« Lorsque des bancs d'Huîtres perlières arrivent à maturité, en dépit de tous les dangers qui peuvent les assaillir, nous sommes d'avis que l'État doit procéder à des pêches vigoureuses et accepter l'événement comme donnant un revenu exceptionnel.

« *Les dépenses consacrées aux bancs naturels en eau profonde doivent être restreintes à des inspections à des intervalles appropriés* et, pendant les années blanches, une inspection tous les trois ans me paraît suffisante. »

Voilà la conclusion nette et précise du savant praticien, le plus au courant, probablement, de la biologie de l'Huître perlière, qu'il a étudiée sur place pendant de longues années.

Elle est tout à fait décourageante au point de vue du perfectionnement de l'exploitation des bancs naturels et peut se traduire ainsi : « *L'homme est désarmé pour augmenter sérieusement la production et l'étendue des bancs naturels.* Il est désarmé par le fait qu'il est impossible de lutter contre le développement des ennemis de l'Huître. La seule solution pratique *est de faire de la méléagriniculture perlière et d'installer les Méléagrines dans des endroits bien choisis.* »

En raison de ces conclusions, qui s'imposaient à celui qui était chargé de défendre les gisements perliers de l'INDE et de CEYLAN, HORNELL est venu étudier en EUROPE et, principalement, en FRANCE l'ostréiculture telle qu'elle se pratique pour l'Huître comestible, et l'un des premiers résultats de son voyage a été la publication d'une étude, la plus complète certainement qui ait paru, sur l'ostréiculture dans le bassin d'Arcachon.

Nous verrons, dans le chapitre XXXII, que, tandis que les Anglais s'engageaient dans cette voie intéressante, la question de la méléagriniculture faisait des progrès inattendus au JAPON, grâce à l'initiative de MIKIMOTO, en suivant des méthodes très différentes.

QUATRIÈME PARTIE

LES MOLLUSQUES
PRODUCTEURS DE PERLES
EN DEHORS DES MÉLÉAGRINES

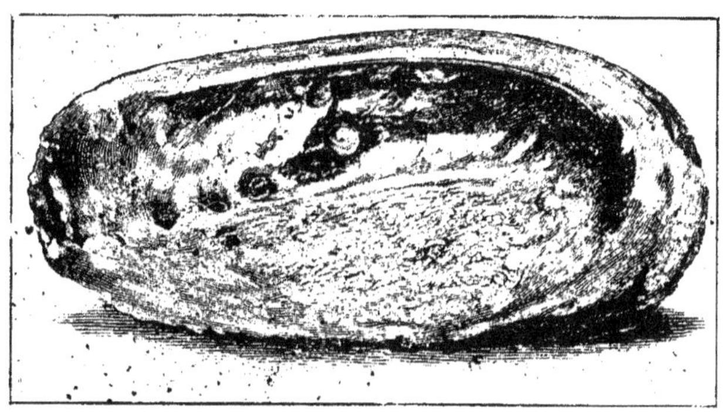

Figure 104. — COQUILLE D'HALIOTIS VUE PAR LA FACE VENTRALE CONTENANT UNE DEMI-PERLE D'HALIOTIS OBTENUE, PAR L'AUTEUR, PAR TRÉPANATION DE LA COQUILLE. (*Après un séjour de cinq mois dans l'animal vivant.*)

CHAPITRE XXIII

L'HUÎTRE COMESTIBLE ET SES PERLES

L'Huître, qui représente cet aliment que tout le monde connaît, n'a rien de commun avec la Méléagrine, que l'on appelle vulgairement l'*Huître perlière*, sinon d'être un Mollusque bivalve, comme cette dernière. Il n'y a donc qu'une ressemblance assez lointaine entre une Huître et une Méléagrine.

L'Huître, que l'on parquait, déjà, du temps des Romains, a une répartition géographique très étendue, plus étendue même que celle des Méléagrines. On la trouve à peu près sur toute la surface du globe, aussi bien dans les mers chaudes que dans les mers

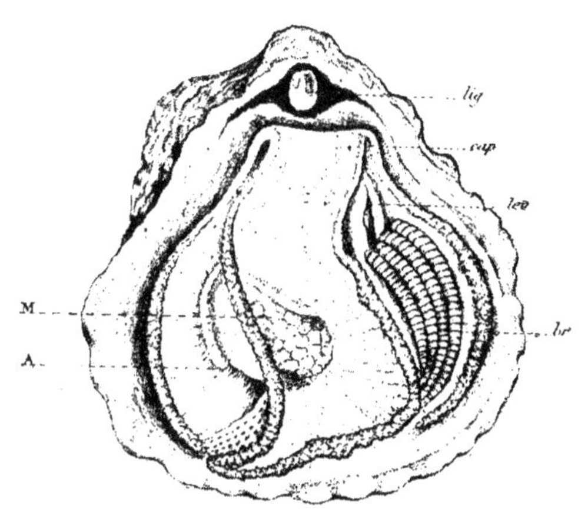

Figure 105. — HUITRE PLATE, COUCHÉE DANS SA VALVE GAUCHE.

A, anus. — *br*, branchie. — *cap*, capuchon céphalique. — *lig*, ligament. — *lev*, lèvres ou pulpes labiaux. — M, muscle adducteur inférieur.

(*D'après* H. DE LACAZE-DUTHIERS.)

tempérées. On les déguste en AUSTRALIE, en INDO-CHINE, sur les côtes d'AFRIQUE et sur nos côtes, et les Américains les récoltent en abondance, les élèvent et en font une grande consommation.

Il en existe de nombreuses espèces qui vivent à l'état sauvage sur des bancs naturels comme les Méléagrines. Sur la côte française, on ne connaissait, il y a quelques années, à l'état de bancs naturels, que l'Huître plate, *Ostrea edulis* LINNE, une excellente espèce que nous devons chercher à conserver (fig. 105). C'est elle que l'on élève dans les parcs, depuis que COSTE a remis en honneur l'ostréiculture, qui atteint en France un grand degré de perfection. Malheureusement, c'est une espèce un peu délicate dont les élevages ont été fort éprouvés depuis la guerre et à laquelle menace de se substituer une espèce appartenant à un genre différent, l'Huître portugaise, *Gryphea arcuata*, qui a envahi les abords de la Gironde et en particulier le bassin d'Arcachon. La Gryphée,

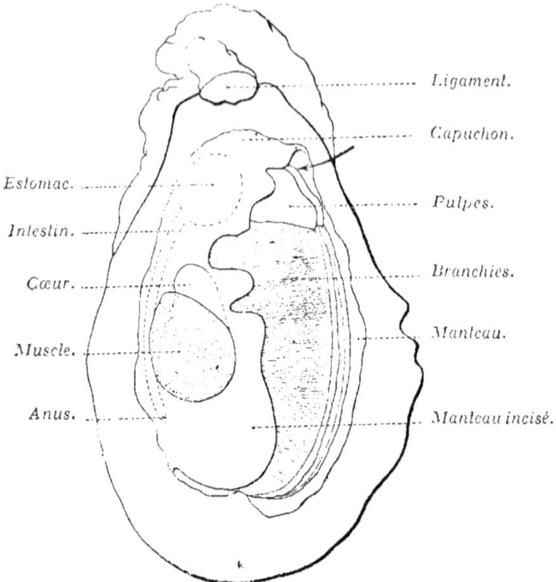

Figure 106. — HUITRE PORTUGAISE COUCHÉE DANS SA VALVE GAUCHE.
(L. BOUTAN, *Dissections de Zoologie*, Doin, 1917.)

beaucoup plus vigoureuse que l'Huître plate, mais beaucoup moins délicate comme chair (fig. 106), a déjà conquis sa place à côté de l'Huître plate, et son naissain tend à se substituer à celui de notre bonne espèce française.

ORGANISATION DE L'HUITRE (fig. 105 et 106). — L'organisation de l'Huître, sauf quelques particularités que nous allons signaler, est celle de tous les Bivalves.

La figure explicative 106 nous permet d'éviter une longue description :

Le manteau, comme d'ailleurs dans les Méléagrines, forme un capuchon qui recouvre les palpes labiaux et l'orifice de la bouche. Les branchies sont soudées en lames continues, et le cœur n'est pas traversé par le rectum.

Ce qui les différencie le mieux des Méléagrines, *c'est l'absence du pied et du byssus si bien développé chez ces dernières*, comme nous l'avons indiqué dans la deuxième partie.

L'Huître se fixe par l'une de ses valves, qui se colle contre le support et, une fois détachée, ne se fixe plus.

Pour élever leurs Huîtres, les parqueurs recueillent les jeunes Huîtres sous forme de naissain, en plaçant dans les endroits favorables des tuiles recouvertes d'une couche de chaux, ce qui permet, ensuite, par l'opération du détrocage, d'avoir les jeunes Huîtres à l'état libre. Les Huîtres ne se fixent jamais dans les parcs. Il m'est arrivé souvent, à Roscoff, d'en trouver à l'état libre de magnifiques spécimens, au milieu des herbiers de zostères; ces échantillons provenaient d'Huîtres entraînées hors des parcs par le courant. Il m'est arrivé aussi de rencontrer des spécimens remarquables à l'entrée des passes d'Arcachon. Ils s'étaient fixés, à l'état de naissain, sur une petite coquille de *Cardium* et, par suite de la croissance, ils étaient devenus si grands par rapport à leur support qu'on avait peine à reconnaître les relations primitives entre la minuscule coquille de Cardium et la grande valve de l'Huître.

Coquille de l'Huître. — Ce qui nous intéresse le plus au point de vue de ce travail, c'est la coquille. Celle de l'Huître comestible présente un périostracum bien développé avec, chez le jeune, de nombreuses saillies et replis ; elle a au contraire une nacre visiblement de mauvaise qualité.

Si l'on expose à l'air libre des coquilles d'Huîtres, l'intérieur, parfois brillant et présentant de beaux reflets nacrés, ne tarde pas à se ternir et prend un aspect blanchâtre, qui indique qu'un travail secondaire s'opère dans la coquille.

Les perles qu'on trouve dans l'Huître comestible. — La nacre de l'*Ostrea edulis*, étudiée comme la perle en surface sur une assez grande épaisseur, et par lumière directe, nous fournit les caractères suivants :

A l'œil nu ou à la loupe, l'intérieur de la coquille présente une nacre blanche et opaque comme du sucre, et ce n'est, d'ordinaire, que sur le pourtour de la coquille qu'on distingue une nacre plus transparente et présentant quelques reflets irisés.

La partie blanche, vue à un grossissement de 15 à 20 diamètres ou à un grossissement de 100 diamètres et plus, ne laisse apercevoir qu'une surface unie relevée de loin en loin de quelques granules. Dans les endroits les plus favorables, on distingue seulement quelques traits et quelques granulations..

Dans la partie plus transparente et irisée, on distingue de loin en loin quelques figures hexagonales avec un point central qui se résout en granulations comme dans les perles, mais beaucoup moins nettes, plus petites et plus floues.

Sans être communes dans les Huîtres comestibles, il arrive, cependant, qu'on trouve assez fréquemment des perles dans leurs tissus pour que les observations ne soient pas rares à leur sujet.

L.-G. SEURAT (1), dans son étude sur l'Huître perlière, nacre et perles, nous donne les renseignements suivants :

« Les Huîtres comestibles, dit-il, de même que les Moules, renferment quelquefois des perles. Une perle de l'Huître commune, de la grosseur d'un petit pois, recueillie en 1829 par AUDOUIN et MILNE-EDWARDS, à GRANVILLE, est conservée dans les collections du Muséum. MÖBIUS cite le cas d'un riche Hambourgeois qui découvrit une perle dans une Huître qu'il était sur le point d'avaler, et qui lui fut payée plus de 120 francs par un joaillier.

« FRIEDEL a trouvé, dans une Huître pied-de-cheval (*Ostrea hippopus* LAM.), provenant de LUMFJORD (DANEMARK), une perle de la forme et de la grosseur d'un pois, d'une couleur blanche pure, mais dépourvue de l'éclat qui fait la valeur des perles fines. »

J'ai trouvé dans la collection de la station biologique d'ARCACHON 4 échantillons des perles recueillies à différentes époques et artistement montées par les soins de M. TEMPÈRE, le très habile micrographe, qui a bien voulu prendre la charge de mettre en valeur le Musée de la station. Ces spécimens portent :

Figure 107. — QUATRE PERLES D'« OSTREA » PROVENANT DE LA COLLECTION DE LA STATION BIOLOGIQUE D'ARCACHON. (*Agrandissement du double.*)

1° grosse perle ronde et régulière ; 2° perle baroque ; 3° petite perle ronde et régulière ; 4° *idem.*
(*Bulletin Société scientifique d'Arcachon*, 1921.)

1° Perle intérieure trouvée dans une *Ostrea edulis.* Bassin d'ARCACHON (Cte AUGER, 1890);

2° Perle intérieure trouvée dans une *Ostrea edulis.* SWANZEA. Campagne de la LÉONIE (sans date) (M. BUCKLAND);

(1) L. SEURAT, *loc.cit.*, p. 15.

3° Perle trouvée libre entre les bords d'une *Ostrea edulis*. ARCACHON (sans date);

4° Perle intérieure trouvée dans une *Ostrea hippopus*. Côtes de BRETAGNE, 1870.

Ce sont ces quatre échantillons, dont je donne ci-dessus (fig. 107) une photographie, double grandeur naturelle, qui m'ont permis une étude de leur surface et une comparaison avec les véritables perles fines (fig. 108).

Trois d'entre ces perles sont de forme sphérique et ont dû être trouvées dans les tissus sous-épidermiques de l'animal; le deuxième échantillon de forme baroque, quoique son étiquette porte (Perle intérieure trouvée dans une *Ostrea edulis*), pourrait bien ne consti-

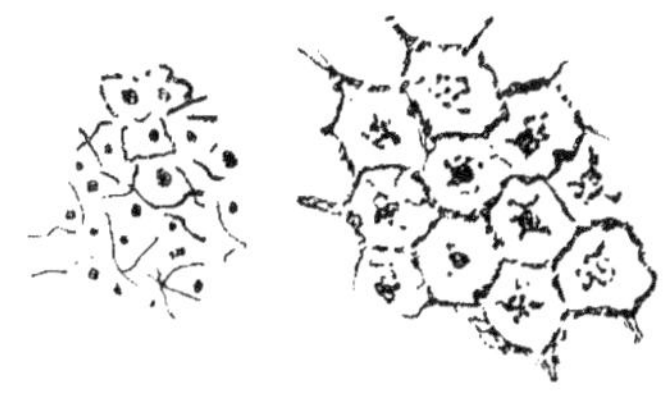

Figure 108. — SURFACE DE LA PERLE DE L'HUÎTRE COMESTIBLE (GROSSIE), MONTRANT LES DESSINS DE LA SURFACE.

tuer qu'une perle rattachée par un pédicule à la coquille.

L'examen à l'œil nu ou sous le faible grossissement de la loupe nous montre une couleur uniforme blanchâtre, un fond à granulations très fines, *presque sans éclat, sans lustre et sans orient* (fig. 108, à gauche).

L'aspect de la surface, vue à un grossissement de 15 à 20 diamètres, est sensiblement différent. La surface plane apparaît divisée en petites cellules hexagonales avec un point central au milieu (fig. 108, à droite).

A un plus fort grossissement d'une centaine de diamètres et plus, le point central se décompose en une petite masse granuleuse de forme irrégulière avec quelques prolongements, et l'on a l'impression très nette du moule en creux d'une surface épithéliale, comme nous l'avons déjà signalé dans les perles fines de Méléagrine.

COMPARAISON DE LA PERLE ET DE LA NACRE DE L'HUÎTRE COMESTIBLE. — La perle de l'Huître présente les mêmes caractères généraux que la nacre de l'Huître. La matière sécrétée a le même aspect, mais la couche superficielle est beaucoup plus mouvementée sur la perle, et l'épithélium sécréteur a laissé des empreintes beaucoup plus vigoureuses, sous forme de saillies nacrées.

La perle de l'Huître peut-elle être appelée une perle fine?

Si l'on tenait compte seulement de l'origine pour caractériser une perle fine, la perle de l'Huître, qui s'est certainement formée dans un sac perlier isolé dans le tissu sous-épidermique et dépendant à l'origine de l'épithélium palléal externe, serait sans conteste une perle fine. *Son origine et sa forme sont celles d'une perle fine.* Pourtant, comme elle ne présente ni éclat, ni lustre, ni orient, et que ce sont là les caractéristiques de la perle fine, il n'y a aucune raison pour l'élever au rang de perle fine.

Pour avoir, en puissance, la possibilité de produire des perles fines, *le Mollusque doit sécréter une belle nacre* : celle de l'Huître est de qualité tout à fait inférieure. Or, nous avons vu dans un chapitre précédent que les qualités de la nacre du Mollusque producteur et les qualités de surface sont les qualités dominantes et essentielles de la perle fine.

L'Huître est donc un exemple excellent d'un Mollusque qui peut être placé dans les conditions où se produisent les perles fines, qui peut sécréter des perles avec la plupart des particularités superficielles de la perle fine, et qui cependant ne produit pas des perles fines *durables* à cause de la mauvaise qualité de sa nacre, qui s'altère très rapidement à l'air libre. Il est possible qu'à leur sortie de l'animal quelqu'une de ces perles mérite la dénomination de perle fine; mais leur beauté est éphémère, par suite de la mauvaise qualité de la nacre.

CHAPITRE XXIV

ORGANISATION DE LA *PINNA NOBILIS*
LES PERLES DE LA *PINNA*

Aux confins de la famille des *Aviculidæ*, mais loin par leur forme des Avicules et surtout des Méléagrines que nous avons décrites dans les chapitres précédents, on trouve le genre *Pinna*, créé en 1778 par LINNE, mais dont les représentants sont connus depuis la plus haute antiquité.

Les *Pinna* atteignent une grande taille. On a dans les collections des exemplaires de *Pinna nobilis* LINNE, qui dépassent 80 centimètres de long.

Sur les côtes de Provence, les pêcheurs les désignent sous le nom de *Jambonneaux*. Ce nom traduit fort bien la forme spéciale de la coquille (fig. 109) équivalve et uniforme avec le sommet dépourvu d'auricules. Elle rappelle, avec moins d'épaisseur, l'aspect général d'un jambon.

Les coquilles sont vendues un peu partout sur nos côtes, chez les marchands de coquillages, à cause des jolies colorations de la nacre, mais leur fragilité fait qu'on les utilise surtout pour servir de support à des peintures, de plus ou moins de valeur, figurant habituellement des scènes de la vie maritime, courses de yatch, etc.

Les Napolitains, d'après Raphaël DUBOIS, mangent ce coquillage après avoir enlevé la poche péricardique

Figure 109. — VALVE DE « PIN-
NA » VUE PAR LA FACE INTERNE
ET MONTRANT LES INSERTIONS
DES MUSCLES.

MS, muscle adducteur supérieur. — M. muscle adducteur
inférieur. — *lig*, ligament.
(*D'après* H. DE LACAZE-
DUTHIERS.)

renfermant un pigment noir, âcre, que les pêcheurs appellent le *poivre*. « Après cette opération, dit l'auteur, on peut en faire des mets délicieux, arrangés à la manière des coquilles de Saint-Jacques. »

ORGANISATION DE L'ANIMAL. — La coquille est loin de donner une impression de solidité. Elle est mince, cassante et souvent translucide dans les formes jeunes ; dans les vieilles coquilles, elle est toujours relativement peu épaisse, par rapport à la taille.

Malgré les beaux reflets nacrés et les tons très chauds qu'on aperçoit dans l'intérieur des valves, la nacre reste mince et paraît de qualité médiocre.

Elle se transforme facilement en couches de prismes qui forment presque toute l'épaisseur. Comme l'épiderme (périostracum) s'use facilement, cette couche de prismes est souvent altérée et délitée, ce qui rend facile la dissociation de la couche de prismes en ses éléments. Je l'ai souvent utilisée pour montrer aux étudiants de la Faculté des sciences les couches de prismes de la coquille. Il suffit de froisser avec le doigt l'extrémité du crochet, sur une vieille coquille, pour obtenir des prismes dissociés qu'on aperçoit facilement sous le microscope. Les crochets, dans les vieux individus, sont, parfois, cloisonnés intérieurement.

Le manteau, garni d'une double rangée de franges, est remarquablement contractile. Dès qu'on pêche un individu, on voit le manteau se rétracter dans l'intérieur de la coquille, qu'il laisse libre dans la moitié au moins de son étendue. La couche du manteau sécrétant le périostracum est beaucoup plus étendue que dans la plupart des autres coquilles de Bivalves. C'est ce qui explique pourquoi elle tranche, aussi nettement comme coloration, sur la portion interne la plus rapprochée des crochets. C'est la disposition, mais ici très exagérée, que nous avons rencontrée chez la *Meleagrina vulgaris* (fig. 71).

La coquille, sur toute sa portion élargie, est formée de périostracum, ce qui amène la formation de perles de moins bonne qualité que celles qui se forment aux dépens de l'épithélium dans la partie recouverte en tout temps par le manteau.

Comme dans les Moules, il y a deux muscles adducteurs de la coquille, mais l'adducteur supérieur est petit, ovale et reporté sous les crochets (MS, fig. 109), tandis que l'adducteur inférieur est au contraire très grand et subcentral (M, fig. 109).

Le pied, de forme conique, est allongé, porte un long sillon comme dans la Méléagrine et la Moule, et une glande pour le byssus.

Le byssus est chevelu, et chacun des brins forme un fil délié qui était, paraît-il, utilisé dans l'antiquité pour faire des étoffes précieuses, soyeuses et d'une grande solidité.

Le tube digestif n'offre comme particularité que les palpes allongés qui se trouvent de chaque côté de la bouche et rappellent ceux de la Moule. Ils sont, cependant, comparativement moins allongés que dans ce dernier animal.

Le reste de l'organisation n'offre aucune particularité saillante.

HABITAT. — Les *Pinna* sont des Mollusques côtiers qui vivent fixés dans le sable vaseux a une profondeur variable de 15 à 100 mètres. On les trouve, exceptionnellement, beaucoup plus haut. ¡Dans le bassin d'ARCACHON et en particulier dans les bancs situés à l'entrée des passes, il arrive qu'on peut les recueillir à la main à marée basse, lorsque l'une des grandes mares qui se trouvent à la surface des bancs de sable et qu'on appelle des *luges* vient à se vider, par suite d'un changement dans la forme du banc.

M. le professeur PRUVOT, avant de devenir directeur du laboratoire Arago de BANYULS-SUR-MER, a été le premier à ma connaissance à les observer en scaphandre à l'entrée du port de PORT-VENDRES. J'ai eu depuis le plaisir de visiter les mêmes gisements. A l'extrémité de la grande jetée par 15 à 18 mètres de fond, au milieu des blocs hérissés de toute une floraison de Gorgones blanches et roses, on aperçoit, fichée dans le sable, la grosse extrémité des valves qui bâillent au dehors.

Le manteau n'est plus contracté, comme dans les individus que l'on vient de pêcher, et il étale en dehors de la coquille de longs tentacules verdâtres sur tout son pourtour.

Raphaël DUBOIS (1), qui a beaucoup étudié ces animaux au point de vue des perles et de la nacre, nous donne à leur sujet les détails suivants :

« Les *Pinna*, dit-il, se trouvent non seulement en FRANCE, sur les côtes du BOULONNAIS, de la NORMANDIE, de la BRETAGNE, dans le bassin d'ARCACHON et dans la MÉDITERRANÉE, depuis CETTE jusqu'à NICE, mais encore sur les côtes d'ITALIE, en GRÈCE, en CORSE et sur les rivages africains. Elles sont communes et se

____

(1) Raphaël DUBOIS, *Contribution à l'étude des Perles fines*, Lyon, 1909, p. 84.

rencontrent souvent dans les mêmes points que les Pintadines dans le golfe de GABÈS et dans la mer de BOU-GRARA, en TUNISIE. En CORSE, elles ne commencent à paraître qu'au delà du calcaire de BONIFACIO. A PORTO-VECCHIO, elles sont abondantes et très perlières. On en trouve également de perlières dans les eaux du SYNDICAT DE NEMOURS, à RACHYOUM et aux îles ZAFFARINES, par des fonds de 8 à 10 mètres. Ce sont sans doute les perles de *Pinna* qui ont fait dire à Raoul POSTEL, dans son ouvrage sur TUNIS et le MAROC, que MELILLA, près du port de RAS-EL-DIR (MAROC), fut jadis célèbre par ses Huîtres perlières.

« Les *Pinna* ne sont pas perlières dans toutes les localités. Sur les côtes du département du VAR, où je les ai étudiées principalement, on trouve des îlots, des colonies très voisines les unes des autres. Dans l'une d'elles, les *Pinna* ont des perles, et les autres en sont totalement dépourvues.

« Les *Pinna* deviennent perlières dans le parc vivier situé en face du Laboratoire maritime de biologie de LYON, à TAMARIS-SUR-MER. »

Il y a, en résumé, sur nos côtes deux espèces principales :

Dans l'Atlantique, la *Pinna pectinata* LINNE. Dans la Méditerranée, la *Pinna nobilis* LINNE, avec deux autres espèces également méditerranéennes, *Pinna micronata* LINNE et *truncata* PHILIPPI, sans compter de nombreuses espèces exotiques.

PÊCHE. — D'après les auteurs latins, il semble que la pêche des Pinnes marines a été très active dans les temps anciens. Elle s'effectuait dans la MÉDITERRANÉE, particulièrement sur la côte africaine et sicilienne, concurremment avec celle du *Murex*. Les Pinnes fournissaient, grâce à leur byssus, des fibres résistantes pour la fabrication de tissus, et les *Murex* fournissaient, grâce à leurs glandes à mucus, la pourpre qui servait à teindre les étoffes de laine.

« BONNEMÈRE, dit Raphaël DUBOIS (1), rapporte que jadis, pour pêcher ces Mollusques, on avait créé un instrument nommé « crampe », dont on trouve la description dans l'*Encyclopédie* : c'est une espèce de fourche de fer dont les fourchons sont perpendiculaires au manche ; ils ont chacun 8 pouces de long et laissent entre eux une ouverture de 6 pouces dans l'endroit où ils sont le

____

(1) Raphaël DUBOIS, *Contribution à l'étude des Perles fines*, Lyon, p. 83.

plus écartés ; on proportionne la longueur du manche de la fourche à la profondeur où l'on veut aller chercher les *Pinna* ; on les saisit, on les détache et on les enlève avec cet instrument... »

Sur les côtes de l'OCÉAN, je les ai vues rapportées, à plusieurs reprises, par les chalutiers d'ARCACHON, qui les avaient simplement capturées dans les chaluts. Sur les côtes de Provence, les pêcheurs se servent, paraît-il, d'un simple nœud coulant, qu'ils serrent par une traction adroite, un peu au-dessous de la portion élargie de la coquille. Ce mouvement exige, cela va sans dire, une grande dextérité de la part des pêcheurs.

PERLES DE « PINNA ». — Les perles de Pinnes ne sont actuellement qu'un objet de curiosité et ne donnent pas lieu à un négoce sérieux. Elles ont perdu toute la vogue qu'elles avaient dans l'antiquité. Elles ont cependant une série de colorations très originales : il y en a de blanches, de noires, de brunes, de jaunes, et surtout de rouges dans une gamme variée.

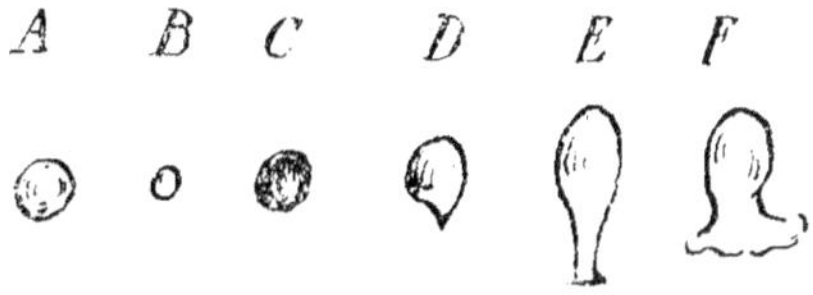

Leur grave défaut, qui explique d'ailleurs le peu d'estime que l'on a pour elles, tient à ce fait que la plupart d'entre elles s'altèrent plus ou moins vite et perdent, en général assez rapidement, leurs principales qualités de surface.

$$A \quad B \quad C \quad D \quad E \quad F$$

Fig. 110. — UNE SÉRIE DE PERLES DE « PINNA » DE FORMES VARIÉES.
A, B, C, perles rondes. — D, E, F, perles pédiculées.
(Les trois dernières sont imitées d'un dessin de Raphaël Dubois.)

Tous les auteurs qui se sont occupés de ces perles sont d'accord sur ce point que, non seulement les perles de *Pinna* de la Méditerranée perdent leur orient, mais qu'il en est de même pour celles des espèces exotiques. DIGUET, dans son voyage dans le golfe de Californie, signale, par exemple, que la *Pinna rugosa* donne, là-bas, des perles d'un très bel orient, mais qu'elles ne peuvent se conserver. Au bout d'un temps plus ou moins long, il s'opère un retrait de la matière organique qui se fendille.

Il y a là un fait très intéressant, qui explique ce qui se passe dans un certain nombre (heureusement très limité) de perles de Méléagrine, ainsi que nous le verrons dans l'alinéa suivant.

STRUCTURE ET COMPOSITION CHIMIQUE DES PERLES DE « PINNA ». —

Raphaël Dubois (1), qui a étudié spécialement et figuré des coupes de la perle de *Pinna*, nous donne les intéressants renseignements que voici :

« Dans les perles de *Pinna*, on trouve toutes les transitions entre la structure de la véritable perle fine, à fines couches concentriques, et la structure alvéolaire. Cette dernière ne peut mieux être comparée qu'à des nids de guêpes dont les alvéoles prismatiques accolés auraient tous leur sommet tourné vers le noyau. Ces

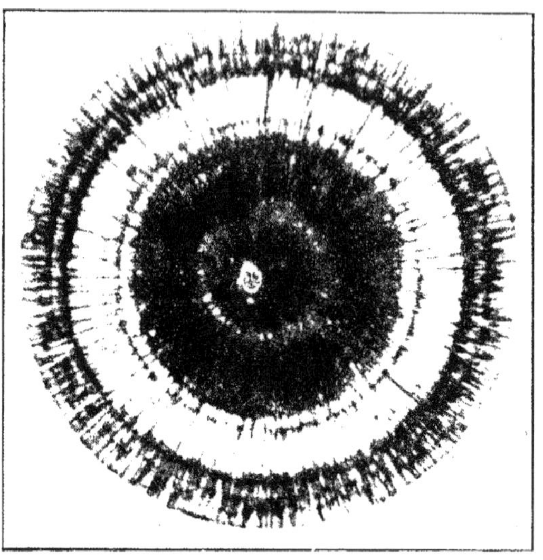

Figure 111. — Coupe d'une perle noire de « Pinna » de 3 millimètres de diamètre.

[(*D'après* Raphaël Dubois. *Planche I, figure 4, de son mémoire sur « les Perles fines »*, Annales de l'Université de Lyon, fasc. XXIX).]

alvéoles de conchyoline se colorent difficilement, mais ils sont remplis de substance calcaire jointe à une matière organique, laquelle se colore fortement par le bleu de méthyle. Ici, comme toujours d'ailleurs, les cellules formant la trame du sac laissent entre elles des espaces polygonaux, comme feraient les mailles d'un filet : par les espaces pénètrent dans les alvéoles les cellules migratrices calcarifères : elles s'y accumulent les unes au-dessus des autres, et à l'interstice de deux de ces dépôts correspond toujours un petit épaississement de l'alvéole, ce qui les fait paraître striées. De place en place, les épaississements sont plus

(1) Raphaël Dubois, *Contribution à l'étude des Perles fines*, Lyon, 1909, p. 87.

prononcés, et le repli de l'alvéole constitue dans l'intérieur de celui-ci un repli saillant. Ces replis se correspondent dans tous les alvéoles : ils sont probablement produits par la même cause, agissant au même moment et correspondant à un temps d'arrêt de la pénétration des migrateurs calcifères. Quand ces cloisons sont très prononcées et très rapprochées, on a la structure en oignon de Réaumur. Mais, entre cette disposition et celle des prismes alvéolés, on trouve toutes les transitions, parfois, dans la même perle ».

Voilà une structure bien singulière pour des perles !

Les faits constatés très exactement par Raphaël Dubois méritent peut-être une autre interprétation basée sur mes récentes recherches sur les perles de Méléagrine.

Il faut remarquer que tout le monde est d'accord sur ce fait que les perles de *Pinna*, qui d'abord semblent avoir

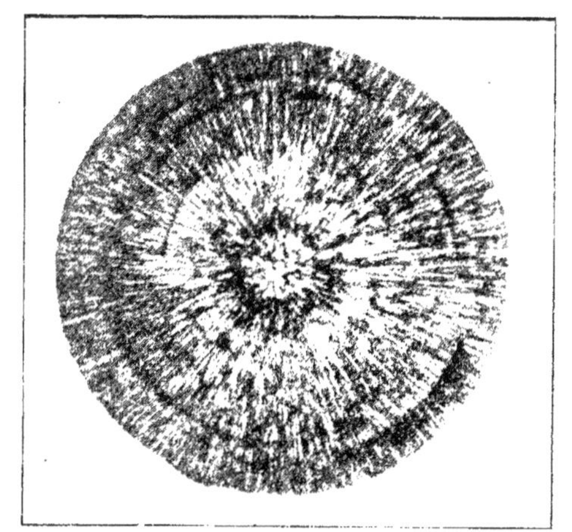

Figure 112. — Coupe d'une perle rouge de « Pinna » de 1ᵐᵐ,5 de longueur.
D'après Raphaël Dubois. *Planche I, figure 4 de son mémoire sur les Perle fines* — Annales de l'Université de Lyon, fasc. XXIX.

les mêmes qualités que les perles fines de Méléagrines, perdent peu à peu ces caractères et que, d'après l'auteur lui-même, on trouve toutes les transitions entre la structure de la véritable perle fine, à fines couches concentriques, et la structure alvéolaire. Si donc nous examinons des perles fraîches et des perles anciennes, les qualités extérieures vont être différentes, et la structure pourra avoir subi d'importantes modifications.

C'est ce qui a lieu, en effet, dans le cas de la perle de *Pinna*. Quand elle a les qualités extérieures de la perle fine, ces qualités sont dues à une structure analogue à celle de la perle fine. Quand les qualités extérieures disparaissent, cela tient à une modification secondaire de la structure. Un travail particulier s'opère et donne naissance à ces apparences d'alvéoles, qui représentent, je crois, le premier stade de la formation des prismes.

Raphaël Dubois nous donne exactement la structure de la perle de *Pinna, mais seulement lorsque cette structure est modifiée secondairement*, et il est surprenant qu'un auteur aussi averti, qui consacre trois planches presque exclusivement aux perles de *Pinna*, étudiées au point de vue de leur structure, ne se soit pas aperçu du fait que je signale plus haut. Selon moi, sa figure 1 (pl. I), qui a déjà subi un commencement de transformation, n'arrive à l'état des figures 3 et 4 (pl. I), où la transformation est achevée, que par des intermédiaires tels que ceux de sa figure 2.

Je crois donc qu'on peut représenter les choses comme je l'ai fait dans la figure 113, figure schématique, où je cherche à donner une interprétation des faits : 1º la perle de *Pinna* fraîche et n'ayant

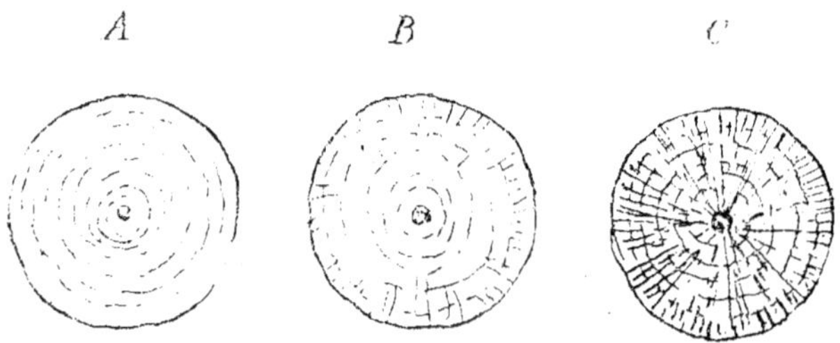

Figure 113. — Schéma de la transformation des perles de « Pinna ».

A, perle fraîche de *Pinna* ayant la structure de la perle fine. — B, perle de *Pinna* au commencement de sa transformation. — C, perle de *Pinna* complètement transformée et ayant perdu ses qualités.

pas encore subi l'action du temps ; 2º la perle de *Pinna* avec un commencement d'altération : 3º la perle de *Pinna* à structure secondaire (A. B. C. fig. 113).

QUELLE EST LA CAUSE DE TRANSFORMATION DES PERLES DU « PINNA ». — D'après une vue qui me paraît très juste, Raphaël Dubois écrit (1) : « Au bout d'un temps plus ou moins long, il s'opère un retrait de la matière organique qui se fendille. C'est certainement, dit-il, un effet de déshydratation, l'analyse chimique ayant démontré que les perles de *Pinna* sont beaucoup plus riches en eau que celles de *Margaritifera*. »

Cette raison ne me paraît pas être la seule et ne suffirait pas à expliquer complètement le phénomène, qu'elle constate simplement sans en indiquer la cause réelle.

(1) Raphaël Dubois. *loc. cit.,* p. 85.

On peut se demander si la nacre sécrétée par la *Pinna* est de mauvaise qualité ou si les perles de *Pinna* sont normalement formées aux dépens de la zone moyenne de l'épithélium palléal ou aux dépens de la zone périphérique très développée dans ce Mollusque et qui sécrète normalement le périostracum.

Dans ce dernier cas, il n'y a rien de surprenant à ce que ces perles perdent leurs qualités premières.

J'ai montré tout l'intérêt de la question, ainsi posée, dans une note récente présentée à l'Académie des sciences.

LES CONCRÉTIONS DE LA « PINNA » QU'IL NE FAUT PAS CONFONDRE AVEC LES PERLES. — On a signalé chez les *Pinna* des concrétions diverses qu'il ne faut pas confondre avec les perles. SILOSSBERGER a rencontré dans le rein de *Pinna nobilis* deux concrétions de la grosseur d'un petit pois ; l'analyse a donné, d'après Raphaël DUBOIS (1), 64,93 p. 100 de matières minérales, la plus grande partie en phosphates de chaux et de magnésie. Cela ne correspond nullement à la composition de la nacre et de la perle. Raphaël DUBOIS signale aussi que KRUKENBERG a trouvé dans *Pinna squamosa* un calcul complètement formé de sels de manganèse.

ORIGINE DES PERLES DE « PINNA ». — D'après Raphaël DUBOIS (2), les perles qui se trouvent d'ordinaire dans l'épaisseur du manteau sont parfois accrochées à la base des muscles de la coquille. Il ajoute : « Je n'ai jusqu'à présent jamais rencontré dans le noyau des perles de *Pinna* rien qui ressemblât à un Distome ou à un Ver quelconque. Mais, dans deux exemplaires, dont un est né dans le parc du laboratoire, j'ai vu très nettement de petits corpuscules ovoïdes, de 1 centième de millimètre, dans l'intérieur du noyau : ils étaient semblables à ceux que j'ai signalés dans les perles de Pintadines du golfe de Gabès et dans les perles de Modioles de la même localité. Je les considère comme des *spores de sporozoaires.* »

Les perles accidentelles de la *Pinna* auraient donc une origine parasitaire, mais le parasite serait différent de celui des Pintadines ou des Moules. En un point de son mémoire, Raphaël DUBOIS (3) donne une observation très intéressante et que je regrette qu'il n'ait pu pousser davantage :

« J'en ai vu une (une perle de *Pinna*) dont le col était évasé

(1) Raphaël DUBOIS, *loc., cit.*, p. 85.
(2) ID., *ibid.*, p. 88.
(3) ID., *ibid.*, p. 86.

comme celui d'une amphore (Voir pl. D. E. F. fig. 110). Elle était coiffée du sac perlier, mais le pied élargi était en contact avec la coquille. Ce qui pourrait être invoqué encore chez les *Pinna*, en faveur de la théorie de l'encapuchonnement de BOUTAN, c'est que le plus souvent — mais non toujours — la couleur de la perle est la même que celle de la nacre au point correspondant du manteau où elle a pris naissance. Malheureusement. on peut se demander comment pourrait s'opérer ce refoulement. les perles de *Pinna* n'étant pas l'œuvre d'un Distome, ainsi qu'on le verra plus loin.

En résumé, par la valeur de leurs perles, les *Pinna*, que ce soient la grande espèce de la MÉDITERRANÉE ou les autres espèces de nos côtes, ne sont pas intéressantes. Leur étude est cependant très utile pour comprendre la véritable nature des perles de Méléagrines.

CHAPITRE XXV

LES MOULES PERLIÈRES (MOULES MARINES)

La Moule est une espèce marine qui vit en grande abondance
sur les côtes françaises de la MANCHE, de l'OCÉAN et de la MÉDI-
TERRANÉE. On la récolte systématiquement pour l'alimentation
sur des bancs naturels qui dé-
couvrent à marée basse, et son

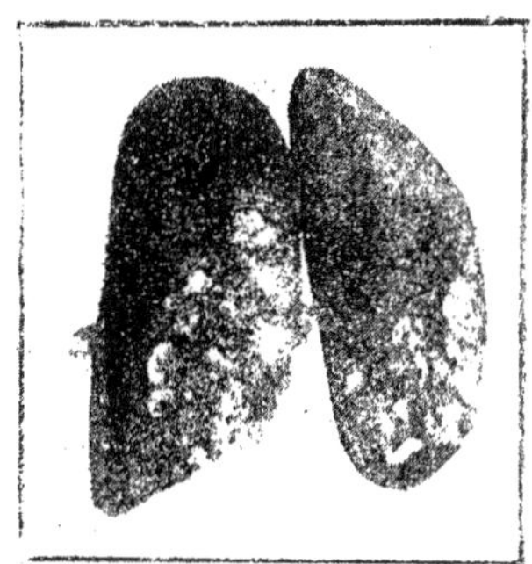

Figure 114. — LES DEUX VALVES DE LA
MOULE VUES PAR LA FACE VENTRALE.

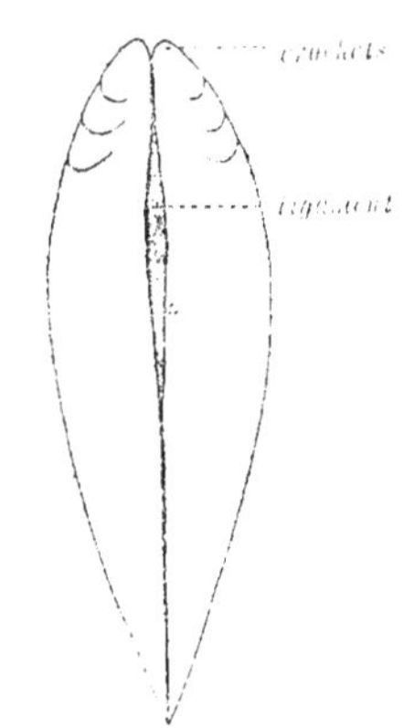

Figure 115. — COQUILLE DE MOULE
VUE PAR LA FACE DORSALE POUR MON-
TRER LE LIGAMENT ET LES CROCHETS.

élevage se fait à l'aide de bouchots sur quelques points des
côtes de l'OCÉAN.

La coquille, chez la Moule, est recouverte d'un périostracum
noir, bleuâtre violacé.

Les deux valves de la coquille sont égales. Leur forme générale
est celle d'un coin arrondi en arrière.

Les crochets sont antérieurs et pointus.

Le ligament (linéaire et submarginal) est très long et se voit
facilement à l'extérieur (fig. 114 et 115).

*Grâce à ces deux points de repère (crochets et ligaments), il est
facile de déterminer la position de l'animal dans l'intérieur de la
coquille.*

Le ligament correspond à la face dorsale de l'animal. En disposant la coquille de manière à ce que les crochets soient placés au-dessus du ligament, la bouche se trouve en haut, comme dans la figure 115.

L'animal est complètement enveloppé du manteau presque toujours encombré par les produits génitaux et libre sur ses bords, sauf en arrière, où l'on remarque un épithélium très pigmenté qu'on désigne sous le nom de *membrane anale*.

Le manteau se replie au-dessous de la bouche en constituant le *capuchon céphalique*.

On distingue alors sur la ligne médiane :

La bouche, fente transversale courbe, à concavité supérieure,

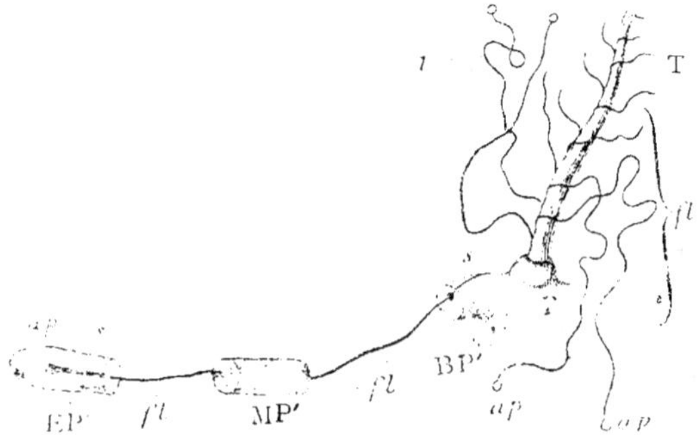

Figure 116. — Dessin théorique du byssus de la Moule. *D'après* L. Boutan.

Le pied est supposé coupé en trois parties pour laisser voir le filament en formation. — BP', base du pied. — MP', milieu du pied. — EP', extrémité du pied. — fl, filaments du byssus. — T, hampe du byssus.

masquée par deux lèvres minces formées par le prolongement des palpes labiaux.

Le pied, ayant l'apparence d'une langue de Mammifère, est muni d'un large talon qui porte le byssus.

Le byssus de la Moule se présente tout d'abord comme un enchevêtrement de filaments sans nombre, tous terminés par une petite plaque adhésive, mais une observation attentive permet de reconnaître que cette complication n'est qu'apparente et qu'il existe deux parties nettement distinctes :

1° L'axe :

2° Les filaments.

L'axe se compose d'une masse verdâtre ou jaunâtre, conique et terminée en pointe mousse dans sa partie la plus éloignée du pied : dans la portion dorsale, au contraire, on distingue, après arrachement, une série de lamelles.

A cette partie centrale du byssus viennent s'ajouter des filaments nombreux.

Quoique cette disposition ne soit pas générale, nous pouvons cependant nous représenter les filaments comme prenant tous naissance le long de l'axe sur une même ligne, pouvant saillir en des points différents, soit selon les deux côtés opposés de l'axe, soit dans le voisinage de deux lignes très rapprochées.

La glande byssogène est formée par une série de lames contenant dans leur intérieur des glandes unicellulaires. Celles-ci sécrètent les lamelles du byssus.

Ces lames sont renfermées dans une cavité profonde qui communique avec le sillon, lequel suit la languette du pied dans toute son étendue et se termine par une dilatation semi-circulaire.

Enfin, au-dessous du pied, on trouve également, sur la ligne médiane, une saillie qui représente la glande génitale.

Les branchies s'insèrent entre les palpes labiaux et descendent de part et d'autre du corps, pour venir se réunir inférieurement sur la ligne médiane.

Les quatre lames sont constituées par des filets unis entre eux par des cils vibratiles dont certains amas forment les renflements désignés à tort sous le nom de *renflements musculoïdes*.

LE PIED ET LE BYSSUS DE LA MOULE. — Le pied mérite de nous arrêter un instant. Cet organe important sert, à la fois, à fixer l'animal en place sur les rochers et sur les pieux, où on le trouve habituellement, et lui permet aussi de se déplacer et de progresser assez loin de l'endroit où il était fixé tout d'abord.

Quoique ces deux fonctions paraissent en apparence contradictoires, elles sont accomplies par le pied de la Moule et par le pied seul, ainsi que je l'ai établi dans un travail déjà ancien, que j'avais effectué au laboratoire Arago de BANYULS-SUR-MER.

Voici comment est constitué cet organe singulier de la Moule. Le pied présente, au-dessous de la lame charnue, très extensible et très musculeuse, qui forme sa partie principale, une saillie conique par où s'échappe un paquet de filaments groupés autour d'une sorte de hampe et dont chaque brin est échelonné le long de cet axe principal (fig. 116 et 117).

Ces brins, très déliés, se terminent par une portion étalée qui se colle sur un support. Leur ensemble constitue le *byssus*, ou l'organe de fixation de la Moule.

On comprend facilement qu'à l'aide de cette série de câbles l'animal puisse se fixer sur l'objet qu'il a choisi.

Il reste à expliquer comment il peut se déplacer malgré les chaînes qu'il s'est lui-même forgées.

Au-dessus de la saillie conique par où sortent les filaments du byssus existe, sur toute la longueur de la portion charnue du pied, un sillon qui s'évase à sa partie terminale en un petit entonnoir.

Ce sillon est un moule par où ont déjà passé tous les filaments déjà formés et qui va servir à en constituer de nouveaux. Il est en communication avec une glande (la glande interne du byssus). Cette glande déverse son produit dans ce sillon, qui se transforme à volonté en un tube complet, par le rapprochement et l'accolement de ses deux lèvres.

Le produit sécrété, restant liquide tant que les deux lèvres sont rapprochées, se déverse dans l'intérieur du moule et s'échappe seulement par le petit entonnoir que l'animal applique à l'endroit où il veut fixer l'extrémité du filament. Dès que les deux lèvres s'écartent, le produit devient solide et résistant au contact de l'eau.

Grâce à cet ingénieux dispositif, la Moule peut rester libre de ses mouvements, au moins pendant son jeune âge et jusqu'au moment où elle n'aura pas sécrété un nombre suffisant de câbles pour l'enchaîner définitivement.

Pour le bien comprendre, supposons, par exemple, qu'une jeune Moule, déjà fixée à la base d'un support par un ou plusieurs filaments, désire s'élever le long de ce support. Elle étend son pied au maximum, fixe aussi haut que possible un ou deux nouveaux filaments. Puis, lorsqu'elle les a démoulés et laissés durcir suffisamment, elle prend son point d'appui sur eux et d'un coup sec contracte son pied, de manière à rompre, derrière elle, les anciens filaments devenus nuisibles, puisqu'ils empêchent son ascension (1).

La répétition de cette manœuvre lui permet de se déplacer ainsi, étape par étape. Évidemment, elle ne peut pas marcher à l'allure d'une automobile de 10 C. V.!... Mais *Chi va piano va sano* et, avec beaucoup de temps devant elle, elle peut arriver à parcourir des distances considérables.

C'est une expérience intéressante que tout le monde peut répéter au bord de la mer avec succès. Il suffit de se procurer quelques petites Moules et d'observer leur travail dans un verre plein

____

(1) Je reproduis ici une partie d'un article que j'ai publié dans le journal *la Pêche maritime* du 9 juillet 1922.

d'eau de mer. On verra les Moules former leurs nouveaux filaments
et progresser le long des parois du verre.

Elle me paraît expliquer un fait que les naturalistes ont souvent
observé aux environs de Boulogne-sur-Mer et de plusieurs autres
grands ports.

Quand on drague à partir de quelques brasses de profondeur
dans la rade de Boulogne, on remplit l'engin avec de petites Moules,
qui sont, toutes, *sensiblement de la même taille* et en nombre
énorme sur le fond.

Les pêcheurs, et quelques naturalistes à leur suite, prétendent
que les Moules ne peuvent pas grandir sur ces fonds et que c'est
pour cela qu'on n'en trouve que de petite taille ; il y en aurait
d'âge très différent, mais de grandeur constante. Je ne crois pas
que cette manière de voir soit exacte.

Si l'on y réfléchit, ce serait là un fait bien étrange ! Si nous
considérons la région de Boulogne-sur-Mer, où j'ai travaillé longtemps et que je connais particulièrement, l'explication paraît
d'autant plus mauvaise que, tout près, dans la région du Portel,
de vastes champs marins découvrant à marée basse sont en
exploitation pour la récolte des Moules. Là, on trouve, particulièrement dans les espaces récoltés, une grande quantité de petites
Moules, mélangées aux Moules de plus grande taille échappées
à la récolte précédente.

D'où proviennent ces petites Moules ? Un certain nombre ont pu
naître sur place, mais le plus grand nombre proviennent, très
vraisemblablement, d'une émigration de petites Moules d'eau
profonde, qui se rapprochent de terre et changent de niveau
pour trouver des conditions favorables à leur évolution.

Cette nécessité du déplacement des Moules nées dans l'eau
profonde pour achever leur croissance est constatée par les
myticulteurs depuis bien longtemps, depuis les premiers essais de
myticulture faits en France, dès 1235, par un patron de barque
irlandais nommé Patrice Walton.

Jeté par un naufrage sur les côtes de la Charente-Inférieure, à
Esnandes, il eut le premier l'idée d'élever des Moules, d'établir
le premier *bouchot* et devint, ainsi, le créateur de la myticulture.

On nomme *bouchot*, dit M. Albert GRANGER (1), des rangées de
pieux et de palissades réunies au moyen d'un clayonnage grossier
de 2 mètres de hauteur et tapissé de fucus. Ces palissades avancent

____

(1) Albert GRANGER, *les Mollusques*, p. 57, Deyrolle, Paris.

dans l'eau quelquefois jusqu'à une lieue : elles forment un triangle dont la base est tournée vers le rivage et la pointe vers la mer. A cette pointe, on pratique un passage étroit. Le triangle est le champ où l'on sème, où l'on éclaircit, où l'on repique, où l'on plante, où l'on récolte les Moules.

Les Moules écloses au printemps portent le nom de *semences*. Elles ne sont guère plus grosses que des lentilles jusqu'à la fin mai; à partir de cette époque, elles grandissent rapidement ; en juillet, leur taille est celle d'un haricot. On les nomme *renouvelain*, et elles sont bonnes à transplanter. Pour cela, on les détache des bouchots placés au plus bas du rivage vers la mer, et on les jette dans les poches faites de vieux filets que l'on fixe sur des bouchots moins avancés en mer. Les Moules adhèrent par leur byssus; à mesure qu'elles grossissent, on éclaircit et on repique sur d'autres pieux plus éloignés de la mer : enfin on plante sur les bouchots les plus élevés les Moules qui ont acquis toute leur taille et sont devenues marchandes. Il faut dix mois à un an de séjour dans les bouchots pour que la Moule soit marchande.

En somme, les myticulteurs ne font que répéter, en remontant leurs Moules de plus en plus haut, ce qui se fait, *naturellement*, aux environs de Boulogne-sur-Mer et sur bien d'autres points de nos côtes pour le peuplement des moulières naturelles. Mais, dans le dernier cas, c'est la Moule qui voyage elle-même et se rapproche du rivage guidée par son instinct et non par la main de l'homme.

Les Moules si répandues sur nos côtes présentent, bien entendu, de nombreuses différences de taille, de forme, de coloration et de solidité. En se basant sur ces caractères, certains naturalistes ont voulu en faire des espèces distinctes et les ont séparées sous les noms de *Mytilus ungulatus* (PENN.), *Mytilus incurvatus* (PENN.), *Mytilus cylindraceus* (REG.), *Mytilus flavus* (POLI.) et *Mytilus minimus* (PHIL.).

Il est certain que les Moules offrent de nombreuses variétés; les unes ont la coquille violacée, variée de vert ou de bleu ; d'autres sont brunes et cornées; d'autres, encore, sont entièrement jaunes. Elles ne représentent, cependant, qu'une seule et même espèce, sur les côtes de la Manche et de l'Océan : la Moule vulgaire ou comestible, la *Mytilus edulis* (LINN.).

Sur les bords de la Méditerranée, on rencontre, cependant, une espèce qu'on s'accorde, assez généralement, à distinguer de la précédente, c'est la Moule de Provence, *Mytilus galloprovincialis* (LAM.), qui a généralement des crochets très aigus et très recourbés, le bord des valves plus tranchant et des valves plus larges que *Mytilus edulis*.

Si c'est une espèce réellement distincte, elle est du moins très voisine de la Moule vulgaire et pourrait peut-être ne représenter qu'une variété géographique.

Chez les Moules perlières, on trouve également des formes très différentes, bosselées, déformées, élargies ; mais, comme l'on rencontre ces formes dans les mêmes paquets, mélangées avec les Moules vulgaires *types* et que l'on constate, aisément, la présence d'échantillons de transition, personne, je crois, ne peut soutenir sérieusement que l'on n'a pas affaire à une seule et même espèce

Le gisement exceptionnel des Moules perlières de Billiers a été découvert et décrit en 1893 par le baron d'HAMMONVILLE (1), qui a publié un intéressant article à ce sujet.

Après avoir décrit le joli bourg de Billiers, avec son port situé sur la côte du Morbihan, au niveau de l'embouchure de la Vilaine, il constate que les côtes voisines sont couvertes de colonies immenses de Moules, exploitées par les pêcheurs

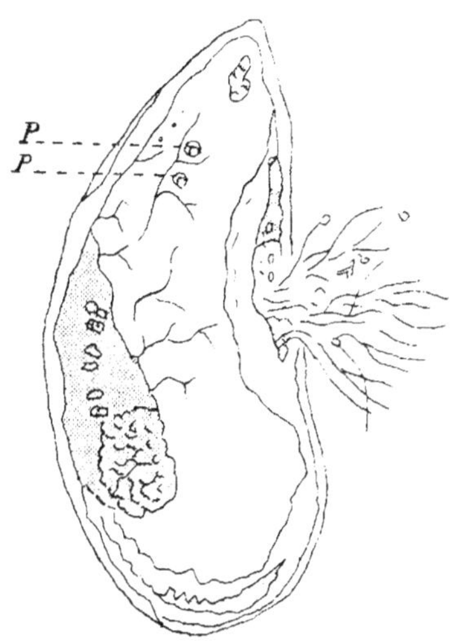

Figure 117. — MOULE OUVERTE, COUCHÉE SUR LA VALVE GAUCHE.
On aperçoit deux perles PP enfermées dans la paroi transparente du manteau.

et qui ne sont nullement perlières. La colonie des Moules perlières de Billiers est localisée sur une très faible étendue. Elle commence contre le quai du port, à 30 mètres environ du bout de la jetée, et se continue jusqu'à un poste de chaloupe, sur une longueur totale d'environ 100 mètres.

« C'est ainsi, dit M. d'HAMMONVILLE, que nous avons capturé vingt-six perles dans un seul individu. » Et il ajoute : « Les perles sont habituellement cantonnées dans l'épaisseur du manteau ou dans le voisinage des crochets ; parfois même on en trouve enchâssées dans la paroi interne de la coquille.

(1) D'HAMMONVILLE, *les Moules perlières de Billiers* (Bull. Soc. zool. de France, t. XIX, Paris).

« Elles varient beaucoup de taille, de forme et de nuance ; nous en avons cependant trouvé de bien faites, rondes ou ovales, et, sur près d'un millier que nous avons examinées, il en est une qui atteignait un diamètre de 3 millimètres sur 2.2 et pesait 3 centigrammes. Une autre, mesurant 4 millimètres sur 3, pesait 6 centigrammes. En général, ces perles sont peu brillantes, et leur orient est loin d'égaler celui des perles fines.

« Dans les nombreuses recherches auxquelles nous nous sommes livrés, nous avons constaté que les Moules les plus chargées de perles sont toujours celles que nous péchions dans la plus grande profondeur et sur les parties des quais qui ne découvrent jamais, quelle que soit l'ampleur de la marée.

« Disons aussi que, sur des milliers de Moules provenant des divers autres points de la côte, nous n'en avons jamais trouvé une seule renfermant une perle. »

La présence de ce banc de Moules perlières aussi étroitement cantonné avait fortement intrigué M. d'Hammonville, et il s'était livré à de nombreuses investigations pour découvrir la cause de ce phénomène.

« Nous avons, dit-il, examiné avec soin le gravier vaseux sur lequel repose la Moule perlière, sans pouvoir constater la moindre différence avec celui des Moules voisines. Nous avons de même comparé les Algues qui abritent ces différentes colonies, sans trouver la moindre différence. Enfin nous avons pêché, avec filet ordinaire et avec troubleau en soie, aux différents endroits et aux différentes heures de la marée, et nous avons partout capturé des espèces animales identiques.

« En résumé, le même sol, les mêmes productions animales et végétales entourent les Moules perlières et celles non perlières. »

D'où provient donc que les Moules contiennent des perles sur cet espace limité, alors qu'elles n'en contiennent pas un peu plus loin?

La question que s'était posée M. d'Hammonville et qu'il n'avait pu résoudre ne pouvait manquer de préoccuper les naturalistes et, pendant les années qui suivirent, le gisement de Billiers fut visité par plusieurs d'entre eux, parmi lesquels je dois citer Raphaël Dubois (1), le savant professeur de physiologie de Lyon, et Lyster Jameson (2), le savant anglais mort récemment.

(1) Raphaël Dubois, *Sur le mode de formation des perles dans Mytilus edulis* (Congrès d'Ajaccio, 1901).
(2) Lyster Jameson, *On the origin of pearls*, Londres, 1902.

Les savants découvrirent, en étudiant les choses de plus près, que les Moules perlières étaient infestées par une larve de Trématode (Ver inférieur) que Dubois a appelé le *Gymnophallus margaritarum* (Dubois).

Ces larves se trouvent en grande abondance entre la coquille et le manteau des Moules infestées, si on les étudie à la période favorable du printemps, et ce sont ces Moules infestées qui produisent les perles (1).

Les auteurs en question ont montré, en effet, que, dans les jeunes perles en formation, on pouvait distinguer, au centre, la larve du Distome, parfois encore vivante. Elle constitue le noyau de la future perle, autour duquel se forment les assises périphériques de matière perlière.

La Moule comestible devient donc perlière par suite d'une infection parasitaire, et l'on s'explique la localisation des Moules perlières, puisqu'il faut, à la fois, la Moule et le Parasite. Or, si les Moules sont fréquentes sur nos côtes, le Parasite, tel que le *Gymnophallus*, est forcément beaucoup plus rare. Il appartient, en effet, à ce groupe des Distomes parasites, où l'évolution est très compliquée et où, pour achever son cycle évolutif, le parasite doit passer, successivement, par deux hôtes très différents, d'ordinaire un *Vertébré* et un *Invertébré*.

Au moment où ces constatations intéressantes étaient faites à Billiers, je m'occupais de rechercher le mode de formation des perles fines, et j'avais poursuivi des travaux dans ce sens au laboratoire de Roscoff.

Les Moules perlières de Billiers me parurent constituer un excellent matériel pour cette étude et, grâce à l'obligeance de M. le professeur Joubin, je pus m'en procurer en abondance et les étudier dans son laboratoire au Muséum, où j'ai constaté les faits suivants :

Quand on ouvre une Moule infestée de Distomes, on aperçoit facilement, après avoir séparé soigneusement le manteau de la coquille, de petites larves jaunes, visibles à la loupe, qui rampent sur la paroi du manteau.

Ces larves qu'on distingue paraissent libres, mais elles sont, en réalité, prisonnières entre le manteau et la coquille, avant l'ouverture du Mollusque.

Elles habitaient primitivement l'intérieur du corps de la Moule,

(1) Raphaël Dubois, *Action de la chaleur sur le Distome immature du « Gymnophallus Margaritarum »* (Publ. Soc. biolog., LXIII).

principalement dans le foie et le tube digestif. Arrivées à un certain stade de leur évolution, elles cheminent à travers les tissus pour gagner l'extérieur et se mettre à la recherche de leur hôte définitif. Quelques-unes s'égarent dans la cavité située entre le manteau et la coquille et se trouvent emprisonnées dans cette chambre hermétiquement close de toute part.

Pour comprendre ce qui va suivre, il faut revenir sur la structure du manteau de la Moule, dont nous avons signalé le rôle important au commencement de cet article (fig. 117).

Le manteau, cette lame épaisse qui enveloppe le corps du Mollusque et contient les organes génitaux, est limité tout autour par

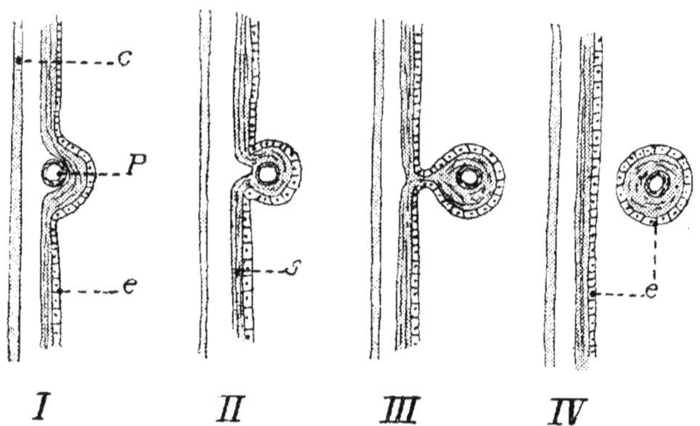

Figure 118. — Schéma montrant le stade de l'encapuchonnement.
I, formation d'une perle soudée à la coquille. — II, formation d'une perle creuse. — III, formation d'une perle pédiculée. — IV, formation d'une perle ronde et libre dans l'intérieur des tissus.
c, coquille. — e, épithélium externe-manteau. — p, parasite. — s, sécrétion nacrée.

une couche continue de cellules qu'on appelle l'épithélium palléal. Cet épithélium est cilié vers l'intérieur du corps et est lisse vers l'extérieur. C'est la partie lisse de l'épithélium qui a sécrété la coquille et qui continue à sécréter continuellement les nouvelles couches de nacre qui servent à l'accroître. Les couches sont disposées, horizontalement, les unes au-dessus des autres.

Voyons maintenant ce qui va se passer.

Les parasites emprisonnés entre le manteau et la coquille vont servir de noyau aux futures perles de la Moule par un procédé que j'ai mis en lumière à l'aide de photographies microscopiques (1).

Ne pouvant quitter leur prison, ils se logent dans un repli de cet

(1) Louis BOUTAN, *l'Origine réelle des perles fines* (C. R. Ac. Sc., CXXXVII).

épithélium externe, sécréteur de nacre, qu'ils dépriment en y formant une petite logette.

On aperçoit, alors, l'animal entouré par l'épithélium épaissi à son contact, sous forme d'une petite masse arrondie, au milieu de laquelle on distingue ses principaux organes (fig. 119).

Ce stade, que j'ai appelé le stade de l'*encapuchonnement*, et qui

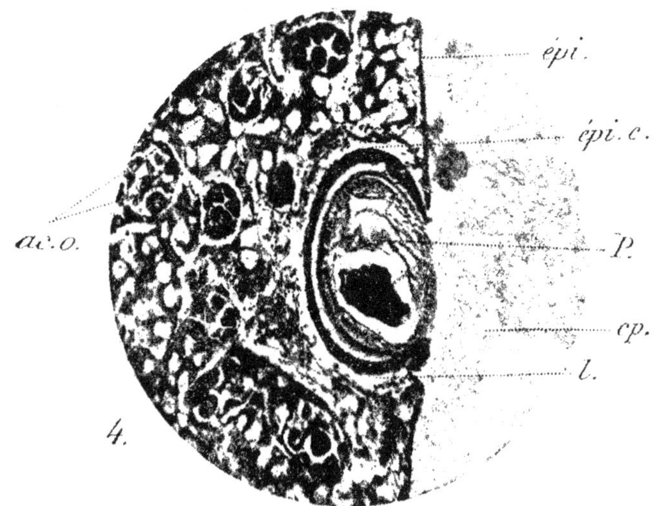

Figure 119. — STADE DE L'ENCAPUCHONNEMENT CHEZ LA MOULE PERLIÈRE DE BILLIERS.

La photographie microscopique montre la perle en formation, dont le centre noir est formé par les restes du Distome.
épi, épithélium externe du manteau. — épi.c, épithélium formant le capuchon. — P, perle en formation. — cp, intervalle entre la coquille et l'épithélium. — l, point de réunion du capuchon et de l'épithélium. — ac.o, tissu conjonctif.

avait échappé aux observations de mes prédécesseurs, est très important. Il montre *que la perle se forme comme la nacre de la coquille, aux dépens du même tissu épithélial*, ce qui implique une origine *commune* pour ces deux formations. La seule différence, c'est que la perle se forme dans une logette plus ou moins sphérique, ce qui explique la disposition de ses couches concentriques, tandis que la nacre se forme sur l'épithélium étendu à plat, ce qui explique sa structure en lamelles planes et superposées.

Telles sont les constatations que l'on peut faire aisément en étudiant les Moules perlières dans un gisement aussi favorable que celui de Billiers. Elles nous permettent de substituer des faits aux hypothèses formulées jusque-là sur l'origine des perles.

Au point de vue scientifique, les Moules perlières ont donc une grande importance, *parce qu'elles nous permettent d'assister en quelque sorte à la naissance de la perle* et nous font comprendre, par des faits précis, son mode de formation.

Au point de vue pratique, les Moules perlières n'ont actuelle-

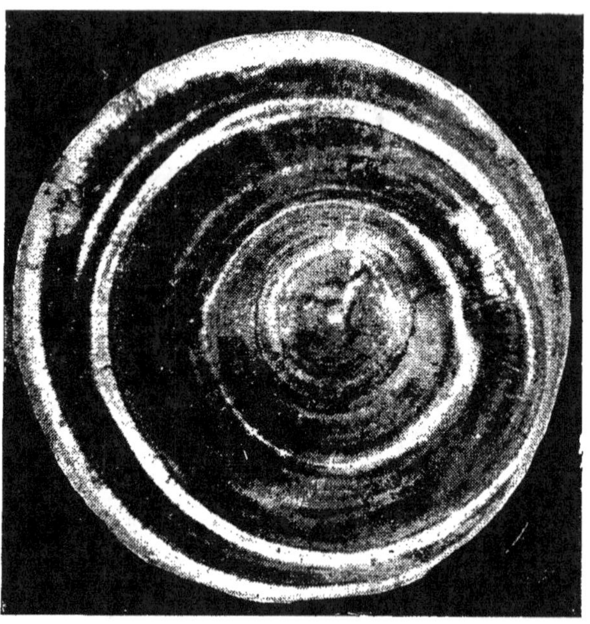

Figure 120. — COUPE D'UNE PERLE DE MOULE. (*D'après Raphaël* DUBOIS.)
[*Planche II, figure 1 de son mémoire sur « les Perles fines »* (Annales de l'Université de Lyon, fasc. XXIX).]

Cette coupe montre que la perle est formée de couches concentriques.

ment aucune importance. Les Moules infestées de perles sont rares, sauf dans les localités privilégiées comme celle de Billiers. Elles sont déformées, bosselées, rugueuses, ce qui les rend peu appétissantes. Avant la guerre, les habitants de Billiers les dédaignaient et trouvaient que, dans leur dégustation, les grains de perles ressemblaient à des grains de sable et les rendaient fort désagréables pour les dents.

Ils ignoraient d'ailleurs qu'ils croquaient des perles, à l'instar de Cléopâtre, dont la légende est d'ailleurs invraisemblable, car les perles ne fondent pas dans le vinaigre, comme un vulgaire morceau de sucre, et ne peuvent être attaquées que tout à fait superficiellement par un acide aussi faible.

Jusqu'ici, les perles de Moules n'ont jamais été récoltées industriellement, à ma connaissance. La semence de perles (c'est ainsi qu'on désigne les lots de toutes petites perles) provient jusqu'ici d'autres espèces. Son prix a, il est vrai, beaucoup augmenté depuis la guerre, mais il ne peut cependant constituer qu'un sous-produit de l'exploitation des Huîtres perlières, et non faire l'objet d'une exploitation directe.

Les perles de semence se vendent au poids et par grosse quantité; quand elles sont percées, on les offre parfois sous forme de *masses*.

Ces perles ne pourraient prendre une certaine importance commerciale que si, selon la suggestion de Lyster JAMESON et de Mlle LEMAIRE, on avait intérêt à les utiliser comme noyaux à couches concentriques pour remplacer les noyaux de nacre actuellement employés par les Japonais dans les perles de culture; mais, comme nous l'expliquerons dans le chapitre XXIX, cet intérêt n'est pas réel.

CHAPITRE XXVI

UN GASTÉROPODE PRODUCTEUR DE PERLES

L' « HALIOTIS » .

Les *Haliotis* qui appartiennent aux Gastéropodes sont des Mollusques très différents de ceux que nous avons étudiés jusqu'à présent, puisque, jusqu'ici, nous avons eu affaire à des Bivalves ou Pélécypodes.

Chez les Gastéropodes, en effet, la coquille ne présente qu'une

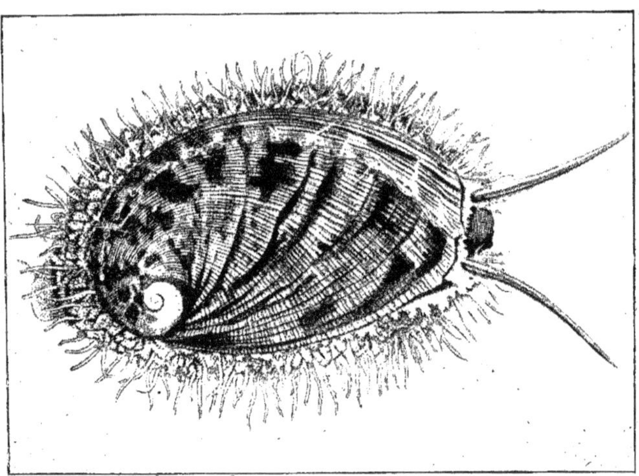

Figure 121. — « HALIOTIS » RAMPANT SUR LE SOL ET VU PAR SA FACÉ DORSALE.
(*Dessin imité d'une figure de* FISCHER, *Conchyliologie,* Savy Paris.)

seule valve, enroulée sur elle-même et asymétrique comme la coquille, par exemple, du Limaçon ou de l'Escargot. A cette différence de coquille correspond une organisation particulière.

Parmi les Gastéropodes, l'*Haliotis*, qui appartient à un groupe ancien, celui des Aspidobranches, offre une série de caractères spéciaux que nous allons étudier rapidement (fig. 121).

PARTICULARITÉS DE L'EXTÉRIEUR DES « HALIOTIS ». — L'*Haliotis* est un Mollusque aplati, dont la face dorsale est recouverte par une coquille en forme d'oreille, ainsi que l'indique l'étymologie du mot *Haliotis* : ἁλς, qui, en grec, veut dire *mer*, et οὖς, qui veut dire *oreille*, d'où le nom d'*Oreille de mer* qu'on lui donne assez fréquemment (fig. 121).

Il rampe sur les rochers à l'aide d'un grand pied qui occupe toute sa face ventrale et qui adhère si fortement, que l'on a peine à arracher l'animal de son support, sinon en procédant par surprise.

En avant de la coquille, lorsque l'animal est étalé, comme dans la figure 121, on voit saillir la tête représentée par un mufle proéminent, à l'extrémité duquel se trouve la bouche, et deux grands tentacules, munis à leur base d'une paire d'yeux placés à l'extrémité de tentacules plus petits.

Entre la coquille et le pied et sur tout le pourtour du corps, on aperçoit le manteau qui a sécrété la coquille et qui est hérissé de mamelons et de tentacules (fig. 121).

MŒURS ET HABITAT DE L' « HALIOTIS ». — L'*Haliotis* est un Mollusque herbivore qui passe tout son temps à brouter les petites Algues qui tapissent les rochers à une profondeur de 15 à 50 mètres. Il se déplace facilement et,

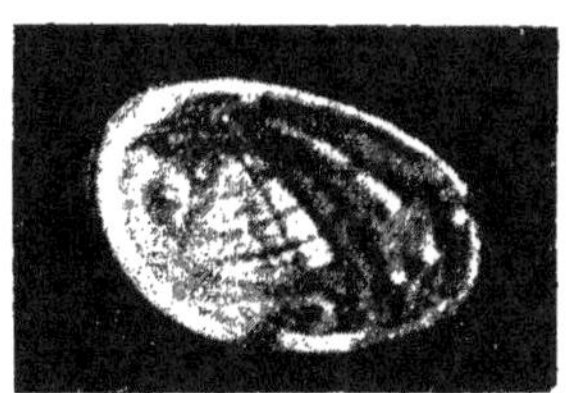

Figure 122. — PETITE COQUILLE D'« HALIOTIS » AVEC UNE DEMI-PERLE OBTENUE PAR TRÉPANATION.

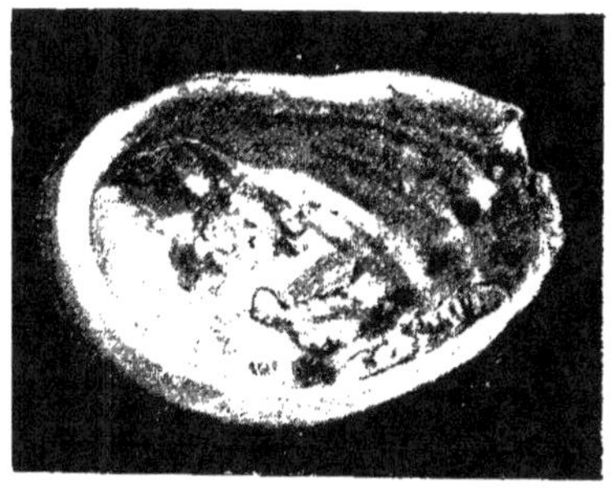

Figure 123. — COQUILLE D'« HALIOTIS », VUE PAR LA FACE VENTRALE, AVEC UNE DEMI-PERLE OBTENUE PAR L'AUTEUR. *Cette demi-perle est entourée d'une sécrétion nacrée d'apparence particulière.*

aux grandes marées, on peut le recueillir à la main dans les flaques d'eau ou sous les pierres, où il se laisse surprendre par la baisse exceptionnelle des eaux de la mer. Il a une répartition géographique très étendue, et on en connaît près de 80 espèces réparties aussi bien dans les zones tempérées que dans les mers chaudes

On le trouve sur les côtes de toutes les parties du monde.

Tandis que, sur nos côtes, l'espèce la plus répandue, l'*Haliotis tuberculata* LINN., ne présente guère de coquille dépassant 10 centimètres dans les plus beaux échantillons, certaines espèces exotiques, et particulièrement les *Haliotis* des côtes du Japon, peuvent atteindre une taille au moins triple.

L'animal est comestible, et l'*Ormeau*, comme on l'appellle communément sur nos côtes, est très recherché des pêcheurs, qui l'expédient, parfois, sur le marché de PARIS, mais qui, d'ordinaire, le consomment sur place. Les grosses espèces du Japon sont considérées aussi comme un mets délicat.

ORGANISATION GÉNÉRALE DE L'HALIOTIS. — Du côté dorsal, on aperçoit la coquille, le manteau et la tête, et du côté ventral, le pied qui masque, à peu près, tous les organes.

Si, à l'aide d'un instrument tranchant, on détache la coquille du reste du corps, auquel elle est reliée par un grand muscle qui a la forme d'une masse elliptique, on aperçoit sur la face dorsale, à travers le manteau, une cavité qui occupe toute la partie antérieure et dorsale de l'animal. C'est la cavité respiratoire dans laquelle on distingue les principaux orifices : l'anus qui s'ouvre à l'extrémité d'un long rectum, les orifices des reins et des organes génitaux, de part et d'autre desquels se trouve une paire de branchies.

Les organes internes offrent, également, des dispositions tout à fait différentes de celles que l'on trouve dans les Bivalves. Le tube digestif présente une langue en forme de râpe, manœuvrée par des muscles puissants, qui permet à l'animal de brouter les Algues, au lieu d'attendre pour se nourrir les petites particules alimentaires qui flottent dans l'eau. La première partie du tube digestif est munie de grandes poches, qui jouent peut-être le rôle de la panse chez nos Mammifères ruminants (1). Le système nerveux est plus compliqué que chez les Bivalves, et une partie est tordue en huit de chiffre, reste d'une torsion primitive qui existe de très bonne heure chez la larve.

Les reins, les branchies et la glande génitale, situés sur la face dorsale, ont des rapports très différents de ceux qu'on observe chez les Bivalves.

Ce sont là des faits très intéressants pour les naturalistes, mais

(1) On les regarde plus généralement comme des organes purement glandulaires.

qui ne peuvent être développés et trouver leur place dans cet ouvrage, où je dois me borner à l'étude de la coquille.

LA COQUILLE DE L'« HALIOTIS ». — Cette coquille en forme d'oreille présente à sa partie inférieure et du côté droit un tortillon bien visible dans la figure 121. On y remarque également une série de perforations ou de trous plus ou moins réguliers, situés sur le côté gauche, qui établissent une communication entre la cavité respiratoire et l'extérieur.

La surface extérieure est irrégulière, terne, tachetée de grandes macules, variant du brun au vert en passant par le rouge et mouvementée par des stries longitudinales et des plis correspondant aux zones de croissance (fig. 121).

La surface interne est, au contraire, unie et très brillante, tapissée d'une belle nacre aux reflets variés, qui est utilisée principalement pour les travaux d'incrustation, dans lesquels excellent les Chinois et les Japonais.

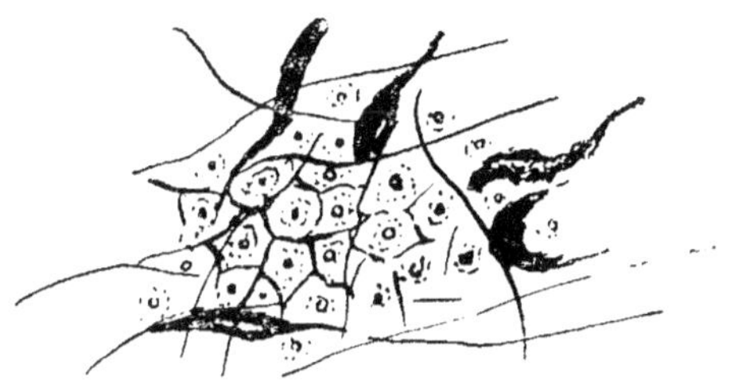

Figure 121. — SURFACE GROSSIE DE LA DEMI-PERLE D' « HALIOTIS ».
[Étude sur les perles fines (Bull. Soc. scientifique d'Arcachon, 1921).]

Malheureusement la couche de nacre est peu épaisse dans les coquilles des *Haliotis* de nos côtes et ne devient réellement utilisable que dans les espèces exotiques (fig. 92).

EXPÉRIENCES FAITES SUR L'« HALIOTIS » AU POINT DE VUE DE LA FORMATION DE DEMI-PERLES. — Je me suis demandé s'il ne serait pas possible de faire naître artificiellement des perles dans les coquilles marines et en particulier dans celles des Gastéropodes, puisque beaucoup de ces animaux présentent une nacre très irisée qui paraît susceptible, en se disposant en couches circulaires, de fournir l'orient cherché.

Dans les Gastéropodes que j'ai mis en expérience, j'ai été amené à choisir l'*Haliotis*. Ce Mollusque est abondant dans les fonds rocheux de la Manche : il atteint une taille suffisante et, comme nous venons de le voir, sa coquille est revêtue, dans l'intérieur, d'une couche nacrée très brillante ; de plus, il se prête très bien à l'expérimentation. Placé dans les grands lacs du laboratoire de Roscoff, où mes recherches ont été faites, il s'acclimate facilement et, pourvu qu'on lui fournisse de l'eau bien aérée en quantité suffisante, on n'a pas à se préoccuper de son alimentation. Les Algues qui se développent sur les parois des bassins lui offrent le pâturage nécessaire pour l'entretenir en bonne santé.

Contrairement à la plupart des animaux marins, l'*Haliotis* peut résister à des opérations très sévères. Voici quelques-unes des expériences faites :

Figure 125. — Deux demi-perles d'« Haliotis », obtenues par l'auteur et montées en bague.

Première expérience. — Soixante *Haliotis* ont été trépanées au niveau du tortillon, de manière à enlever un fragment de coquille de 6 millimètres à 7 millimètres de diamètre. Par cet orifice, j'ai fait pénétrer un noyau de nacre, de manière à refouler le manteau et à interposer ce noyau entre le manteau et la coquille ; l'orifice a été ensuite obstrué à l'aide de ciment faisant de suite prise rapide dans l'eau. L'expérience a eu lieu en mars.

Deuxième expérience. — Une cinquantaine d'*Haliotis* ont été opérées du 22 au 26 avril. J'ai introduit dans l'intérieur de la cavité branchiale un noyau que j'ai fixé à l'aide d'un crin de Florence, en faisant pénétrer le crin par les orifices qui existent naturellement dans la cavité branchiale.

Troisième expérience. — Dans le mois de juin, j'ai opéré une série de quarante *Haliotis* en perçant sur le côté droit de la coquille deux orifices, au niveau du muscle coquillier, et j'ai introduit ensuite un noyau de nacre au niveau des deux orifices qui me servaient de point d'attache, en procédant comme précédemment.

Dans le premier enthousiasme que me procurèrent ces recherches qui datent de 1898, je crus obtenir de véritables perles fines, et j'espérais que de nouvelles recherches me fourniraient le moyen de faire disparaître le gros pédicule, qui déshonorait ces productions si brillantes et d'obtenir toutes les qualités superficielles des perles fines.

Des recherches successives entreprises les années suivantes m'ont montré que le succès n'était pas si proche que je l'avais cru d'abord. Je n'avais à l'aide des *Haliotis* produit que des demi-perles et non des perles fines complètes.

Voyons, d'après leurs caractères de surface, si elles méritent le nom de perles fines incomplètes ou de perles de nacre.

Observée sans grossissement ou à la loupe, la demi-perle d'*Ha-*

liotis bien réussie paraît lisse et unie. Elle a un éclat plus adouci que celui de la nacre et beaucoup moins d'irisations ; peu de lustre, mais de l'orient. Sa couleur est beaucoup plus chaude que celle de la nacre, et je crois qu'un joaillier la caractériserait en disant qu'elle a une belle eau (fig. 123).

Vue à un grossissement de 15 à 20 diamètres, sa surface paraît alternativement creusée et relevée par des petits cratères et des bosses recouverts par une couche transparente sillonnée de quelques traits droits et relevée de nombreux grains qui lui donnent une apparence chagrinée.

Vue à un plus fort grossissement, les détails se précisent davantage et les grains se décomposent en un point central avec une série de saillies plus petites tout autour. Chaque point se trouve entouré, ainsi que le goupe satellite de petites saillies périphériques, par un réseau de petits traits délimitant des espaces polygonaux (fig. 124).

Visiblement, on a sous les yeux la reproduction de la face externe de l'épithélium, qui s'est imprimée en relief.

LA NACRE D' « HALIOTIS ». — La nacre d'*Haliotis*, ainsi que nous l'avons dit plus haut, offre des reflets irisés d'une grande beauté ; toute la gamme du rose, du bleu et du vert est représentée.

Considérée à l'œil nu et à la loupe, on voit que la couche de nacre ne s'étale pas uniformément et dessine de larges sillons longitudinaux et transversaux.

Vue à un plus fort grossissement, on constate que sa structure superficielle diffère selon les points considérés. Elle présente nettement deux aspects diffé-

Figure 126. — NACRE DE LA COQUILLE DE L' « HALIOTIS » AVEC SES DEUX ASPECTS.

rents avec quelques intermédiaires tous deux représentés sur la figure 126 à droite et à gauche.

Premier aspect. — Dans les surfaces planes et, en somme, dans la plus grande partie de sa surface, à un grossissement de 15 à 20 diamètres, la couche superficielle de nacre paraît constituée par une surface transparente homogène, relevée de loin en loin de petits dômes, en haut et à droite de la figure 126. Ces dômes, qui en certains points ont des proportions notables, s'orientent sous forme de lignes espacées.

A un plus fort grossissement, la surface lisse se laisse décomposer en une surface granuleuse, qui n'apparaît nettement qu'à un grossissement de **100** diamètres environ.

Deuxième aspect. — La surface est sillonnée par des traits étendus, qui se croisent dans tous les sens, entre lesquels on observe parfois (pas toujours) les dômes signalés précédemment et, à un fort grossissement, le pointillé, ordinairement plus accentué que précédemment et qui ébauche la disposition signalée dans la perle, à gauche et au centre de la figure 126.

COMPARAISON DE LA DEMI-PERLE ET DE LA NACRE D' «HALIOTIS». — En comparant la description que je viens de donner de la demi-perle d'*Haliotis* et de la nacre, je constate que nous retrouvons les mêmes traits fondamentaux, ainsi d'ailleurs qu'il fallait s'y attendre ; seulement, dans la demi-perle, les caractères se trouvent exagérés et amplifiés.

Les gros traits semblent être des bandes de conchyoline revêtues par la substance inorganique ; les petits traits et les grains, l'impression d'un épithélium beaucoup plus mouvementé dans le cas de la perle que dans le cas de la nacre.

La comparaison des figures 124 et 126 ne laisse aucun doute à ce sujet.

Quant aux boursouflures signalées dans les demi-perles d'*Haliotis*, il m'est arrivé de les retrouver exceptionnellement sur certains points de la coquille ; elles ne sont donc pas non plus spéciales à la demi-perle.

LA NACRE DANS LE VOISINAGE DE LA DEMI-PERLE. — Dans toutes les coquilles d'*Haliotis* où j'ai obtenu des demi-perles par trépanation, la sécrétion nacrée autour de la demi-perle en formation est fortement modifiée, ainsi que le montre la figure 127, à gauche.

A l'œil nu, la matière nacrée offre l'apparence d'une coulée très différente de la nacre proprement dite par sa coloration et sa tendance à prendre de l'orient et de la profondeur.

A un grossissement moyen, on n'aperçoit qu'une surface transparente et lisse, et il faut un fort grossissement de plus de **100** diamètres pour s'apercevoir que la surface est mouvementée de petites lignes ondulées, comme l'indique la figure 125 à gauche.

RÉGÉNÉRATION DE LA COQUILLE DES « HALIOTIS ». — Je ne me suis pas borné à l'étude des formations des demi-perles, et j'ai profité de la résistance de l'*Haliotis* aux opérations, pour la soumettre à des expériences sur le mode de formation de la coquille.

Les *Haliotis*, comme nous l'avons dit plus haut, sont des Gastéropodes herbivores et ont besoin de beaucoup d'aliments végétaux, pour réparer les pertes causées par le traumatisme : je les ai fait vivre dans de grands aquariums de verre dont les parois étaient ensemencées avec de petites Algues vertes.

L'eau de mer doit être suffisamment renouvelée pour éviter le pullulement des Protozoaires et, en particulier, des Infusoires. Quand on a acclimaté un certain nombre de ces Mollusques dans les récipients ainsi préparés,

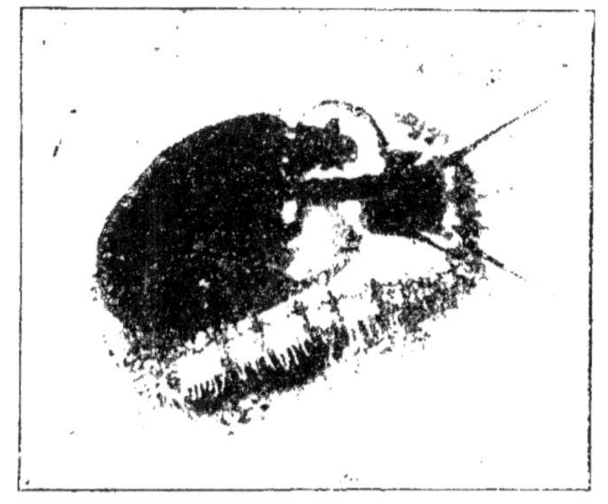

Figure 127. — PHOTOGRAPHIE D'UNE JEUNE « HALIOTIS » EN TRAIN DE RÉGÉNÉRER SA COQUILLE.

L'animal est vu sur la face dorsale et rampe sur le fond.

avec le manche d'un scalpel, on décolle tout autour de la coquille les insertions musculaires des muscles périphériques du manteau, ce qui se fait sans difficulté et sans produire de lésions graves ; enfin, pour terminer, on rugine l'insertion musculaire du gros muscle columellaire, opération beaucoup plus délicate et qui peut provoquer la mort de l'animal, probablement par hémorragie.

L'opération heureusement terminée, l'animal se trouve débarrassé de toute sa coquille, et l'on peut placer ensemble une demi-douzaine ou une douzaine de ces mutilés, selon les dimensions de l'aquarium.

Je n'ai réussi à opérer heureusement chez l'*Haliotis tuberculata* que des formes jeunes de 3 ou 4 centimètres de long (fig. 127).

A la suite de l'opération, les *Haliotis* manifestent une grande agitation, se promènent en tous sens et circulent avec une activité surprenante. Peu à peu, les opérés se calment, et, deux ou

trois jours après, on les voit brouter le long des parois de l'aquarium, où, grâce au mouvement de la radula, se dessinent des sillons
sinueux, dépouillés d'Algues par l'action de la râpe linguale.

Quelques jours encore et, le manteau qui, jusque-là, restait
renversé en avant, découvrant en grande partie le plancher de la
cavité branchiale et les branchies, commence à reprendre sa place
normale du côté gauche. Du côté droit, au contraire, le lobe droit
du manteau reste replié sur lui-même et découvre le sommet
des branchies et restera figé dans cette position. Dès le premier
jour, on remarque sur toute la face dorsale du manteau une sorte
de mucus blanchâtre qui se transforme, peu à peu, en une exsudation jaunâtre plus solide qui correspond exactement à la surface
externe du manteau. Cette exsudation jaunâtre, qui ne tarde pas à
prendre la consistance d'une lame flexible et élastique, représente
la première ébauche de la coquille nouvelle.

Elle va, au bout d'un mois ou deux, se compléter en s'endurcissant, par places. Sous sa face inférieure, se forme un dépôt nacré
d'abord peu étendu, qui s'irradie peu à peu autour de son noyau
central et forme des plaques, munies des belles irisations de la
nacre d'*Haliotis*. On peut suivre peu à peu la réunion de ces
plaques en une doublure continue.

Malheureusement, il est difficile de multiplier les observations.
Au moindre attouchement, l'animal se contracte brusquement, et
la coquille en formation se détache.

L'accident ne présente d'ailleurs aucune gravité. Immédiatement l'*Haliotis* va se remettre au travail et former une nouvelle
ébauche de coquille. Ce manque d'adhérence au corps, de la coquille
en voie de formation, provient de la lésion plus ou moins grave
(mais impossible à éviter par le procédé que j'employais) produite
par le décollement du gros muscle adducteur.

La forme de cette coquille en voie de régénération diffère de
celle de la coquille primitive dans la partie antérieure et non dans
la partie postérieure, où elle reproduit le tortillon caractéristique
de la coquille de l'*Haliotis* (1, fig. 128).

Dans la partie antérieure, en effet, au lieu de la série de trous
correspondant à la fente palléale qu'on observe dans la coquille
de l'*Haliotis* et qui met en communication la chambre branchiale
avec l'extérieur, il n'existe plus qu'un sillon qui va en s'évasant
et divise la portion antérieure en deux portions distinctes : celle
de gauche, à peu près régulière et rappelant la disposition de la
partie correspondante de la coquille primitive ; celle de droite,

au contraire, irrégulière et recourbée sur elle-même en avant. Cette dernière portion représente ainsi une sorte de cornet, dont la lame tend à s'enrouler vers le haut et en arrière. Cette disposition singulière tient à ce que le lobe droit du manteau est renversé en arrière dans cette région, de manière à découvrir en partie les branchies. La coquille moule et reproduit avec des matériaux solides cette disposition nouvelle du manteau.

La surface, correspondant au grand muscle, reste à l'état d'orifice

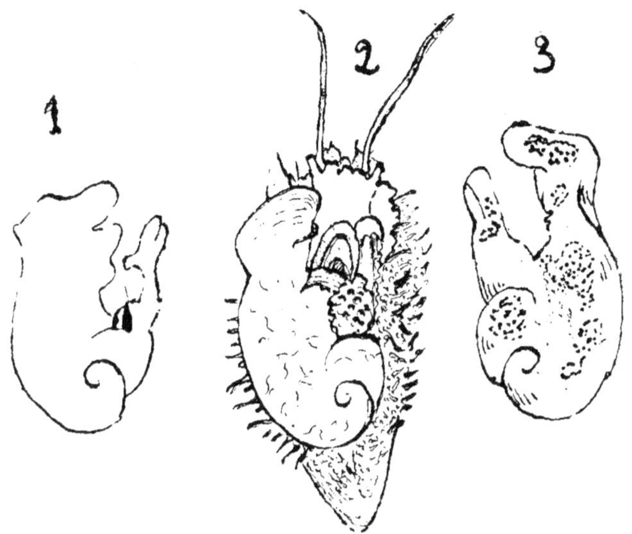

Figure 128. — RÉGÉNÉRATION DE LA COQUILLE CHEZ LES « HALIOTIS ».
1, coquille séparée, face externe. — 2, *Haliotis* avec sa nouvelle coquille en place. — 3, coquille séparée, face interne, avec les premiers dépôts de nacre.
(*D'après* L. BOUTAN.)

béant, parfois tapissé en partie d'une masse irrégulière jaunâtre mal adhérente et mal formée. C'est ce qui explique la facilité avec laquelle l'animal se débarrasse de la néo-coquille par une simple contraction.

Peut-être, à la longue, pourrait-il se produire une guérison radicale, rétablissant la soudure définitive entre la coquille et le muscle, mais je ne l'ai jamais obtenue, même dans les coquilles de quatre à cinq mois.

Cette expérience nous permet de comprendre la formation de la nacre et nous explique le rôle des cellules périphériques du manteau et des cellules de l'épithélium palléal externe. Elle nous montre, en effet, que les cellules de l'épithélium palléal externe au contact de l'eau et *dans toutes les parties non lésées par l'opération*, sont capables de sécréter un produit comparable à celui sécrété normalement par les cellules périphériques et que ces mêmes cellules, une fois à l'abri du contact direct de l'eau, donnent non plus le produit comparable au périostracum, mais de la nacre lamelleuse qui diffère du produit précédent par une teneur en eau beaucoup moins considérable.

AVENIR DE « L'HALIOTIS » COMME PRODUCTEUR DE PERLES. — En résumé, l'étude que nous venons de faire de l'*Haliotis* et des expériences pour lesquelles elle a servi de sujet montre que l'*Haliotis*, qui naturellement ne produit guère que des Chicots et des Soufflures de peu de valeur malgré leurs brillantes qualités de surface, représente, peut-être, un Mollusque très utilisable dans l'avenir avec les méthodes de greffe que nous signalons dans le chapitre XXXIII.

Ce Mollusque, si éloigné pourtant des Méléagrines comme organisation, mais qui présente une nacre de belle apparence, méritera d'être étudié au point de vue de la culture des perles. Il produirait une sorte de perle fine, actuellement à peu près inconnue à l'état de perle complète, qui, tout en restant très différente comme aspect des perles de Méléagrine, pourrait prendre une grande valeur, par suite de l'originalité de sa coloration, ainsi que le montre la figure 129.

Figure 129. — UNE DEMI-PERLE OBTENUE PAR L'AUTEUR, PAR TRÉPANATION DE LA COQUILLE DE L' « HALIOTIS ».

Malheureusement, il semble assez difficile d'entreprendre pratiquement la culture d'un animal aussi vagabond que celui-ci. L'*Haliotis* peut se déplacer ; la Méléagrine, une fois fixée, reste forcément au même endroit.

L'*Haliotis* doit avoir à sa disposition des pâturages sous-marins, où elle doit pouvoir errer pour trouver sa nourriture. Mise en cage, comme la Méléagrine, qui s'accommode très bien d'être prisonnière, puisque le courant lui apporte les particules alimentaires qui suffisent à la nourrir, l'*Haliotis* est exposée à mourir rapidement de faim.

Il y a donc de sérieuses difficultés pour tenter un élevage fructueux de ces animaux, au point de vue de la production des perles. Ce n'est que lorsque de nouvelles études de laboratoire auront établi les conditions encore inconnues de greffe et de conservation des *Haliotis* que l'on pourra tenter pratiquement la culture de cet intéressant Mollusque.

CHAPITRE XXVII

LES MOLLUSQUES PRODUCTEURS DE PERLES D'EAU DOUCE

Presque tous les Bivalves de nos eaux douces constituent ce qu'on appelle vulgairement les Moules d'eau douce et appartiennent à la grande famille des Unionidés. Ils sont caractérisés par : un pied, P. comprimé latéralement, deux muscles adducteurs des valves et un siphon anal très court ; jamais, à l'état adulte, ils ne possèdent l'organe de fixation, le *byssus*, si développé dans les Moules marines et chez les Méléagrines.

Tous présentent une coquille régulière, ordinairement formée de deux valves égales et symétriques, et lisses (*Coq.* fig. 130.)

Les espèces américaines sont à sexes séparés, tandis que presque toutes les espèces européennes sont hermaphrodites. Dans le cours de leur développement, les embryons subissent une métamorphose remarquable sur laquelle nous reviendrons plus loin.

Les Unionidés forment une famille très curieuse, à la fois par sa dispersion géographique et par la variabilité des formes dans les espèces qui la composent.

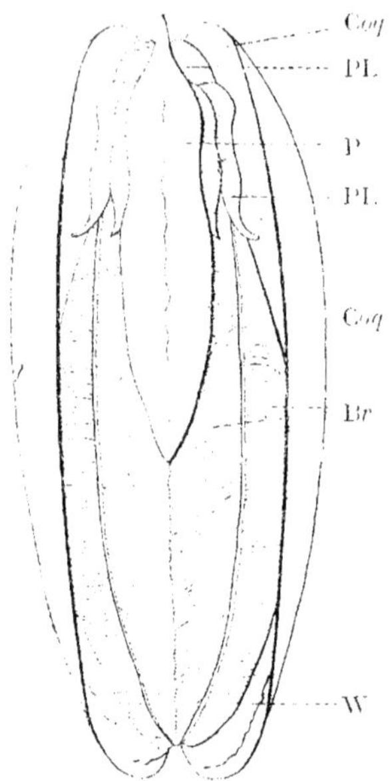

Figure 130. — ANODONTE, VUE PAR LA FACE VENTRALE.

La coquille est entr'ouverte et montre quelques-unes des parties du corps.

ORGANISATION GÉNÉRALE DES UNIONIDÉS. — Ces animaux sont construits sur le plan général des Bivalves ou Pélécypodes, que nous avons décrits avec les Méléagrines (chap. XII et XIII). Je me contenterai de noter ici leurs principales caractéristiques. Ce sont des dimyaires, c'est-à-dire que leurs muscles adducteurs inférieur et supérieur, qui servent à réunir et à fermer les deux valves, sont bien représentés.

Les deux lobes du manteau, soudés sur une grande partie de leur étendue, forment un capuchon céphalique avec une large ouverture pour laisser passer le pied (fig. 130), qui forme une masse charnue très contractile, en forme de hache, et qui sert à l'animal à fouiller dans la vase pour y préparer un gîte. Ce pied, contrairement à ce que nous avons vu chez les Méléagrines, est dépourvu de byssus chez l'adulte, qui reste libre et peut se déplacer légèrement.

Les branchies, Br, sont représentées par des lames soudées intimement par leurs bords, et la glande génitale ne forme pas de saillie en avant et est refoulée à la partie dorsale du corps.

L'ÉVOLUTION ET LE DÉVELOPPEMENT DES UNIONIDÉS. — Le développement des Unionidés mérite de fixer l'attention, car il explique le mode de dissémination de ces animaux et fournit des données qu'il serait indispensable de connaître, si l'on voulait tenter systématiquement de multiplier le nombre de ces Mollusques d'eau douce, en vue d'une culture éventuelle.

Après la ponte, qui a lieu au printemps, les œufs, au lieu d'être expulsés au dehors, restent entre les lames branchiales, principalement au niveau de la branchie externe, dont la partie inférieure se creuse pour les recevoir et constitue toute une série de loges d'incubation.

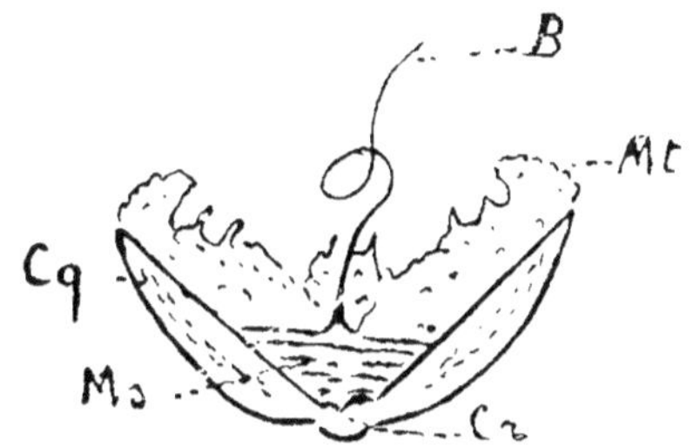

Figure 131. — Larve Glochidium, les valves entr'ouvertes, telle qu'elle s'échappe de l'Unio à la suite de l'incubation.

Cette larve nage d'abord librement, puis se fixe sur les branchies d'un poisson où elle vit en parasite.

Cq, coquille. — B, filament byssal. — Cr, crochets. — Ms, muscles. — Mt, manteau

Dans cet abri protecteur, l'œuf évolue, et il s'en échappe une petite larve bivalve, dépourvue de pied, mais présentant un long filament qu'on considère comme le représentant du byssus ou de l'organe de fixation qui existe chez un grand nombre de Bivalves. Cet organe n'est d'ailleurs que transitoire.

La petite larve, que l'on appelle la larve *Glochidium* (fig. 131), peut évoluer rapidement dans l'eau, grâce au mouvement de ses cils vibratiles et de ses valves, *Cg*, munies de crochets formant de petites dents aiguës. Elle erre librement dans l'eau, jusqu'à ce qu'elle rencontre un Poisson, Goujon ou Ablette. Elle pénètre dans leur cavité respiratoire et se fixe sur l'une de leurs branchies, à la surface d'une lamelle branchiale. Grâce aux crochets pointus de ses valves, qui se rapprochent l'une de l'autre, elle blesse les tissus de l'hôte.

Sous l'influence de cette fixation, et probablement à la suite de cette blessure, la couche la plus externe de la lamelle branchiale, la *couche épithéliale*, prolifère, s'enflamme et enveloppe la petite larve qui, à partir de ce moment, se nourrit aux dépens du sang de son hôte et achève, progressivement, de se transformer. Son évolution dure de six semaines à deux mois.

Quand elle a acquis tous les organes qui existent chez l'adulte, *nouvelle coquille*, *branchies* et *pied*, elle abandonne la vie parasite, quitte le Poisson et se laisse tomber sur la vase, où elle va vivre désormais de la vie libre.

On comprend, dans ces conditions, que, pour que les Unios et les Anondontes puissent se multiplier dans les cours d'eau ou dans les étangs, il faut qu'il existe dans les mêmes parages non seulement ces individus producteurs des œufs, mais aussi des Poissons capables de leur servir d'hôte, pendant la période transitoire où les jeunes *Glochidium* doivent vivre en parasites. Sans l'hôte intermédiaire, le cycle de la reproduction ne peut s'effectuer ; les adultes seuls continuent à vivre, et l'espèce doit disparaître fatalement de la localité.

Types perlifères de la famille des Unionidés. — Les deux principaux types de cette famille sont, en France, l'*Anodonte*, qui vit dans les étangs et les eaux tranquilles, et l'*Unio*, qui vit dans le courant des rivières ou des fleuves.

La détermination des espèces est presque impossible, d'après le savant conchyliologiste Fischer (1), tant est grande leur variabilité. Il cite, à ce propos, I. Lea, qui, après avoir étudié toute sa vie les Unionidés, était arrivé à conclure qu'il n'existe en Europe qu'une seule espèce d'Anodonte, tandis que la plupart des auteurs en comptent des centaines.

Cette curieuse variabilité s'explique par la facilité avec laquelle les Anodontes et les Unios s'adaptent à des milieux très diffé-

---

(1) Fischer, *Manuel de Conchyliologie*, p. 998.

rents, ce qui produit chez eux de notables changements extérieurs.

Un savant anglais, W. C. Hey (1), en cite des exemples caractéristiques, et l'on pourrait trouver, facilement, des indications analogues dans notre Sud-Ouest :

D'après ses observations, les deux rivières Ouse et Foss qui se réunissent, juste à l'entrée de York, ont des allures et des caractères très différents. La première, la Ouse, est escarpée, rapide avec un fond dur de roches. Fortement drainée, elle présente fort peu de végétaux. La seconde, la Foss, est au contraire une rivière paisible, lente, sans courant rapide, pleine de vase et encombrée d'herbes aquatiques. Dans cette deuxième, on trouve de splendides spécimens d'*Anodonta anatina*, lustrés, verdâtres et magnifiquement rayés. A quelques mètres plus loin, dans la Ouse, les mêmes animaux sont de couleur brun foncé, avec l'extérieur bosselé et le revêtement de la coquille corrodé. On ne croirait jamais, dit-il, sans un examen très attentif, que l'on a affaire à la même espèce.

On trouve, également, dans ces deux rivières des spécimens d'*Unio tumidus*, et le même contraste s'observe entre eux selon qu'ils sont pêchés dans l'un ou l'autre des deux cours d'eau : cependant, cette fois, c'est dans la rivière la plus rapide que se trouvent les plus beaux échantillons, les *Unio* vivant beaucoup mieux dans l'eau courante que dans l'eau stagnante.

On comprend, par les exemples que nous venons de citer, avec quelles réserves on doit considérer les nombreuses espèces décrites en France. Un grand nombre, sinon toutes, ne sont certainement que des variétés géographiques.

Malgré les réserves que je viens de faire plus haut sur la réalité des espèces d'Unios et d'Anodontes, il existe cependant des différences notables entre les formes que l'on rencontre dans beaucoup de localités.

Les Anodontes qui, ainsi que leur nom l'indique, se distinguent facilement des Unios par l'absence de dents à la charnière sont ordinairement de plus grande taille que ces derniers, et leur coquille est généralement peu épaisse.

Elles vivent et prospèrent dans les eaux tranquilles et sont remarquablement résistantes à la dessiccation. Le célèbre conchyliologiste Deshaye a décrit, sous le nom d'*Anodonta semper-*

<hr>

(1) W. C. Hey, Journ. of Conch., III, p. 268.

vivens (DESH.), une forme qui lui avait été expédiée à sec de Cochinchine et dont il ne s'était occupé que huit mois après, les échantillons ayant été laissés dans un coin de son cabinet, grossièrement enveloppés de papier gris.

Ayant placé ces échantillons dans l'eau, pour préparer leurs coquilles et les débarrasser de la chair du Mollusque, il eut la surprise de constater que ces spécimens étaient encore parfaitement vivants et rejetaient une sorte de mousse muqueuse qui servait de colle entre leurs valves.

Parmi les grosses espèces de la région du Sud-Ouest, je citerai tout d'abord l'*Anodonta rosmasleriana* (DUPUIS), grande coquille ventrue, ovale allongée, sillonnée, arrondie en avant, avec un rostre un peu obtus en arrière. Ce n'est qu'une simple variété de l'*Anodonta piscinalis* (NILSSO), qui habite toute la France. Elle atteint facilement jusqu'à 16 centimètres de longueur sur 6 d'épaisseur.

En FRANCE, les Anodontes ne produisent que tout à fait exceptionnellement des perles, mais il n'en est pas de même d'une espèce voisine rangée dans le sous-genre *Dipsas*, qui contient les espèces exotiques.

Le *Dipsas plicatus*, qui est abondant dans certaines rivières de CHINE, sert dans ce pays à la production des demi-perles et des camées. Il est cultivé dans ce but depuis une haute antiquité. D'après FISCHER (1), « un Chinois de HUT-CHE-FU, nommé YÉ-JIN-YANG, et qui vivait au XIIIe siècle, serait le promoteur de cette industrie, qui est pratiquée aujourd'hui dans le voisinage du fleuve NING-PO. Entre la coquille et le manteau, on place des matrices en métal en avril et mai. Au bout d'une année, l'incrustation en nacre de ces matrices est complète ».

Les espèces ou les variétés d'*Unio* sont encore plus nombreuses que celles des Anodontes. Nous devons d'abord citer dans notre région l'*Unio sinuatus* (LAM.). C'est lui qui fournit les plus belles nacres de la Garonne et auquel se rapporte la figure 132. On le trouve aux environs de LA RÉOLE.

Il peut atteindre, dans les grands échantillons, de 8 à 12 centimètres. La coquille, lourde, épaisse, à épiderme noir, est ovale et allongée. Son bord supérieur est arqué, le bord inférieur pro-

____

(1) FISCHER, *loc. cit.*, p. 1003.

fondément sinué dans les spécimens caractéristiques ; le côté antérieur est court et arrondi, tandis que le côté postérieur est tronqué obliquement à son extrémité.

L'*Unio elongatus* (Lam.), dont on a fait le genre *Margaritana,* — *Margaritana margariti-fera* (Dupuis), — est très voisin, certainement, de l'*Unio sinuatus*. Un peu plus petit que ce dernier, à coquille moins épaisse, avec une forme générale oblongue-ovale, c'est lui qui constitue la Mulette perlière des Vosges et qui est réputé pour fournir les plus belles perles. On trouve cette forme dans toute la France, depuis les Vosges jusqu'en Bretagne et aux Pyrénées.

C'est également un genre voisin des *Unio* qui fournit

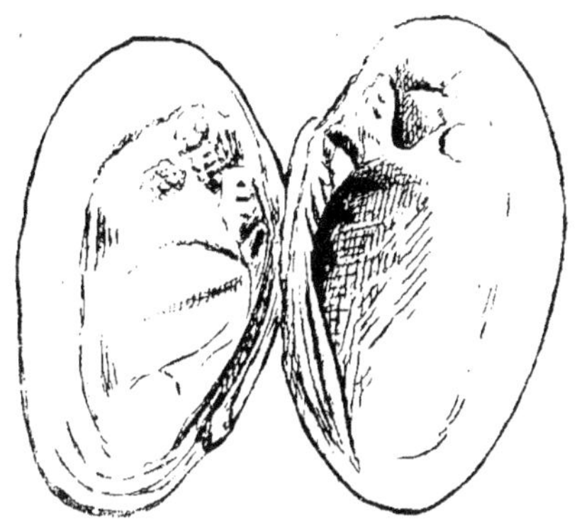

Figure 132. — Un bel « Unio » de La Réole appartenant à la collection d'Arcachon figuré les deux valves ouvertes pour montrer leur intérieur nacré. (*Un tiers grandeur nature.*)

en Amérique, et particulièrement dans le Mississipi, les perles d'eau douce qui sont actuellement parmi les plus recherchées.

Actuellement, les perles d'eau douce sont un peu négligées. Elles représentent ce que les bijoutiers désignent, avec un peu de dédain, sous le nom de perles de fantaisie. Cela est regrettable, car, si la plupart des perles d'eau douce n'ont pas l'éclat et le brillant des perles marines, elles ont, par contre, d'autres qualités qui font qu'elles méritent qu'on les apprécie. Leurs principales qualités sont des colorations discrètes et un certain fondu dans les tons doux qui fait que je les admire beaucoup.

Y a-t-il de l'avenir pour la culture des perles d'eau douce ? On ne peut, vraisemblablement, envisager avant de nombreuses années une culture rationnelle des Mollusques de nos eaux douces producteurs de nacre. Trop de données biologiques nous manquent encore sur ces animaux ; je citerai en premier lieu : des connaissances précises sur le régime alimentaire qui leur convient et sur la durée de leur croissance, questions sur lesquelles on manque de données précises.

Avant d'entreprendre une nouvelle culture, n'est-il pas indispensable de préciser les conditions nécessaires pour sa réussite ? Ce que nous pouvons affirmer avec certitude, d'après ce que nous savons sur les particularités du développement et de celles de la larve *Glochidium*, c'est qu'un élevage préalable de Poissons appropriés devra précéder la multiplication du Mollusque.

Il est probable que l'élévation du prix des nacres exotiques fera rechercher de plus en plus les belles espèces de nacres indigènes. Si le prix de vente de ces nacres devenait intéressant, il serait fâcheux qu'on se bornât à récolter intensivement les coquilles, comme on l'a fait, par exemple, dans la GARONNE, pour fournir à la consommation des fabriques de boutons de nacre de MEILHAN, sans se préoccuper d'assurer leur multiplication.

CINQUIÈME PARTIE

LE MODE DE FORMATION DES NACRES ET DES PERLES

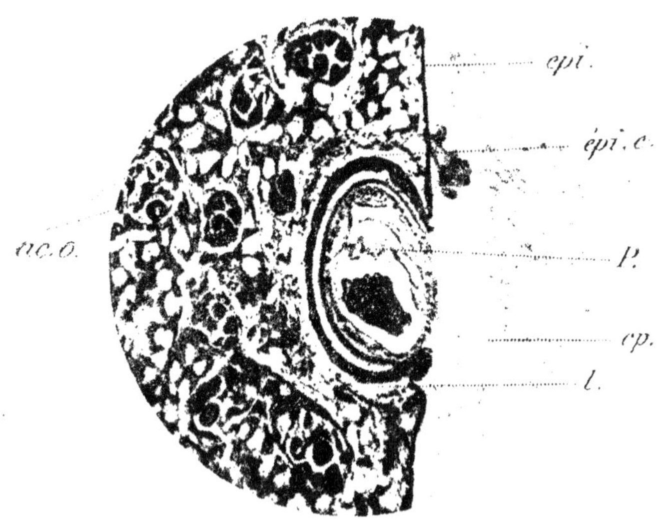

Figure 133. — Dans cette photographie d'une coupe du manteau, on assiste a la naissance d'une perle chez la Moule marine.

ac. o., acini du manteau. — *cp.*, cavité palléale. — *épi.*, épithélium palléal. — *épi.c.*, épithélium du capuchon. — *l.*, point de contact des deux épithéliums. — *P.* perle en formation (au centre en noir, restes du parasite).

CHAPITRE XXVIII

ORIGINE ET MODE DE FORMATION DE LA COQUILLE DES MOLLUSQUES

Nous avons déjà étudié dans le chapitre II la composition chimique de la nacre et nous avons constaté que les nacres et les perles sont qualitativement formées des mêmes éléments ; avant

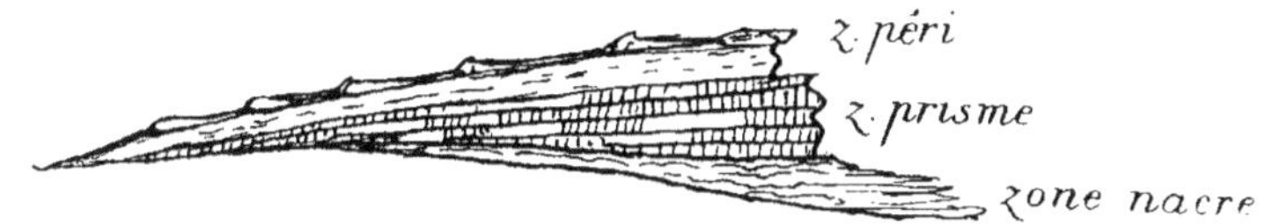

Figure 134. — Coupe schématique de la coquille d'une Méléagrine.
z. péri, région périphérique (periostracum). — z. prisme, région des prismes. — zone nacre, région de la nacre.

d'étudier l'origine des perles, il est donc indiqué d'étudier tout d'abord l'origine de la nacre.

La coquille a une structure différente selon que l'on considère les couches externes ou les couches internes.

Les couches externes constituent ce qu'on appelle, d'une façon assez inexacte, l'épiderme de la coquille ou périostracum.

Les couches moyennes sont formées d'assises de prismes.

Enfin les couches internes qui tapissent l'intérieur de la coquille constituent les couches de nacre d'apparence lamelleuse, sauf dans la zone périphérique noirâtre, où les couches sont sensiblement de même nature que dans la partie externe de la coquille.

Sur [une coupe transversale, cette différence entre les trois couches s'aperçoit très facilement (fig. 134).

Cependant, lorsqu'on se rapproche des bords libres des valves, on ne trouve plus intérieurement et extérieurement que des couches de même apparence où la nacre fait défaut, comme cela se voit très bien dans la figure 134, à gauche.

Cette particularité tient au mode de formation des trois couches.

Les premiers auteurs, qui ont étudié la structure de la coquille se sont contentés de la mettre en évidence à l'aide de coupes, sur des coquilles déjà formées. Ils sont arrivés, en usant les coquilles sur la meule, à obtenir des lames minces qui leur ont montré que la coquille âgée se compose de nombreuses assises, différentes d'aspect.

Il est devenu classique de considérer que la coquille est constituée normalement par les trois couches principales, que nous avons énumérées plus haut :

1° Le périostracum, ou drap marin, qui représente la seule partie visible, lorsque la coquille est fermée ;

2° La couche de prismes, ainsi nommée à cause de sa structure microscopique ;

3° La couche lamelleuse de nacre, caractérisée souvent par de beaux reflets irisés et directement appliqués sur l'épithélium externe du manteau.

Les deux dernières couches, couches de prismes et de nacre, sont seules utilisées industriellement, le périostracum ayant une structure beaucoup moins homogène et contenant beaucoup plus de matière organique (conchyoline). Ces couches ont d'ailleurs une valeur, une épaisseur et un aspect très variables, selon les espèces de Mollusques examinées. La couche de nacre est remarquablement épaisse dans les Méléagrines.

On pouvait, par le procédé indiqué plus haut, se faire une idée générale de la structure intime de la coquille à *l'état adulte*, mais, pour arriver à une interprétation exacte, il était nécessaire d'étudier l'origine et le mode de formation des diverses couches et, en particulier, de la nacre.

Or, la coquille du Mollusque est quelque chose de très spécial, et les *formations* que l'on trouve, chez les Vermidiens (Brachipodes), chez les Crustacés (Cirripèdes) et chez les Vers (Serpuliens), tout en ressemblant, parfois, à une coquille, ne peuvent être regardées que comme des formations analogues et non homologues à la vraie coquille.

La cuticule du Brachipode, qui ressemble tant extérieurement à une coquille bivalve désaxée de 90 degrés, est toute perforée de trous remplis, sur le vivant, par des prolongements d'une partie du manteau.

Elle n'est pas homologue à la coquille des Mollusques, par suite du retournement du *jupon* de la larve brachiopode. Elle est, d'ailleurs, dépourvue de nacre.

Les plaques calcifiées du revêtement des Lepas font partie du tégument lui-même, font corps avec lui et paraissent homologues à la carapace des autres Crustacés.

Les tubes calcaires des Serpules ressemblent beaucoup, il est vrai, à certaines productions des Mollusques (tubes calcaires des Tarets, fourreau des *Aspergillum*, etc.). Pourtant, dans ces deux cas, il semble que l'on a affaire à des sécrétions de mucus endurcies de calcaire et, depuis longtemps, la plupart des naturalistes refusent à ces tubes calcaires le nom de coquille.

Le fait que la coquille d'un *Aspergillum*, par exemple, qui reste rudimentaire, mais est bien représentée cependant, se distingue nettement du tube calcaire formé secondairement, prouve qu'ils ont raison.

Je crois que la grande différence qui existe entre les productions que nous venons d'examiner et la vraie coquille, tient à ce que la coquille *n'est pas une simple cuticule, mais une formation plus complexe : une formation en deux temps*, et l'étude systématique, à partir de l'embryon, permet de se rendre compte du mode de formation de cette coquille.

J'ai étudié particulièrement cette question dans un mémoire (1), et je me bornerai à indiquer [les conclusions auxquelles je suis arrivé.

Selon moi, pour bien comprendre les particularités des coquilles nacrées des Mollusques, il faut distinguer deux choses :

1° Les cellules périphériques non ciliées du pourtour du manteau, à l'aide desquelles la coquille s'accroît dans toutes ses parties externes. Ce sont elles qui forment ce qu'on a appelé, très improprement, l'épiderme de la coquille du Mollusque. Cette couche périphérique, qui sécrète en abondance un ciment organique, est parfois très riche en glandes calcaires se présentant souvent sous forme de glandes allongées en bouteilles, facilement reconnaissables, sans préparations, à leur contenu blanchâtre ;

2° Les cellules non ciliées de l'épithélium palléal externe (limité par les cellules périphériques précédentes), à l'aide desquelles, chez la larve, se sécrètent les premières granulations calcaires et, chez les adultes, les dépôts de nacre qui augmentent progressivement l'épaisseur de la coquille et se déposent en couches extrêmement minces, qui forment la nacre lamelleuse par un procédé sur lequel nous reviendrons plus loin.

Ces deux éléments cellulaires diffèrent d'ailleurs moins par

(1) L. BOUTAN, *Perles naturelles et Perles de culture* (Ann. des sciences natur., zoologie, t. VI, Masson, Paris, 1923).

leur structure que par les conditions dans lesquelles ils effectuent leur sécrétion.

Aucun naturaliste moderne n'est, je crois, actuellement d'avis que la coquille du Mollusque puisse s'accroître par intussusception, et tous la considèrent, au moins tacitement, comme une production extracellulaire. On ne doit donc plus conserver le terme d'épiderme, cher aux conchyliologistes, mais tout à fait impropre pour désigner la couche de revêtement de la coquille, le *périostracum*.

Comment expliquer, dès lors, la présence des assises nombreuses de prismes entre la partie externe de la coquille, le périostracum et la nacre lamelleuse interne ? — Que représentent, en réalité, ces assises de prismes ?

Elles sont, ainsi que nous allons le montrer, non pas une formation spéciale de la coquille, mais une transformation secondaire de la nacre lamelleuse, et, quoiqu'elles forment souvent la portion principale de la coquille et soient en apparence tout à fait distinctes de la nacre, *elles ne constituent que de la nacre à un autre état.*

On pouvait déjà le prévoir, en remarquant, dans les préparations soignées de certaines coupes de coquille, le passage évident de la nacre lamelleuse aux couches de prismes. On pouvait aussi remarquer que la coquille est toujours moins épaisse au niveau des insertions musculaires, quoique ce soit là le seul point de contact réel entre la coquille et le corps de l'animal. Partout ailleurs, en effet, la coquille est simplement juxtaposée au manteau, sans adhérence réelle.

En somme, ce qui fait de la coquille des Mollusques une production si spéciale, c'est que, outre le périostracum qui forme la partie superficielle de la coquille et qui est peut-être homologue aux formations que nous trouvons dans les Invertébrés cités au commencement de ce chapitre, il existe la nacre, qui forme, à elle seule, la partie interne de la coquille et *dont les couches profondes se transforment en couches de prismes.*

Cette formation si spéciale, nous la trouvons localisée exclusivement au niveau de l'épithélium palléal externe des Mollusques.

En résumé, l'étude de la coquille des Mollusques montre, et c'est là le fait que je tiens à souligner, qu'il existe dans cette formation de la nacre et seulement de la nacre.

1° De la nacre sécrétée par les cellules de la périphérie du manteau et qui constitue le bord et la couche externe de la coquille ;

2° De la nacre lamelleuse sécrétée par l'épithélium externe du

manteau en dedans de la limite formée par les muscles qui rattachent le manteau à la coquille ;

3° De la nacre transformée secondairement en couches de prismes qui sont localisées entre les deux premières, dont elles dérivent.

C'est aux dépens de la nacre lamelleuse seule que se forment
les *perles fines durables* dans les Mollusques perliers (c'est-à-dire
sécrétant une bonne nacre). La première couche peut donner
également des perles, *mais des perles dont les qualités s'atténuent
rapidement parce qu'elles sont formées d'une nacre trop hydratée* (1).

(1) L. Boutan, *Les deux zones de l'épithélium externe du manteau et leur
influence sur la qualité des perles chez les Mollusques* (C. R. Acad. Sc.,
25 nov. 1923).

CHAPITRE XXIX

ORIGINE ET MODE DE FORMATION
DE LA PERLE

Pour bien faire comprendre l'origine et le mode de formation de la perle, une comparaison me paraît nécessaire avec ce qui se passe chez les Abeilles :

Quand un de ces gros papillons, que l'on appelle vulgairement la *tête de mort* (*Sphinx atropos*), pénètre dans une ruche, ce grand mangeur de miel incommode les Abeilles, les irrite par ses dégâts. Ne pouvant l'expulser directement, les Abeilles l'acculent dans un coin de la ruche et bâtissent rapidement, autour de lui, des cloisons de cire et le mettent, ainsi, en prison.

L'origine et le mode de formation de la prison se rattachent :

1° A la présence du Papillon ;

2° A l'irritation des Abeilles ;

3° A la cire qui sert à constituer la prison et qui est sécrétée, avant ou pendant l'opération, par les Abeilles ;

4° Au travail spécial qu'effectuent les Abeilles.

Ces facteurs n'ont pas tous une égale importance :

En effet, la présence du Papillon tête de mort n'est pas absolument nécessaire pour amener la construction de la prison. Si, au lieu d'un Papillon, c'est un Crapaud ou un Lézard qui s'introduisent dans la ruche, ou si l'Homme jette dans la ruche un gros Hanneton ou un petit Oiseau, par exemple, le résultat sera le même ; les autres facteurs, irritation, cire, travail des Abeilles, entreront en jeu comme précédemment, et la prison de cire sera construite, quel que soit l'animal qui provoque l'irritation.

Il en est de même pour l'origine de la formation de la perle. Au lieu d'un Papillon ou d'un autre animal terrestre, nous avons d'ordinaire, comme premier facteur, soit plusieurs sortes de parasites marins, soit un grain de sable introduit *accidentellement*, ou une petite boule de nacre, ou un corps quelconque introduit, *volontairement*, par l'homme.

Ce qui importe pour la formation de la perle, comme pour la

formation de la prison, c'est : 1º l'irritation du Mollusque, que nous pouvons comparer à celle de l'Abeille ; 2º la matière perlière qui correspond à la cire ; 3º le travail du Mollusque, qui est analogue à celui de l'Abeille.

Cependant, la comparaison que je viens d'imaginer pour faire comprendre l'origine et le mode de formation des perles n'est qu'une comparaison approchée. Si nous regardons les choses d'un peu plus près, nous voyons qu'elle n'est exacte que *grosso modo* et que la comparaison reste incertaine dans les détails.

C'est ainsi, par exemple, que la comparaison avec la cire de l'Abeille n'est juste que si nous comparons la cire à la nacre du Mollusque. Elle devient inexacte si nous comparons la cire à la matière perlière qui est bien de la nacre, mais produite *dans des conditions très particulières*.

La cire de l'Abeille et la nacre du Mollusque ont deux caractères communs :

1º Toutes deux sont produites à l'extérieur de l'animal ;

2º Toutes deux sont produites par un organe spécial : l'organe de la cire, pour l'Abeille; l'organe de la nacre, pour le Mollusque.

La matière perlière, qui n'est cependant autre chose qu'une nacre, diffère au contraire de la cire :

1º Parce que la cire est sécrétée à l'extérieur, tandis que la matière perlière se forme non plus à l'extérieur, mais dans l'intérieur même de l'animal. (*Elle correspondrait donc à une cire destinée à l'emmurement qui n'existe pas chez l'Abeille à l'état de produit spécial.*)

2º Parce que, contrairement à la cire qui est produite par l'ensemble de l'organe, la matière perlière est formée par une partie seulement de l'organe qui se spécialise pour la former.

Par cette comparaison un peu hardie entre deux phénomènes si différents, j'ai voulu tout d'abord faire comprendre : *le peu d'importance du noyau dans la constitution de la perle et la dépendance étroite qui existe entre la sécrétion de la nacre et de la matière perlière, qui, cependant, est une nacre spéciale, destinée à un rôle particulier.*

La grosse différence qui subsiste, d'une part, entre le cas du Papillon et de l'Abeille et, d'autre part, entre celui du Parasite et du Mollusque, c'est que, dans le premier cas, le Papillon est emmuré extérieurement à l'Abeille ; dans le second cas, le Parasite est emmuré dans le corps même du Mollusque.

En résumé, *la nacre peut se comparer à la cire émise normalement par l'Abeille. La matière perlière peut se comparer à la même cire qui serait fabriquée dans des conditions spéciales, conditions qui n'existent pas chez l'Abeille.*

Une autre différence est encore à signaler entre les deux termes de la comparaison : il n'y a pas besoin que le Papillon ou tout autre animal soit en contact avec l'Abeille, et il suffit que l'ennemi soit dans la Ruche pour que l'Abeille s'irrite et prépare la cire. Il

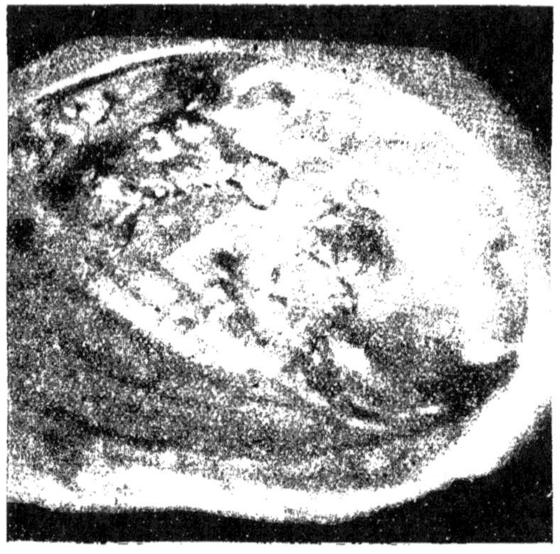

Figure 135. — Coquille de « Haliotis » avec demi-perle.
On aperçoit, tout autour de la demi-perle, une plage, où la matière perlière est sécrétée en couche horizontale, représentant une sécrétion modifiée de nacre.

faut, au contraire, que le Parasite (ou le corps étranger) soit en contact avec l'épithélium externe du manteau, *l'organe spécial du Mollusque*, pour que le phénomène se déclenche : s'il est en contact avec une autre partie du corps, le phénomène ne se produit pas.

C'est ce dernier point qu'il faut d'abord mettre hors de doute.

L'organe en question, qui sécrète la nacre ou la matière perlière et qui n'existe d'ailleurs que chez les Mollusques, est la surface externe du manteau (Voir chap. XXVIII). Il est formé par une couche continue de cellules, qu'on appelle *l'épithélium externe du manteau. Lui seul produit normalement la nacre et anormalement la perle.*

Comment peut-on démontrer que lui seul a ce pouvoir ?...

Dès 1898, j'avais prouvé par des expériences que la présence d'un corps étranger dans les parois du corps du Mollusque ne déterminait pas la formation de nacre et, à plus forte raison, de perles, et j'écrivais (1) :

« J'ai commencé assez timidement l'expérience de la production

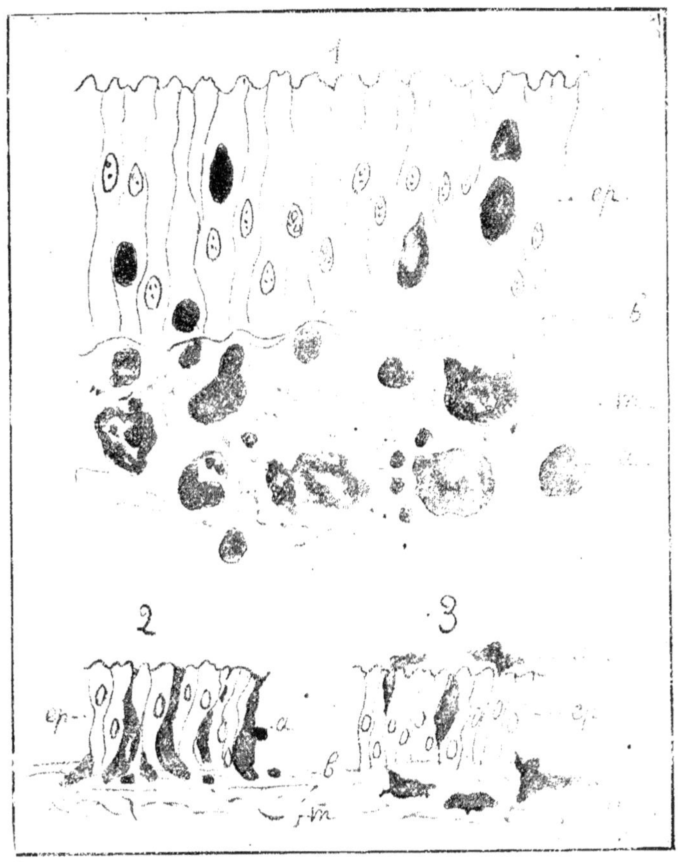

Figure 136. — L'ÉPITHÉLIUM EXTERNE DU MANTEAU VU À UN FORT GROSSISSEMENT AVEC SES DEUX ÉLÉMENTS CARACTÉRISTIQUES *a* ET *ep*.

ep, cellule épithéliale. — *a*, cellule calcarigène. — *b*, basale. — *m*, tissu conjonctif.

artificielle de perles, au mois d'octobre de l'année dernière (1897), en insérant dans l'intérieur du manteau, et entre le manteau et la coquille, une série d'aiguilles de nacre que je faisais pénétrer à l'aide de pinces.

(1) L. BOUTAN, *Production artificielle des perles chez les Haliotides* (C. R. Acad. des sciences, t. CXXXVII, p. 28).

« Au mois de mars dernier, j'ai constaté que les aiguilles insérées dans le manteau ne paraissaient avoir produit aucun effet et que ces corps étrangers *introduits dans les tissus* n'avaient amené aucune formation particulière.

« Il n'en est pas de même des fragments de nacre placés entre la coquille et le manteau. Ceux-ci s'étaient soudés à la coquille et étaient recouverts d'une belle couche irisée. »

Depuis cette époque lointaine, le fait a été contrôlé par plusieurs naturalistes, entre autres par ALVERDES et LYSTER JAMESON, et j'ai fait, en 1922, dans mon laboratoire d'ARCACHON, une nouvelle série d'observations concluantes en les faisant porter sur les Huîtres portugaises.

Voici en quoi ont consisté quelques-unes de ces expériences : dans une douzaine d'exemplaires, j'ai pratiqué une incision dans les téguments, mis à découvert par l'ablation de la coquille, et j'ai introduit dans la profondeur des tissus de la glande génitale soit une petite boule de nacre, soit une perle de verre, soit même une petite perle naturelle.

Au bout de deux à trois mois, chez le tiers environ des sujets, les deux lèvres de la blessure, réunies complètement, ne laissaient voir extérieurement qu'une mince cicatrice, permettant de reconnaître le point lésé à la surface du corps.

La guérison était déjà complète, et les tissus étaient redevenus absolument sains. J'ai ouvert successivement le corps de mes opérés et j'ai retrouvé le corps étranger logé dans les tissus. Il n'était revêtu d'aucune sécrétion perlière et constituait une simple inclusion, sans aucune trace d'inflammation périphérique.

Il est donc démontré qu'un corps introduit dans *l'intérieur des tissus ne donne pas de perles, tandis qu'un corps mis en contact avec l'épithélium externe du manteau se recouvre de nacre.*

Comment expliquer, en présence de cette constatation, que les perles fines complètes soient isolées au milieu du corps du Mollusque et paraissent sans contact avec cet épithélium externe du manteau (l'organe producteur de nacre) ?

Il n'y a là qu'une contradiction apparente. En réalité, en regardant les choses de plus près, on constate que chaque perle isolée dans les tissus des Mollusques est logée dans une petite poche, *dont la paroi est tapissée par l'épithélium externe du manteau, dans une fraction par conséquent de l'organe producteur de nacre.* Cette petite poche est le *sac perlier*.

Qu'est-ce qui prouve que l'épithélium qui tapisse le sac perlier ne s'est pas formé sur place et est réellement une fraction de l'épithélium externe du manteau, de l'organe producteur de nacre?

MIKIMOTO, en cherchant à obtenir par culture des perles fines complètes, l'a démontré d'une façon très élégante.

Voici son procédé opératoire (1) :

« La coquille est enlevée tout entière sur une Huître perlière de manière à mettre à nu le manteau. Dans cette Huître sacrifiée, on place un petit noyau de nacre de manière à le mettre en contact avec la face externe de l'épithélium palléal. Cet épithélium, *qui est composé d'une simple couche de cellules épidermiques, est disséqué et enlevé de l'Huître.* Il va devenir l'enveloppe du noyau. L'on s'en sert pour entourer le noyau, qui se trouve ainsi dans un petit sac épithélial dont on ligature l'ouverture.

« Ce petit sac est transplanté dans une Huître perlière et introduit dans ses tissus sous-épidermiques. La ligature du sac est enlevée et la blessure cicatrisée par des réactifs appropriés.

« L'Huître perlière, garnie de son petit sac, est prête à retourner à la mer pour le nombre d'années nécessaires à la formation des couches assez nombreuses, autour du petit noyau, pour constituer une perle notable. »

Ainsi que nous l'avons montré plus haut :

1° *Un corps introduit dans l'intérieur des tissus ne donne pas de perles;*

2° *Un corps mis en contact avec l'épithélium externe du manteau se recouvre de nacre;*

3° *Un corps enveloppé d'un petit sac formé par cet épithélium introduit dans l'intérieur des tissus forme une perle.*

« Cette opération, exécutée par les Japonais, prouve une fois de plus, ainsi que le remarque LYSTER JAMESON, que ce n'est pas la présence d'un corps étranger dans les parois internes des Mollusques qui détermine la formation de la perle, mais la présence dans les tissus sous-épidermiques d'un sac clos formé d'épithélium sécréteur de nacre. »

On ne peut demander une preuve plus convaincante !

Pourtant, quand il s'agit de perles accidentelles, c'est-à-dire de perles qui se sont formées sans l'intervention de l'homme, il

____

(1) LYSTER JAMESON, *Nature*, mai 1921.

n'y a pas eu d'opération, et l'on peut se demander comment peut se former le sac perlier ?

J'ai assisté, il y a déjà bien longtemps, à l'accomplissement de ce phénomène dans les Moules perlières de nos côtes, et j'ai constaté que les perles de la Moule se formaient par le procédé suivant :

Un parasite, égaré entre le manteau et la coquille, devient le premier noyau de la perle. La partie épithéliale du manteau forme autour de lui un capuchon. Ce capuchon se transforme en une bourse qui s'invagine dans les tissus sous-épithéliaux. La bourse se pédicularise. Le pédicule s'allonge et se rompt. La bourse isolée devient un sac perlier où se forme la perle ronde (fig. 138).

Dans les Méléagrines qui donnent les plus belles perles fines, les parasites qui servent d'ordinaire de noyau aux perles, ne sont pas les mêmes que chez les Moules perlières de nos côtes. Il serait très intéressant de suivre, chez elles, comme je l'ai fait dans la Moule, la formation du sac perlier. Malheureusement l'observation des parasites n'a pas encore été poussée assez loin.

Fort heureusement, le résultat de l'opération pratiquée par les Japonais prouve que, quel que soit le procédé mis en œuvre par la nature pour fabriquer le sac perlier, et que l'on ne peut décrire puisqu'il n'est pas observé, le résultat final est certainement le même, et l'on peut conclure avec une entière assurance que :

Dans la formation d'une perle fine accidentelle ou de culture, le facteur essentiel est l'épithélium palléal externe du manteau, le noyau n'étant qu'un facteur accessoire.

Remarquons, tout d'abord, que le noyau est quelque chose d'extrêmement variable dans les perles fines, même accidentelles : tantôt un grain de sable, tantôt une particule de vase, tantôt un parasite. Un noyau donné n'est donc nullement spécifique de la perle, et, si le noyau varie ainsi dans les perles naturelles, l'homme, de son côté, n'est nullement condamné à employer uniquement une boule de nacre pour noyau.

On comprend, par exemple, que le procédé Mikimoto décrit précédemment pourrait être modifié et qu'au lieu d'enfermer un noyau de nacre dans le lambeau d'épithélium on pourrait trouver *un noyau organique aussi petit que n'importe quelle larve parasite pour provoquer la formation de la perle* et qu'on pourrait l'enfermer, aussi bien, dans le lambeau d'épithélium.

Or, nous savons, d'autre part, par des expériences précises (expériences, avec les aiguilles de nacre introduites dans les téguments de l'*Haliotis*, avec les noyaux variés introduits dans

l'Huître portugaise) qu'on ne saurait se passer du sac épithélial
constitué par les cellules de l'épithélium externe du manteau.

C'est donc bien l'épithélium palléal externe, aux dépens duquel
se forme le sac perlier, *qui est le facteur essentiel dans la formation de la perle* et non pas le noyau.

Nous pouvons nous demander, maintenant, pourquoi la perle,
puisqu'elle est produite par le même organe que la nacre, a des
qualités physiques différentes de cette dernière.

La différence entre les produits sécrétés (nacre et perle) ne
consiste pas seulement dans la disposition *horizontale* des couches
de conchyoline dans la nacre et dans la disposition *circulaire* des
mêmes couches dans la perle.

La substance formée dans le sac perlier et constituant la perle
fine diffère aussi de la
nacre par *l'épithélium du
sac perlier, qui, bien qu'il
soit une dépendance de l'épithélium qui sécrète la coquille, diffère de ce dernier,
parce qu'il se trouve placé
dans des conditions anor-
males.*

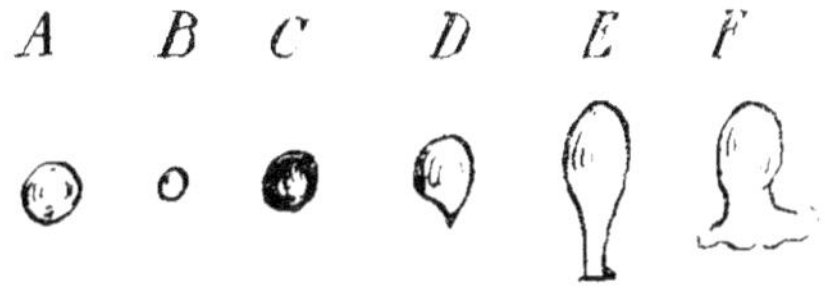

La présence du corps
étranger, parasite ou noyau,

Figure 137. — UNE SÉRIE DE PERLES
DE « PINNA » DE FORMES VARIÉES.

A, B, C, perles rondes. — D, E, F, perles
pédiculées.
(*Les trois dernières sont imitées d'un dessin
de Raphaël Dubois.*)

amené de l'extérieur, au contact duquel il se trouve *anormalement*, la sécrétion de couches plus ou moins nombreuses qui
distendent sa cavité lui causent une sorte d'*inflammation chro-
nique*, ainsi que le montre la hauteur des éléments cellulaires
de la paroi du sac, bien plus grande que celle des éléments normaux de l'épithélium palléal externe (1. fig. 136).

D'ailleurs, l'épithélium palléal externe, lorsqu'il se trouve placé
dans les mêmes conditions que l'épithélium du sac, modifie à son
tour la sécrétion.

Au lieu de continuer à former les assises ordinaires de nacre, il
produit (mais en couches horizontales) une sorte de vernis nacré,
d'aspect comparable à celui qui recouvre les perles fines, ce qui
indique une modification notable dans la sécrétion.

C'est un fait que j'ai démontré, il y a déjà longtemps, en provoquant la formation de demi-perles par trépanation chez les
Haliotis et chez les Anomies (fig. 135).

Par suite de l'introduction de corps irritants pendant l'opération (fragments de coquilles, eau de mer imprégnée de ciment, etc.). on voit se produire parfois une plage très étendue autour du point de trépanation où la sécrétion nacrière est fortement modifiée (fig. 135).

L'importance de cette inflammation est probablement en rapport avec la faculté plus ou moins grande de former de la nacre. Dans un Mollusque capable de constituer une épaisse coquille, le sac perlier va être obligé de s'accroître rapidement sous l'afflux des nouvelles couches sécrétées et être ainsi fortement distendu.

Or, c'est précisément dans les Mollusques à nacre épaisse que l'on trouve les plus belles perles, celles dont les qualités de surface s'éloignent le plus de celles de la nacre.

Je crois qu'une excitation plus ou moins grande du sac perlier suffit pour expliquer, d'une façon satisfaisante, les différences que l'on observe, d'ordinaire, entre les perles fines et les demi-perles dites de nacre, au point de vue des qualités de surface.

Nous parlerons plus longuement de cette question dans le chapitre consacré aux demi-perles.

Bornons-nous à noter seulement ici que, dans ce cas intermédiaire. la distension du sac perlier est nécessairement moins forte, puisque l'invagination épithéliale reste largement ouverte du côté de la coquille et que la perle reste unie à cette dernière par un pédicule. Dans ce cas, cependant, une certaine irritation doit persister. surtout si le Mollusque est bon nacrier, et sera d'autant plus forte que le col du sac perlier sera plus étroit.

Le cas des coques de perles qui atteignent jusqu'à 4 centimètres et représentent de simples voussures de la nacre, produites selon toute vraisemblance par un moyen artificiel, justifie également notre manière de voir. Malgré leur éclat, qui tient à la légère courbure des couches de nacre, leurs qualités de surface rappellent presque complètement celles de la nacre.

Assez fréquemment, les belles perles fines, en forme de poire, présentent. très visiblement, un stade intermédiaire, dans lequel le sac perlier, en formation, était encore relié par un pédicule à l'épithélium palléal qui lui a donné naissance.

Il est cependant tout à fait exceptionnel de l'observer et de pouvoir examiner des perles encore munies de ce pédicule.

La présence de ce pédicule étant considérée comme un grave défaut qui pourrait diminuer de beaucoup la valeur de la perle, les premiers acquéreurs, sur les lieux de pêche, ont grand soin d'essayer de le faire disparaître, de le limer et de perforer la perle en cet endroit, sous prétexte de la rendre plus facile à monter. On peut cependant, dans beaucoup de cas, se rendre compte du travail effectué par les spécialistes.

Les perles de *Pinna*, n'ayant qu'une valeur de curiosité, ne subissent pas le même travail, et Raphaël DUBOIS (1) écrit à leur sujet :

« En général, les perles de *Pinna* sont rondes, assez régulières, mais souvent aussi les perles jaune rouge sont en forme de poire.

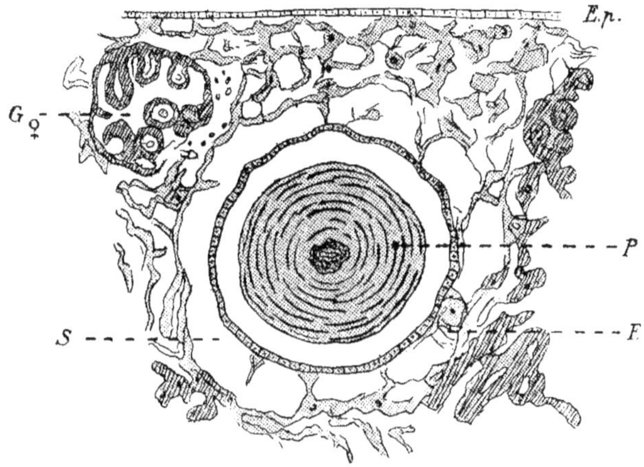

Figure 138. — COUPE SCHÉMATIQUE D'UNE PERLE LOGÉE DANS L'INTÉRIEUR DU MANTEAU.

E*p*, épithélium externe du manteau. — E, épithélium du sac de la perle. — G, acinus génital femelle. — P, perle vue en coupe (on aperçoit au centre le parasite formant le noyau). — S sinus sanguin périphérique.

« On dirait bien vraiment que celles-ci se sont formées par une invagination de l'épiderme de la couche externe du manteau. J'en ai vu une dont le col était évasé comme celui d'une amphore. Elle était coiffée du sac perlier, mais le pied élargi était en contact avec la coquille. »

Cette forme me paraît caractéristique (E, F, fig. 137).

En résumé, l'origine et la formation de la perle fine n'ont plus actuellement rien de mystérieux.

La perle fine est une nacre sécrétée dans des conditions particulières par des Mollusques produisant *normalement* des

____

(1) Raphaël DUBOIS, *loc. cit.*, p. 86.

nacres belles et de bonne qualité et *anormalement* des perles fines.

Ces conditions particulières sont :

1º La présence d'un corps étranger (parasite, grain de sable ou tout autre corps de faible volume) provoquant l'irritation de l'épithélium externe du manteau (qui représente l'organe sécréteur de nacre et qui est un organe spécial du Mollusque) ;

2º La formation d'un sac perlier, qui sert non seulement de matrice à la perle, mais dont la paroi sécrète la perle (ce sac perlier n'étant pas autre chose qu'un fragment de l'organe sécréteur de nacre).

L'évolution de la perle et la formation du sac perlier n'ont été suivies, par moi, que dans les Moules perlières, mais la greffe imaginée par les Japonais montre d'une manière générale que le processus constaté chez la Moule doit être sensiblement le même dans les Méléagrines ou Huîtres perlières.

Certaines belles perles fines indiquent d'ailleurs les stades intermédiaires de cette évolution.

CHAPITRE XXX

PERLES FINES COMPLETES

Perles accidentelles et perles de culture.
Perles de culture sans noyau de nacre.

Au printemps de 1921, des journaux français et anglais annoncèrent qu'un grand nombre de perles fines japonaises produites « artificiellement » avaient été jetées sur le marché. Ces perles, parfaitement rondes, mais contenant dans leur intérieur un noyau de nacre, avaient si bien l'aspect de perles naturelles du Japon que les joailliers s'y étaient trompés et n'avaient pu les distinguer de ces dernières.

L'information fut reprise et commentée par un grand nombre de journaux, et parmi le fatras des nouvelles fantaisistes, il devint évident qu'il existait des perles complètes de culture du Japon et que leur existence n'avait attiré l'attention parmi les bijoutiers que par hasard. La maladresse d'un ouvrier anglais, qui, en voulant agrandir le trou d'une perle pour lui faire prendre place dans un collier, l'aurait fait éclater, aurait mis à nu le noyau invisible extérieurement et aurait, dit-on, mis en évidence cette particularité des perles en question. Je n'ai, d'ailleurs, pu trouver aucune confirmation positive de cette anecdote, qui pourrait bien avoir été inventée, de toute pièce, dans le but de discréditer les perles de culture.

Grâce au matériel mis à ma disposition par M. Pohl et aux renseignements qu'il voulut bien me fournir, je compris tout l'intérêt offert par les perles complètes de culture japonaise, et je pus étudier à loisir cette nouveauté si intéressante au point de vue scientifique et au point de vue pratique.

Les perles complètes de culture du Japon ont-elles les qualités de la perle fine?

La présence d'un noyau de provenance étrangère peut-elle enlever aux perles complètes de culture du Japon leurs droits à l'appellation de perles fines, même si la première réponse leur est favorable?

Les échantillons sciés en parties égales ou inégales (fig. 139) montrent avec évidence la présence d'un *gros noyau entouré par les couches concentriques de la substance perlière proprement dite.*

Ce noyau, malgré sa grosseur, ne représente en poids et en volume qu'une faible proportion de la perle tout entière, puisque, dans le cas le plus défavorable, les rayons des deux sphères sont représentés respectivement par les chiffres 3 et 5 ; ce qui donne pour le volume du noyau un quart environ et pour le volume de la masse perlière, représenté par les couches concentriques de perle fine, le chiffre de trois quarts environ (fig. 139).

En examinant comparativement des sections de perles accidentelles du Japon et des perles complètes de culture, on constate ce fait important : le noyau qui a donné naissance à la perle accidentelle est beaucoup plus petit. Il ne forme qu'un point noir bien visible sur la figure 6 ; mais, autour de ce noyau primitif, les couches concentriques de matière perlière, qui forment les assises les plus internes, sont beaucoup plus jaunes

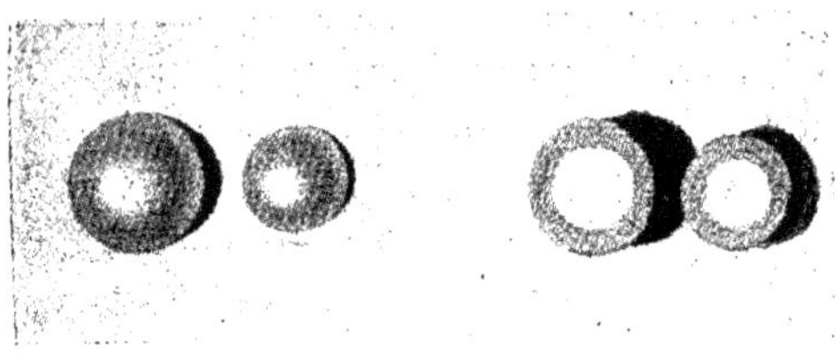

Figure 139. — *A gauche :* DEUX PERLES DE CULTURE JAPONAISES SCIÉES ET POSÉES A PLAT. — *A droite :* RENVERSÉES POUR MONTRER LEUR NOYAU.

et beaucoup plus opaques que les couches circulaires périphériques. C'est une remarque que l'on peut faire dans presque toutes les perles fines sectionnées représentées par les auteurs ; si bien qu'autour du nucleus primaire (le point noir) existe en réalité un noyau secondaire, dont l'importance se rapproche de celui des noyaux des perles de culture japonaises.

Si l'on poursuit la comparaison avec des demi-perles telles que celles que j'ai obtenues avec les *Haliotis* ou telles que les anciennes demi-perles japonaises (fig. 140), on voit immédiatement qu'il ne s'agit plus, avec les perles complètes de culture japonaises, de perles constituées principalement par un noyau de nacre avec tout autour une mince pellicule de matière disposée en couches concentriques comme dans les perles fines, mais de perles formées par une réelle épaisseur de couches périphériques, ayant la même disposition que dans les autres perles fines. Les coupes des figures 139 et 140 montrent nettement cette différence.

Or nous savons, par des expériences précises, que le noyau ne joue aucun rôle au point de vue des qualités extérieures des perles fines. Nous devons en conclure que ce noyau, fût-il un grain de sable, ou un parasite, comme dans certaines perles naturelles, ou un fragment arrondi de nacre ou de porcelaine, comme dans les perles de culture japonaises, montre trop de variations dans les perles accidentelles et y joue un rôle trop peu marqué pour constituer un caractère important de la perle fine.

Je ne crois donc pas qu'il soit utile, comme l'ont suggéré Lyster Jameson et Mlle Lemaire, de substituer au noyau de nacre généralement employé par les Japonais une petite perle de

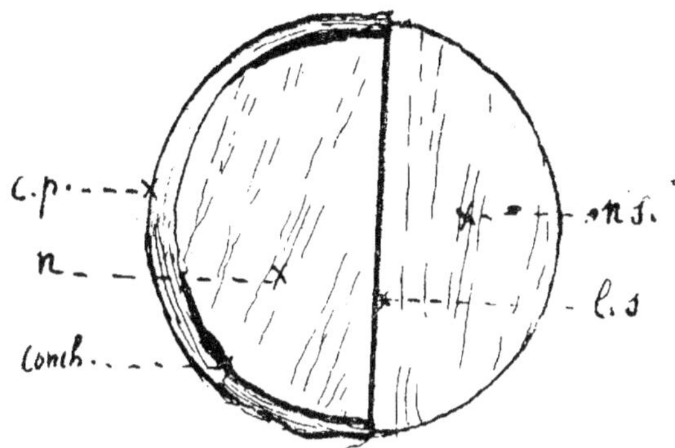

Figure 140. — Coupe théorique d'une demi-perle.

c.p., couche perlière. — conch., conchyoline. — n., noyau de nacre autour duquel s'est formé la couche c.p. — l.s, ligne de séparation. — n.s., calotte de nacre ajoutée et collée en l.s., pour parer la demi-perle.

semence : ce ne serait qu'une *satisfaction purement théorique et sans avantages réels*.

C'est un point sur lequel il est bon d'insister, car l'on ne semble pas en avoir pénétré suffisamment l'importance.

J'ai dit qu'il existait souvent dans les perles accidentelles (naturelles) un noyau secondaire. Quand nous avons sous les yeux une belle perle fine dont les qualités extérieures sont parfaites, *nous ignorons totalement la qualité de ses diverses couches circulaires en profondeur*. Cela est mis nettement en évidence dans le cas où l'on est amené à tenter de rajeunir la perle, comme je l'ai indiqué, chapitre IV, en parlant du *pelage* des perles.

Il arrive souvent que cette opération, qui est très fructueuse lorsque les couches profondes de la perle sont de belle qualité. devient tout à fait désavantageuse lorsque le noyau secondaire est de mauvaise qualité.

Précisons par un exemple : voici une grosse perle de 25 grains dont la surface, par suite de conditions défavorables (présence d'agents extérieurs nuisibles) est devenue terne et a perdu son lustre et son orient. Elle a été achetée, par exemple, à deux fois le poids, 1 250 francs. Si le *pelage* la ramène à 20 grains, sa valeur à une fois le poids n'est plus que 400. Si elle a récupéré ainsi sa beauté, l'heureux possesseur pourra la vendre, par exemple, à 80 fois le poids, 32 000 francs.

Or cette opération n'est si lucrative dans ce cas que parce que les risques étaient grands et que tous les concurrents de l'acheteur savent fort bien que le *pelage* n'est pas sans de gros aléas. Si, les premières couches enlevées, la perle n'a pas récupéré ses qualités, plus l'on va se rapprocher du centre, plus il y aura de chance pour que les couches deviennent mauvaises et que l'opération, au lieu d'être lucrative, tourne au désastre.

Dans toutes les sections de perles complètes de culture que j'ai examinées, les couches circulaires de matière perlière étaient remarquablement homogènes et sans défauts perceptibles, et si plus tard on était amené à des pelages sur de telles perles, l'opération offrirait beaucoup moins d'aléas, puisqu'il faudrait diminuer le poids des trois quarts environ pour arriver au noyau.

Si les couches périphériques de matière perlière ne se soudaient pas intimement avec le noyau central, on pourrait craindre, comme on l'a dit avec raison pour les demi-perles, que les couches périphériques ne puissent résister à une forte pression sans se fendre ou se dissocier.

L'examen des photographies de la figure 139 montre que ce danger n'est pas à redouter et que le contact entre les couches périphériques et le noyau est complet, dans la plupart des cas. Dans un seul, j'ai aperçu une légère soufflure, pas plus importante d'ailleurs que celles que l'on rencontre dans les coupes de beaucoup de perles fines figurées par les différents naturalistes : dans les autres photographies, j'ai vu que le contact est intime et que l'épaisseur de la couche perlière donne toute garantie. Ce qui tient, vraisemblablement, à ce que le noyau fourni à l'Huître est aseptique.

Ces constatations nous permettent de conclure que, très vraisemblablement, les perles de culture japonaise ont une solidité égale, ou très voisine, de celle de la perle fine normale.

Dans l'examen au microscope de la surface d'une série de ces perles, comparées à une autre série de perles japonaises accidentelles, *je n'ai pu noter aucune différence importante. Si je n'avais pas eu leur certificat d'origine et, dans plusieurs cas, une section de la perle, je me serais trouvé incapable de dire si j'avais affaire à une perle accidentelle japonaise ou à une perle de culture japonaise.*

On peut donc dire que, *comparée à la demi-perle japonaise, la perle de culture du* JAPON *s'en éloigne tout autant que la perle accidentelle japonaise.*

L'on comprend, dans ces conditions, qu'un joaillier armé de sa loupe ou qu'un savant armé de son microscope ne puisse faire de distinction entre la perle japonaise accidentelle et la perle japonaise de culture, sans scier ou fragmenter la perle, ce qui est un moyen un peu radical pour estimer la valeur d'une perle fine.

Des experts mal informés ont prétendu le contraire. Ils ont même affirmé qu'ils étaient capables de discerner à l'œil nu ou à la loupe les perles de culture et les perles accidentelles. On leur a proposé de constituer un jury (1) présentant toutes les garanties qu'ils pourraient désirer et devant lequel ils feraient la preuve de leur sagacité en triant en deux lots un certain nombre de perles accidentelles et de culture, mélangées, et qu'on fendrait à la suite de l'épreuve pour étudier les noyaux. Tous se sont dérobés, aussi bien en France qu'en Angleterre (2).

Comme l'a écrit très justement Charles EPRY (3) : « Puisqu'on ne pouvait continuer à contester la parfaite ressemblance des unes et des autres, on songea un moment à recourir aux grands moyens : engager des procès, poursuivre la fraude. Mais quelle fraude? Car enfin, si l'on envisage la question en tout désintéressement, sans passion, comment, — sans paraître brouillé avec le plus vulgaire bon sens, — oserait-on soutenir que la perle élaborée pendant des années par une Méléagrine autour d'un minuscule noyau qu'on lui a fourni n'est pas aussi vraie que celle qui, dans ce même laps de temps, aurait résulté de son travail autour d'un noyau amené par le seul hasard entre ses valves? »

En somme, tout ce qu'on peut reprocher aux perles de culture, c'est d'avoir un noyau différent de celui qu'on trouve habituellement dans les perles accidentelles.

Or, nous l'avons vu (chap. VI), le noyau est quelque chose d'extrêmement variable dans les perles fines accidentelles : tantôt un grain de sable, tantôt une particule de vase, tantôt un parasite.

(1) Jean D'ORSAY, *le Matin*, 26 et 30 juin et 24 août 1922, Paris.
(2) CALVERT, *Culture of Pearls* (Daily Mail, Londres, 14 et 15 déc. 1921).
(3) Charles EPRY, *la Perle* (Grande Revue, août 1922, p. 279, Paris).

Qui conteste que la *Blue Pearl* est une véritable perle fine ?

Cependant, l'on sait que chez elle le noyau est formé d'un petit amas de vase. Un noyau donné n'est donc nullement spécifique de la perle, et, si le noyau varie ainsi dans les perles dites naturelles, l'homme n'est nullement condamné à employer uniquement une boule de nacre pour noyau, et il pourrait trouver *un noyau organique aussi petit que n'importe quelle larve parasite et provoquer ainsi la formation de la perle.*

Si le noyau n'est qu'un facteur accessoire dans la formation de la perle fine et s'il n'y a qu'une chose qui compte réellement, le sac perlier, le fonctionnement des cellules de l'épithélium palléal externe ne doit pas se trouver lié à la présence de tel ou tel noyau, pas même à la présence d'un noyau.

Lorsque cet épithélium palléal externe est à plat, il sécrète de la nacre en couches lamelleuses et planes, ainsi que le montre l'étude de la régénération de la coquille. Si, comme dans le cas des *Haliotis* dépouillés de leur coquille (chap. **XXVI**), le manteau se recourbe en avant et en haut et laisse libre la cavité branchiale, l'épithélium palléal externe qui le tapisse forme une sorte de cornet, et la nacre est sécrétée en forme de cornet.

Si, dans le cas où l'on cultive des demi-perles, on déprime le manteau (et par conséquent l'épithélium palléal externe), de manière à lui donner la forme d'un capuchon, l'épithélium palléal externe aura la forme d'un capuchon, et la sécrétion nacrée aura, également, la forme d'un capuchon.

Dans ce dernier cas, rien ne nous incite à considérer le corps qui a servi à déprimer le manteau *comme la cause de la sécrétion de l'épithélium, mais bien plutôt comme la cause qui a donné à l'épithélium une forme déterminée* ; en effet, en l'absence de tout corps déprimant le manteau, les cellules de l'épithélium auraient continué à sécréter, et la sécrétion se serait étalée à plat.

Il est vrai que l'on constate, dans le cas où intervient le corps déprimant, une modification de la sécrétion ; mais, malgré cette modification qui résulte d'une irritation locale, due, peut-être, au changement de forme de la couche épithéliale, on ne saurait prétendre que le corps étranger a une action réellement spécifique, puisque le même résultat se produit, quel que soit le corps déprimant.

Cette action de présence d'un noyau solide est-elle même nécessaire, comme on est tenté de l'imaginer de prime abord ? — Non.

Supposons que nous arrivions à façonner une petite sphère

d'épithélium palléal, dans laquelle nous aurions remplacé le
noyau solide de nacre, soit par une gouttelette de liquide physiologique, soit par une bulle d'air, soit par tout autre corps qui
puisse se résorber complètement par le travail de l'organisme,
tout en conservant momentanément la forme du sac.

Supposons ensuite que nous arrivions à greffer cette petite
sphère, ce sac perlier, dans le corps d'une Méléagrine. Nous
aurions supprimé radicalement le noyau de nacre.

Que va-t-il se passer ?

Nous savons que les cellules de l'épithélium n'ont nullement

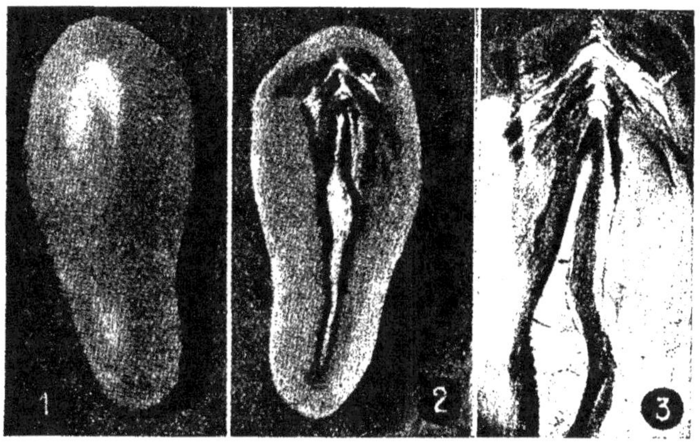

Figure 141. — PERLE FINE DE CULTURE SANS NOYAU DE NACRE.

besoin d'un noyau pour sécréter normalement. Elles vont donc
entrer en fonction et donner des assises de matière perlière,
disposées en couches concentriques, puisque l'épithélium a maintenant une forme sphérique. Bientôt le sac perlier aura formé,
lui-même, plusieurs couches superposées qui représenteront un
noyau constitué uniquement par de la matière perlière disposée
en couches concentriques.

Ce n'est là qu'une hypothèse, mais cette hypothèse, je n'ai
aucun mérite à la formuler. Elle m'est, en effet, entièrement
suggérée par les recherches de M. MIKIMOTO.

Il semble, en effet, que M. MIKIMOTO, qui a si ingénieusement
trouvé la méthode de culture des perles complètes, a prévu, depuis
plusieurs années, les objections que l'on pouvait faire à la présence dans les perles de culture d'un noyau de nacre. Or, il ne faut

pas oublier *que le choix du noyau reste à la discrétion du cultivateur, qui peut le modifier à son gré.*

Par l'intermédiaire de M. L. Pohl, qui m'a déjà fourni tant de documents précieux, j'ai reçu pour l'étude, un échantillon de perle sectionnée, qui porte comme indication : Perle obtenue *par culture sans noyau de nacre* (les deux moitiés réunies pèsent 13,68 grains).

Ce bel échantillon allongé, en forme de poire un peu irrégulière, atteint un $1^{cm},5$ environ dans sa plus grande longueur. Il porte à son extrémité élargie deux sillons longitudinaux et, sur le côté droit de la portion élargie, une petite boursouflure noire. Ses caractères extérieurs l'éloignent des perles du Japon et le rapprochent des perles obtenues avec la grande *Meleagrina margaritifera.*

C'est, *au point de vue des caractères extérieurs,* une perle fine typique (fig. 141, à gauche).

La section qui a été faite selon le grand axe de la perle permet de se rendre compte de la structure de l'échantillon (fig. 141, au milieu et à droite).

Correspondant à l'axe, on aperçoit, au centre, un dépôt calcaire blanchâtre. Il se présente sous forme de petites masses d'apparence irrégulière, d'une longueur de $1^{cm},5$ sur une largeur maximum de 1 millimètre et une largeur moyenne d'un quart de millimètre environ.

Ce dépôt est cerné par des couches de matière perlière, régulièrement disposées sur la plus grande partie de la perle. Les premières couches internes sont teintées en noir par des traces de matière organique, sur le pourtour du dépôt.

La teinte noire s'atténue progressivement vers l'extérieur, *passant graduellement, par places, à une teinte brune plus ou moins foncée* (fig. 141, à droite).

Les couches les plus externes de matière perlière sans coloration spéciale ont une épaisseur normale moyenne de 2 millimètres environ.

La disposition est moins régulière, et la teinte noire et brune est plus étendue dans la partie qui correspond à la portion élargie de la perle (fig. 141, à droite).

On n'aperçoit aucune trace de *noyau de nacre,* et *les couches perlières sont nettement concentriques.*

L'aspect de la section rappelle celui des sections de perles fines accidentelles de forme allongée, où l'on trouve souvent une portion granuleuse centrale et un noyau secondaire parfois très développé.

Rien, ni dans l'aspect extérieur, ni dans l'aspect de la section, de l'échantillon, qui m'a été soumis, ne me paraît le distinguer d'une production accidentelle.

J'ai eu depuis occasion d'examiner un échantillon de même provenance. Il offre à peu près les mêmes caractères avec les différences suivantes (fig. 142) :

La perle, de forme oblongue et régulière, a une longueur de 5 millimètres environ sur 3 millimètres de largeur. Elle porte comme indication de provenance :

« Perle indiquée comme ayant été obtenue par culture sans

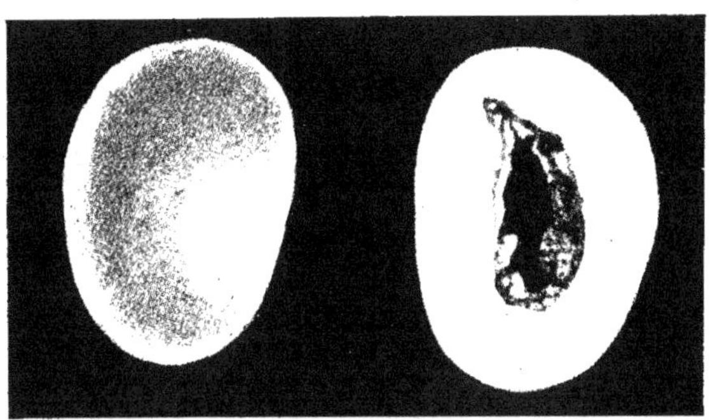

Figure 142. — PERLE DE CULTURE SANS NOYAU DE NACRE.

noyau de nacre. Les deux moitiés pèsent ensemble 1,96 grain. »

L'extérieur ne montre aucun défaut ; c'est à ce point de vue, comme la première, une perle fine typique d'après ses qualités de surface.

Comme précédemment, la perle a été sciée, et la section qui a été faite selon le grand axe permet de se rendre compte de la structure (fig. 142, à droite).

Au centre de la perle, on distingue une cavité très réduite, sur les parois de laquelle on aperçoit quelques granulations. Les limites de la cavité sont formées par une matière noire ; les premières couches concentriques sont fortement teintées. La cavité, y compris l'épaisseur de ses parois teintées de noir, mesure 1 millimètre de largeur sur 2 millimètres de longueur.

En dehors de la zone noire, très mince, on voit les couches circulaires d'une matière perlière homogène sans défauts apparents, régulièrement disposée sur une épaisseur moyenne d'un millimètre environ.

Comme dans le cas précédent, l'aspect de la section est celui que présentent les sections de beaucoup des perles fines accidentelles de forme allongée, et rien ne distingue ce second échantillon, ni dans l'aspect extérieur, ni dans l'aspect de la section, d'une production spontanée.

Si, ainsi que je le disais dans ma note à l'Académie (1), les deux échantillons représentent réellement des perles de culture, ce qui est probable, *mais ce que je ne puis vérifier scientifiquement, comme dans les perles de culture à noyau de nacre*, nous aurions là une réponse péremptoire à la question : « Peut-on obtenir des perles de culture sans noyau de nacre? »

Malheureusement, même lorsque l'on aura à sa disposition de nombreux échantillons de ces perles nouvelles, il sera très difficile d'affirmer, à coup sûr, que ce sont bien des perles de culture et non des perles accidentelles, ainsi que je vais le mettre en évidence un peu plus loin.

Dans un article récent, M. le professeur CAZENEUVE, de la Faculté de médecine et de pharmacie de Lyon, président de la Société des experts-chimistes de France, étudie les perles de culture et à leur sujet l'application de la loi du 1er août 1905 (2).

Après avoir passé en revue rapidement les données actuelles sur les perles de culture, le professeur CAZENEUVE, sans prendre parti entre les différentes opinions émises, pose ainsi une question intéressante et rendue plus intéressante encore par les faits signalés plus haut :

« Entre les perles naturelles et de culture, dit le savant professeur, je suppose l'identité complète absolument démontrée. La preuve est faite. Elle est décisive. Mais les préjugés restent. La valeur commerciale, très différente pour les perles de l'une ou l'autre origine, reste également comme les préjugés. Et nous connaissons la force de ces derniers.

« Une question se pose aussitôt. Un commerçant a-t-il le droit, en raison de l'identité absolue, de substituer une perle de culture

<hr>

(1) L. BOUTAN, *Une perle fine de culture sans noyau de nacre*. (C. R. Acad. des sc., n° 8, 21 août 1922, p. 885, Paris).

(2) CAZENEUVE, *Les perles de culture et l'application de la loi du 1er août 1905*, Annales des falsifications et des fraudes, (février-mars 1922).

à une perle naturelle spontanée? La science paraît l'absoudre,
si le préjugé le condamne.

« D'ailleurs, lorsqu'on y réfléchit, la question a une partie
extensive qui ne peut être méconnue. Un industriel a-t-il le droit
de vendre de l'indigo synthétique à la place de l'indigo naturel,
de l'*Isatis tinctoria*, qui lui est demandé par un acheteur ne voulant
pas tenir compte de l'identité absolue des deux matières? La question d'origine se pose ainsi comme pour les perles.

« D'une façon plus générale encore, a-t-on le droit, sur la
demande d'un acheteur d'une matière d'origine déterminée,
de lui livrer une matière d'origine différente, mais dont la nature
intime et les qualités substantielles, pour employer les termes
juridiques, sont identiques à celles de la matière visée dans la
demande, laquelle est formulée sous l'empire d'un simple préjugé ?

« J'ai demandé de l'indigo d'origine végétale ; vous me livrez
de l'indigo synthétique, ne me trompez-vous pas, malgré l'identité absolue des deux substances chimiques, malgré le prix inférieur même que vous me faites payer l'indigo synthétique, malgré
les propriétés tinctoriales rigoureusement identiques des deux
indigos ?

« Ne tombez-vous pas sous le coup de la loi du 1er août 1905,
puisque vous me trompez sur l'origine, à propos de laquelle, je
le veux bien, je me rends l'esclave d'un préjugé indéfendable au
point de vue scientifique, mais préjugé qui est mon droit et qui
a été une condition essentielle du marché ?

« La convention n'est-elle pas la loi des parties ?

« La controverse que je soulève, en prenant comme exemple
l'indigo artificiel ou synthétique, prend une importance non
contestable du fait industriel que la chimie organique synthétique a un champ d'action comparable indéfini en concurrence
avec les produits naturels. Elle prend une importance plus considérable encore à l'occasion des « perles de culture », que j'appellerai par analogie « perles synthétiques », qui peuvent troubler
demain le marché des perles naturelles, objet de transactions
portant sur des millions de francs.

« Des litiges peuvent s'élever. L'identité des joyaux rend
inutile l'appel à la science. L'enquête judiciaire sur l'origine
se heurtera souvent à des impossibilités pratiques.

« Perles de culture et perles naturelles sortiront de la même
officine japonaise. Les eaux du Pacifique sont le laboratoire
où s'élaborent simultanément les perles des deux origines. Les

plaidoiries, comme toujours, feront assaut d'ingéniosité et d'éloquence. Que feront les juges, l'article premier de la loi du 1er août 1905 en mains, au moment de se prononcer à propos de la fraude sur l'origine, alors que la science est muette, alors que les arguments de sentiment auront seuls été apportés à la barre du tribunal ? »

Je n'ai pas la prétention d'élucider juridiquement la question posée par M. le professeur CAZENEUVE, puisque, à ce point de vue, mon incompétence est complète, mais je puis, du moins, l'envisager au point de vue du bon sens, qui, dans l'espèce, prime peut-être le côté juridique.

Tout d'abord, le parallèle établi, entre l'indigo synthétique et les perles complètes de culture, paraît très artificiel, puisque, dans le cas de l'indigo, nous avons un produit de culture et un produit industriel et dans le cas de la perle un produit naturel accidentel et un produit naturel de culture.

Le produit industriel peut se cataloguer ; on peut remonter assez facilement à l'origine certaine, l'usine.

Le produit de culture, et en particulier le produit de culture sous-marine a, au contraire, comme le fait remarquer le professeur CAZENEUVE, *quelque chose de très particulier, puisqu'il s'élabore dans les eaux du Pacifique, où s'élaborent simultanément les perles des deux origines.*

Or, la perle de culture, aussi bien que la perle accidentelle, est un sous-produit de l'Huître, ou mieux de la Méléagrine, que l'on élève depuis longtemps dans la ferme sous-marine de la baie d'Ago et dans les autres exploitations similaires.

Ces Méléagrines, en dehors des perles de culture produites par la greffe, contiennent des perles accidentelles qui font l'objet d'une récolte régulière.

Or, si le nouveau procédé de M. MIKIMOTO donne réellement des perles de culture sans noyau de nacre, par le fait même que *l'opération de culture porte sur les Méléagrines susceptibles de contenir des perles accidentelles*, M. MIKIMOTO lui-même ne pourra jamais affirmer avec une certitude *complète* que les perles récoltées sont des perles de culture. Il n'aura même plus, comme pour les perles de culture à noyau de nacre, la ressource de les couper pour les distinguer des perles accidentelles. Comment, dans ces conditions, un commerçant pourrait-il substituer une perle de culture à une perle naturelle spontanée ?

Avec la meilleure volonté, le cultivateur de perles ne pourra qu'indiquer une provenance probable, et, *dès que les perles seront tombées dans le commerce, elles se classeront forcément comme perles naturelles, si le préjugé établit une différence de valeur entre les deux produits.*

Ainsi que je l'avais noté dans un travail précédent (1), les perles n'ont pas d'état civil.

J'ai rencontré hier Mme X..., que je n'avais pas vue depuis vingt ans, la fille de M. Y... et de Mme Z... Autrefois, on la citait comme un modèle de beauté, une perfection, une perle... Elle ne ressemblait plus du tout à la belle Mme X... de mon jeune temps, et c'est cependant toujours Mme X...

Il n'en est pas de même pour la perle fine. Un agent chimique

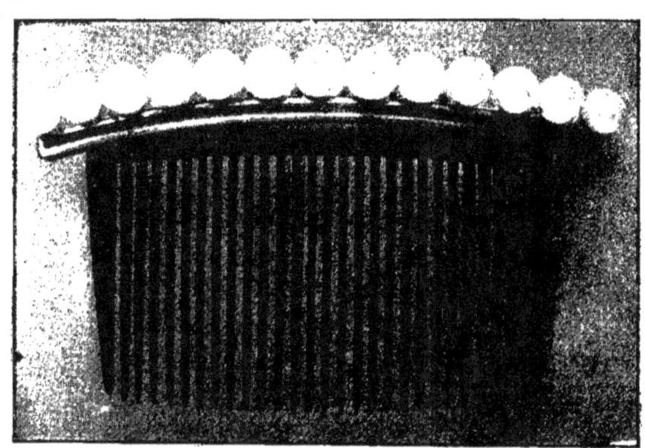

Figure 143. — PEIGNE D'ÉCAILLE ORNÉ DE BELLES PERLES RONDES.
(Vente des bijoux de la princesse MATHILDE.)

peut transformer en quelques instants une belle perle fine en une perle morte sans valeur, qu'un joaillier mettra au rang d'une perle de nacre. Son origine ne fait rien à l'affaire. Elle a maintenant la même valeur qu'une perle d'Huître comestible.

En résumé, les perles accidentelles, dites naturelles, et les perles de culture, dites à tort *perles japonaises* (puisque cela établit une confusion avec les demi-perles japonaises) présentent des qualités de surface identiques.

L'on ne peut les distinguer pratiquement, puisque, d'une part, les experts, qui prétendent le contraire, se sont toujours refusés à essayer de faire cette distinction devant un jury compétent et que, d'autre part, toutes les méthodes mises à l'essai (rayons X, ultra-

(1) *Études sur les perles fines,* p. 48.

violets, inspection de l'intérieur de la perle à l'aide d'un miroir) ne donnent pas de résultats positifs, ce qui se comprend facilement, les deux catégories de perles ayant été élaborées par le Mollusque dans les profondeurs de la mer.

La section de la perle permet seule, actuellement, de déceler la présence d'un noyau de nacre dans les perles de culture; mais ce noyau n'est nullement spécifique, et l'on peut le remplacer par un noyau organique, ou même supprimer complètement le noyau.

Les perles accidentelles représentent le passé et le présent; les perles de culture me paraissent, au contraire, représenter le présent et l'avenir, car la formation des perles, qui était livrée jusqu'ici au hasard, peut être maintenant guidée et dirigée par l'homme, et ce produit, si longtemps accidentel et dû au seul hasard, pourra s'améliorer, ainsi que nous allons le voir, dans le chapitre suivant.

SIXIÈME PARTIE

LES
TENTATIVES DE MULTIPLICATION
ET DE CULTURE DE LA PERLE

Figure 144. — Station de culture de Mikimoto. Numérotage des cages.

CHAPITRE XXXI

HISTOIRE DES PREMIÈRES TENTATIVES POUR OBTENIR DES PERLES EN PROVOQUANT LEUR FORMATION CHEZ LES MOLLUSQUES

Depuis longtemps l'homme a tenté de produire des perles :
1° Il a fait, de toute pièce, des imitations de perles.

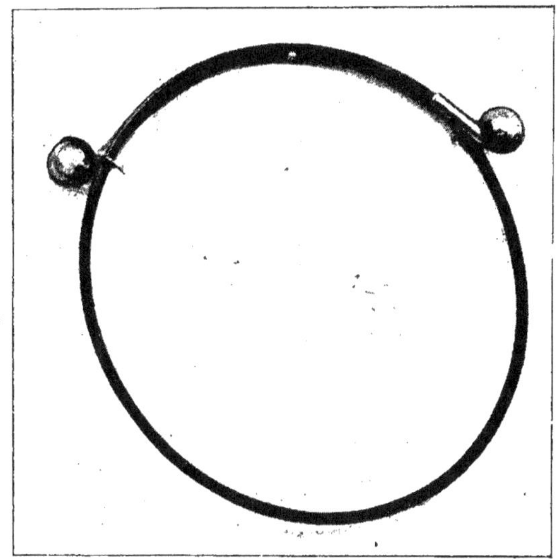

Figure 145. — UN BRACELET EN POIL D'ÉLÉPHANT ORNÉ DE DEUX DEMI-PERLES JAPONAISES DE BELLE QUALITÉ.

2° Plus modestement, il s'est borné à inviter le Mollusque à travailler pour lui.

Nous laisserons de côté la fabrication des perles artificielles, qui a été étudiée chapitre VIII, et nous envisagerons, uniquement, le cas où l'homme cherche à déclencher le phénomène de la production des perles chez le Mollusque. Ces intéressantes tentatives datent de très loin, et il semble que les Chinois ont précédé tous les autres peuples dans cette voie.

Comme nous l'avons noté, à propos du *Dipsas plicatus*, dans le chapitre **XXVII** :

« Cette industrie est très ancienne, dit Seurat (1) : les Chinois attribuent la découverte de ce procédé de fabrication des perles à un natif de Hou-Tchéou-Fou, nommé Ye-Jing-Yang, qui vivait au XIIIe siècle de notre ère. A sa mort, on lui éleva un temple à Seaou-Shang, situé à environ 40 kilomètres de Hou-Tchéou-Fou : sa mémoire est encore honorée dans ce temple, qui lui est spécialement dédié, par des fêtes qui ont lieu chaque année. Cette industrie est un monopole limité à un certain nombre de villages et de familles ; un autre village ou une autre famille qui veut l'exercer doit payer un tribut pour quelques réjouissances au temple d'Ye-Jing-Yang et prendre l'engagement de verser une certaine somme pour l'entretien du temple. Cet art est également pratiqué par les Chinois de la Chine méridionale, en particulier dans le voisinage de Canton, et c'est là qu'il fut observé en 1772 par le Suédois Grill et signalé pour la première fois en Europe (2). Gray (3), en 1825, observant ces perles hémisphériques de *Dipsas plicatus* (*Barbata plicata* Gray), soudées à la coquille, les cassa et reconnut qu'elles étaient formées d'une coque épaisse, composée d'assises concentriques de nacre, entourant un petit morceau de nacre de forme plan convexe. »

Le procédé de production est le même que pour les figurines insérées entre le manteau et la coquille et représentant de minuscules Buddha. Il est décrit ainsi par Seurat (4) d'après les indications du mémoire de Siebold (5).

« Il existe, dit Seurat, dans le voisinage de Hou-Tchéou-Fou, ville de la province de Tché-Kiang (Chine orientale), située à 75 kilomètres au nord de Hang-Tchéou, une manufacture de ces *perles artificielles*. Dans le voisinage de cette ville, se trouvent de nombreux lacs et étangs dont la profondeur est de 1 à 2 mètres

(1) Seurat. *loc. cit.*, p. 63.
(2) Grill, *Bericht wie die Chinesen uchte Perlen nachmachen* (Abhandl. d. königl. Akad. d. Wissensch., Bd. XXXIV, p. 88, 1772).
(3) Gray, *On the Structure of Pearls and on the Chinese Mode of producing them of a larger Size and regular Form* (Annals of Philosophy, New Series, vol. IX, 1825, p. 27).
(4) Seurat, *loc. cit.*, p. 60.
(5) Siebold, *Ueber die Perlenbildung chinesischer* (Zeitschr. f. wiss. Zool., Bd. VIII, p. 445, Taf. XIX).

au plus, dans lesquels, au moment de la saison sèche, on amène de l'eau par les canaux qui sillonnent le pays; dans ces lacs vit une mulette qui atteint une très grande taille, le *Dipsas plicatus* LEACH.

« Ces animaux sont recueillis en avril et en mai et ouverts d'une manière très adroite par les enfants qui les maintiennent entr'ouverts à l'aide d'un petit morceau de bambou (1). C'est alors que les Chinois introduisent, entre la face interne de la coquille et le manteau, des corps étrangers de nature variée : dans certains cas, ils introduisent de petits chapelets de cinq ou six sphérules de nacre enfilées dans un cordon, ce dernier présentant des nœuds pour séparer ces fausses perles les unes des autres (GRILL) ; d'autres fois, ils introduisent des grains de plomb, des grains de sable, des fragments d'os, etc. (2) ; enfin, très souvent, ils placent entre le manteau et la coquille un certain nombre de figurines aplaties, en étain ou en métal de cloche, représentant de petites idoles ou des figurines de Bouddha.

« On verse ensuite trois cuillerées pleines d'écailles de poisson finement pulvérisées et mélangées avec de l'eau dans les mulettes les plus petites, cinq cuillerées dans les plus grandes ; on enlève les morceaux de bambou, et on replace avec soin les Mollusques dans l'étang, à quelques centimètres les uns des autres; les étangs les plus petits peuvent en contenir environ 5 000, les plus grands beaucoup plus. Quatre à cinq fois par an, on répand dans ces lacs des excréments humains.

« Environ dix mois plus tard, on pêche les *Dipsas* ainsi parqués : les objets qui ont été introduits dans le corps du Mollusque sont recouverts d'une assise nacrée très mince, qui donne en particulier aux sphérules de nacre un aspect extérieur qui rappelle absolument celui d'une vraie perle. Si on laisse les Mollusques plus longtemps sans les pêcher, les perles et les camées obtenus sont beaucoup plus parfaits ; le temps maximum qu'ils restent sans être pêchés est de trois ans.

« Plusieurs millions de ces mulettes sont vendues chaque année à Sou-Tchéou-Fou (province de KIANG-Sou) ; la plupart sont vendues à des marchands de détail, telles qu'elles ont été pêchées dans les étangs : certaines atteignent un prix de 50 centimes environ les deux valves.

(1) HAGUE. *Ueber die natürliche und künstliche Bildung der Perlen in China* (Zeitschr. f. Wiss. Zool., Bd. XIV. p. 439-441, 1857).
(2) SIEBOLD (C. Th. v.). *Ueber die Perlenbildung chinesischer Süsswasser-Muscheln. als Zusatz zu den vorhergehenden Aufsätze* (Zeitschr. f. wiss. Zool., Bd. VI. p. 445-454. Taf. XIX. m. XX).

« Un certain nombre sont travaillées à Hou-Tchéou-Fou : à l'aide d'une scie fine, on découpe la coquille le plus près possible de la perle ou de la figurine de nacre que l'on veut isoler ; on débarrasse ensuite ces dernières du morceau de coquille auquel elles sont adhérentes, ainsi que du corps étranger (grain ou moule en métal) qui se trouvait à leur intérieur ; on met un morceau de cire blanche à la place et, à l'endroit scié, on colle un morceau de nacre, pour rendre la perle ou le camée aussi complet que possible.

Ces formations, obtenues par les Chinois sur un Mollusque d'eau douce, sont les plus connues, mais non les seules qui existent chez eux. Les Chinois ont anciennement utilisé des procédés analogues sur des Mollusques marins et, en particulier, sur les Méléagrines, comme semblent l'indiquer certains matériaux de provenance chinoise; mais nous n'avons que des renseignements incertains à cet égard.

En EUROPE, la question a été également mise à l'étude de bonne heure, et LINNÉ, le célèbre naturaliste suédois, s'est beaucoup occupé de la question et a essayé de mettre au point la formation de perles provoquées sur un *Unio* (*Margaritana margaritifera*) qui paraît être abondant dans les rivières de la SUÈDE. Il crut même être arrivé à un résultat définitif et en informa le roi. Ce procédé lui fut acheté et devint un monopole d'État.

En réalité, le succès ne couronna pas ses efforts ; les produits obtenus étaient médiocres et la tentative fut abandonnée quelques années après. On possède, paraît-il, au British Museum de LONDRES, des échantillons, regardés, à juste titre, comme très précieux à cause de leur origine, et qui représentent quelques-uns des produits de cette tentative de LINNÉ.

LINNÉ procédait par trépanation de la coquille, au lieu d'entr'ouvrir les valves, comme dans le procédé chinois, et ne glissait pas le noyau entre la coquille et le manteau. Il perforait la coquille sans blesser le manteau ; on ne connaît pas, avec certitude, la nature du noyau qu'il employait pour provoquer la boursouflure ou la demi-perle.

Bien d'autres naturalistes sont entrés ensuite dans le même voie, et j'ai, moi-même, démontré que les Gastéropodes étaient capables, aussi bien que les Bivalves, de donner des produits intéressants (chap. XXVI).

Toutes ces tentatives ne pouvaient fournir que des soufflures de nacre et des demi-perles.

Les demi-perles doivent être considérées, selon moi, comm
des produits intermédiaires entre les perles fines et la nacre et
en tant qu'intermédiaires, elles peuvent se rapprocher tantôt de
la perle fine, tantôt de la nacre.

Elles se rapprocheront de la perle fine toutes les fois que quelques-unes de leurs qualités de surface seront celles de la perle
fine. Elles se rapprocheront de la nacre toutes les fois que leurs
qualités de surface seront celles de la nacre (fig. 146, 147 et 148).

Elles différeront, cependant, dans le premier cas de la perle
fine en ce qu'une partie seulement de leur surface présentera
certaines qualités de la perle fine, et elles mériteront ainsi l'épithète de perles fines *incomplètes*. Elles différeront dans le deuxième

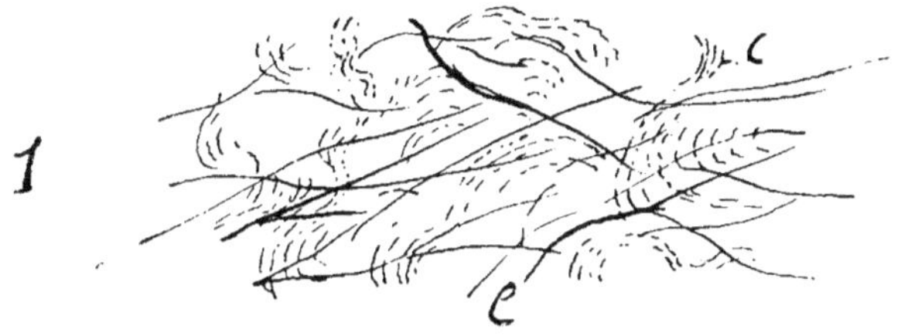

Figure 146. — Aspect de la surface d'une demi-perle japonaise.
l, lignes caractéristiques de la nacre. — *c*, courbes de niveau de la perle.

cas de la nacre en ce que leur forme, plus ou moins sphérique ou
hémisphérique, leur donnera une certaine analogie avec les perles,
et on pourrait leur réserver le nom de *perles de nacre*, quoique ce
terme soit bien impropre.

On peut entre ces deux termes extrêmes : la perle fine incomplète et la perle de nacre (1), trouver une longue série d'intermédiaires. Ils donneraient naissance à des cas troublants, si l'on
n'avait pas pour se guider la connaissance de l'origine et de la
constitution du sac perlier.

Chaque fois que l'épithélium palléal est soulevé en forme de
dôme, la voûte, ainsi formée, consiste en des assises plus ou
moins sphériques de nacre, dont le type le plus caractéristique
est la coque de perle où les couches sphériques sont à très grand
rayon.

Chaque fois que l'épithélium palléal est non seulement soulevé, mais subit, en même temps, une irritation suffisante pour

(1) Ce nom de perle de nacre est impropre, puisqu'en réalité toutes les
perles sont de nacre; mais il exprime assez bien les caractéristiques des particularités de surface.

modifier la sécrétion de la nacre, cette portion de l'épithélium palléal va fournir une sécrétion modifiée qui, par une série d'intermédiaires, nous conduit progressivement à la perle fine.

Il se produit parfois des demi-perles accidentelles dans les Mollusques par suite de l'introduction accidentelle de corps étrangers

Figure 147. — AUTRE ASPECT D'UNE DEMI-PERLE JAPONAISE DE CULTURE.
b, bosselures. — *c*, courbes de niveau. — *l*, lignes caractéristiques de la nacre. — *p*, pointillé.

entre la coquille et le manteau (c'est-à-dire entre la coquille et l'épithélium affecté à la sécrétion nacrée).

Il me reste à étudier maintenant les demi-perles japonaises, qu'il ne faut pas confondre *avec les perles complètes de culture.*

Les demi-perles japonaises sont connues dans le commerce depuis une vingtaine d'années. Dans son mémoire sur la contribution à l'étude des perles fines et de la nacre, le Dr Raphaël DUBOIS signale qu'il en a observé à l'exposition de PARIS en 1900, dans la galerie du JAPON, et il ajoute :

« Ces perles (1), obtenues artificiellement avec la MARTENSI, sont d'une structure curieuse. Elles se composent essentiellement de deux lentilles plan convexe de nacre tournée, collées par leur surface plane. Le disque supérieur est recouvert d'une couche de nacre (*matière perlière*) de quelques dixièmes de millimètre, peu adhérente, mais d'un assez joli effet, et dont l'éclat rappelle un peu les perles blanches des *Unio*.

« Cette couche n'existe pas à la surface postérieure de la perle, qui a l'aspect de la nacre de nos boutons de chemise. Le diamètre du disque qui la forme est plus grand que celui de l'autre disque, de façon que la calotte de nacre ne fasse pas saillie (coupe fig. 140).

« Les coupes minces vues au microscope montrent que la

(1) *Loc. cit.*, p. 115 et 116.

calotte de nacre (*matière perlière*) est formée de minces couches
concentriques, appliquées sur des demi-disques de nacre tournée,
empruntée à une coquille.

« Ces perles sont manifestement produites par le même procédé que celui qui a été mis en usage depuis des siècles pour
obtenir des figurines, des colliers de perles recouverts de nacre
avec les coquilles d'eaux douces. C'est aussi celui que M. BOUTAN
a employé avec succès pour obtenir artificiellement des perles
avec les *Haliotis* au laboratoire maritime de Roscoff. »

Ces observations de Raphaël DUBOIS, qui datent déjà de loin,
se rapportent aux premières tentatives japonaises.

Si l'on examine la demi-perle japonaise a divers grossisse-

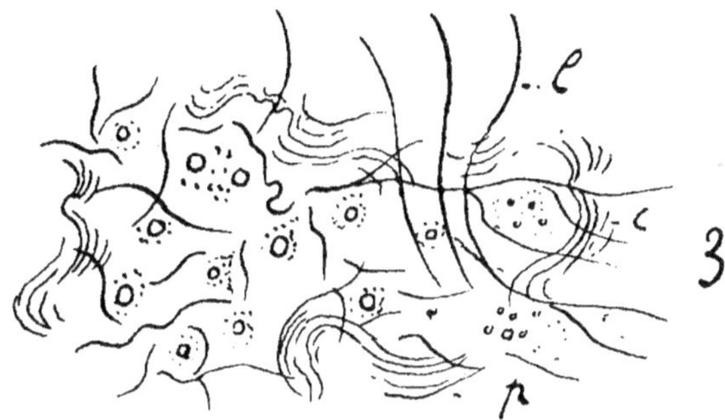

Figure 148. — ASPECT DE LA SURFACE D'UNE DEMI-PERLE JAPONAISE DE CULTURE.
l, lignes caractéristiques de la nacre. — C, courbes de niveau. — *p*, pointillé.

ments, on constate que, sauf sur la surface correspondant au
bouchon de nacre, les autres parties de la demi-perle donnent
des renseignements intéressants.

A l'œil nu ou sous un faible grossissement, la demi-perle japonaise paraît avoir les qualités d'une perle japonaise naturelle,
peut-être, avec un peu moins de profondeur.

A un grossissement de 15 à 20 diamètres, sa surface est striée
de traits, caractéristiques de beaucoup de nacres, et présente des
lignes de niveau bien marquées.

A un plus fort grossissement, on aperçoit un pointillé avec
l'impression de la surface de l'épithélium se traduisant par de petits
traits hexagonaux qui limitent l'intervalle des cellules ; chaque
espace intercellulaire étant muni d'un seul point en saillie, le
reste du dessin est formé par les courbes de niveau.

La surface de la demi-perle japonaise présente essentiellement les mêmes particularités que la nacre, à laquelle elle correspond, c'est-à-dire à celle de la Méléagrine. Elle en diffère, cependant, sur plusieurs points importants, et ces ébauches de perles présentent cette particularité curieuse et sur laquelle j'attire l'attention : *Elles reproduisent les caractères de la nacre du Mollusque qui leur a donné naissance, en amplifiant certains de ces caractères* (fig. 146, 147 et 148).

Elles constituent un acheminement, une étape vers les véritables perles fines.

En résumé, les demi-perles accidentelles ou provoquées par une opération humaine, quoique désignées généralement sous le même nom, présentent de grandes différences entre elles. En en examinant une longue série, on forme une chaîne qui nous conduit insensiblement de la nacre à la perle fine.

La demi-perle japonaise, produite à l'aide de la Méléagrine japonaise, représente le chaînon le plus voisin de la perle fine et mérite le nom de perle fine incomplète, et non l'épithète de perle de nacre.

Une cause de dépréciation *est déjà intervenue pour les demi-perles japonaises.*

Le désir d'un prompt bénéfice a incité certains cultivateurs de demi-perles à introduire entre la coquille et le manteau des noyaux de nacre, parfois très gros, et à les laisser séjourner dans le Mollusque un temps insuffisant.

Ces mauvaises demi-perles japonaises ont jeté un réel discrédit (injustifié pour les demi-perles à petit noyau et ayant séjourné assez longtemps dans le Mollusque) sur l'ensemble des demi-perles japonaises, en causant des déboires au point de vue de leur solidité.

La couche de matière perlière est si mince dans ces productions qu'elle a reçu le nom imagé de peau de perle ; elle ne résiste pas longtemps à des chocs répétés ; la couche de matière perlière tombe alors en partie et donne l'aspect représenté dans la figure 149. Le noyau apparaît par places et enlève toute beauté à la calotte perlière. Il est facile de provoquer sur ces perles cet accident causé par l'usage, en les frappant à plusieurs reprises à l'aide d'un corps dur.

J'ai représenté (fig. 149) une grosse demi-perle que m'a donnée M. Arné, président de la Société de zoologie agricole. Elle montre à quelle grosseur peut atteindre le noyau : la rupture de la calotte perlière s'est faite seulement au niveau du bord et permet d'apercevoir une substance de bourrage jaunâtre, qui diminue encore la résistance de la calotte perlière, déjà extrêmement mince (fig. 149).

Il est évidemment très fâcheux que l'appât du gain ait incité les producteurs à jeter sur le marché des produits aussi fragiles; la conséquence a été une dépréciation générale des demi-perles japonaises qui sont tombées à un prix assez bas pour que les pro-

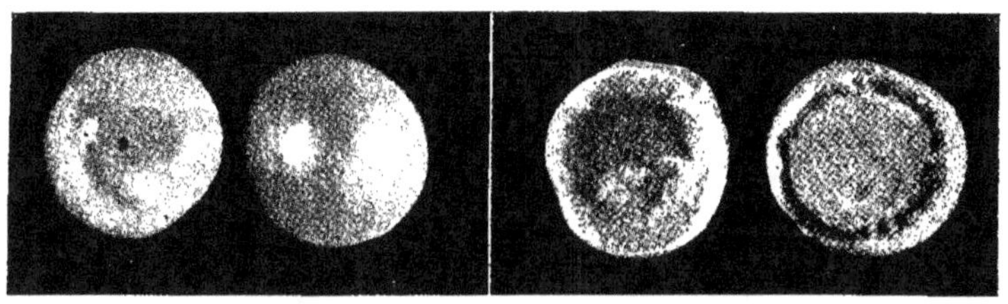

Figure 149. — DEMI-PERLE JAPONAISE DE MAUVAISE QUALITÉ.

A gauche, support en nacre ; à droite, demi-perle vue par la face supérieure.

A gauche, support au point de contact avec la demi-perle ; à droite, demi-perle vue par la face inférieure et montrant une peau mince et non adhérente.

ducteurs consciencieux n'aient plus intérêt à faire cette culture, devenue trop peu rémunératrice.

L'éducation du public et des bijoutiers détaillants doit cependant, selon moi, amener une réaction. On arrivera, avec le temps, à classer les demi-perles japonaises selon l'échelle réelle de leur valeur, qui pourrait être établie d'après l'épaisseur de la peau.

Cette épaisseur est mesurable, puisque la demi-perle est une perle incomplète et que la matière perlière se montre en tranche sur la périphérie de la face inférieure (fig. 149) à gauche.

Si l'on compare par exemple une bonne demi-perle MIKIMOTO (fig. 150) à une mauvaise demi-perle qui a séjourné un temps trop court dans le corps du Mollusque (fig. 149), on comprend immédiatement que la première présente des qualités de solidité et de résistance différentes de la seconde. La première représente un bijou durable, la seconde un bijou éphémère. La première résistera, à peu près, aux chocs comme une véritable perle fine ; la seconde sera exposée à tous les accidents résultant de chocs sur une paroi mince.

Comme toute perle incomplète, la demi-perle japonaise n'a qu'une valeur secondaire par rapport à une perle fine complète. Il est d'usage de la vendre à la pièce et non d'après le système de une fois le poids (Voir chap. IV). Mais jusqu'ici les amateurs et les détaillants ne se sont pas préoccupés suffisamment de vérifier l'épaisseur de la couche perlière, dont l'examen permettrait de rejeter tous les produits défectueux et de donner à chaque demi-perle sa valeur relative parmi les faux produits similaires.

Les demi-perles bien cultivées représentent dans nos démocraties un article de luxe qui peut tenir honorablement sa place dans le commerce, lorsqu'on aura appris à bien reconnaître et à cataloguer leurs qualités ou leurs défauts.

Elles peuvent jouer, par exemple, par rapport aux perles com-

Figure 150. — UNE DEMI-PERLE DE CULTURE JAPONAISE GROSSIE DEUX FOIS ET VUE DE PROFIL.

Cette figure met en évidence le point de réunion du bouchon de nacre et de la matière perlière.

plètes, le rôle que jouent les améthystes ou toute autre pierre secondaire par rapport aux diamants.

Une améthyste n'a jamais la valeur du diamant; elle peut cependant, lorsqu'elle présente certaines qualités de coloration, de pureté et de grosseur, constituer une pierre recherchée et de valeur considérable.

Il en sera de même pour certaines demi-perles de culture, lorsque l'éducation des bijoutiers détaillants se sera faite à ce point de vue.

Ce manque de proportion entre la grosseur du noyau et l'épaisseur de la couche perlière n'existe heureusement pas au même degré, pour les perles complètes de culture. La difficulté de la greffe augmente, en effet, de plus en plus, si l'on exagère la grosseur du noyau, puisque, dans ce cas, il faut disposer d'un lambeau d'épithélium considérable, faire subir à l'Huître opérée une grande blessure, ce qui compromet les chances d'obtenir le développement d'un sac perlier convenable.

En résumé, il existe dans les Mollusques bons nacriers et, en particulier, dans les Méléagrines (marins) et dans les *Unio* (eau douce) des demi-perles accidentelles souvent dénommées, *blister pearls*, que l'on trouve soudées à la coquille et fusionnées, en ce point, avec la nacre.

La présence de ces demi-perles accidentelles a incité, depuis des temps très reculés, les chercheurs à provoquer la formation de demi-perles, en imitant le procédé naturel et en insérant entre le manteau et la coquille des corps étrangers.

Les plus beaux résultats ont été obtenus par les Chinois et surtout pas les Japonais, les premiers dans une coquille d'eau douce (*Dipsas plicatus*), les seconds dans une coquille marine, celle de l'Huître perlière, ordinairement *M. Martensi*.

Les demi-perles ainsi obtenues sont de qualités très inégales.

Tous ces produits *sont nettement distincts des perles fines complètes et doivent être caractérisés sous le nom de demi-perles ou perles incomplètes. On peut les reconnaître à première vue par une simple inspection de la surface, qui sur une large étendue ne présente pas les qualités spécifiques de la perle fine.*

CHAPITRE XXXII

L'OSTRÉICULTURE PERLIÈRE AU JAPON (MÉLÉAGRINICULTURE ET MARGARITICULTURE)

ÉLEVAGE ET GREFFAGE DES MÉLÉAGRINES EN VUE DE LA PRODUCTION DES PERLES COMPLÈTES DE CULTURE.

Dans un chapitre précédent consacré à la pêche de l'Huître perlière au Japon, nous avons déjà donné quelques détails sur l'exploitation des bancs naturels (chap. XV).

Figure 151. — Vue de la baie de Gokasho, près d'Ago-Bay.
(*Photographie communiquée par M. Ikeda.*)

Il s'agit maintenant d'étudier les modifications qui ont été apportées par Mikimoto aux méthodes anciennes de pêche.

Ces modifications ont transformé son établissement en une

ferme sous-marine, où se fait l'élevage des Huîtres en vue de la production des perles fines (fig. 151).

Ce mode de production des perles complètes de culture est tout à fait différent du travail de production des demi-perles japonaises, auquel il s'était consacré tout d'abord.

AMÉNAGEMENT DES FONDS. — MIKIMOTO n'a pas cherché à calquer les dispositifs imaginés par nos ostréiculteurs, dont les aménagements ostréicoles atteignent, cependant, un haut degré

Figure 152. — LES FILLES DE LA MER PLONGEANT AVEC LEURS BAQUETS INDIVIDUELS.
(*Cliché communiqué par* M. IKEDA.)

de perfectionnement, et qu'il pouvait sembler utile, au premier abord, de prendre pour modèles.

Son exploitation ne comporte : ni parcs entourés de haies protectrices, ni crassats où les Huîtres sont laissées à sec à basse mer, ni claires où les Huîtres sont placées sur un fond propre dans des bassins non cimentés, garnis d'une faible hauteur d'eau.

Il a vu juste, car le JAPON n'est pas la FRANCE (les marées y sont faibles, l'eau plus chaude), et les Méléagrines ne sont pas des Huîtres, malgré leur nom vulgaire. Les conditions qui conviennent à ces dernières ne sont pas nécessairement favorables à des Mollusques d'une espèce différente. *Il fallait, pour réussir l'élevage des Méléagrines, les placer dans des conditions appropriées aux Méléagrines et non aux Huîtres comestibles.*

Mikimoto l'a compris, et c'est là le côté le plus original de sa ferme sous-marine, qui ne ressemble en rien à un établissement d'ostréiculture pour Huîtres comestibles.

Sa ferme principale s'étend, en effet, en pleine eau dans l'intérieur d'une baie, qui est en communication libre avec la pleine mer (fig. 155). Aucune barrière artificielle ne la sépare ni ne l'isole de l'eau venant du large. Comme point central de son établissement, Mikimoto a choisi la baie de Gokasho, qui est une

Figure 153. — Hangar sous lequel se fait le triage des Huîtres qui vont être opérées a l'age de trois ans.

dépendance de la baie d'Ago (ou dans son voisinage immédiat) et qui, comme elle, communique avec la haute mer (fig. 151 et 157), protégée simplement par le relief du terrain, qui lui assure une eau calme et tranquille.

En somme, la ferme Mikimoto est représentée par l'emplacement d'une partie des anciens bancs naturels, et l'aménagement du fond consiste, seulement, dans la disposition de supports solides, blocs de pierre disposés sur le fond, pour aider les Méléagrines à se fixer et dans des nettoyages systématiques en profondeur, pour enlever les Algues et les animaux nuisibles (Pieuvres, Gastéropodes, Astéries) qui pulluleraient, si on ne se défendait pas contre eux.

Grâce à cet aménagement sommaire, Mikimoto a pu non seulement conserver, mais augmenter le nombre des Huîtres qui vivent en liberté sur les fonds favorables de la baie et, grâce à ce premier résultat, constituer des territoires où vivent les Huîtres mères. Elles représentent la réserve qui va permettre la culture, non pas par une récolte directe, qui ne doit avoir lieu qu'en cas de surabondance, mais par *la récolte du naissain* des Méléagrines.

RÉCOLTE DU NAISSAIN. — Grâce à la présence de bancs naturels soigneusement entretenus, les Huîtres se reproduisent sur place, et le naissain est abondant.

Pour le recueillir, MIKIMOTO n'utilise pas, comme chez nous les tuiles à canal, blanchies à la chaux pour garnir des collecteurs. La Méléagrine, en effet, ne se fixe pas par sa valve comme l'Huître comestible, mais à l'aide du byssus que nous avons décrit (chap. XII); il a

Figure 154. — UNE FILLE DE LA MER (PLONGEUSE JAPONAISE).

trouvé plus simple d'utiliser des collecteurs en bambou (1).

Ce sont les plongeuses (fig. 154), dont nous avons décrit le travail dans le chapitre XV, et qui, d'après Lucien POHL (2), se sont adaptées à cette besogne, ainsi qu'il le dit, dans une note bien documentée à laquelle j'emprunte les détails suivants :

« Un des principaux progrès réalisés dernièrement par K. MIKI-

(1) Peut-être serait-il aussi avantageux pour lui d'utiliser les Sourdons (*Cardium edulis*), dont les coquilles se prêtent bien après dessiccation à la fixation des jeunes Huîtres et qui peuvent s'enfiler en chapelet, comme on le fait dans certaines parties de la France.

(2) Lucien POHL, *Les progrès de la culture de la perle fine*. Mémoire présenté au VIII° Congrès des Pêches de Boulogne-sur-Mer. 1923.

moto dans la baie d'Ago réside, dit-il, dans le fait que les
femmes employées précédemment à toutes sortes de travaux ont
été en quelque sorte *spécialisées* dans la récolte du naissain. Ces
plongeuses s'occupaient autrefois des Huîtres perlières en général; maintenant, au contraire, leur travail (en dehors de la
demi-perle incomplète, qui n'a plus qu'une importance secondaire) consiste principalement dans la disposition, à une profondeur déterminée et à l'époque voulue, des collecteurs en bambou sur lesquels viennent s'attacher les naissains.

Figure 155. — Gokasho-Bay. Ateliers de culture de Mikimoto.

« Les jeunes Mollusques, et cela constitue une amélioration
encore plus importante, ne sont plus comme autrefois placés sur
des pierres au fond de la mer, et déplacés ensuite un à un, lors
d'un abaissement de température. K. Mikimoto utilise maintenant des cages spéciales d'un modèle ingénieux : les petites
Méléagrines, détachées des collecteurs, sont mises en grand nombre dans ces cages, où, après immersion, elles sont mieux à l'abri
des nombreux ennemis qui seraient tentés d'en faire leur pâture :
au bout d'un mois, elles ont suffisamment grandi pour être trop
à l'étroit dans leur première cage, et on les place alors en moins
grand nombre dans une seconde cage, dont les ouvertures un peu
plus larges permettent une meilleure circulation de l'eau de mer.

Cette opération doit être renouvelée de temps en temps par des spécialistes, avec des cages de plus en plus nombreuses et contenant un nombre toujours décroissant de Méléagrines, jusqu'à ce que les Mollusques ainsi soignés possèdent une coquille bien résistante et aient atteint l'âge d'environ trois ans (fig. 153).

GREFFAGE DES SUJETS. — Jusqu'ici ces diverses opérations rentraient dans la catégorie des opérations d'élevage : avec la greffe nous arrivons aux opérations de culture proprement dites.

Il faut indiquer tout d'abord, avec autant de précision qu'il est possible, en quoi consiste le greffage de la Méléagrine.

Lyster JAMESON (1), dans un travail publié en anglais, a fourni le premier des renseignements détaillés à ce sujet.

« Depuis longtemps, dit-il, M. MIKIMOTO faisait des expériences en vue de la production des perles complètes sans attaches avec la coquille, par une modification des procédés employés jusque-là. Il obtint un premier résultat heureux dans les environs de 1912, et je fis cette année même une communication à ce sujet à l'association britannique. D'après les informations que m'avait fournies M. IKEDA, un des conseillers de M. MIKIMOTO, dans une lettre du 30 mai 1914, le premier échantillon notable de perle ronde cultivée avait été obtenu dans l'automne de 1913.

« La méthode à l'aide de laquelle M. MIKIMOTO produit des perles a été brevetée par lui au JAPON et dans d'autres pays. Son procédé comprend une manipulation délicate et minutieuse qui ne paraît pouvoir être entreprise que par des travailleurs choisis et entraînés. »

Voici ce procédé :

« La coquille est enlevée tout entière sur une Huître perlière de manière à mettre à nu le manteau. Dans cette Huître sacrifiée, on place un petit noyau de nacre, de manière à le mettre en contact avec la face externe de l'épithélium palléal. Cet épithélium, *qui est composé d'une simple couche de cellules épidermiques, est disséqué et enlevé de l'Huître.* Il va devenir l'enveloppe du noyau. L'on s'en sert pour entourer le noyau, qui se trouve ainsi dans un petit sac épithélial dont on ligature l'ouverture.

« Ce petit sac, qui contient, maintenant, un noyau est transplanté dans une Huître perlière et introduit dans ses tissus sous-

(1) Lyster JAMESON, *The Japanese artificially induced pearl* (Nature, illustrated journal of science, mai 1921).

épidermiques. La ligature du sac est enlevée et la blessure cicatrisée par des réactifs appropriés.

« L'Huître perlière, garnie de son petit sac à noyau, est prête à retourner à la mer pour le nombre d'années nécessaires à la formation des couches assez nombreuses, autour du petit noyau, pour constituer une perle notable. »

Telle est, dans ses grandes lignes, la méthode que nous expose Lyster JAMESON et qui a conduit les Japonais au succès. Il s'agit, par conséquent, d'une greffe véritable, d'une transplantation de tissus d'un animal dans un autre.

Quoique le procédé nous étonne au premier abord, sa réussite n'a rien d'extraordinaire ; je doute, cependant, qu'il soit, en réalité, aussi compliqué que l'indique Lyster JAMESON et que le sac perlier transplanté soit constitué uniquement par la couche d'épithélium palléal ; le manteau forme une lame si mince et si transparente que je ne serais pas étonné que, pour éviter une dissection qui me paraît bien difficile, les opérateurs ne se contentent d'utiliser un lambeau du manteau complet comprenant, à l'intérieur du sac, l'épithélium palléal sécréteur de nacre et, à l'extérieur, l'épithélium cilié. Les cellules ciliées de ce dernier doivent se dissocier rapidement dans le nouveau milieu.

« La difficulté, dit MASTERS (1), consiste en ce que, pour couper le lambeau d'épithélium, il faut éviter d'utiliser des instruments d'acier ou d'autre métal sous peine de tuer les tissus ; et il est cependant essentiel de prélever ce fragment bien vivant si l'on veut obtenir un sac perlier capable de former une perle.

« MIKIMOTO est le seul qui a résolu cette difficulté en trouvant les instruments appropriés. »

Représentons-nous, autour de chaque longue table de travail, une dizaine d'habiles praticiens japonais très entraînés à cette besogne délicate. Ils ont devant eux les Huîtres perlières dont les valves sont maintenues entr'ouvertes par un coin de bois dur, disposées dans un panier à mailles larges où ils peuvent puiser à volonté.

Ils tiennent en main les instruments appropriés (probablement formés par des éclats de bambous finement aiguisés et des tranchants formés par des éclats de nacre).

Il faut d'abord fabriquer le sac perlier, c'est-à-dire découper

____

(1) David MASTERS, *loc. cit.*, *The truth about culture Pearls*.

sur une Méléagrine préalablement ouverte le fragment de manteau dans lequel on met le petit noyau aseptisé de nacre qui sert à maintenir la forme sphérique.

Le sac une fois prêt, il faut l'insérer dans une autre Méléagrine.

L'artiste, car on peut donner ce nom à ce travailleur d'élite, s'empare d'une des Huîtres préparées dans le panier et, par l'intervalle des valves aussi écartées que possible, il pratique une incision au niveau du gros muscle adducteur. Dans cette incision, il transporte le sac perlier et l'enfonce dans les tissus.

L'opération est terminée, il n'y a plus qu'à enlever le coin de bois et à rapporter la Méléagrine opérée dans son élément naturel.

Cette opération, si simple à décrire, est en réalité une opération chirurgicale très difficile à réussir, car les tissus du manteau sont extrêmement fragiles. Il ne s'agit pas seulement de fabriquer le sac perlier sans détériorer les cellules et de prendre toutes les précautions d'asepsie qu'exige la réussite de l'opération; il faut encore

Figure 156. — CAGE CONTENANT LES HUÎTRES APRÈS LA REMONTÉE.
(Cliché communiqué par M. IKEDA.)

NOTA. — Cette cage a été retirée de l'eau au bout de quatre mois. Le rond blanc représente le numérotage de la cage.

le mettre en place sans le crever. Je ne suis pas étonné de l'affirmation de MASTERS lorsqu'il prétend qu'un praticien exercé arrive à peine, dans sa journée, à opérer une cinquantaine de sujets.

Chaque opération exige, théoriquement, deux Méléagrines, l'une pour fournir l'épithélium du sac, l'autre pour servir de porte-greffe; dans la pratique, celle qui fournit l'épithélium peut donner environ quatre lambeaux utilisables, sans qu'il semble possible de dépasser ce nombre, qui doit déjà être difficile à atteindre.

« Des progrès, dit Lucien POHL (1), ont été réalisés au JAPON

(1) Lucien POHL. *loc. cit.*, p. 5.

dans la façon d'exécuter la greffe ; mais ils résultent surtout d'une habitude de plus en plus grande de la part des opérateurs : ces derniers gagnent quotidiennement en habileté, et le pourcentage d'insuccès, quelque grand qu'il soit, a cependant été notablement réduit.' Le choix du sac perlier a surtout une grande importance, et il semble que les experts des pêcheries japonaises aient sensiblement amélioré leur connaissance de l'épithélium

Figure 157. — Gokasho-Bay. Ateliers pour la fabrication des cages en fil de fer.

des Mollusques pour découper le lambeau dont les cellules sécréteront une aussi jolie perle que possible. »

Cages pour la conservation des Méléagrines opérées. — Le principe des cages, où l'on dispose les opérées en nombre convenable, est, en somme, le même que celui des *ambulances*, ces grandes cages grillagées où l'on enferme (et surtout où l'on enfermait avant la guerre) à Arcachon, les très jeunes Huîtres comestibles après l'opération du détrocage. La très grande originalité de la méthode de Mikimoto *réside dans l'emploi de ces cages qu'il a su adapter à une fonction toute différente de celle qui lui est réservée dans l'ostréiculture ordinaire.*

« Ces cages, dit M. Pohl, qui en donne la description suivante, sont formées de sept compartiments, qui peuvent eux-mêmes contenir entre quinze et vingt Méléagrines suivant la dimension des Mollusques, c'est-à-dire que chacune peut renfermer environ 105 à 140 Huîtres perlières (fig. 156).

« Ces cages sont en fer, que l'on enduit de coaltar ; celui-ci doit être renouvelé deux fois par an, car les Algues qui s'y attachent finiraient par former une masse trop compacte, de véritables parois qui empêcheraient l'eau de mer de pénétrer et de sortir facilement. Il suffit de gratter le coaltar pour enlever ces Algues et pour être de nouveau en présence d'une cage nette et propre, dont le métal devra être, à chaque reprise, enduit de la même matière avant le retour à la mer.

« Ce type de cage très intéressant a été créé par MIKIMOTO en vue de l'immersion des Méléagrines pendant la durée approximative de sept années ; cette longue période est celle que l'on attribue, en moyenne, à la formation des perles fines accidentelles, et elle a été en conséquence adoptée par le producteur pour le séjour dans la mer et pour le travail de sécrétion des Huîtres perlières. La méthode des cages remplace actuellement d'une façon complète, dans la baie de Gokasho, la vieille méthode hasardeuse qui consistait à laisser les Mollusques disséminés sur les fonds. »

Figure 158. — M. T. KATO, AUPRÈS D'UNE CAGE POUR LA CONSERVATION DES HUÎTRES OPÉRÉES.

(*Cliché communiqué par* M. IKEDA.)

La dimension de ces cages (environ 75 centimètres de hauteur) les rend faciles à manier, malgré leurs formes rectangulaires. Elle est bien indiquée dans la figure 158, par le voisinage de M. T. KATO, le directeur des Services techniques de Gokasho, qui permet de se rendre compte de l'échelle de grandeur.

Chacune d'elles est soigneusement identifiée par un numéro que l'on aperçoit sur le rayon supérieur, où il se détache en blanc, au milieu des Méléagrines placées sur ce casier (fig. 156 et 158).

Utilisation des cages. — Ces cages sont utilisées pour faire vivre les Huîtres perlières opérées, en haute mer, en pleine eau, non pas sur le fond, mais à la meilleure hauteur indiquée par l'expérience, et c'est surtout en cela que l'élevage de Mikimoto diffère complètement des autres élevages ostréicoles.

Tandis que les ostréiculteurs français rapprochent leurs Huîtres autant que possible du rivage et les parquent pour les préserver de leurs ennemis, Mikimoto les transporte en pleine mer, au milieu

Figure 159. — Gokasho-Bay. Transport des cages qui vont être attachées sur les radeaux et placées en mer.
(*Photographie communiquée par M. Ikeda.*)

de la belle eau nourricière chargée de plancton ; mais il leur donne *de petits châteaux fortifiés où ils peuvent narguer les gros Poissons si voraces.* Comme il place le château fortifié loin du fond, *il se débarrasse du même coup des Mollusques perceurs de coquilles, des Astéries et des Poulpes, qui déciment les Méléagrines sur les bancs naturels.*

Il leur assure ainsi tous les avantages de la vie du large et en supprime les inconvénients.

Il y a 10 000 cages fabriquées (fig. 157) tous les ans pour 1 500 000 Huîtres. En sept ans, cela fait un total de 70 000 cages dans la mer, qui représentent, à 10 yen par cage, 6 millions de francs environ.

Les radeaux porteurs de cages. — La réalisation des idées

de Mɪᴋɪᴍᴏᴛᴏ relativement à la conservation des Méléagrines dans

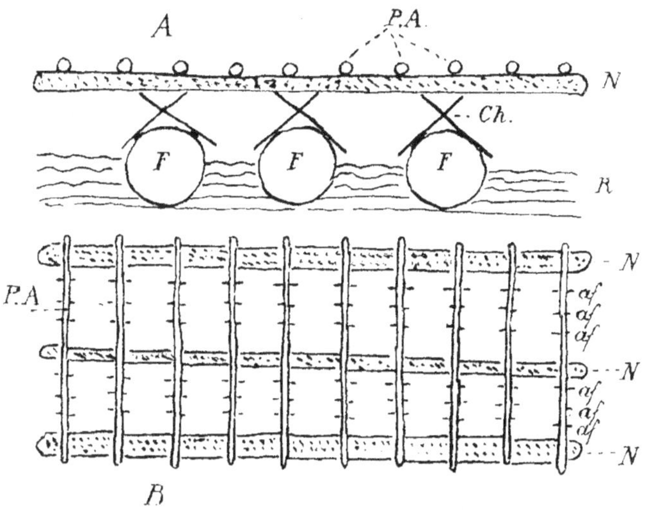

Figure 160. — Coupe et plan du nouveau radeau adopté a Gokasho-Bay.
A. Coupe : P.A, pièces de bois supportant les cages. — Ch, chevalets. — F, flotteurs. — N, radeau. — R, niveau de la mer.
B. Vue en plan : af, points d'attache des fils de fer supportant les cages.

Figure 161. — Gokasho-Bay. Nouveau support des cages.
Nota. — Au fond, échafaudage portant un signal lumineux pour la nuit.

l'eau du large nécessite non seulement la mise en œuvre de très nombreuses cages (fig. 159), puisqu'il faut avoir suffisamment de logement pour abriter les générations opérées pendant une durée de sept ans (temps du séjour dans l'eau de la Méléagrine opérée). mais aussi l'appareillage nécessaire pour faire vivre les Méléagrines dans les conditions voulues.

Mikimoto a d'abord utilisé un large bateau supportant des pièces de bois, puis il est arrivé à simplifier le système et à le

Figure 162. — Gokasho-Bay. Vue générale des supports des cages.
(*Photogra hie communiquée par* M. Ikeda.)

rendre plus pratique par la création de radeaux spéciaux (fig. 160 et suivantes), que L. Pohl décrit en ces termes :

« Le radeau est lui-même placé sur des barils flotteurs dont il est séparé par des sortes de chevalets (fig. 161).

« Il y a 20 pièces de bois par radeau, et chaque pièce supporte 3 cages, de sorte qu'il y a 60 cages par section de radeau. Comme on place en moyenne un miminum de 110 Méléagrines dans chaque cage, une section supporte donc environ 6 600 Huîtres perlières.

« Les radeaux sont attachés entre eux et forment un groupe ndépendant, que l'on peut déplacer suivant les besoins. Chaque groupe étant formé de 12 sections supporte en conséquence 720 cages ou à peu près 80 000 Méléagrines (fig. 162 et 163). »

Lorsque les Huîtres sont enfermées dans les cages, les plongeuses ne sont plus employées à leur surveillance. Ce sont des hommes spéciaux qui revêtent le scaphandre et qui étudient les conditions dans lesquelles sont placées les Méléagrines (fig. 164).

Leur rôle est assez délicat puisqu'ils ont à étudier :

1º Le grossissement des Huîtres et de leurs perles ;

2º L'influence de la composition du fond (sable, boue, pierres) sur la coloration de la nacre et des perles ;

3º Le pourcentage du plancton, qui se fait à l'aide de prélèvements fréquents.

AVANTAGES PRÉSENTÉS PAR L'EMPLOI DES CAGES ET DES

Figure 163. — GOKASHO-BAY. TRAINS DE RADEAUX DU NOUVEAU SYSTÈME POUR SERVIR DE SUPPORT AUX CAGES.
(*Photographie communiquée par* M. IKEDA.)

RADEAUX. — « Les avantages, dit Lucien POHL, présentés par l'emploi de ces cages et de ces groupes de radeaux sont évidents, et les principaux d'entre eux peuvent être résumés ainsi :

« 1º Les Huîtres perlières ont, comme chacun sait, de nombreux ennemis ; au JAPON, ce sont surtout de grosses Raies et des Pieuvres; dans d'autres eaux, ce seront des Crabes, des Astéries, etc. Les cages décrites ci-dessus semblent présenter le maximum de protection contre les animaux nuisibles d'une certaine dimension. En revanche, elles n'offriraient aucune garantie contre l'intrusion des animaux *plus petits* que les ouvertures du grillage formant les cages, et qui ne sont pas localisés sur les fonds. Si les cages sont maintenues entre deux eaux, ce qui les garantit absolument contre toutes les formes de fond, Mollusques et Crustacés, il est impossible d'éviter que, par suite de l'introduction accidentelle de parasites ou corpuscules divers, il ne se forme des perles fines spontanées à côté des perles fines de culture. Il arrive parfois qu'en ouvrant une Méléagrine au bout de sept ans on constate la présence de deux ou trois perles dans son manteau, quoique de l'opération de greffe ne puisse normalement résulter que la formation d'une seule perle fine ; dans ce cas, on peut dire que, si la greffe a été réussie, une perle doit être de culture et les autres des perles spontanées ; mais le producteur, étant pratiquement incapable de distinguer les unes des autres par aucun moyen certain, sera forcé de les mélanger et les classera toutes dans les mêmes lots. C'est ce qui a permis à M. le professeur BOUTAN d'écrire avec très juste raison (1) : Par le fait même que l'opération de culture porte sur les Méléagrines susceptibles de contenir des perles naturelles, M. MIKIMOTO lui-même ne pourra jamais affirmer avec une certitude *complète* que les perles récoltées sont des perles de culture.

« 2º Il existe au Japon et dans la baie d'Ago ce que les Japonais appellent le courant rouge, qui semble être un entassement de formes planktoniennes en décomposition et qui détruit les Méléagrines. Les Huîtres perlières peuvent être désormais protégées contre les courants nocifs, et il suffit, en général, de déplacer le groupe de radeaux menacé pour le transporter momentanément dans une partie de la baie où le courant dangereux a moins de chance de parvenir. De grands ravages parmi les Méléagrines étaient autrefois produits au Japon par ce néfaste « courant rouge » qui tuait infailliblement sur son passage toute la faune sous-marine et notamment toutes les Huîtres perlières, lesquelles ne pouvaient, comme la plupart des Poissons, s'enfuir devant le danger. Grâce à la nouvelle méthode, ces ravages ont été réduits à un pourcentage relativement faible (2).

« 3º Il en est de même des variations subites de la température,

(1) *Nouvelle étude sur les perles fines*, *loc. cit.* p. 84.
(2) Ce courant rouge, qui a été étudié par le Dr Arwood KOFOID, professeur à l'Université de Californie, semble contenir, en abondance, des formes pélagiques telles que *Gonioplax diegensis*. Le Dr NISHIKAWA, dans un travail qui date de 1901, attribue la coloration rouge à la surabondance momentanée d'un Péridinien, *Goniolax polyedra*.

Figure 164. — Gokasho-Bay.

Scaphandriers spécialisés pour surveiller le développement des Huîtres dans les cages, étudier le fond et faire des prélèvements de plancton.

Figure 165. — Gokasho-Bay.

Plongeuses quittant le réchauffoir et plongeant pour récolter les jeunes Huîtres et les placer à l'âge de trois ans dans les cages spéciales, après l'opération de greffage.

(Photographies communiquées par M. Ikeda.)

qui ont eu autrefois des effets désastreux sur les bancs d'Huîtres
perlières. En vérifiant aussi souvent que possible la température
de l'eau à plusieurs profondeurs et à divers endroits, le cultivateur
peut lever ou abaisser plus ou moins ses cages, ou déplacer un
groupe entier d'un point à un autre de la baie choisie pour la
culture.

« 4º La nouvelle méthode permet également de mieux nourrir
les Méléagrines. Des prélèvements de plancton par des spécia-

Figure 166. — STATIONS DE CULTURE D'AGO-BAY ET DE GOKASHO-BAY.
Exploitation du sous-produit représenté par la nacre.
Les coquilles entassées dans des magasins sont extraites pour la vente.

listes ont lieu régulièrement dans la baie de Gokasho, et on a ainsi
pu se rendre compte que les endroits les plus favorables au développement individuel des Huîtres perlières sont ceux qui ne sont
pas trop éloignés des villages et de l'embouchure des rivières et
que la profondeur à laquelle doivent être placées les cages est à
peu près de 3 à 4 mètres (fig. 164).

« 5º Enfin la surveillance des Méléagrines est considérablement
facilitée par cette méthode. Il ne faut pas oublier que, pour une
culture rationnelle, les Mollusques des différents âges doivent
être séparés les uns des autres, et on peut imaginer que cette
tâche était extrêmement difficile avant la création des nouvelles
cages. Il fallait autrefois repérer soigneusement les fonds sur

lesquels avaient été posées précédemment les Huîtres opérées en telle ou telle année ; des erreurs ou des déplacements pouvaient avoir des conséquences déplorables sur les prochaines récoltes, et aucune statistique de rendement ne pouvait être établie d'une façon consciencieuse. Actuellement, les cages portent des numéros de référence qui excluent autant que possible toute confusion. »

« Aussi longtemps que les Méléagrines sont sous l'eau, des équipes de femmes plongent de temps en temps autour des radeaux pour vérifier si tout est en bon ordre. Les cages étant d'ailleurs remontées à l'air deux fois par an pour la réfection décrite plus haut, il est aisé de se rendre compte, pendant ce travail, si les Mollusques sont en parfait état et, sinon, d'essayer d'y remédier. Quand les cages sont enfin remontées définitivement pour sortir les perles produites par les Méléagrines, les numéros de référence fournissent des indications précieuses, permettant de procéder aux statistiques indispensables à l'amélioration du rendement. »

Elles sont les conséquences des nouvelles méthodes établies par Mikimoto pour une *méléagriniculture* rationnelle. Les détails fournis par M. Pohl et les belles photographies aimablement communiquées par M. Ikeda renseignent suffisamment le lecteur, pour qu'il me paraisse superflu d'insister plus longtemps sur la culture de la Méléagrine, dont la nacre constitue un sous-produit intéressant, comme le montre la figure 166.

CHAPITRE XXXIII

LES TROIS MÉTHODES PRINCIPALES POUR OBTENIR UN PLUS GRAND NOMBRE DE PERLES FINES PAR L'INTERVENTION HUMAINE

Dans le chapitre précédent, nous avons étudié l'ostréiculture perlière au Japon. Il sera facile maintenant d'étudier le problème de la culture perlière à un point de vue plus général.

Il y a longtemps que les chercheurs entreprenants se sont proposés d'aider la nature à produire le précieux joyau.

Les moyens qu'ils ont préconisés peuvent se classer, cependant, selon trois méthodes principales :

1º Multiplier les Mollusques producteurs de perles en les élevant comme on élève les Huîtres comestibles, de manière à augmenter sinon le nombre des perles dans chaque Mollusque, du moins le nombre total des Huîtres perlières ;

2º Multiplier les causes d'infection parasitaire et essayer d'augmenter ainsi, indirectement, le nombre des perles se produisant naturellement dans les Mollusques ;

3º Provoquer directement chez les Mollusques producteurs de perles la formation de perles par une intervention directe de l'homme, remplaçant le parasite par un irritant de son choix.

Multiplication des Mollusques producteurs de perles par l'élevage. — Les tentatives pour multiplier les Huîtres perlières datent de loin, et Seurat (1) signale que, « dès 1803, Wright proposait de transporter des Huîtres perlières de Ceylan dans des endroits convenables où on les aurait pêchées lorsqu'elles auraient atteint l'état adulte ».

Il parle ensuite des observations de Kelaart, également faites dans les mers de Ceylan et de ses essais de méléagriniculture.

« Kelaart a établi, dit-il, des parcs de Méléagrines très pros-

(1) Seurat, *loc. cit*, p. 174.

pères près de FORT-FRÉDÉRICK (TRINCOMALEE), en pleine mer, à des profondeurs variées ; il a réussi à faire vivre ces Méléagrines pendant plusieurs mois dans des caisses en bois, des canots qu'il avait coulés au fond de la mer et des aquariums ; beaucoup d'entre elles avaient été récoltées dans le port de TRINCOMALEE et n'avaient été remises à la mer qu'après un séjour de deux ou trois jours à terre, dans des récipients : elles ont rejeté leur byssus, qui avait été sectionné, et se sont attachées l'une à l'autre ou à des fragments de rochers ou de coraux. Non seulement elles ont continué à vivre, mais encore elles ont prospéré et augmenté de taille. »

SEURAT raconte ensuite les essais de culture de l'Huître perlière à TUTICORIN.

« Le capitaine PHILIPPS, dit-il, inspecteur des pêcheries de TUTICORIN (côte orientale de l'INDE), a cherché à établir un système de culture de l'Huître perlière analogue à celui qui est employé en EUROPE pour l'Huître comestible ; en 1864-1865, il établit un parc artificiel à TUTICORIN dans les conditions suivantes :

« La baie de TUTICORIN est formée par la DEVIL'S POINT au sud et par un récif avec deux petites îles, nommées PUNNAUDDE-TEEVO et PAUNDIAN-TEEVO à l'est. Du côté de la mer, lors des fortes brises, le ressac vient se briser le long du récif par 4 mètres d'eau ; entre les îles et la terre ferme, il y a un bon abri ; entre PAUNDIAN-TEEVO et la côte, il existe un banc d'un à 2 mètres de profondeur, entièrement à l'abri du ressac, des courants et de l'afflux de l'eau froide : c'est cet endroit que le capitaine PHILIPPS a choisi pour y installer le parc d'Huîtres perlières. Une portion de ce banc, ayant la forme d'un parallélogramme de 150 mètres de longueur, a été entouré de murs composés de blocs de madrépores renforcés par des rangées de pieux. Au centre de la paroi orientale, on avait ménagé une ouverture de 3 mètres de largeur, fermée par des portes de bois. Le fond était garni de blocs de madrépores ou de fragments de roches formant un lit artificiel sur lequel on devait déposer les Huîtres perlières de deux ans. PHILIPPS proposait de recueillir le naissain et de le porter sur le fond artificiel, les Pintadines devant y être laissées jusqu'à ce qu'elles soient assez grandes pour être transportées en pleine mer.

« Les expériences d'ostréiculture perlière faites à TUTICORIN n'ont pas donné les résultats qu'on en attendait et ont été abandonnées dans la suite. Une des raisons qui ont fait échouer cet essai est la faible marée qui a lieu à TUTICORIN. »

Des tentatives très intéressantes ont été faites à plusieurs reprises à Tahiti, mais, comme le fait remarquer Seurat, qui a séjourné en mission dans ce pays, ces essais ont échoué faute d'avoir été conduits avec des données scientifiques rigoureuses et surtout, à mon avis, faute d'*esprit de suite*. Ils ont tous prouvé, cependant, que la culture de l'Huître perlière était possible dans ce pays particulièrement privilégié dès qu'on disposerait de capitaux importants et d'une organisation suffisante.

« Les premiers essais, dit Seurat, furent tentés, il y a une trentaine d'années, par le lieutenant de vaisseau Mariot, alors résident des îles Tuamotu ; les résultats furent publiés dans *le Messager* de Tahiti du 14 novembre 1873.

« Mariot installa (1) des parcs d'Huîtres perlières dans le lagon de l'île d'Arutua, dans un endroit où existait un courant, sans que celui-ci fût trop violent. Il remarqua que la nature du fond a une grande influence, les Pintadines ne pouvant vivre sur un fond de sable calcaire, ne se développant que très lentement sur un fond de pierres ou de gros gravier, tandis que leur croissance est la plus rapide sur les fonds de Madrépores branchus. Dans le cas où ce fond n'est pas réalisé, il faut le créer : pour cela, on enlève des séries de bouquets de madrépores disséminés çà et là et on les transporte, en ne les laissant pas hors de l'eau plus d'une heure ; on en pave le lieu que l'on a choisi, qui ne doit avoir à marée basse qu'un mètre de profondeur ; ces morceaux de Madrépores prennent sur le fond comme des boutures. L'emplacement choisi était entouré d'un mur en pierres sèches, restant constamment submergé, et des compartiments établis pour y ranger les coquilles par âge et faciliter leur visite, les murs des compartiments servant à circuler autour des fonds de Madrépores.

« Le fond étant préparé, Mariot choisissait des Méléagrines de la taille d'une pièce de 5 francs ou même plus petites, qui sont abondantes dans les endroits peu profonds ; il les enlevait en ayant soin de ne pas arracher leur byssus, en emportant de préférence le morceau de pierre sur lequel ces animaux étaient fixés, quand cela était possible, sinon en coupant le byssus avec un couteau ; il plaçait ces Méléagrines la charnière en bas, l'ouverture des

---

(1) Mariot, *la Reproduction des Huîtres perlières aux îles Tuamotu* Bull. Soc. d'Acclimatation (3), t. I, 1874, p. 341-342). — Delondre, *Nacroculture costréiculture perlière aux îles Pomotu* (Océanie) Bull. Soc. d'Acclimatation (3), t. III, 1876, p. 389-390.

valves dirigée vers le haut, le byssus du côté du courant, en les mettant côte à côte, sans les serrer.

« Ces Huîtres perlières examinées un an après étaient devenues grandes comme une assiette. MARIOT pensait que trois années d'élevage étaient suffisantes pour obtenir des coquilles de taille marchande : il ajoutait que la croissance variait du reste avec les îles, étant plus rapide dans les lagons qui ont une ou deux passes communiquant avec la mer que dans ceux qui sont fermés.

« Les murs en pierres sèches constituaient d'excellents collecteurs pour le naissain ; l'auteur proposait de prendre les jeunes nacres, que l'on voulait parquer, sur ces murs en pierres sèches, où elles s'étaient fixées. »

BOUCHON-BRANDELY (1), dont nous avons déjà parlé à propos de la pêche à TAHITI, a essayé, pendant la mission qui avait pour but précis d'empêcher le dépeuplement des lagons, d'utiliser des caisses d'élevage qui rappellent les ambulances de nos parcs d'ARCACHON.

Un certain nombre de ces caisses furent immergées dans la rade de PAPEETE et d'autres à l'île d'ARATIKA.

BOUCHON-BRANDELY constata la fixation des Méléagrines sur les parois en planches, et il assure qu'elles émirent du naissain en grande abondance, qu'on retrouvait fixé sur les Huîtres mères.

Les essais de BOUCHON-BRANDELY furent continués par S. GRAND, un ostréiculteur spécialement envoyé en OCÉANIE pour les poursuivre. Malheureusement, il fut constaté que les Méléagrines placées dans ces conditions ne s'accroissaient pas, tout en continuant à vivre ou à végéter.

D'après SEURAT, GRAND réussit mieux aux îles GAMBIER. « Il y séjourna près de deux ans, dit-il, du 14 janvier 1887 au 25 novembre 1888 ; il fit de nouveaux essais d'ostréiculture perlière, qui donnèrent des résultats plus positifs. Il remarqua que les naissains se fixaient en grand nombre sur les chaînes en fer retenant les tonneaux de balisage d'une passe d'un lagon et eut l'idée d'employer des fascines pour recueillir ces naissains. Ces fascines furent confectionnées avec des rameaux d'un arbrisseau connu sous le nom de *mikimiki*, qui pousse en abondance sur le rivage même du lagon ; le bois de cet arbrisseau est très dur, imputrescible, plus dense que l'eau : il coule à fond. L'appa-

_____

(1) BOUCHON-BRANDELY, *Rapport au ministre de la Marine, loc. cit.*

reil de Grand était formé de six fascines attachées à diverses hauteurs sur une corde en brou de coco : il était maintenu par un tonneau flotteur et portait à son extrémité inférieure une grosse pierre destinée à maintenir l'appareil en place.

« Vers la fin de décembre, les glandes sexuelles des Méléagrines des îles Gambier sont jaunes dans les unes, rouge-aurore dans les autres : Grand pense que c'est à ce moment qu'a lieu l'émission du frai, et il immerge dix-huit fascines sur le banc de Tearia, assez riche en Pintadines adultes. Trois mois plus tard, les fascines collectrices étaient garnies de naissains variant de 1 à 2 centimètres de diamètre. Grand les relève à ce moment, les transporte sur un fond propice et, après avoir sectionné les brindilles au moyen d'un sécateur, jette à la mer les parties sur lesquelles les naissains étaient adhérents, en les répartissant dans la proportion de 5 par mètre carré : le fond sur lequel les jeunes naissains furent ainsi semés avait 7 mètres de profondeur.

« Peu de temps après, il constata une pousse extensive des valves : les pousses se produisent à chaque phase lunaire, soit deux fois par mois, et chacune donne un accroissement en diamètre de 3 millimètres. On doit prendre le plus grand soin, pendant toutes ces opérations de relevage et d'étalage, d'éviter le décollement du byssus des jeunes Huîtres perlières fixées aux brindilles, condition indispensable à la réussite, puisque ces Mollusques ne peuvent vivre sans cet appendice.

« Grand pense qu'aux îles Tuamotu les Méléagrines sont en frai pendant toute l'année et qu'on peut immerger des fascines à n'importe quelle saison, avec la certitude de récolter du naissain.

« Ces expériences n'ont pas été continuées jusqu'au moment où les Méléagrines auraient atteint la taille marchande : il leur faudrait, d'après Grand, cinq années d'élevage pour atteindre ce résultat. »

Des tentatives d'ostréiculture perlière, faites dans des conditions semblables à celles que nous venons de rappeler, ont été exécutées par Wilmot, aux îles Tuamotu, à peu près à la même époque.

Wilmot a d'abord employé des fascines faites avec des côtes de feuilles de cocotier et des broussailles ou des rameaux de mikiniki ; il met, dans ces fascines, des pierres pour les faire couler, relie le tout avec du fil de fer et les immerge parmi les gisements

d'Huîtres perlières ; le naissain s'attache sur ces fascines, que l'on
relève et que l'on transporte sur le fond qui a été préparé.

Il imagina, ensuite, un appareil qui représentait une sorte de
bouchot flottant : il choisit un endroit où il y avait des nacres et
y fit flotter un espars de 8 mètres de longueur, portant attaché
à chaque extrémité un bout de corde qui supportait un filet à
larges mailles (ces mailles étant de 10 centimètres environ) mesurant 7 mètres de longueur sur 5 de hauteur, fait en fibres de coco
de 2 centimètres de diamètre. Les angles inférieurs du filet étaient
chargés de pierres pour tenir celui-ci tendu verticalement, perpendiculairement au fond, à environ 50 centimètres du gisement
d'Huîtres perlières.

Ce filet fut relevé huit mois après : chaque maille portait quatre
à cinq nacres de 3 à 5 centimètres de diamètre, et les intervalles
étaient remplis de naissains. Ces mêmes filets ou bouchots flottants furent visités à nouveau six mois plus tard, c'est-à-dire
quatorze mois après leur première immersion : les Méléagrines
avaient atteint 8 et 10 centimètres de diamètre ; les mailles du
filet étaient tellement chargées de petites nacres et de naissain
qu'elles s'étaient rompues en plusieurs endroits et que WILMOT
récolta les plus grandes pour ne pas compromettre le filet. Ce
travail de la pose et du relevage du filet fut fait sans plongeurs,
à l'aide d'une embarcation.

WILMOT n'a pas poussé plus loin ses expériences.

Saville KENT (1), sur les côtes d'Australie, a fait aussi des
tentatives de méléagriniculture, qu'il a détaillées dans plusieurs
mémoires qui ont eu du retentissement parmi les naturalistes.

SEURAT (2) en donne le résumé suivant :

« Les essais d'ostréiculture perlière, dit-il, tentés par Saville
KENT au QUEENSLAND et sur les côtes de l'AUSTRALIE occidentale
présentent un intérêt très grand pour nos colonies d'OCÉANIE, car
ils portent sur la grande Méléagrine et, en outre, ils ont été effectués dans des conditions de milieu ayant une grande analogie
avec celles que l'on rencontre sur les côtes occidentales de la
NOUVELLE-CALÉDONIE.

« Saville KENT a d'abord constaté que l'Huître perlière du détroit
de TORRÈS et de l'AUSTRALIE OCCIDENTALE est de constitution
plus délicate que l'Huître ordinaire et ne peut être laissée que peu

____

(1) Saville KENT, *The great barrier reef*, 1891, London.
(2) SEURAT, *loc. cit*, p. 178.

de temps hors de l'eau ; malgré cela, il est possible, en prenant certaines précautions, de l'enlever des fonds où on la pêche habituellement, situés par sept ou huit brasses de profondeur, et de la faire vivre dans d'excellentes conditions dans des baies abritées, à eaux peu profondes.

« Ces premières expériences ont été faites dans des mares situées dans le récif corallien frangeant au large de VIVIEN-POINT, près de la résidence du Gouvernement à THURSDAY-ISLAND ; ces mares sont exposées seulement à l'air pendant quelques heures au moment de la marée la plus basse; en tout autre temps, un fort courant y existe, ce qui est une des conditions nécessaires à la bonne croissance des Huîtres perlières : les Madrépores du genre *Madrepora*, qui ne se développent que dans les eaux limpides et à courant rapide, se développaient abondamment dans ces endroits.

« Une quarantaine d'Huîtres perlières adultes et un nombre à peu près égal de jeunes individus furent placés dans des caisses en bois fermées à leur partie supérieure par un châssis en fil de fer. Les coquilles placées dans ces caisses étaient situées à une petite distance au-dessus du fond, et en même temps elles étaient toujours couvertes par l'eau, même au moment de la plus basse marée. Les Méléagrines placées dans ces conditions non seulement se sont maintenues en bon état, mais encore elles ont augmenté très rapidement de taille.

« Les mêmes essais furent tentés sur la côte de l'AUSTRALIE OCCIDENTALE, dans un marais de palétuviers situé près de BROOME, dans la baie de RŒBUCK, ce marais ayant un fond ferme de gravier et de coquilles, la profondeur d'eau au moment de la marée la plus basse étant d'un à deux pieds. Les mêmes caisses que celles utilisées à THURSDAY-ISLAND furent employées, et on y plaça un certain nombre d'Huîtres perlières bien vivantes, préalablement choisies ; au cours d'un an de séjour dans ces mares, les Méléagrines avaient non seulement augmenté de taille, mais encore elles avaient émis du naissain, plusieurs jeunes Huîtres de petite taille étant attachées aux coquilles des individus qui leur avaient donné naissance et à la surface du bois et sur les mailles du châssis de fil de fer formant les parois de la caisse.

« Saville KENT a enfin tenté des essais de culture de la *Meleagrina margaritifera* dans la baie des REQUINS (SHARK'S BAY) située sur la côte de l'AUSTRALIE OCCIDENTALE, entre le 25° et le 26°,5 de latitude sud : c'est dans cette baie que l'on pêche la *Meleagrina imbricata*, espèce de plus petite taille et d'une valeur beaucoup plus faible. Vers l'extrémité méridionale, dans le voisinage de l'île de DIRG-HARTOG, il existe des récifs coralliens en eaux peu profondes, composés, presque exclusivement, par les expansions et les frondaisons de Madrépores appartenant au genre *Turbinaria*. Les Huîtres perlières mises en expériences furent recueillies sur les fonds où on les pêche, situés beaucoup plus au nord sur la côte de l'AUSTRALIE OCCIDENTALE, et transportées jusqu'à la baie des REQUINS, dans les vases remplis d'eau de mer constamment renouvelée ; elles furent placées ensuite dans des caisses et immergées dans les eaux peu profondes au voisinage des récifs de DIRG-HARTOG-ISLAND. Les caisses contenant les Huîtres furent relevées et ouvertes un an après : la taille des Méléagrines avait augmenté et, en outre, elles avaient donné du naissain, celui-ci s'étant fixé sur les coquilles des adultes. »

DIGUET, dans un article sur son voyage en CALIFORNIE, a décrit les tentatives d'élevage faites dans une lagune de l'île de SAN-JOSÉ, par G. VIVES, au nord de la baie de PAZ.

Cette grande lagune forme un vaste lac d'un mètre environ de profondeur, entouré de palétuviers, où l'eau se renouvelle à toutes les marées.

G. VIVES a fait garnir le fond de coquilles mortes et y a parqué des Huîtres perlières d'assez petite taille. Chose remarquable étant donné le peu de profondeur de l'eau, les Huîtres perlières ont donné du naissain, et de jeunes Méléagrines se sont fixées en abondance sur les racines des Palétuviers et sur les coquilles du fond. DIGUET a rapporté pour les collections du Muséum de PARIS une grande coquille de *Chama* sur laquelle sont fixées une dizaine de jeunes Méléagrines.

Dans la MÉDITERRANÉE. Raphaël DUBOIS (1), bien au courant des premières tentatives japonaises qu'il décrit dans son ouvrage, a fait des essais sur l'acclimatation des Méléagrines du golfe de GABÈS, dans son laboratoire de TAMARIS, sur les côtes de PROVENCE.

Il donne sur leur transport des renseignements très intéressants :

« Il convient de couper le byssus pour détacher les Huîtres fixées aux rochers et de n'exercer aucune traction sur l'animal lui-même. On doit éviter aussi de briser les bords de la coquille

____

(1) Raphaël DUBOIS, *loc. cit.*, p. 99 et 109.

afin de ne pas mettre l'animal directement en contact avec l'air extérieur. Dans ce but. on doit aussi chercher à maintenir les valves fermées pour éviter le desséchement. On y parvient facilement en disposant les Pintadines à plat. par couches successives séparées par des couches de végétaux marins. algues et posidonies ou zoostères dans un panier d'osier (les paniers à vin de Champagne sont très convenables pour cet usage). Ces paniers sont placés à l'ombre en plein air et arrosés avec de l'eau de mer trois ou quatre fois par jour. suivant la température de l'air extérieur. J'ai pu ainsi recevoir de Sfax, dit-il. de nombreux envois, même en été. L'un d'eux resté huit jours en route renfermait encore des Pintadines vivantes en assez grand nombre.

« J'ai amené ces Pintadines de Marseille à Tamaris, où je les ai conservées très facilement. Elles peuvent vivre longtemps dans des paniers viviers, ou sur les claies à huîtres, dont on se sert dans les parcs d'ostréiculture. Ce sont de grands cadres en bois avec au fond un grillage métallique, et le tout a reçu une couche de coaltar. Il est bon de mettre sur les claies des pierres auxquelles peuvent se fixer les Pintadines ; dans les paniers, leur byssus s'attache facilement à l'osier.

« Mais on peut aussi en former des bouchots. comme on fait ici pour les Moules, en les appliquant avec un filet autour d'un morceau de câble de fil de coco ; lorsqu'elles sont fixées. on enlève le filet et elles restent suspendues.

« Dans 3 ou 4 mètres de profondeur, j'en ai pu en conserver dans le parc de M. de Jouette, à Balaguet. dans la rade de Toulon, pendant deux années consécutives malgré deux hivers froids, dont un particulièrement rigoureux. Des jeunes y ont certainement pris naissance. car nous en avons conservé des exemplaires sur lesquels se sont collées. quand elles étaient toutes petites, et cela longtemps après leur arrivée. des Huîtres adultes comestibles de Toulon et des Moules qui ne se rencontrent pas dans le golfe de Gabès. Ces Huîtres se sont complètement moulées sur les Pintadines, et il n'est pas douteux que les deux Mollusques se soient développés parallèlement.

« Enfin, nous avons montré à divers savants. particulièrement à M. le professeur Darboux (de Marseille). à MM. Stephan et à diverses autres personnes. de toutes petites Pintadines vivantes dans des cadres qui avaient reçu des adultes seulement plusieurs mois auparavant.

« Ces Pintadines vivent très bien dans le parc clos situé en face

du laboratoire de TAMARIS. J'en ai montré des exemplaires vivant
là depuis plusieurs mois, attachés aux pierres par leur byssus, à
M. JOUBIN, recteur de l'Université de LYON ; à M. DEPERET, doyen
de la Faculté des sciences de LYON, et à divers autres savants.
Mais, dans ce parc, la profondeur n'est pas assez considérable pour
permettre aux Pintadines de résister aux grands froids ou à la
très grande chaleur. Il faudrait adopter des dispositions spéciales
pour les y faire reproduire. Les Pintadines vivent très difficilement
dans les bacs de l'aquarium et même dans des récipients en marbre
où l'on fait circuler un courant d'eau de mer. Elles se comportent
mieux dans les grands bassins de ciment, où l'eau est agitée par
des ailettes mues par un petit moteur à air chaud.

« Les Pintadines aiment l'eau souvent renouvelée, les courants
naturels particulièrement.

« J'ai remarqué, sur les Pintadines installées dans le parc de
BALAGUET, qu'en été la croissance de la coquille se fait rapidement,
plus rapidement peut-être que dans le golfe de GABÈS. Au début,
cela m'avait fait espérer que l'on pourrait retirer quelques bénéfices de l'acclimatation des Pintadines sur nos côtes; malheureusement l'accroissement en diamètre ne correpond pas à une augmentation de l'épaisseur de la coquille : celle-ci devient encore
plus mince que sur les côtes de la Tunisie. De plus, quelques
exemplaires, des jeunes, avaient pris un galbe d'*Avicula hirundo*
qui n'est jamais aussi marqué sur les spécimens recueillis dans le
golfe de GABÈS. La couche de nacre diminue aussi d'épaisseur, de
sorte que les coquilles élevées dans la rade de Toulon n'avaient
aucune valeur commerciale. Celles du golfe de GABÈS n'en ont
guère plus, d'ailleurs. M. OCHSE, de Paris, n'a trouvé sur les échantillons que je lui avais envoyés que deux coquilles pouvant
être travaillées.

« Nous croyons que l'on pourrait arriver avec des précautions
particulières à faire vivre en liberté *Margaritifera vulgaris* et à
l'acclimater définitivement sur la CÔTE D'AZUR et surtout sur
celle de la CORSE; elle vit bien déjà à MALTE. Dans la rade du
LAZARET, en face de notre laboratoire, on trouve la même faune
et la même flore, à peu près, que dans le golfe de GABÈS ; il y a
aussi les mêmes fonds, mais les eaux y sont moins chaudes et
moins salées. Ce sont les sujets amenés en été qui s'adaptent le
mieux au nouveau milieu. La plus grande difficulté consisterait
peut-être à les défendre des pêcheurs de *frutti di mare*, qui ne
sont soumis à aucune réglementation sérieuse. Mais nous ne voyons

pas quel intérêt il y aurait à acclimater sur nos côtes une espèce qui ne peut fournir des coquilles à nacre ayant une valeur commerciale. Il faudrait au moins que ces Pintadines puissent fournir des perles *marchandes*, c'est-à-dire susceptibles d'atteindre une certaine taille. Or, *ce n'est pas le cas, même dans le golfe de* GABÈS, *où le plus bel échantillon que nous ayons pu nous procurer ne présentait pas un diamètre dépassant 2 millimètres.*

« En somme, sur notre littoral, comme dans le golfe de GABÈS, la perle et la nacre subissent le même sort chez *Margaritifera vulgaris* : les perles ont un très bel orient, mais elles restent petites : la nacre a un bel éclat, mais elle est très mince. »

J'ai cité longuement les essais d'élevage de Méléagrines pour montrer que cette méthode avait eu de nombreux partisans. Toutes les tentatives que je viens d'indiquer, et il est probable que j'en ai oublié un grand nombre peu ou pas suffisamment connues, fournissent d'utiles renseignements sur la possibilité d'élever des Méléagrines un peu partout dans les mers chaudes. Elles sont intéressantes, mais elles n'offrent plus aujourd'hui qu'un intérêt historique, puisque MIKIMOTO a, comme nous l'avons vu dans le chapitre précédent, résolu le problème et réussi, pratiquement, à augmenter le nombre de ses Huîtres perlières.

S'il a réussi à multiplier les Méléagrines, en utilisant un banc naturel bien soigné et bien défendu contre les ennemis des Huîtres, il n'a considéré ce premier résultat que comme une partie seulement de l'œuvre à accomplir, qui devait être complétée à l'aide de la troisième méthode indiquée en tête de ce chapitre.

Dans son établissement méléagrinicole, l'augmentation des Huîtres sur les fonds n'a, maintenant, pour but que de créer un réservoir de naissain qui doit lui fournir les sujets destinés à *l'élevage* et à la *culture*.

Le succès de son entreprise peut faire prévoir que, dans l'avenir, les bancs naturels de Méléagrines joueront, de moins en moins, le rôle de pêcheries fructueuses et, de plus en plus, le rôle de réservoirs naturels du naissain. C'est d'ailleurs ce qui s'est produit en FRANCE pour l'exploitation de l'Huître comestible. Les bancs naturels gardent leur utilité. Ils doivent être défendus administrativement contre les pêches intensives pour continuer à fournir le naissain aux collecteurs : mais on ne peut compter sur eux pour la récolte des Huîtres que d'une façon secondaire et accessoire.

Cette première méthode de multiplication du nombre des animaux suffit à elle seule pour les Huîtres comestibles, puisque le but proposé est d'avoir un grand nombre de sujets à livrer à la consommation.

Le but de la méléagriniculture est tout autre, et l'on ne se propose pas seulement d'avoir des coquilles à vendre. Il ne suffit pas, en effet, de multiplier de nombreux et beaux élèves, il faut récolter beaucoup de perles. Cette première méthode, si elle est suffisante pour l'ostréiculture ordinaire, est donc, à elle seule, insuffisante pour assurer le résultat cherché en méléagriniculture.

MULTIPLICATION DES PERLES PAR LA MULTIPLICATION DES CAUSES D'INFECTION PARASITAIRE. — La *margaritarose artificielle.*

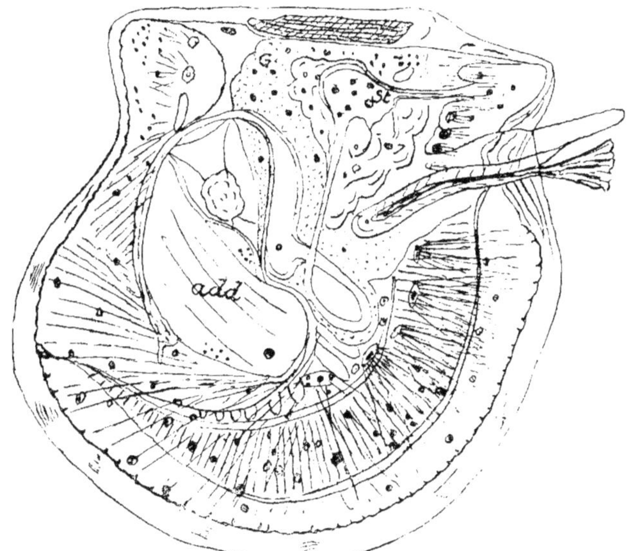

Figure 167. — DESSIN SCHÉMATIQUE D'UNE HUÎTRE PERLIÈRE OUVERTE ET COUCHÉE DANS SA VALVE GAUCHE. (*Imité d'*HORNELL.)

Les points noirs, disséminés un peu partout, indiquent la place où l'on a trouvé des parasites enfermés dans des kystes calcaires.

ainsi que l'a appelée Raphaël DUBOIS, c'est-à-dire l'infection provoquée, constitue la deuxième méthode qu'il est bon d'examiner. Cette séduisante méthode est plus facile à imaginer qu'à utiliser pratiquement, étant donnée l'évolution compliquée des Parasites (Voir chap. XXI) et le peu de données biologiques que l'on possède sur les parasites des Méléagrines.

HERDMAN (1) d'ailleurs ne la croit pas nécessaire, au moins dans les bancs d'Huîtres perlières de CEYLAN, et il lui paraît tout à fait inutile de prendre aucune mesure pour assurer artificiellement l'infection par les parasites appropriés. Quel que soit l'endroit où l'on récolte les Méléagrines, il a reconnu que toutes les Huîtres suffisamment âgées contiennent des perles ou des parasites en plus ou moins grande abondance. Il croit même que, si l'on constituait de nouveaux bancs en transportant sur des terrains inoccupés de jeunes Huîtres, l'opération pourrait se faire avec la certitude que les Huîtres de quatre ans contiendraient une proportion normale de perles. Les Parasites sont vraisemblablement si disséminés autour des côtes de CEYLAN que les Méléagrines ont partout grande chance d'être infestées.

Les Poissons, qui sont, selon toute probabilité, les hôtes des Parasites, arrivés à l'état adulte, abondent partout.

« C'est, d'après HERDMAN, les Mollusques et non les Parasites qui doivent être multipliés à CEYLAN. Si nous pouvions, dit-il, accroître le nombre des bancs et prévenir les catastrophes qui dévastent les peuplements de Méléagrines, de manière à ce que les plongeurs puissent chaque année en récolter, il n'y aurait pas lieu de se plaindre de la rareté des perles. »

Il ne faut pas oublier, d'ailleurs, que l'infection d'un animal par un parasite ne favorise pas précisément le développement normal du sujet infesté. Il ne semble donc pas qu'il y ait lieu d'augmenter au delà de toute limite l'infection artificielle, même si cela était en notre pouvoir. On pourrait arriver ainsi à des résultats néfastes et tuer la poule aux œufs d'or en essayant de lui en faire pondre un trop grand nombre.

Au point de vue scientifique, la margaritarose artificielle n'en gardait pas moins un grand intérêt. Raphaël DUBOIS (2) a fait quelques essais dans cette voie et a cru, un moment, avoir réussi.

« Il est certain, dit-il, qu'on peut augmenter beaucoup le nombre des perles et obtenir une véritable production forcée, comme je l'ai montré, par exemple, en plaçant les Pintadines dans des conditions où les Moules deviennent naturellement perlières. Ayant, comme on l'a vu précédemment, contribué pour une assez large part au développement de la théorie parasitaire de la margaritose, j'avais conçu l'espoir que je pourrais inoculer à *Margariti-*

(1) HERDMAN, *loc. cit.*, t. V, p. 29.
(2) Raphaël DUBOIS, *Sur l'acclimatation et la culture des Pintadines ou Huîtres perlières vraies sur les côtes de France et sur la production des perles fines* (C. R. Acad. Sc., 19 octobre 1903).

fera vulgaris le Distome parasite de *Mytilus gallo-provincialis*.

« Mes prévisions me paraissaient d'autant plus solides que M. COMBA, de TURIN, avait annoncé qu'il avait obtenu ce résultat avec des Pintadines apportées de la MER ROUGE et conservées dans des aquariums. Mon attente a été trompée, et je n'ai pas trouvé le moindre Distome dans les *Margaritifera vulgaris,* qui, placées dans les eaux où les Moules deviennent naturellement perlières, avaient cependant fourni une surproduction considérable de petites perles.

« On peut se demander si, dans le cas où nous avons obtenu une production forcée de perles de *Margaritana vulgaris* en les faisant vivre dans les milieux où les Moules deviennent naturellement perlières par infection du Distome, ce ne seraient pas les parasites Sporozoaires du Distome qui auraient joué le rôle d'agent provocateur de la margaritose. »

Cette seconde méthode que nous venons d'examiner n'a encore donné aucun résultat positif; malgré son intérêt scientifique réel, elle ne me paraît pas avoir d'intérêt pratique. C'est une forme de culture que j'appellerai *une culture à l'aveuglette*, puisque l'on ne peut régler ni le degré d'infection, ni la localisation de l'infection dans les parties les plus favorables de la Méléagrine pour la production de belles perles.

MULTIPLICATION DES PERLES EN PROVOQUANT LA FORMATION DES PERLES PAR UNE INTERVENTION DIRECTE DE L'HOMME. -- Ce problème, qui avait été travaillé depuis des temps très reculés (Voir chap. XXX), n'a commencé à obtenir une solution complète qu'après la découverte de MIKIMOTO.

Quand une grande découverte s'effectue et donne des résultats pratiques, il est bien rare qu'on ne trouve pas dans la bibliographie des recherches poursuivies par d'autres travailleurs qui ont exploré dans la même voie, à peu près en même temps, sans s'être le moins du monde donné le mot, mais qui n'ont obtenu que des résultats fragmentaires. La découverte était dans l'air et excitait la sagacité des chercheurs.

C'est ainsi que des essais pour obtenir des perles sphériques et libres par des procédés de culture avaient été poursuivis par le Dʳ HERRICK (1), de NEW-YORK, qui avait cru pouvoir annoncer qu'il avait réussi.

(1) HERRICKS, *Free Pearls of Forced Production* (Transactions of the America, New-York).

De même le Dr ALVERDES de Marburg (1) avait imaginé d'injecter dans l'intérieur du corps des Mollusques producteurs de perles des cellules du tissu épithélial de la surface externe du manteau.

Cette idée contenait, évidemment, en germe celle qui devait conduire MIKIMOTO au résultat. En effet, les cellules ainsi injectées pouvaient proliférer et former le point de départ d'un sac perlier, dans l'intérieur duquel la sécrétion de ces cellules pouvait produire des perles libres : mais il était impossible de prévoir quelle forme prendrait le sac perlier dans ces conditions, ou même, s'il se formerait un sac perlier, les cellules ainsi injectées pouvant proliférer en nappe et sécréter la matière perlière en surface plus ou moins plane dans l'intérieur des tissus.

Le résultat des expériences du Dr ALVERDES (2) fut tout à fait décourageant, et il ne put obtenir ainsi que des amas de matière perlière de forme baroque et sans aucune valeur marchande.

James HORNELL (3), dans un mémoire de 1916, intitulé : *Culture Pearls*, a signalé qu'il avait obtenu six perles libres parfaitement sphériques et à surface régulière ; mais *il n'indique pas d'une manière nette sa façon de procéder*; il dit simplement que ces perles sphériques ont été obtenues par une irritation spécifique produite à l'aide de sa méthode (?) dans la région du manteau de l'Huître perlière de l'INDE et de CEYLAN (*Margaritifera vulgaris*).

Cette affirmation d'HORNELL ne peut avoir qu'un intérêt bibliographique, étant donné que des résultats positifs ont été obtenus antérieurement par MIKIMOTO, ainsi que je l'ai indiqué dans le chapitre précédent, et ont été publiés par L. JAMESON, qui a exposé les détails relatifs au greffage des Méléagrines.

En réalité, MIKIMOTO a franchi le stade que les naturalistes n'avaient pas pu franchir jusqu'à présent. Il est arrivé, par greffage, à obtenir, sur ses sujets en culture, les perles complètes.

Ces dernières présentent les caractères des perles libres, et ces perles complètes de culture ne peuvent se distinguer, pratiquement au point de vue de leurs qualités de surface, des perles accidentelles ou naturelles, provenant de la même localité.

Ces perles complètes de culture, malgré leur noyau ordinairement plus volumineux que dans les perles accidentelles, sont, de

<hr>

(1) ALVERDES, *Fisheries Society*, 1912.
(2) ALVERDES, *Ueber Perlen und Perlbildung* (Zeit. für wissenschaftliche Zoologie, Bd. CV, Heft 4, Leipzig, 1913).
(3) HORNELL. *Culture Pearls*, Londres. 1916.

par leur origine dans un sac perlier clos, de *véritables perles fines*.

On doit donc reconnaître à MIKIMOTO le mérite d'avoir appliqué pratiquement la première méthode de multiplication des Méléagrines sur un banc naturel spécialement aménagé dans ce but et de l'avoir complétée par la troisième méthode en provoquant la formation, dans ses Méléagrines en élevage, de perles sécrétées par le mollusque à la suite d'une opération de greffe.

C'est cette troisième méthode qui me paraît constituer la solution du problème, car elle permet d'élever dans des conditions très favorables des Méléagrines, sur lesquelles la greffe fait se développer *à coup sûr*, si l'opération est réussie, des perles fines complètes placées dans les seules parties de l'animal favorables pour l'élaboration des plus durables et des plus belles perles.

CHAPITRE XXXIV

LES PROGRÈS DANS L'AVENIR
LES CONSÉQUENCES ÉCONOMIQUES
ET SOCIALES

Dans une lettre écrite, lors de son dernier passage à PARIS, K. IKEDA, gendre de MIKIMOTO, dit très justement :

« Vous n'ignorez pas que toutes les inventions, quelles qu'elles fussent, n'ont jamais été parfaites dès le début, et, d'autre part, que toutes les conquêtes du génie humain ont rencontré de l'opposition. Le premier avion n'a pu voler que sur quelques mètres ; qui oserait aujourd'hui nier la valeur de cette invention dont l'avenir était mis en doute au début par tant de gens ? Je n'établis cette comparaison que pour montrer le danger d'une opinion hâtive et mal raisonnée, car la découverte de M. MIKIMOTO est d'un ordre complètement différent : il ne s'agit pas d'une invention mécanique, ni d'une fabrication d'un nouveau produit, il s'agit d'une *culture* d'un produit précieux, qui existe accidentellement. La comparaison avec l'amélioration d'une race de chevaux ou avec l'acclimatation de certaines plantes serait plus juste, car, en fait, il s'agit d'améliorer la production des perles fines.

« La culture des perles incomplètes date au Japon déjà d'il y a environ trente-cinq ans, mais celle des perles complètes date à peine d'environ quinze ans, et ce n'est guère que depuis à peu près trois ans que ces dernières sont venues sur le marché. Encore les premières perles complètes, qui ont fait l'objet de tant de controverses il y a deux ans, avaient-elles été produites avant la guerre et étaient imparfaites.

« M. ROSENTHAL prétend, dans son livre, qu'on ne peut produire de perles de culture plus grosses que six grains et qu'elles ont une couleur verdâtre ; mais il omet de mentionner que les échantillons qu'il a vus datent de la période expérimentale d'avant-guerre.

« Nous avons, depuis, produit des perles sensiblement plus grosses, et la pêche de cette année comprend un grand nombre de spécimens de très jolie couleur non verdâtre. Nous améliorons nos perles chaque année en perfectionnant nos procédés de culture. »

C'est dans cette possibilité de perfectionnement que me paraît résider le grand intérêt de la culture de la perle fine.

« Les progrès réalisés par M. MIKIMOTO, dit L. POHL, dans la dimension des perles fines produites, sont de deux sortes :

« 1º Dans la baie de GOKASHO, où la culture a lieu avec la *Meleagrina Martensi*, l'Huître perlière a été mieux soignée et mieux nourrie par les procédés décrits plus haut ; elle a pu se fortifier; ses valves sont même devenues en moyenne un peu plus grandes, et le pourcentage de jolies perles dépassant 4 grains, tout en restant faible, est devenu plus important.

« 2º Deux nouvelles stations de culture ont été installées par le même cultivateur dans les îles RYU-KYU, entre le Japon et Formose, l'une à OSHIMA et l'autre à YAEYAMA. L'utilisation d'une assez forte *Meleagrina margaritifera* permet d'y cultiver des perles de 10 à 15 grains, et on y a même déjà obtenu des spécimens de plus de 20 grains. Cette culture n'en est qu'à ses débuts ; aussi la quantité produite est-elle encore faible et la qualité des perles laisse-t-elle à désirer. Comme il faut une assez grosse production pour qu'on puisse obtenir quelques jolies perles (la majorité étant baroques), et comme celle-ci est pratiquement difficile à réaliser, les spécimens de ces grosseurs, en belle qualité, resteront toujours rares. En outre, M. MIKIMOTO vient de commencer aux îles PALAU (Océanie) la culture perlière à l'aide d'une grande *Avicula* et espère obtenir dans quelques années, tout au moins en petit nombre, des perles fines encore plus grosses. »

Malgré les essais pratiqués pour varier la nature du noyau occupant le centre de la perle, les résultats restent peu importants.

« Dans le choix du noyau, dit M. POHL, il ne semble pas au contraire qu'un grand progrès ait été réalisé : on utilise en général au Japon une petite boule de nacre bien ronde, dont l'importance est proportionnée à la dimension et à la force de l'Huître, plus rarement une petite perle de semence, la forme de cette dernière étant presque toujours beaucoup moins favorable à l'élaboration d'une perle tout à fait sphérique. Est-il nécessaire de prouver encore une fois le peu d'importance de cette question du noyau, pourvu que le cultivateur laisse à l'Huître le temps de déposer un nombre de couches concentriques suffisant pour offrir toutes garanties ? M. le professeur Boutan (1), qui a examiné de nombreuses coupes de perles, a démontré que le volume du noyau représente en moyenne à peu près le quart du volume total de la perle de culture et est sensiblement de même importance que le noyau secondaire des perles accidentelles. Un ancien président de la Chambre syndicale des négociants en perles (2), que l'on ne saurait soupçonner de bienveillance à l'égard de la découverte japonaise, a même écrit récemment les lignes suivantes à propos du travail superficiel de la perle fine spontanée : « Il existe à Paris plusieurs lapidaires en perles. Ce sont de vrais artistes. Comme le sculpteur, avec leur grattoir, ils suppriment certains défauts, arrondissent les perles lorsque c'est possible en enlevant une ou deux peaux, la perle étant formée de couches concentriques. Mais il y a toujours un *très grand risque* à faire ce travail, car *on peut trouver sous la couche extérieure une couche défectueuse ou trop nacrée.* » La perle fine, comme l'a démontré M. le professeur Boutan, et comme le confirme un adversaire acharné des perles de culture, n'ayant de valeur que par ses qualités extérieures et superficielles, il peut paraître discutable d'affirmer que la production par culture des perles fines sans aucun noyau de nacre constitue réellement un progrès pratique. D'après M. Mikimoto, c'est exactement le contraire qu'il faudrait dire : l'opération de greffe, si elle est accompagnée de l'introduction d'une petite boule de nacre dont la forme est favorable à l'élaboration d'une meilleure perle, est un progrès par rapport au greffage du tissu épithélial pur et simple, qui donne, en moyenne, une perle moins bien formée.

« Cela ne signifie nullement que la production par culture des perles sans noyau de nacre n'offre aucun intérêt ; cela aide simplement à comprendre que cet intérêt est *purement scientifique* et *nullement pratique.*

« C'est la méthode de conservation en pleine eau du large des Méléagrines ayant subi l'opération de greffage qui constitue certainement le progrès le plus remarquable réalisé par M. Mikimoto. La baie de Gokasho, à proximité immédiate de la baie d'Ago, a été, à ce point de vue, très habilement aménagée et paraît pouvoir être considérée comme offrant la disposition modèle pour une culture de la perle fine sur des bases scientifiques et rationnelles. »

(1) *Étude sur les perles fines*, etc., *op. cit.*, p. 101-102.
(2) Hugues Citroen, *Paris, marché mondial des perles fines et des pierres précieuses* (Exportateur français, n° 355, 22 mai 1923, p. 554).

Les tâtonnements de mise au point pour rendre possible la méléagriniculture ne sont plus actuellement de saison. Les méthodes sont trouvées, elles ont déjà fait leurs preuves et tendent à se perfectionner de jour en jour.

Nous pouvons nous demander quelles en seront les conséquences dans l'avenir.

L. POHL a déjà étudié ce sujet avec une grande compétence, dans un mémoire présenté au VIIᵉ Congrès des pêches maritimes à Marseille. Je citerai plusieurs extraits de son travail.

« Une question de la plus haute importance, dit-il, se pose actuellement pour nos colonies : dans quelle mesure la production par culture des perles fines pourra-t-elle affecter l'avenir de notre domaine colonial ? Je me propose d'étudier succinctement les conséquences qui, selon mes prévisions, doivent découler de la magnifique découverte japonaise au point de vue du marché mondial des perles fines, et d'exposer diverses faces du problème de la culture perlière sur les côtes où l'on n'a pratiqué jusqu'à présent que la pêche des perles naturelles.

« Les conséquences économiques de l'arrivée sur le marché de ces nouvelles perles fines ont donné lieu à des opinions fort contradictoires. Les uns pensent que la perle fine est complètement condamnée ; d'autres, et parmi eux MM. les Prˢ BOUTAN, JOUBIN et LYSTER-JAMESON, estiment, comme l'écrit le premier d'entre eux, que « la difficulté de l'opération, le temps nécessaire pour que la perle en formation dans le corps du Mollusque prenne une valeur marchande, font que le prix des perles ne pourra fléchir que dans les faibles limites où fléchirait le prix de l'or ou du diamant si l'on découvrait de nouvelles mines » : d'autres enfin, et parmi eux la majorité des marchands de perles prétendent pouvoir distinguer à coup sûr les perles dues au hasard de celles dues à la culture, et essayent de faire croire que le marché des premières ne saurait être affecté par la concurrence, tandis que les secondes n'ont aucune chance d'être classées comme perles fines, et par conséquent d'être vendues à un prix susceptible d'en rémunérer la production.

« Mon avis personnel est que cette troisième opinion, qui constitue en quelque sorte un moyen terme entre les deux premières, doit être éliminée pour les raisons suivantes :

« L'impossibilité de distinguer les perles dues au hasard de celles dues à la culture, et même, dans la plupart des cas, de faire une discrimination certaine entre les perles des diverses provenances, permet de prédire avec une quasi-certitude que *les perles fines de bonne qualité et de belle apparence, par quelque procédé qu'elles aient été obtenues et quelle qu'en soit la provenance, seront à l'avenir ou complètement dépréciées ou au contraire aussi estimées qu'elles l'ont été jusqu'à présent à travers les âges.*

« Il reste donc à examiner si les prévisions des pessimistes ou celles des savants mentionnés ci-dessus ont plus de chance de se réaliser. Nous entrons ici dans le domaine des hypothèses. La découverte japonaise est encore trop récente pour qu'on soit en mesure de résoudre ce problème, et on ne peut que rassembler les divers renseignements et émettre les quelques considérations susceptibles d'en faciliter plus tard la solution.

« Une première considération importante me paraît être celle-ci : *il n'y a intérêt à tenter la culture de la perle fine que là où se trouvent des Mollusques produisant de jolies perles fines naturelles.* Augmenter par des procédés de culture le nombre des perles peu estimées des acheteurs serait une folie. A quoi cela servirait-il, par exemple, de produire plus de perles sur les côtes de France, alors que celles qu'on y trouve accidentellement n'ont aucune valeur dans le commerce par suite de l'insuffisance de leurs qualités extérieures ? Or les fonds à Mollusques bons nacriers et bons perliers n'existent pas dans le monde en quantité illimitée. Il faut que diverses conditions simultanées soient réunies pour que les perles produites soient suffisamment belles pour en rémunérer la pêche ou la production par culture. Si nous laissons de côté les perles d'eau douce (Mississipi, Écosse, Vologne, etc.), en général assez peu prisées, nous trouvons que ces conditions doivent être réunies à un degré de quasi-perfection dans une certaine partie du golfe Persique, d'où nous viennent en grande partie les perles dites « des Indes » ou « d'Orient ». On trouve également de jolies perles près de Ceylan, dans certaines baies du Japon, sur la côte du Venezuela (île Margarita), dans le golfe du Mexique, dans celui de Californie et dans certaines îles de l'Océanie (principalement Thursday-Island et les îles Palau). Parmi les colonies françaises il faut surtout citer la côte nord-ouest de Madagascar, les îles Toua-motou, Tahiti, les Nouvelles-Hébrides, la Nouvelle-Calédonie, et sans doute d'autres îles d'Océanie. Une production illimitée ne semble donc pas à craindre, puisque le nombre des endroits favorables est lui-même limité. Il se peut cependant que certaines Méléagrines produisant une jolie nacre, mais ne produisant pas de perles, pourraient être désormais exploitées pour ce second produit par le nouveau procédé japonais ; je manque de données précises pour apprécier si l'abondance des Méléagrines bonnes nacrières est telle qu'elle permette une production illimitée ; mais l'affirmative paraît surprenante.

« Une deuxième considération peut être formulée ainsi : *la culture de la perle fine n'est intéressante que là où existent des Mollusques de dimensions assez importantes pour produire des perles d'une grosseur suffisante.* Les perles de semence et les perles atteignant la grosseur d'environ 1 grain et demi existent dans le monde en quantités suffisantes sans qu'il soit nécessaire d'en augmenter la production par culture ; on risquerait non seulement d'encombrer le marché, mais encore de ne pouvoir concurrencer les petites perles naturelles, dont le prix est relativement faible. La culture des petites perles, coûtant sensiblement le même prix que celle des grosses, ne saurait être rémunératrice. Or, ici encore, nous nous heurtons à une limitation de la production, car la plupart des Méléagrines bonnes nacrières sont petites et les très fortes Méléagrines ne donnent, en général, que des perles trop blanches, insuffisantes comme orient. Les très jolies perles pourront surtout être produites dans la grosseur de 2 à 4 grains, plus rarement de 4 à 10 grains, et il est à prévoir qu'on aura beaucoup de peine à en produire de 10 à 40 grains. Il en résulte que le JAPON et MADAGASCAR pourront donner les meilleurs produits jusqu'à 4 grains et que la production des plus grosses perles sera partagée principalement entre les pêcheries dites d'Orient et d'Océanie.

« Une troisième considération, et non la moins importante, est la suivante : *la culture de la perle fine est limitée par la difficulté de l'opération, par la longue durée de la sécrétion et par le déchet consécutif à cette opération et à cette longue période d'immersion.* MM. les professeurs BOUTAN et JOUBIN, ainsi que tous les autres savants qui ont étudié la question, sont d'accord pour affirmer que l'opération imaginée par M. MIKIMOTO est extrêmement délicate. Les membres du Congrès n'ignorent sans doute pas que la nouvelle perle complète n'est pas, comme l'ancienne demi-perle japonaise, produite par l'introduction d'un corps étranger à l'intérieur de l'Huître au point de contact de la coquille avec le manteau. Il est nécessaire de sacrifier une Méléagrine, de lui détacher un lambeau de son manteau, d'entr'ouvrir légèrement une deuxième Méléagrine et d'introduire dans ses tissus sous-épidermiques le petit corps étranger (boule de nacre, perle de semence, peut-être

même noyau à peine visible détaché d'une autre partie de
l'Huître) enveloppé dans l'épithélium palléal détaché du premier
Mollusque. On imagine aisément quelles difficultés accompagnent
une semblable opération de greffage, et combien d'Huîtres doivent
être sacrifiées inutilement. Malgré le grand nombre de Méléagrines
obtenu grâce à des mesures ingénieuses destinées à multiplier
et à protéger les naissains, il paraît difficile de compenser le
déchet qui doit forcément en résulter. D'autre part, si l'on songe
qu'il faut choisir les Huîtres les plus fortes ayant atteint l'âge de
trois ans, qu'il faut par conséquent faire une bonne sélection, que
l'on doit laisser les Huîtres immergées pendant sept ans, exposées
à toutes sortes de dangers (Pieuvres, courants nocifs, abaissement
subit de la température, etc.), on comprendra facilement quel
nouveau déchet doit être obligatoirement envisagé.

« Ces trois causes militent contre la possibilité de surproduction
et donnent par conséquent tort aux pessimistes. En ce qui me
concerne, j'entrevois pour le moment un seul danger. Des producteurs moins scrupuleux que M. Mikimoto introduiront sans
doute dans les Huîtres un noyau assez gros, laisseront ces Huîtres
peu de temps dans la mer et sortiront ainsi des perles en plus
grand nombre, mais insuffisamment solides. Tel a été le cas pour
les anciennes demi-perles japonaises, qui ont été jetées sur le marché en grandes quantités par des producteurs trop pressés de vendre
leur marchandise ; les demi-perles à peau mince ont, par leur manque de solidité et par l'abondance de l'offre, détruit en grande
partie de la confiance des acheteurs. Il n'y a que deux moyens de
se prémunir contre un tel danger : 1º il faut contrôler la solidité
des perles produites, à l'aide d'un appareil à pression qu'il ne
paraît nullement difficile d'imaginer ; 2º il faut que les producteurs s'entendent, tout comme les propriétaires de mines de
diamants, pour mettre seulement sur le marché les quantités
de perles que celui-ci peut absorber. »

Cette étude de M. Pohl, présentée au Congrès de Bordeaux,
montre clairement que, tandis que la récolte des perles sur les
bancs naturels ne paraît se prêter à aucune amélioration, la culture de la perle à la suite d'un greffage paraît au contraire pouvoir
donner lieu à des perfectionnements successifs, qui pourront fournir
des produits à la consommation mondiale, susceptibles d'amélio-
rations dans différentes directions.

La transformation, au point de vue social, qui résultera des méthodes nouvelles de récolte des perles présente un sérieux intérêt.

Nous avons vu qu'à PANAMA (chapitre XV), les indigènes, devenant un peu plus instruits et cultivés, renoncent presque tous à devenir des plongeurs. Les anciens procédés de pêche par plongeurs, qui se pratiquent encore sur tant de parties du globe, sont en effet tout à fait barbares et meurtriers.

Je rappelle l'étude faite sur place par le professeur PÉREZ dans le GOLFE PERSIQUE (chap. XVI) et, pour en donner un exemple frappant, je citerai encore un passage de M. ROSENTHAL (1) à propos de la pêche dans les mêmes localités :

« Un acheteur français, dit-il, constamment en contact avec les Arabes dont il parle la langue, nous raconte de la façon suivante les scènes dont il fut le témoin : « Un matin, à quatre heures, j'arrivai à bord d'un voilier dans lequel se trouvaient quatre-vingts pêcheurs. Tous étaient à leur poste dans un silence impressionnant ; une discipline exemplaire régnait à bord. Toutes les deux ou trois minutes, une trentaine d'hommes plongeaient, suspendus à des cordes que tenaient leurs camarades. Leur manière de pêcher est des plus primitives. Les seuls instruments dont ils disposent sont : une petite pince en os, qui leur sert à se comprimer les narines, et des doigtiers en cuir qui les protègent contre les coupures qu'ils sont susceptibles de se faire en arrachant les coquilles des rochers. Un petit panier qu'ils portent devant eux et une pierre à laquelle ils sont attachés complètent leur équipement. Chaque plongée dure de deux à trois minutes (on a même établi un record de cinq minutes). Quand les plongeurs remontent à la surface, leur aspect est lamentable, la plupart sont suffoqués, et j'ai remarqué aussi que beaucoup d'entre eux étaient sourds. Le capitaine du bateau m'a confié qu'ils pouvaient rarement travailler plus de cinq ans. Les pêcheurs que je venais de voir plonger étaient descendus à 20 mètres de profondeur.

« Tout à coup, sur un côté du bateau, j'aperçus une certaine agitation, une dizaine de pêcheurs plongeaient au même endroit... Le capitaine me dit alors, d'un air parfaitement calme : « C'est un pêcheur qui ne fait plus signe avec sa corde. Sans doute a-t-il été mordu par un Poisson ou bien a-t-il une syncope. » Pour ma part, j'éprouvais une vive émotion. Finalement, je vis apparaître

(1) ROSENTHAL, p. 26, *Au royaume de la Perle*, loc. cit.

un pêcheur traînant, inanimé et tout ensanglanté, son camarade qui avait été emporté par le courant à 30 mètres du bateau. On me dit que c'est un Poisson appelé le « diable » (la pieuvre) qui lui avait sucé le sang.

« La plupart de ces pêcheurs portent toujours sur eux une amulette rapportée de LA MECQUE et qui les protège, soi-disant, contre le Poisson. J'ai eu le plaisir de revoir en vie le malheureux à qui cet accident était arrivé. Après qu'il eut pris la tasse de café (la seule chose dont se nourrissent les pêcheurs durant quatorze heures de la journée), quelle ne fut pas ma stupéfaction de le voir replonger une heure plus tard. »

« En voyant les misères qu'endurent ces malheureux, je pensais que, si l'on envoyait des apaches de PARIS faire les travaux forcés au Golfe, leur disparition serait assurée, car non seulement ils sont exposés à être dévorés par les Requins ou asphyxiés, mais les pêcheurs expirent parfois en sortant de l'eau, surtout s'ils se sont enfoncés un peu trop profondément. Très jeunes encore, leur vue s'affaiblit, leur corps se couvre de plaies inguérissables et ils meurent. »

Dans une autre partie de son livre, l'auteur revient sur les conditions misérables de la vie des pêcheurs, sur leurs salaires insuffisants et cherche à en calculer le montant. Ce passage est très significatif et renseignera le lecteur :

« Cependant pour supposer, dit-il (1), que la perle ait atteint son prix maximum, il faudrait que la vie matérielle du pêcheur fût assurée par sa profession et, malheureusement, rien n'est moins vrai. Tout en exerçant un métier des plus pénibles, le pêcheur est très pauvre et meurt de faim lorsque la pêche est mauvaise.

« Examinons, par exemple, le cas des pêcheurs du GOLFE PERSIQUE : Au nombre de 40 000 à 50 000, y compris leur famille, ils vivent uniquement des pêcheries de perles. Or, l'année la meilleure a produit 60 millions, et d'autres, mauvaises, ont rapporté à peine 20 millions. Le pêcheur, propriétaire du bateau, touchant environ 40 p. 100 du produit de la vente, il reste donc à 50 000 pêcheurs 24 millions à se partager. Soit, en tout, 500 francs par personne, et le pêcheur paie parfois le riz, le café et le sucre plus cher que l'Européen. Au fur et à mesure que la civilisation pénétrera dans ce pays, ce qui ne saurait tarder, par suite de l'ins-

_____

(1) ROSENTHAL, *loc. cit.*, p. 106.

tallation des lignes de navigation, des rapports télégraphiques, etc.,
il n'est pas douteux que les besoins y seront plus grands. Le
jour où le budget du pêcheur atteindra 200 francs, de plus
l'amateur devra payer la perle *quatre fois plus cher* qu'aujour-
d'hui, sinon le pêcheur cherchera un métier mieux rémunéré. »

Dès que les méthodes se modifient, une amélioration du sort
des travailleurs se produit immédiatement. L'introduction du
scaphandre à PANAMA (chap. **XV**) fait des plongeurs des salariés
grassement rétribués.

Au JAPON, ainsi que le fait remarquer L. POHL, grâce à la nouvelle méthode de culture établie par MIKIMOTO, les plongeuses
ont seulement à s'occuper de la récolte des naissains et de la
surveillance sous-marine des cages contenant les Mollusques
adultes non encore greffés ou ayant subi l'opération de la greffe.
Elles ne sont guère en danger, conservent une bonne santé, sont
bien payées, et tous les autres travaux, opération de greffe, fabrication des cages, mise en place des cages, et autres accessoires,
sont faits par des spécialistes sur terre ou sur des bateaux. Ces
travaux sont propres et presque sans risque corporel. Les spécialistes sont *très bien payés* et peuvent mener une vie décente,
alors que les pêcheurs du GOLFE PERSIQUE mènent une vie misérable.

Ainsi donc, malgré les doléances de quelques gros détenteurs
de perles, on ne peut que se féliciter si la méléagriniculture transforme les méthodes de la récolte des perles et arrive à procurer
cet objet de prix, par des procédés moins barbares qu'autrefois.
On ne sacrifiera plus des quantités de malheureux pour parer
des femmes dans d'autres pays, et ce sera là un progrès social
considérable.

Au point de vue économique, on peut prévoir également que,
malgré le prix de revient élevé de la culture, on ne sera pas obligé
de faire payer à l'avenir les perles *quatre fois plus cher* pour permettre aux pêcheurs de vivre. La culture peut précisément concilier le bien-être des pêcheurs avec le besoin de luxe des acheteurs
de perles. Elle peut être rémunératrice pour les producteurs,
s'ils vendent leurs perles de culture au prix que l'on paye actuellement pour les perles fines accidentelles.

CHAPITRE XXXV

LES MOYENS QUI PARAISSENT NÉCESSAIRES POUR ASSURER L'AVENIR DE LA CULTURE PERLIÈRE DANS LES COLONIES FRANÇAISES

J'espère que les progrès accomplis dans la méléagriniculture ne seront pas perdus pour la FRANCE, et je vais essayer d'indiquer dans ce chapitre les moyens qui me paraissent propres à lui en assurer le bénéfice.

N'est-il pas à prévoir, en effet, qu'aux NOUVELLES-HÉBRIDES, pour ne citer que cet exemple, où vit en abondance la plus belle des Méléagrines (*Meleagrina margaritifera*) et où jusqu'ici (par suite, vraisemblablement, de la rareté du parasite qui semble déterminer la formation des perles fines naturelles) l'exploitation se trouve pratiquement réduite à l'exploitation intensive de la nacre, l'introduction du procédé japonais pourra utilement intervenir et constituer une source nouvelle de richesse?

La FRANCE possède, dans ses colonies de l'Océanie, les plus vastes bancs d'Huîtres perlières et nacrières qui soient au monde : la quantité de nacre exportée de TAHITI en 1900 s'est élevée, d'après les statistiques officielles, à 443 223 kilogrammes.

Nous avons d'importants gisements en NOUVELLE-CALÉDONIE, à MADAGASCAR, à DJIBOUTI.

En 1908, étant directeur de la mission permanente d'exploration scientifique en INDO-CHINE, j'ai été frappé de la beauté et de l'épaisseur de la nacre de coquilles qu'on trouve en abondance dans quelques cours d'eau du TONKIN et de l'ANNAM.

Elles permettent d'envisager, concurremment avec la margariculture marine, la *production des perles d'eau douce*, production qui est actuellement réservée presque exclusivement à l'AMÉRIQUE DU NORD.

Qui veut la fin veut les moyens !... Pour que ces progrès profitent à nos colonies, il faut une organisation bien étudiée.

Pour la conservation des bancs naturels, je préconiserais volon-

tiers la réalisation d'instructions semblables à celle que HERD-
MAN (1) a rédigées à l'instigation du gouvernement anglais pour
les pêcheries indiennes et des mers de CEYLAN. Il me paraît bon
de traduire et de reproduire celles qui paraissent le plus importantes :

« 1° Employer d'une façon intensive la drague pour suppléer
aux opérations des plongeurs, complètement ou partiellement, à la
fois dans les inspections des bancs et, s'il est possible, pendant les
périodes de pêche.

« 2° Utiliser un bateau du type de nos modernes chalutiers, sur
lequel plusieurs dragues pourront travailler simultanément et
qui soit approvisionné de réservoirs dans lesquels un grand
nombre d'Huîtres perlières pourront être transportées.

« 3° Porter toute son attention non seulement sur l'inspection
des localités connues comme gisement, mais aussi promener la
drague entre les espaces situés entre les bancs pour chercher de
nouveaux emplacements pour les Huîtres.

« 4° Si, par hasard, on trouve sur le PERIYA PAR ou d'autres localités de jeunes Huîtres en quantité, elles devront être immédiatement draguées pour être transportées sur d'autres terrains plus
favorables, et, pour que cette transplantation obtienne du succès,
il faut la faire sur une grande échelle.

« 5° Si, durant une inspection ou pendant le cours d'une pêche,
on trouve une grande quantité de jeunes Huîtres perlières asso-
ciées avec des Huîtres adultes, on doit les draguer pour les transplanter sur d'autres parcs inoccupés à ce moment ; la drague peut
aussi être employée pour enlever un grand nombre d'Éponges,
de Crabes, d'Étoiles de mer et autres ennemis de l'Huître perlière
en dehors des localités productrices.

« 6° Si la drague ne peut être entièrement substituée aux plongeurs dans les pêcheries, il ne faut pas craindre de la mettre en
action chaque fois que la pêche doit être interrompue pour
une cause quelconque (épidémie, circonstances défavorables), de
manière à ramener à la surface le plus grand nombre possible
d'Huîtres perlières.

« 7° Pour accroître l'étendue profitable pour l'accroissement des
jeunes Huîtres perlières, de larges surfaces de fond sableux à
proximité des gisements importants, et spécialement le Cheval
Paar, devront être appropriés par des moyens artificiels, en y

(1) HERDMAN, *loc. cit.*, p. 132.

semant des matériaux brisés tels que fragments de coraux et débris de pierre, etc., etc... Ces matériaux peuvent être obtenus, en quantité, à proximité sur les récifs du golfe de MANAAR, et leur transport et leur distribution peuvent être aisément réalisés par les moyens du bord.

« 8° Pour faciliter la recherche des emplacements favorables pour les jeunes Huîtres, on doit employer des bouteilles flottantes pour déterminer les courants constants et l'époque de la ponte des Huîtres.

« 9° On recueillera le naissain, qui se trouve parfois en très grande abondance attaché sur des objets flottants, pour les transporter et les déposer sur le fond dans des endroits où il puisse se fixer.

« 10° *Un biologiste sera appointé et nommé officiellement pour suivre toutes les inspections et les pêches, pour examiner les diverses opérations énumérées et assurer la bonne ordonnance des pêcheries.*

« 11° Pendant le temps des moussons, le biologiste doit poursuivre ses investigations dans le laboratoire maritime. Là, il pourra faire connaissance avec la vie et la croissance des Huîtres perlières et la formation et l'abondance des perles en dehors des autres travaux qu'il aura à poursuivre.»

L'auteur énumère ensuite les devoirs secondaires du biologiste pour étudier les autres ressources marines qui peuvent être utiles à la colonie (Huîtres comestibles, trépans, utilisation du Chank. etc.) qui peuvent se résumer ainsi :

« 12° Donner à ce biologiste les ressources nécessaires pour accomplir son œuvre. »

Quoiqu'elles s'appliquent aux pêcheries anglaises de l'Inde, ces instructions données par un savant compétent peuvent être utilisées, dans le cas présent, pour la préservation des bancs de Méléagrines. Elles indiquent la liaison nécessaire entre les administrateurs et les biologistes professionnels.

Elles ne correspondent d'ailleurs qu'à un seul côté de la question, l'entretien des bancs naturels pour la conservation du naissain. Aujourd'hui, nous devons aller plus loin et, en dehors des bancs naturels, viser à organiser la méléagriniculture dans des localités favorables, ce qui comporte pour le biologiste de nouvelles études, *que lui seul peut entreprendre* avec l'appui du Gouvernement.

J'ajoute qu'il y a lieu, dans les localités favorables de nos colonies, d'instituer un laboratoire de recherche, maintenu en contact constant avec les grands laboratoires de la Métropole.

Je ne crois pas que nous ayons grand intérêt, dans nos colonies françaises, à imiter servilement les méthodes anglaises en usage dans les établissements de l'INDE et *à transformer l'industrie perlière en un monopole d'État.*

L'État est un mauvais exploitant, et il vaut mieux qu'il laisse sa place à l'initiative privée, qui assure, surtout en FRANCE, un succès plus complet ; mais, l'action gouvernementale n'en a pas moins une extrême importance, et c'est, je crois, d'elle que dépendra le succès final. Je m'explique pour bien faire comprendre ma pensée.

Pendant les quatre années que j'ai passées en INDO-CHINE, j'ai vu et regardé impartialement, n'étant ni administrateur ni colon, ce qui constitue la force et la faiblesse de nos méthodes de colonisation.

Les colons ne demandent qu'une chose, c'est qu'on les laisse tranquilles et qu'on s'en rapporte à leur initiative. L'administration, dans un but des plus louables, veut continuer à les tenir en main pour les conseiller et pour les guider.

Le résultat est que les choses marchent souvent, assez mal. Dans cet attelage à deux, le colon est en avance et l'administration en retard, alors que l'administration devrait agir avant et laisser le colon agir après.

Un exemple fera bien comprendre ce point délicat :

Je me souviens d'avoir visité près de la rivière CLAIRE, au TON-KIN, une jeune plantation de caféiers qui venait d'être établie par un colon très instruit et très entreprenant.

Il avait obtenu une concession de terrain et avait commencé courageusement à la mettre en valeur.

C'était une bonne fortune pour lui de recevoir un compatriote qui paraissait s'intéresser à son œuvre, et il tint à me faire voir dans tous ses détails l'organisation de son domaine.

« J'ai dû, me dit-il, comme nous parcourions la concession à cheval, défricher un grand bois de beaux arbres pour planter mes caféiers ; j'ai employé un système économique et les ai brûlés sur place. Il en reste quelques bouquets, et, puisque vous êtes natu-raliste, je serais curieux que vous m'indiquiez à quelle essence j'ai eu affaire. »

J'examinai des échantillons, et je n'eus aucune peine à recon-naître que bien innocemment ce brave garçon avait détruit un bois de *Cennamonum camphora*, dont l'exploitation méthodique aurait suffi pour payer largement tous ses frais d'exploitation.

Il était évidemment fâcheux qu'une valeur sérieuse, comme celle représentée par ce bois, d'essence précieuse, eût été détruite, mais personne n'était coupable dans l'espèce. Le colon ne pouvait pas deviner la valeur de ce bois, et l'administration, qui le lui avait généreusement donné, ignorait ce qu'il y avait en réalité sur la concession accordée.

Cet exemple, auquel je pourrais en joindre d'autres, montre ce que je voulais mettre en lumière, que le colon était en avance et l'administration en retard.

Dans une colonie en voie de développement comme l'Indo-Chine, le gouvernement n'a pas avantage, dans l'intérêt général, à ce que le colon le précède. Les terres à coloniser représentent une valeur, mais une valeur incertaine, jusqu'au jour où elles ont été sérieusement inventoriées par des spécialistes compétents.

Au lieu de se laisser devancer par le colon, l'administration ne devrait-elle pas au contraire lui préparer les voies? Faire largement explorer les terrains propres à être concédés et les aménager en construisant les voies d'accès et d'intérêt général. Elle pourrait ainsi connaître la valeur de ce qu'elle donne et ne pas faire parfois au colon des cadeaux qui peuvent être ruineux pour eux, par suite de cette imprécision.

La nécessité d'un service spécial ne s'impose-t-elle pas dans ce cas, non pas seulement, d'un service composé d'employés de bonne volonté, mais d'un service de techniciens, capables de donner des avis sérieusement motivés?

L'État pourrait alors, ayant rempli son devoir de prévoyance, laisser le colon donner cours à son initiative et limiter son intervention ultérieure au strict nécessaire.

Il semble que je suis maintenant bien loin de mon sujet, puisque je viens de parler de la colonisation terrestre et que les Méléagrines sont des animaux essentiellement marins. Il n'en est rien, car il s'agit de méthodes et de méthodes générales qui trouvent leur application aussi bien sur le domaine sec que sur le domaine aquatique.

Si nous voulons que nos colonies françaises profitent des découvertes récentes en méléagriniculture, il faut que l'action gouvernementale précède les initiatives privées et que l'on constitue dans nos colonies intéressées un service administratif et un service technique fortement organisés, à l'abri de ces cyclones administratifs qui font table rase des résultats déjà acquis, à la suite d'un brusque changement de direction.

Ce service, constitué par un décret métropolitain et non par un simple arrêté du Gouverneur de la colonie, de manière à lui assurer la durée, aurait pour mission de faire reconnaître et d'étudier, à l'aide de techniciens, les points favorables à l'ostréiculture perlière, la préservation des bancs naturels pour le naissain. Il devrait compléter sa tâche par des études de laboratoire faites sur place pour dégager la plupart des inconnus du problème et préparer la voie aux initiatives privées.

Ce service, dont les frais devrait être supportés par les colonies intéressées, coûterait nécessairement des sommes assez importantes ; mais il n'est pas douteux que sa création constituerait pour l'avenir des sources de revenus encore bien plus considérables.

Les techniciens de ce service devraient constituer un corps en quelque sorte autonome et être désignés d'après le choix de l'un de nos grands corps savants, tels que l'Institut de France, par exemple, pour présenter toutes les garanties scientifiques.

On a dépensé dans nos colonies françaises des trésors d'initiatives, dont j'ai souvent retrouvé la trace dans la brousse indo-chinoise. Ces trésors ont, souvent, été gaspillés en pure perte, au détriment de la collectivité, parce que l'initiative individuelle s'arrête avec l'individu.

On assurerait ainsi, du moins sur un point précis, ce qui a manqué presque toujours dans notre organisation coloniale ?

LA CONTINUITÉ DE L'EFFORT DANS UNE DIRECTION DONNÉE.

En terminant ce dernier chapitre, je reproduis pour lui servir de conclusion le vœu qu'a formulé le VIIIe Congrès national des Pêches maritimes à BOULOGNE, après avoir entendu la communication de L. POHL sur les progrès de l'ostréiculture perlière dont j'ai donné plus haut des extraits.

1° Qu'étant donnés les progrès remarquables réalisés au Japon dans la culture de la perle fine, le ministre des Colonies mette à l'étude la question de cette culture dans notre domaine colonial ;

2° Qu'avec l'aide des corps scientifiques constitués intervienne une mise au point préalable et définitive en ce qui concerne

la véritable nature de ces perles, de façon à éviter que les ostréiculteurs susceptibles d'en tenter la production dans nos colonies
ne se trouvent pas dans l'impossibilité d'écouler leurs produits,
par suite de la qualification inexacte appliquée à ces derniers ;

3° Que le laboratoire de Biologie marine dépendant du Gouvernement de l'Indo-Chine et que les Gouvernements généraux
de Madagascar et de nos colonies polynésiennes, avec l'aide d'un
laboratoire de la Métropole, établissent avec précision l'existence
des baies et emplacements favorables à la culture de la perle
fine, ainsi que la présence des Méléagrines sécrétant accidentellement de jolies perles ou normalement de jolies nacres ;

4° Que l'entente internationale demandée par le VIIe Congrès
national des Pêches maritimes, pour réglementer le marché de
la perle dans l'intérêt général, particulièrement dans le but d'en
éviter la surproduction, soit ébauchée dès maintenant avec les
deux plus gros producteurs de perles fines du monde, l'Angleterre
et le Japon.

TABLE DES FIGURES

TABLE DES MATIÈRES

CORBEIL. — IMPRIMERIE CRÉTÉ.

G. DOIN
ÉDITEUR
60 FR. NET
(sans aucune majoration)